Safari-Reiseführer Ostafrika
Autor: Ruud Troost
Herausgeber: Afrika Safari Media, Jacob Catslaan 15, 1985 AD Driehuis, Niederlande

Erste Ausgabe, August 2023

ISBN 978-90-822081-7-7

Safari-Reiseführer Ostafrika

Äthiopien, Kenia, Uganda und Tansania

SÄUGETIERE, REPTILIEN, VÖGEL und NATIONALPARKS

RUUD TROOST

Dieses Buch ist all den Männern und Frauen gewidmet, die sich für den Naturschutz einsetzen. Den mutigen Rangern, die nächtelang auf der Suche nach Wilderern sind. Den lokalen Behördenmitarbeitern, die mit dem permanenten Dilemma zwischen dem Wohlergehen ihres Volkes und dem Erhalt der Natur ringen. Den Initiatoren von Auffangzentren für verwaiste Tiere und den vielen Freiwilligen und Profis, die sich für die Erhaltung bedrohter Arten einsetzen.

Vorwort

Meine ersten Reiseerfahrungen in Afrika gehen auf das Jahr 1989 zurück. Es war ein Besuch in den Wildparks von Kenia. Kaum vorbereitet auf das, was ich sehen würde, war ich gleich am ersten Tag überrascht, als ich einen Mann in Rot sah, der unbekümmert an großen schwarzen Weidetieren mit großen Hörnern inmitten einer grünen Ebene vorbeiging.
Mein Führer erklärte mir, dass es sich um Gnus handelte und dass sie beide wissen, dass sie nichts voneinander zu befürchten haben. Im nächsten Geschäft kaufte ich einen Feldführer. Von da an erwachte die afrikanische Wildnis zum Leben. Je weiter ich in meinem neuen Buch vorankam, umso besser begann ich zu verstehen.

Im Laufe der Jahre wurde ein halbes Bücherregal mit Büchern über Säugetiere, Reptilien, Raubvögel, Singvögel, Bäume, Gräser, Orchideen und vieles mehr gefüllt. Jahr für Jahr schleppte ich kiloweise Nachschlagewerke von Park zu Park, alles in englischer Sprache. Dieser Ballast hat mich dazu motiviert, 2010 einen Safari- und Feldführer zusammenzustellen, der Nationalparks, Säugetiere, Reptilien und Vögel in einem Buch behandelt. Ich stellte fest, dass die Zahl der Vogel- und Reptilienarten fast unerschöpflich war, so dass eine Auswahl getroffen werden musste.
Das Ergebnis war der Safari-Reiseführer Afrika, der die Länder Kenia, Tansania, Sambia, Botswana, Namibia und Südafrika, ihre wichtigsten Nationalparks und die dort lebenden Tiere umfasst. Jetzt, 10 Jahre später, ist das Interesse an Uganda und Äthiopien erheblich gestiegen, und es war an der Zeit, den Safari Reiseführer zu erweitern.

Der Nachfolger dieses Buches besteht nun aus zwei Büchern: dem Safari-Reiseführer Ostafrika und dem Safari- Reiseführer Südliches Afrika. In diesen beiden Büchern werden neben der fast vollständigen Palette der Säugetiere auch weitere Länder und Nationalparks sowie weitere Reptilien- und Vogelarten vorgestellt. Wenn Sie wissen wollen, wo sich die Wildtiere befinden, wie sie heißen, wenn Sie sie vor der Linse haben, und wie man sie von ähnlichen Tieren unterscheiden kann, dann sollte dieser Führer auf Ihrer Reise nicht im Gepäck fehlen.

Ruud Troost

Inhalt

Allgemeine Informationen

Kleidung, Gepäck und Zubehör

Falls Sie zum ersten Mal auf eine mehrtägige Safari gehen, fragen Sie sich wahrscheinlich, welche Kleidung und Schuhe empfehlenswert sind. Die Antwort ist eigentlich sehr simpel: Einfache Wanderschuhe, also Schuhe mit etwas dickerer Sohle, kurze Hosen, Shirts, Polohemden, Blusen etc. - kurzum alles, was keine Wärme speichert. Dazu ein Sweater oder Pulli für die kühlen, zum Teil sehr kalten, Morgenstunden und eine lange Hose oder ein Hemd mit langen Ärmeln gegen die Mücken.
In den Schlafzimmern von fast allen Lodges gibt es Mückennetze, die Sie nachts schützen. Häufig wird auch ein Spray bereitgestellt, mit dem Sie vor dem Abendessen Ihr Zimmer von Mücken befreien können. Dennoch möchten wir Ihnen raten, bereits in Deutschland ein Mückenspray oder -gel mit dem Wirkstoff „Deet" zu kaufen, das für tropische Gebiete geeignet ist. Dieses tragen Sie auf Hände, Hals und Stirn auf und vor allem auch auf die Haut direkt über den Socken, da die Mücken sich gerne im windgeschützten Bereich unter Tischen oder Stühlen aufhalten. In dem seltenen Fall, dass Sie von einem anderen Insekt gestochen werden, kann die betroffene Stelle unter Umständen stärker anschwellen als gewöhnlich, da Ihr Körper den Stich noch nicht direkt erkennt. Nach ein paar Tagen wird die Schwellung aber wieder abklingen. Falls Sie in die Hand gestochen werden, ist es besser etwaige Ringe abzunehmen. Sollte die Schwellung länger als fünf Tage anhalten, kontaktieren Sie einen Arzt und sprechen Sie mit Ihrem Guide.

Auf mehrtägigen Safaris reisen Sie häufig in Gesellschaft. Bei Ihren Mitreisenden kann es sich um Landsleute, aber auch Angehörige anderer Nationalitäten handeln. Dies wird Ihnen meistens vorher von Ihrem Reiseorganisator mitgeteilt. Die meisten Fahrzeuge sind für sieben Personen und einen Fahrer geeignet und in der Regel komplett besetzt. Alle Passagiere haben Gepäck dabei. Würden dafür keine Beschränkungen gelten, müsste ein zusätzlicher Bus nur für das Gepäck mitfahren. Darum gibt es die folgenden Regeln.
Bei Ankunft am Flughafen Ihres Bestimmungsortes, meistens am Tag bevor Ihre Safari tatsächlich losgeht, werden Sie zu Ihrem ersten Übernachtungsort gebracht. Hier haben Sie die Gelegenheit, Ihr Gepäck, falls Sie mit „harten" Koffern angereist sind, in mitgebrachte Reisetaschen umzupacken. Den Rest können Sie im Hotel oder vom Organisator bzw. Tour-Operator verwahren lassen. Von jedem Teilnehmer wird erwartet, mit nur einer flexiblen Tasche und begrenztem Handgepäck zu reisen. In Ihrem Handgepäck dürfen dabei einige Dinge nicht fehlen: Ihre Reisedokumente, Bargeld, Reiseplan, Malariatabletten und andere Medikamente (evtl. Arztrezepte in Latein), Fotoausrüstung, dieser Safari-Reiseführer, Taschenlampe, Fernglas, eventuell eine Routenkarte und die Kontakttelefonnummern von Zuhause. Hinsichtlich des Fotomaterials empfehlen wir Ihnen eine Kamera mit Zoom.

Das kann eine Kompakt-, System- oder Spiegelreflexkamera sein. Ein Zoombereich ab 300 mm wird Ihren Aufnahmen zugutekommen. Wenn Sie speziell für Ihre Reise in Afrika eine Kamera anschaffen möchten, empfehlen wir Ihnen dringend, vorher Probeaufnahmen mit dieser Kamera zu machen. Wenn ein- und dieselbe Person filmen und fotografieren möchte, funktioniert das in der Praxis meist nicht gut. Vereinbaren Sie vorher, wer was macht. Je nach Land können die Steckdosen unterschiedlich sein. Es gibt in Deutschland und in den meisten Safariländern landesspezifische Adapter zu kaufen. Die Spannung ist dieselbe wie in Deutschland. Was das Fernglas angeht, empfehlen wir Ihnen einen Bereich von 8x42 oder 7x50. Gezahlt wird in bar oder mit Kreditkarte, in vielen Lodges ist Barzahlung in der Landeswährung oder Kreditkartenzahlung möglich.
In Ländern mit schlechtem Telefonnetz ist es praktisch, immer Bargeld dabeizuhaben. Während der Safari Geld zu wechseln, gestaltet sich allerdings häufig schwierig. Auch Trinkwasser ist sehr wichtig auf Ihrer Reise. An sehr warmen Tagen benötigen Sie mindestens 2 Liter.

Safari so, wie Sie sie erleben

Bei einer Reise nach Afrika steht häufig das Entdecken der Tierwelt im Mittelpunkt. Das Wort Safari bezeichnet in diesem Zusammenhang oft eine mehrtägige Tour durch verschiedene Naturparks. Wenn Sie eine organisierte Safari machen, geschieht dies in der Regel mit einem Fahrer, der gleichzeitig Ihr Guide ist. Er kennt die Parks und Routen und hält meist Kontakt zu anderen Bussen, um sich zu informieren, wo Tiere gesichtet wurden. Wie im südlichen Afrika, verwendet man zunehmend auch in Ostafrika große Geländewagen statt kleiner Busse mit Faltdach. Mehrtägige Safaris werden in zwei Kategorien eingeteilt: Lodge-Safaris und Campingsafaris. Letztere sind nicht zu verwechseln mit den luxuriöseren sog. „tented" Safaris. Der größte Unterschied liegt, wie der Name bereits vermuten lässt, im Komfort und Ambiente des Ortes, an dem Sie übernachten. Eine Lodge-Safari bietet Ihnen die Annehmlichkeiten eines Badezimmers, guter Betten, einer Klimaanlage, eines Speiseraumes mit einer Auswahl an Gerichten und häufig eines Schwimmbades. Bei einer Campingsafari haben Sie all dies nicht! Auf einer Campingsafari ist das Badezimmer ein Wassersack mit einem Duschkopf hinter einem kleinen Vorhang. Sie schlafen auf einer Schaumstoffmatratze oder einer harten Liege, bei der Klimaanlage handelt es sich um ein Palmblatt in Ihrer eigenen Hand. Der Speisesaal besteht

safari campsite

tented safarikamp

safarilodge

aus einer Reihe von Bänken oder Stühlen um das Lagerfeuer herum. Das Schwimmbad, tja, vielleicht ein Bächlein, in dem sich keine Krokodile oder Nilpferde befinden. Beide Formen von Safari sind durchaus gesellig und das Essen ist bei Campingsafaris trotz der primitiven Küche meist lecker. Eine Campingsafari ist aufregend! In der ersten Nacht, in der Sie nach einem Kaffee und eventuell einem kleinen Umtrunk Ihr Zelt aufsuchen, bemerken Sie vielleicht nicht (ab dann schon), dass der Campingplatz nicht eingezäunt ist. In der ungewohnten Umgebung suchen Sie mithilfe Ihrer Taschenlampe Ihr Zelt auf und schlüpfen in den zur Verfügung gestellten Schlafsack oder unter die Decke. Wenn das Feuer kleiner wird, jeder sich zurückgezogen hat und Sie nicht sofort einschlafen können, fragen Sie sich vielleicht, ob Sie hinter einem dünnen Stück Stoff wohl sicher sind. Sie hören, wie ein Zweig auf das Zelt fällt oder eine Maus herumstöbert. Sie kontrollieren nochmals, ob die Reißverschlüsse auch wirklich zu sind, und finden plötzlich, dass die Latrine sich doch ziemlich weit von Ihrem Zelt entfernt befindet! In Kenia und Tansania ist es üblich, dass ein paar Massai während der Nacht Wache halten.

Machen Sie sich also keine Sorgen. Hunderttausende Besucher waren vor Ihnen da, und es kam niemals zu ernsthaften Zwischenfällen. Wenn Sie trotzdem nicht schlafen können, öffnen Sie den Reißverschluss ein wenig und beobachten Sie die Tiere, die sich in Sicherheit wähnen und den Campingplatz nach Essbarem absuchen. Auf diese Weise erleben Sie eine Privatsafari! Wenn der Boden etwas sandig ist, ist es gut möglich, dass Sie am folgenden Tag sehr deutliche Spuren von Tieren vorfinden. Sogar eine Herde Elefanten könnte an Ihrem Zelt vorbeigelaufen sein, ohne dass Sie davon wach geworden wären. Während Ihrer Safari unternehmen Sie „Game Drives" oder „Game Walks". Das heißt, dass Ihr Guide Sie im Morgengrauen nach einem Kaffee oder Tee auf die Suche nach afrikanischen Tieren mitnimmt. Manchmal kommen Sie vor dem Frühstück zurück und setzen danach Ihre Tour oder Safari fort. Oder aber die Safari beginnt direkt nach einem frühen Frühstück. Nach dem Mittagessen ist Zeit für eine Siesta und gegen halb vier unternehmen Sie eine zweite Tour. Am Anfang werden Sie sich über die guten Augen Ihres Guides wundern. Oft sieht er das Wild früher als Sie, obwohl Sie von Ihrer Position aus eine bessere Sicht haben. Nach einiger Zeit werden Sie bemerken, dass Sie immer besser im „Spotten" werden: „eleven o'clock a bushbuck ", wenn Sie links vor sich eine kleine Antilope sehen. Game Walks werden zunehmend auch in Ostafrika organisiert. Oft werden die Touren von zwei Rangern begleitet. Der vorderste Mann ist der Tracker. Dabei handelt es sich häufig um ein Mitglied eines lokalen Stammes. Er verfolgt

die Spuren des Wildes, das er Ihnen gerne aus der Nähe zeigen möchte. Beim Annähern an das Tier berücksichtigt er dessen Gehör, Geruchssinn und Sehvermögen. Während der Tour geht man in einer Reihe und spricht nicht. Die Kleidung, die Sie tragen, passt zur Umgebung. Sie befolgen strikt die Anweisungen der Ranger. Es wird Sie verblüffen, wie dicht Sie sich dem Wild gegen den Wind und geräuschlos nähern können, bis Sie bemerkt werden. Ein erfolgreicher Game Walk hängt von der Disziplin der Gruppe und natürlich von der Anwesenheit des Wildes ab. Das Lesen der Spuren, die Erklärungen, die Sie erhalten, erhöhen die Spannung, sobald Sie wissen, dass es sich beim Ziel der Tour um Nashörner handelt. Ist es „das Weiße" oder „das Schwarze"? Der Kot gibt die Antwort. Läuft das Tier im selben Tempo wie Sie, oder weiß der Spurenleser, dass es unterwegs zu seinem Lieblingsgrasplatz ist? Wenn Sie einmal wissen, wonach Sie suchen, werden Ihre Sinne geschärft. Sollten Sie auf Ihrer Reise die Gelegenheit haben, an einer Wandersafari teilzunehmen, rate ich Ihnen, sie nicht ungenutzt zu lassen. Es gibt etliche Bücher über Erlebnisse im Busch, z.B. Peter Allison: *Whatever You Do, Don't Run: Don't Look Behind You oder True Tales of a Botswana Safari Guide.*

Begriffe

In der Legende der Einleitung zu den Säugetieren und Reptilien finden Sie Symbole, die sich auf die nachfolgenden Begriffe beziehen.

Savanne

Die Savanne ist ein klimatologischer Zustand. Savannen kommen zwischen 23,5 Grad nördlicher und 23,5 Grad südlicher Breite vor. Die Landschaft besteht aus einer Kombination von Grasland, Buschland und Waldvegetation. Das ganze Jahr über herrschen hohe Temperaturen, der Niederschlag ist periodisch und die Verdunstung ist hoch. Viele Pflanzen, die in der Savanne wachsen, sind an die sogenannte "Feuerzeit" angepasst. Die bemerkenswertesten Pflanzenarten der Savanne sind das Napiergras *(Pennisetum purpureum)*, die typische Schirmakazie *(Acacia tortillis)* und der Affenbrotbaum oder Baobab *(Adansonia digitata)*. Die in den Savannen lebenden Tierarten sind hauptsächlich Weidegänger und ihre Prädatoren. Durch die spärliche Vegetation haben die Tiere einen ungehinderten Blick auf mögliche Fressfeinde. Bei Wasserknappheit beziehen sie den größten Teil ihrer Feuchtigkeit aus der Nahrung. Die so genannte Miombo-Savanne bedeckt einen großen Teil Tansanias. Die Vegetation besteht hauptsächlich aus Laubbäumen der Art *Brachystegia*. Nur die Kronen der Bäume berühren sich, so dass das Sonnenlicht auf dem Boden ein vielfältiges Pflanzenwachstum ermöglicht.

Wald

Waldreiche Gebiete findet man in diesen Ländern nur an Flussufern und in den Savannen. Uganda verfügt über ausgedehnte Tropenwälder, insbesondere im westlichen Teil. Vor allem wegen des Schattens kommen viele Tiere hierher und suchen unter dem Blätterdach Schutz vor der sengenden Sonne. Für Vögel gibt es hier viele Insekten. Antilopen und Schweine fressen Gras und Kräuter, und Raubtiere können sich im Schutz der Bäume an ihre Beute heranpirschen.

Felsen

In erosionsreichen Gebieten haben sich in der Landschaft im Laufe der Jahre Felsformationen gebildet. Diese Felsen sind nicht etwa Berge oder Hügel, die aus dem Erdinneren an die Oberfläche gedrückt wurden, sondern vollständig erodierte Landflächen. Zwischen diesen Felsformationen wachsen Gräser, Kräuter, Sträucher und Bäume. Manche Tierarten suchen zwischen den Steinen und in den Hohlräumen der Baumwurzeln Schutz, vor allem Schlangen, Eidechsen und Schliefer.

Berge

Es gibt Tierarten, wie einige Paviane, Wölfe, Vögel und Chamäleons, die an das Leben in höheren Lagen angepasst sind. Parallel zur Ostgrenze Tansanias verläuft ein Gebirgsmassiv bis zu den Taita Hills in Kenia, wo endemische Chamäleons vorkommen. In den Bale- und Simien-Bergen in Äthiopien leben unter anderem Dscheladas und Wölfe. Auch an den Hängen von Vulkanen wie dem Mt. Kenia, dem Mt. Meru, dem Mt. Kilimanjaro und dem Mt. Elgon können Sie Vogelarten, Primaten und Wildschweine finden, die anderswo nicht vorkommen.

Wasser & Sumpf

Ein Sumpfgebiet ist die Übergangszone zwischen Wasser und Land. Das Wasser wird entweder laufend aus Quellen zugeführt oder stammt von temporären Starkniederschlägen. Je nach Lage der Sumpfgebiete bieten diese Lebensraum für eine reiche Vielfalt an Pflanzen und Tieren. Wasserreiche Gebiete sind Wasserlöcher, Seen, Flüsse und kleine Wasserläufe. Hier jagen Wasservögel Fische, Frösche und Eidechsen, blühende Wasserpflanzen ziehen Insekten und Vögel an, und Tiere, die hier ihren Durst löschen, werden nicht selten zur Beute von Krokodilen. Manche Säugetiere wie etwa Sitatungas und Wasserböcke, aber auch Nilpferde, haben hier ihren festen Lebensraum. Viele verschiedene Akazienarten, darunter die schöne Gelbrinden-Akazie oder Fieber-Akazie und der kolossale Feigenbaum, sind an den Ufern besonders häufig.

Halbwüste

Als „Halbwüste" oder „Steppe" wird das Übergangsgebiet zwischen den Subtropen und der Wüste bezeichnet. Da hier nur sehr wenig Niederschlag fällt, gedeihen in der Sahelzone nur wenige widerstandsfähige Gräser und Sträucher. Die Tiere hier sind entweder nomadisch oder haben sich dem knappen Nahrungsangebot angepasst.

Wüste

Kennzeichnend für eine Wüste ist vor allem die sehr geringe Niederschlagsmenge. In Afrika sind Wüsten riesige flache Gebiete mit Sanddünen und hohen Temperaturen, wie etwa die Sahara in Nordafrika oder die Namib in Namibia. Der Wüstenboden kann die geringe Niederschlagsmenge nicht speichern, daher wachsen und blühen Pflanzen hier nur für sehr kurze Zeit. Dann ziehen Pflanzenfresser, Insekten und Vögel in die Randgebiete dieser Wüsten, um dort nach Nahrung zu suchen. In Kenia und Äthiopien gibt es Zonen, die zu dieser Klimaklasse gehören.

Zeitunterschiede

Äthiopien: im Winter 2 Stunden später, im Sommer 1 Stunde später
Kenia: im Winter 2 Stunden später, im Sommer 1 Stunde später
Uganda: im Winter 2 Stunden später, im Sommer 1 Stunde später
Tansania: im Winter 2 Stunden später, im Sommer 1 Stunde später

Währungen

Äthiopien: **Äthiopische Birr**

Kenia: **Kenia-Schilling**

Uganda: **Uganda-Shilling**

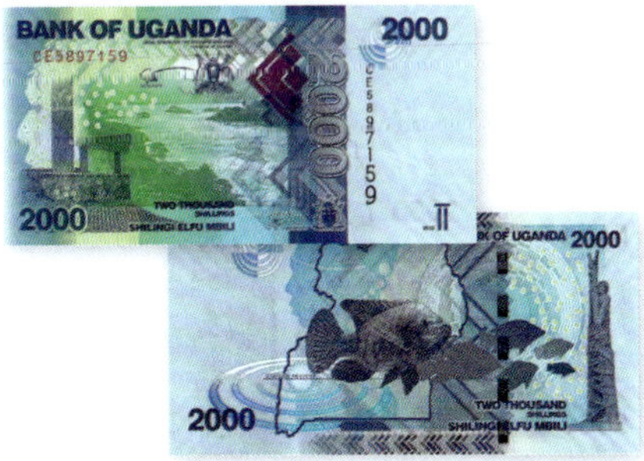

Tansania: **Tansania-Shilling**

Nationalparks

Behandelt werden die wichtigsten Wildparks in vier Safariländern. Die beiliegenden Karten geben Ihnen eine geografische Übersicht über die Flüsse, Sümpfe, Wälder und Berge. Das Straßennetz, die Parkeingänge und auch die Standorte einiger Unterkünfte wurden vermerkt. Dies gilt auch für besondere Aussichtspunkte.

Äthiopien

Kenia

Uganda

Tansania

Legende

Seen	*Sümpfe*	*Aussichtpunkt*
Gebirge bis 3000m	*Parkeingang*	*Asphaltiert*
Gebirge 3000-4000m	*Hügel, Berg*	*Schotterweg*
Gebirge 4000-6000m	*Unterkunft*	*Hiking-Track*
Tieflandwälder	*Wasserfall*	*4X4-Route*
Hochlandwälder	*Quelle, Brunnen*	*Fluss*
Savannen	*Damm*	*Grenze*

Notiz: Die Wege in den Nationalparks von Äthiopien, Kenia, Uganda und Tansania sind durchweg nur für Fahrzeuge mit Offroad-Technik geeignet.

Äthiopien

Äthiopien, dessen Hauptstadt Addis Abeba ist, ist eine föderative und demokratisch gewählte Republik. Jeder Staat oder jede Region (die Grenzen der Staaten sind entlang ethnischer Linien gezogen) ist autonom. Das Land grenzt an Eritrea, Dschibuti, Somalia, Kenia, Südsudan und Sudan. Das Land hat eine Fläche von 1 104 000 km^2 (Deutschland 357 386 km^2). Äthiopien hat eine junge und schnell wachsende Bevölkerung. Sie wuchs von 33,5 Millionen im Jahr 1983 auf 108 Millionen im Jahr 2018, was einem durchschnittlichen Wachstum von 3,4 % pro Jahr entspricht. Durch Verbesserungen im Gesundheitswesen ist die Lebenserwartung bei der Geburt von 52 Jahren im Jahr 2000 auf 65 Jahre im Jahr 2016 gestiegen. Mit 40% sind die Oromos die größte Bevölkerungsgruppe. Die zweitgrößte Gruppe ist die amharische Bevölkerung mit einem Anteil von etwa 25 %. Die Tigrinya machen weniger als 10 % der Bevölkerung aus. Es werden etwa 90 verschiedene Sprachen gesprochen, aber die Amtssprache ist Amharisch und wird in der Ge'ez-Schrift geschrieben. Etwa 55 % der äthiopischen Bevölkerung sind Christen und 43 % sind Muslime. Viele Christen gehören der äthiopisch-orthodoxen Kirche an. Bis 1959 war die äthiopische Kirche Teil der koptischen Kirche. Die äthiopische Kirche ist in erster Linie miaphysitisch - Christus: göttliche und menschliche Natur in einem - und hat diese Interpretation von der koptisch-orthodoxen Kirche übernommen. Ein kleiner Teil der Äthiopier ist katholisch oder protestantisch.

Äthiopien besteht zum größten Teil aus dem ausgedehnten und relativ fruchtbaren äthiopischen Hochland, das von Norden nach Süden durch den Großen Grabenbruch durchschnitten wird.

Der höchste Berg Äthiopiens ist der Ras Dashan (4550 m). Der tiefste Punkt liegt 125 m unter dem Meeresspiegel in der Danakilde-Senke. Dem Tana-See entspringt der Blaue Nil, der zusammen mit dem Weißen Nil und dem Tekeze-Fluss den Nil bildet. Weitere große Flüsse, die im Hochland entspringen, sind der Awash, der Baro, der Omo und der Wabi Shebelli. Aufgrund der Höhenlage des äthiopischen Hochlands herrscht im Land ein relativ gemäßigtes Klima, mit Ausnahme der Danakil-Senke und des Ogaden. Die Wirtschaft ist von 2005 bis 2016 um durchschnittlich 10,3 % gewachsen. Dies war deutlich besser als in der Region. Trotz des hohen Wachstums beträgt das BNE pro Kopf (2020) nur 2200 US-Dollar (BNE Deutschland 50.800 US-Dollar) und gehört damit zu den niedrigsten der Welt. Im Jahr 2000 lebten 55 % der Bevölkerung in extremer Armut, im Jahr 2011 waren es nur noch 33,5 %. Äthiopien hat seinen eigenen Kalender. Der 1. Januar 2020 in Deutschland war in Äthiopien der 22 Tahśaś 2012 (22-04-2012). Am 11. oder 12. September, abhängig davon, ob es ein Schaltjahr ist, beginnt in Äthiopien das neue Jahr.

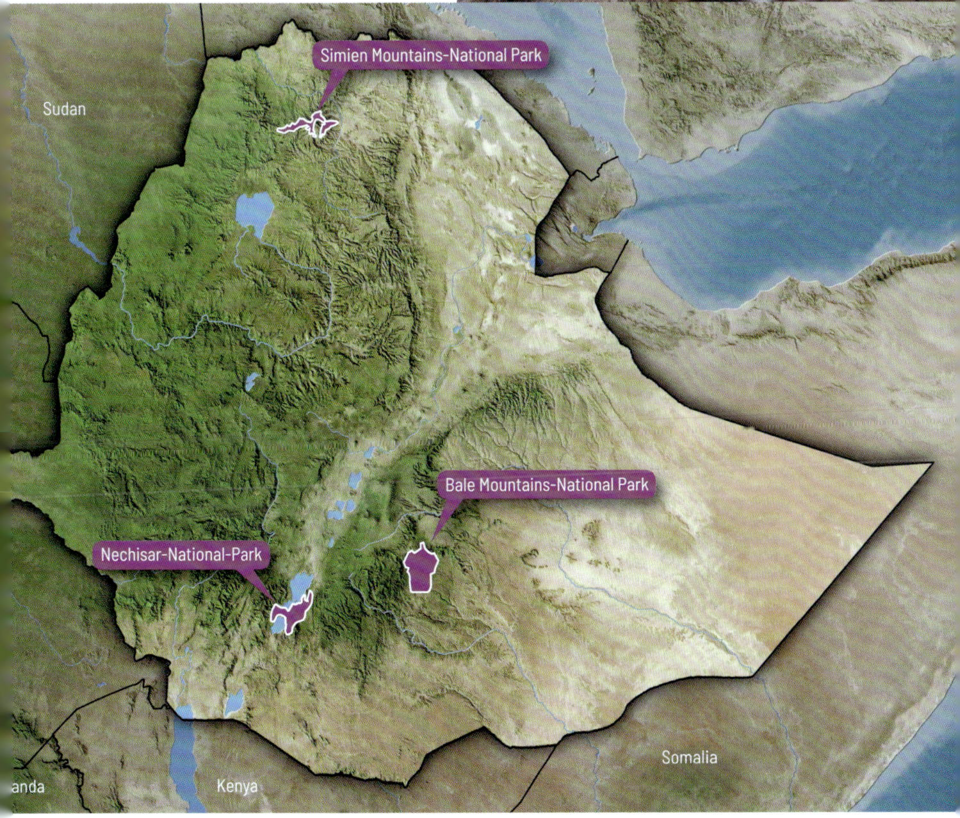

Boditi
3543 m
Robe
Adaba
Darkeena
3899 m
Gurati
3615 m
Sodota
Campsite
Butu Tiko
4000 m
Worgona
Wassyma
4220 m
Hora Bachay
Goba
Angesso
Marobawa
3843 m
Garba
Batu
4307 m
SANETTI PLATEAU
Konteh
4132 m
Harena
Gora
3784 m
Tullu
Dimtu
4389 m
Kella
Kara
Bube
3900 m
Rira
HERENNA FOREST
Welmel
Gerele
2545 m
Bale Mountain Lodge
Rira
HERENNA FOREST

Bale-Mountains-Nationalpark

Wann:	Nov. - Apr., weniger geeignet Mai - Jul.
Klima:	Tagestemperatur 18°C bis 23°C, nachts bis -15°C
Regen:	35 - 50 mm (Apr. - Sep.) 5 - 30 mm (Okt. - Mrz.)
Höhe:	3000 - 4377 m über dem Meeresspiegel

Der Bale Mountains National Park erstreckt sich über eine Fläche von 2400 km² und hat eine abwechslungsreiche Landschaft von Norden nach Süden. Das Gebiet des Herrena Forest liegt größtenteils auf einer Hochebene, deren nördlicher Teil höher liegt als der südliche. Dieser nördliche Teil ist von tiefen Tälern und Bächen durchzogen, einst durch Vulkanausbrüche entstanden. Nördlich des Waldgebiets von Herrena beginnen die Berge. Der höchste Gipfel, Tulhi Deemtu, liegt im östlichen Teil des Parks auf dem Sanetti-Plateau. Die Straße, die durch diese faszinierende Landschaft führt, bietet wunderschöne Ausblicke auf Höhen von bis zu 4000 m. Normalerweise kann man mit dem Auto bis zum Gipfel fahren. Es ist ratsam, sich vorher bei den Rangern über den Zustand der Straße zu erkundigen. Der Gipfel des Tulhi Deemtu ist mit 4377 m der zweithöchste Berg Äthiopiens nach dem Ras Dashen im Simien-Gebirge. Die meisten Wildtiere sind in der nördlichen Gaysay Ebene zu finden. Die Weideflächen werden nicht nur von den endemischen Bergnyalas besucht, sondern auch von Stummelaffen, Anubispavianen, Kronenduckern, Riedböcken, Warzenschweinen und Buschböcken. In einigen Fällen werden hier auch Serval, Leopard und Tüpfelhyäne beobachtet, gefährdete Arten. Der Äthiopische Wolf war hier einst in großer Zahl anzutreffen. Das Vorhandensein vieler Nagetiere erleichterte das Überleben der Art. Die zunehmende Beweidung durch Rinder, Tollwut und die Übertragung des Virus durch Interaktionen mit Haushunden haben jedoch zu einem Rückgang der Population geführt. Die Hälfte der Gesamtpopulation (ca. 300) lebt in diesem Park und ist heute eine der am stärksten gefährdeten Arten. Der Bale Mountains National Park ist das ganze Jahr über für die Öffentlichkeit zugänglich. Die beste Zeit für einen Besuch ist von November bis April, außerhalb der niederschlagsreichsten Zeit. Der Park ist mit dem Auto leicht zu durchqueren. Es ist auch möglich, Teile des Parks auf dem Rücken eines Pferdes zu besuchen oder eine Trekkingtour zu unternehmen. Diese Wanderungen dauern zwischen einem und zwölf Tagen und führen Sie durch verschiedene Ökosysteme.

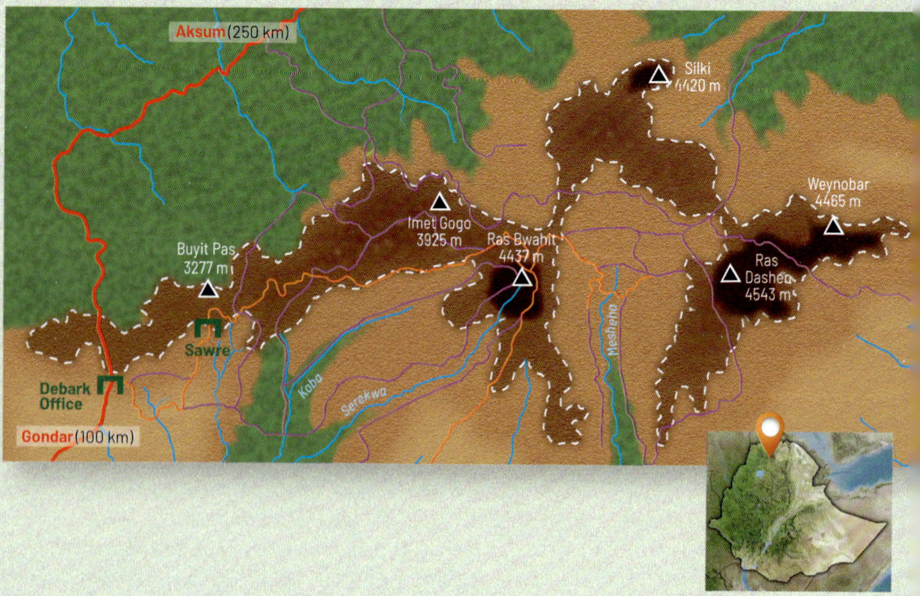
Aksum (250 km)
Silki
4420 m
Weynobar
4465 m
Imet Gogo
3925 m
Ras Bwahit
4437 m
Buyit Pas
3277 m
Ras Dashen
4543 m
Sawre
Debark
Office
Gondar (100 km)
Koba
Serekwa
Meshaha

Simien-Mountains-Nationalpark

Wann: Nov. - Mrz., weniger geeignet Jun. - Sep.
Klima: Tagestemperatur 18°C bis 27°C, nachts 3°C bis -5°C
Regen: 125 - 200 mm (Jun. - Aug.) 5 - 80 mm (Sep. - Mai.)
Höhe: 2600 - 4513 m über dem Meeresspiegel

Dort, wo sich heute der Simien Mountains National Park befindet, gab es vor 30 Millionen Jahren eine Reihe massiver Vulkanausbrüche. Konstante Lavaströme türmten sich hier zu großen Höhen auf. Regen und Wind verursachten Erosion, die extremsten Gipfel sind dadurch flacher geworden, bieten aber dennoch spektakuläre Ausblicke. Schroffe Berghänge werden von tiefen Schluchten durchzogen, manchmal bis zu 1500 Metern tief. Der Park beherbergt äußerst seltene Tierarten wie den Dschelada, eine Pavianart, den Äthiopischen Wolf und den Äthiopischen Steinbock, eine Ziegenart, die nirgendwo sonst auf der Welt vorkommt und die hier geschickt die steilen Hänge erklimmt. Mit einer Höhe von 4513 m ist der Ras Dashan der höchste Gipfel und zugleich der fünfthöchste Berg in Afrika. Der Park umfasst eine Fläche von 179 km² und liegt 748 km von Addis und 101 km nördlich von Gondar entfernt. Es gibt eine unbefestigte Straße, die in Debarg beginnt, wo sich das Verwaltungszentrum des Parks befindet. Sie führt in östlicher Richtung an mehreren Dörfern vorbei über den Buahit-Pass (4200 m) und biegt in südlicher Richtung nach Mekane Berhan ab, 10 km außerhalb der Parkgrenzen. Da diese Straße jedoch manchmal unpassierbar ist, mieten die meisten Besucher Führer und Maultiertreiber für eine 6-stündige Wanderung durch diese zerklüftete Gegend. Wasserfeste Kleidung, die für extreme Temperaturunterschiede geeignet ist, und ein guter Sonnenschutz sind ein Muss, vor allem, wenn Sie mehrere Tage wandern wollen. Sie übernachten dann in einfachen Campingunterkünften, die entlang der Strecke liegen.

Lake
Abaya
Arba
Minch
Nechisar
Haroropi
GOD'S
BRIDGE
HARORESA
RIDGE
Kulfo
NECHISAR PLAIN
Sermelle
Crocodile Market
Lake
Chamo

Äthiopien

Nechisar-Nationalpark

Wann:	das ganze Jahr über
Klima:	Tagestemperatur 24°C bis 36°C
Regen:	60 – 100 mm (Jun. – Sep.) 5 – 50 mm (Okt. – Mai)
Höhe:	1108 – 1550 m über dem Meeresspiegel

Der Nechisar-Nationalpark liegt 510 km südlich von Addis Abeba zwischen den Seen Abaya und Chamo, in der Nähe der Stadt Arba Minch. Der Landstreifen zwischen den beiden Seen wird wegen der Schönheit des Umlandes auch "Himmelsbrücke" genannt. Der Name der Stadt Arba Minch bedeutet übrigens "vierzig Quellen". Diese Quellen befinden sich südlich der Stadt, mitten im dortigen Wald.

Der Nechisar-Nationalpark bietet eines der schönsten Panoramen des Landes. Säugetiere durchstreifen die Grasebenen und Wälder dieses 514 km² großen Reservats. Es ist keine Ausnahme, dass Sie eines Tages Buschböcke, Kuhantilopen, Zebras, Grant Gazellen, Günther-Dikdiks, Großkudus und Grüne Paviane sehen werden. Ein Bereich des Nordwestufers des Chamo ist als sogenannter Krokodilmarkt bekannt, ein Platz an dem sich Hunderte von Krokodilen zum Sonnenbaden versammeln. In beiden Seen, vor allem aber im Chamo-See, sind Flusspferde zu sehen. Diese wurden traditionell von den Völkern gejagt, die an den Ufern der beiden Seen leben: den Ganjle und den Guli. Die Guli wissen, wie man aus einem speziellen leichten Holz Boote schnitzt, die sogar stabil genug sind, um Vieh über das Wasser zu transportieren. Die Farbe des Lake Abaya ist hellbraun bis rosa. Es wird angenommen, dass diese Farbe durch Eisenhydroxid verursacht wird. Die Farbe des Chamosees ist grün. Beide Seen sind hervorragend zum Angeln geeignet. Besonders der Nilbarsch und der Tigersalmler sind sehr begehrte Trophäen. Die Wege im Park sind normalerweise nur mit dem Geländewagen befahrbar.

Hinweis: *Die Savannen werden zunehmend von Rindern der ursprünglichen Bewohner beweidet. Diese Überweidung verringert die Artenvielvalt und die Anzahl der Tiere.*

Kenia

Die Republik Kenia mit der Hauptstadt Nairobi zählt 54 Millionen Einwohner und liegt am Äquator. Das Land verfügt über eine Fläche von 580 367 km^2 (Deutschland: 357 386 km^2) und ist damit etwas kleiner als Frankreich. Kenia grenzt im Norden an Äthiopien und Südsudan, im Osten an Somalia und den Indischen Ozean, im Westen an Uganda und im Süden an Tansania. Vor der Küste liegen eine Reihe von Korallenriffen und einige Inseln, darunter auch der Lamu-Archipel. Von dem fast 500 km langen Küstenstreifen steigt das Land langsam zu einem 150 bis 300 m hohen Plateau an. Im Norden und Nordwesten geht es in Ebenen von 300 bis 1500 m über, das Ostafrikanische Plateau, im Südwesten liegen die Kenya Highlands. Diese steigen von 1500 auf fast 4000 m an. Das Hochland wird in südlicher Richtung vom Ostafrikanischen Graben durchschnitten, einem der Ausläufer des Großen Afrikanischen Grabenbruchs. Der Graben liegt 600 bis 900 m tiefer als die Umgebung und wird von Vulkanen flankiert. An dieser Bruchlinie liegen mehrere Seen, darunter der Turkana-, Bogoria-, Baringo-, Nakuru-, Naivasha- und der Magadisee. In der Nähe des Naivashasees liegt der Graben ca. 1800 m über dem Meeresspiegel. Einer der Vulkane ist der zweithöchste Berg Afrikas, der Mount Kenya (5199 m). Das Gebiet ist eines der fruchtbarste Kenias und wird intensiv landwirtschaftlich genutzt.

Der Victoriasee, von dem nur der östlichste Teil zu Kenia gehört, liegt zwischen zwei Gräben, in die sich der Grabenbruch verzweigt hat. In der Nähe dieses Sees erhebt sich auch der zweithöchste Berg Kenias, der Mount

Elgon (4321 m). Der Große Afrikanische Grabenbruch, auch Great Rift Valley genannt, verläuft vom Mittleren Osten bis nach Mosambik und ist ca. 6000 km lang. Im Süden des Amboseli-Reservats ragt direkt hinter der Grenze zu Tansania der Kilimandscharo bis auf eine Höhe von 5895 m auf. Damit ist er der höchste Berg Afrikas. Das nördliche und nordöstliche Kenia ist eine bergige Landschaft mit vielen Sträuchern, die in eine Wüstenlandschaft übergeht, in der nur selten Regen fällt. Obwohl die ethnischen Gruppen ihre eigenen Sprachen sprechen, sind die offiziellen Sprachen Ki Swahili und Englisch. Die Bevölkerung besteht aus ca. vierzig verschiedenen Volksgruppen, von denen die Kikuyu (17 %), Luhya (14 %), Kalenjin (13 %), Kamba (10 %) und Luo (10 %) die wichtigsten sind. Die Massai stellen etwa 2,2 % der Bevölkerung. Der industrielle Sektor in Kenia ist klein. Der größte Teil der Bevölkerung betreibt Landwirtschaft. Das BNE pro Kopf (2020) ist US$ 3500 (Deutschland USD 50.800).

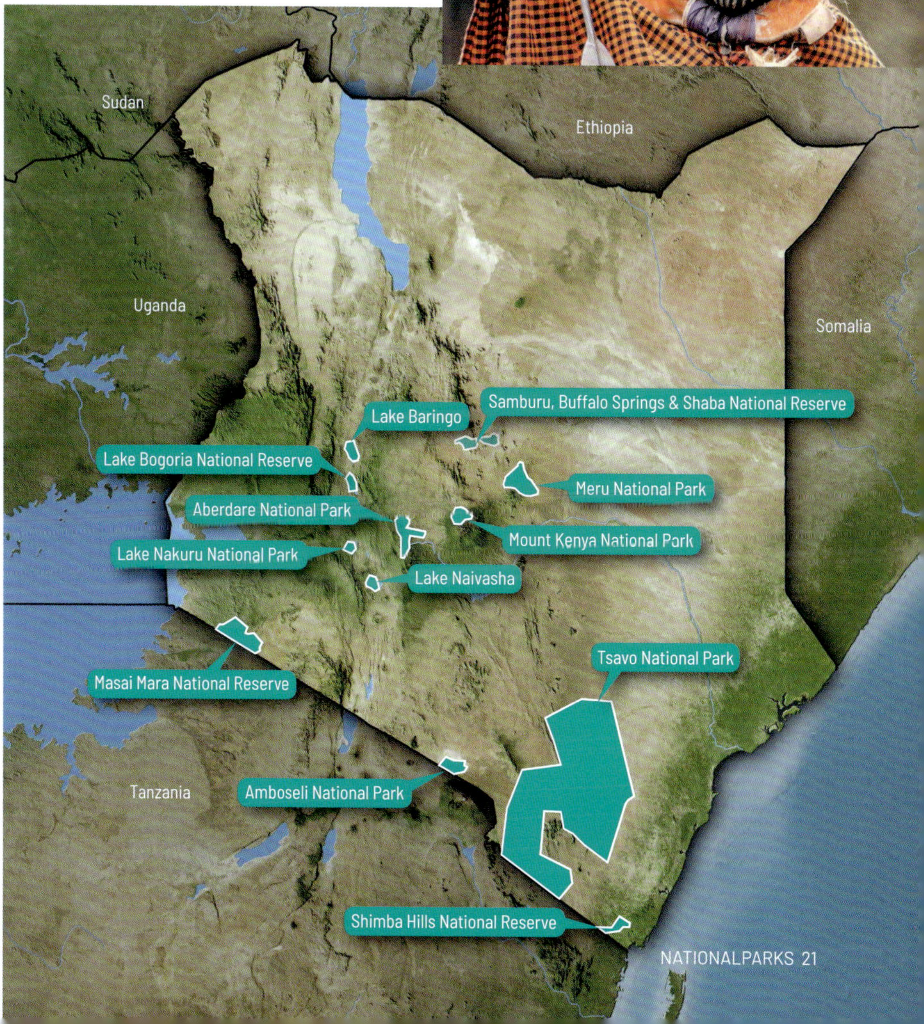

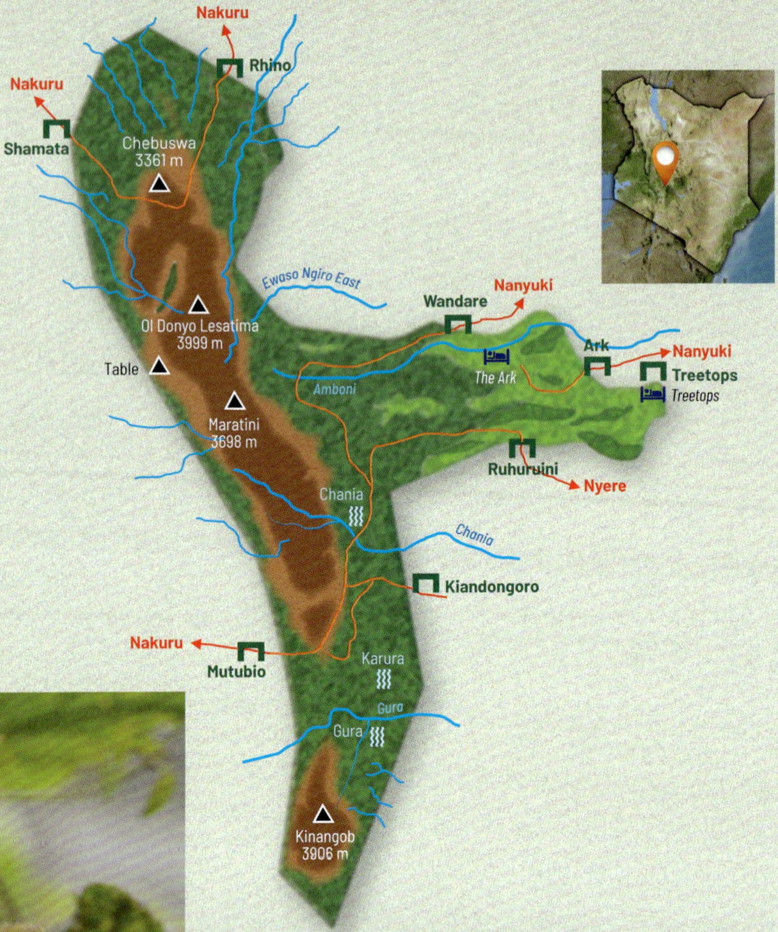
Nakuru
Rhino
Nakuru
Shamata
Chebuswa
3361 m
Ewaso Ngiro East
Ol Donyo Lesatima
3999 m
Table
Wandare
Nanyuki
Ark
Nanyuki
Treetops
The Ark
Treetops
Amboni
Maratini
3698 m
Ruhuruini
Nyere
Chania
Chania
Kiandongoro
Nakuru
Mutubio
Karura
Gura
Gura
Kinangob
3906 m

Kenia

Aberdare-Nationalpark

Wann:	das ganze Jahr über
Klima:	Tagestemperatur 18°C bis 25°C, abends kalt
Regen:	70 - 90 mm (Apr. - Nov.) 20 - 50 mm (Dez. - Mrz.)
Höhe:	1800 - 3999 m über dem Meeresspiegel

Der Aberdare-Nationalpark liegt auf einer Höhe von 1800 m bis beinahe 4000 m in der gleichnamigen Bergkette inmitten Kenias. Es gibt Berghänge mit Bambus und unberührtem Regenwald, Sümpfe und tiefe Täler. Die kühle und oft in Nebel gehüllte Bergkette ist vulkanischen Ursprungs. Über dem rot gefärbten Boden ragen zwei Gipfel auf: der Ol Donyo Lesatima (3999 m), dessen Name aus der Massai-Sprache (Maa) stammt und "Berg des jungen Stiers" bedeutet und der Kinangop (3906 m). Der Aberdare ist ein Teil des Großen Afrikanischen Grabenbruchs und liegt 180 km nördlich von Nairobi. Die gesamte Wasserversorgung der Hauptstadt erfolgt aus diesem Gebiet. Der Aberdare verfügt über eine Fläche von 767 km². Zur Fauna gehören Elefanten, Schwarze Nashörner, Büffel, Leoparden, Hyänen, Paviane und diverse Antilopen, wie die scheue Bongo und die Elenantilope. Es wurden 250 Vogelarten gezählt.
Eric Sherbrooke Walker eröffnete 1932 im Aberdare in der Nähe von Nyeri das berühmte Treetops Hotel. Es besaß nur zwei Zimmer und war im wahrsten Sinne des Wortes ein Baumhaus, befand sich also in einer Baumkrone. Zu seinen prominenten Gästen zählten unter anderem die britische Prinzessin Elizabeth, Charlie Chaplin und General Baden Powell. Das Treetops brannte während des Aufstands der Mau-Mau gegen die Briten im Jahr 1954 ab. Jedoch wurde im Jahr 1957 ein neues hölzernes Gebäude errichtet. Beim neuen Treetops handelt es sich um ein größeres Hotel, das nicht mehr in einem Baum „hängt". "The Ark" ist eine weitere besondere Unterkunft im Aberdare. Sie wurde 1969 in der Form einer Arche Noah direkt am Yasabara-Wasserloch erbaut. Die beiden Lodges bieten Ihnen einzigartige Möglichkeiten, die Tiere abends beim Trinken zu beobachten.

Namanga
Meshanani
EREMITE RIDGE
Lake Amboseli
(flooded after heavy rains)
Longolong
Maji ya
Pelican
Kioko
Nikita
Eremito
Voi
Avocet
Kibo Safari Camp
New Amboseli Lodge
LONGINYE
Kilimanjaro
Safari Lodge
Ol Tukai Lodge
Observation Hill
Kitirua
Tortillis
Camp
Enkongu
Narok
Snipe
OLODAIRE
REGION
Hippo
Pool
Amboseli
Serena
Lodge
EMPAASH REGION
Kimana
TSAVO WEST
TSAVO WEST

Kenia

Amboseli-Nationalpark

Wann: das ganze Jahr über, weniger geeignet Apr. – Mai
Klima: Tagestemperatur 22°C bis 26°C
Regen: 60 – 80 mm (Apr. – Mai) 10 – 40 mm (Jun. – Mrz.)
Höhe: 1155 – 1372 m über dem Meeresspiegel

Einer der kleineren Wildparks ist der Amboseli-Nationalpark. Der Park ist nur 392 km² groß und liegt 240 km südlich von Nairobi dicht an der Grenze zu Tansania. Die lokale Bevölkerung besteht vor allem aus den Massai, einem Hirtenvolk, das an den Grenzen des Reservats sein Vieh grasen lässt. Amboseli oder „Empusel" (manchmal auch Embosel) bedeutet für die lokale Bevölkerung auf Swahili „Staub". Der Park besteht größtenteils aus einer trockenen, staubigen Ebene, die sich alle paar Jahre durch Regenfälle in eine Seenlandschaft verwandelt. Die angrenzenden Savannen sind spärlich bewachsen. Es gibt einen Wald mit Doumpalmen *(Hyphaene thebaica)* und permanenten Sümpfen. Vor allem letztere sind ein idealer Ort für Elefanten und Flusspferde, die dort das ganze Jahr über zu finden sind. In der Nähe dieser Sümpfe liegt der Observation Hill. An seinem Fuß können Sie Ihr Fahrzeug verlassen, um die Tiere in den Sümpfen zu beobachten. Der Amboseli ist berühmt für seine große Elefantenpopulation. Der Park wurde bekannt durch Geschichten über Ernest Hemingways Jagdpartien und dessen Buch "Snows of Kilimanjaro", das später auch verfilmt wurde. Der Park war bereits im Jahr 1906 ein Reservat, wurde aber im Jahr 1974 offiziell zum Nationalpark erklärt. Der Amboseli liegt auf einer Höhe von 1155 m. Die größte Chance, den verschneiten Gipfel des mächtigen Kilimandscharo zu sehen, haben Sie in den frühen Morgenstunden. Es ist der Schnee dieses Vulkans, der über unterirdische Flüsse die Sümpfe speist. Das Wildaufkommen hängt von den äußeren Bedingungen ab. Nach guten jahreszeitlichen Niederschlägen werden Sie hier viele der ostafrikanischen Weide- und Raubtiere antreffen.

Loruk
SIBILIO
KOROSSI
SIRACHO ESCARPMENT
Lekoros
Rongena
BARTUM
Lake Baringo
West Bay
Samatian
MUKATANI
Rugus
Tumbili
Cliff
Lodge
Mukatan
Ol Kokwe
Iltipis
Parmalok
Nasuguro
Lesokut
SALABANI
Kapthurin
NGAMBO
Endau
KISERIAN
Salabani
Meisori
Ol Arabe
Molo

Lake Baringo

Wann:	das ganze Jahr über
Klima:	Tagestemperatur 28°C bis 33°C
Regen:	5 – 25 mm (Jan. – Dez.)
Höhe:	850 – 970 m über dem Meeresspiegel

Der Baringosee ist nach dem Turkanasee der zweitnördlichste See in Kenia, der durch den Ostafrikanischen Grabenbruch entstanden ist. Dieser See besitzt keinen offiziellen Status als geschütztes Reservat und fehlt noch auf der Route der meisten organisierten Safaris durch Kenia. Er ist, genau wie der Naivashasee, ein Süßwassersee. Die Farbe des Wassers ist wegen seines hohen Schlammgehalts rosa. Der See wird von einigen kleinen Flüsschen gespeist. Aller Wahrscheinlichkeit nach versickert das Wasser wieder durch das poröse Vulkangestein. Dies würde erklären, warum das Wasser süß bleibt. Seit 2010 zeigen Messungen, dass der See deutlich größer geworden ist. Studien erklären diesen Anstieg mit dem erhöhten Druck der unterirdischen Wassermassen unter dem See. Viele Vogelarten, darunter der Rosaflamingo, Reiher und andere typische Wasservögel wie der Schreiseeadler, finden hier ihre Nahrung. Eine Population von Goliathreihern ist auf der felsigen Halbinsel Gibraltar am östlichen Ufer zu finden. Am westlichen Ufer gibt es einen Akazienwald und auch hier werden Sie viele Vogelarten antreffen. Einschließlich der Zugvögel wird die Zahl auf 470 verschiedene Arten geschätzt. Lokale Fischer des Njempstammes wagen sich trotz der vielen Krokodile und Flusspferde mit kleinen aus Schilfrohr geflochtenen Booten auf das Wasser. Safaritouren werden mit Booten durchgeführt. Auf diesen Fahrten werden Sie eine oder mehrere Inseln besuchen. Es werden auch Wandertouren unter der Leitung von erfahrenen Vogelkennern organisiert. Der See hat eine Fläche von 130 km^2. Im nordöstlichen Teil befinden sich einige heiße Quellen, aus denen Gase und Dampf entweichen.

Lorwok
Lake Bogoria Spa Resort
Waseges
ESMOS ESCARPMENT
Loboru
Nakuru
Maji Moto
Lake Bogoria
Parkinchai
Mawe Moto
Emsos

Lake-Bogoria-Schutzgebiet

Wann:	das ganze Jahr über
Klima:	Tagestemperatur 28°C bis 33°C
Regen:	5 – 25 mm (Jan. – Dez.)
Höhe:	1000 – 1670 m über dem Meeresspiegel

Das Lake-Bogoria-Schutzgebiet ist vor allem bekannt durch seine heißen Quellen und die prächtige Natur. Im Jahr 1973 erhielt es seinen Status als Schutzgebiet. Seit 2001 unterliegt es unter anderem der Ramsar-Konvention. Das Reservat befindet sich 285 km nördlich von Nairobi und 10 km oberhalb des Äquators. Der Park ist 114 km^2 groß. Zwei kleine Flüsse, Niederschläge und Quellen speisen den See. In Trockenperioden verliert der Bogoriasee den Großteil seines Volumens. Vor allem in den letzten Jahren hat die Größe des Sees, wie auch die der anderen Seen des Großen Grabens, erheblich zugenommen. In Zeiten starken Regens ist der See ca. 9 Meter tief. Durch die Verdunstung ist der Mineralgehalt so hoch, dass Fische dort nicht leben können. Da es keinen natürlichen Abfluss gibt und einst viel Asche von den umliegenden Vulkanen in den See gespült wurde, ist das Wasser alkalisch. Das Wasser beherbergt Spirulina (Arthrospira), ein blau-grünes Cyanobakterium, das eine alkalische Umgebung bevorzugt.
Da sie die Hauptnahrungsquelle des Zwergflamingos sind, können Sie während eines Besuchs nach der Regenzeit das Glück haben, hunderttausende dieser Vögel anzutreffen. Im Osten enden die steilen Hügel abrupt im See. An der Westküste ist das Ufer flach. Hier befinden sich verschiedene heiße Quellen und Geysire. Die Umgebung des Sees ist der Lebensraum großer und kleinerer Antilopen, von Büffeln und Zebras sowie des Riesenwaldschweins.
An Raubtieren gibt es Geparden, Ginsterkatzen, Mangusten und den Serval. Manchmal kann man nachts den Karakal oder das Stachelschwein antreffen. Schätzungen belaufen sich auf rund 350 verschiedene Vogelarten, sehr häufig ist der afrikanische Schreiseeadler.

Warum gibt es Alkalische Seen in Afrika?

Die Existenz von alkalischen (Soda-)Seen mit ph-Werten von 9 bis 12 hat ihren Ursprung in vulkanischer Aktivität. Bei Eruptionen bedeckten die Vulkane des Großen Grabens die Umgebung mit Asche, die unter anderem Natriumbikarbonat enthielt. Die Asche wurde mit dem Regenwasser in die Seen gespült. Das Soda wurde vom Regenwasser in die Seen gewaschen. Wenn ein See keinen Abfluss hat (Seen wie der Baringo und der Naivasha verfügen über Abflüsse), verbleibt das Soda im See. Alkalische Seen befinden sich daher immer in der Nähe eines Vulkans. Die große Menge an sehr nahrhaften Cyanobakterien (besonders an Spirulina platensis) im sodahaltigen Wasser zieht Zwergflamingos an.

Lake Naivasha

Wann: das ganze Jahr über, April weniger geeignet
Klima: Tagestemperatur 18°C bis 28°C
Regen: 100 – 115 mm (Nov., Apr.) 40 – 80 mm (andere Monate)
Höhe: 1880 m über dem Meeresspiegel

Der Naivashasee liegt auf einer Höhe von 1880 m und ist damit der am höchsten gelegene See Kenias. Er ist nur 80 km von Nairobi entfernt und bei Vogelliebhabern beliebt. Die Anzahl verschiedener Vogelarten variiert zwischen 350 und 450, wenn sich von Oktober bis März auch viele Zugvögel hier niederlassen. Der See verfügt über keinen natürlichen Abfluss, der aber eine Voraussetzung dafür ist, dass die alkalische Asche der Vulkaneruptionen abgeführt wird. Und doch ist das Wasser des Sees süß und weist eine gesunde Fischpopulation auf. Es wird daher angenommen, dass eine unterirdische Entwässerung stattfindet. Das Ufer ist üppig mit Papyrus und blauen Wasserlilien bewachsen. Der See ist größtenteils umsäumt von Wäldern der *Acacia xanthophlea*, besser bekannt als Fieber-Akazien. Die Bootsexkursionen auf dem See sind äußerst beliebt. Flusspferde sind zahlreich, Krokodile gibt es hier keine. Die Halbinsel Crescent Island, einst Kulisse für den Film „Out of Africa", verliert von Zeit zu Zeit ihre Verbindung zum Festland und verwandelt sich dann in eine Insel. Sie ist ein schönes, abwechslungsreiches Stück Natur, wo Sie sich zu Fuß Giraffen, Defassa-Wasserböcken und Zebras bis auf einen Steinwurf nähern können. Entlang des Ufers befindet sich eine riesige Population von Schreiseeadlern, Pelikanen und Kormoranen. Zudem gibt es diverse andere Arten. Weiter südlich, ca. 13 km vom See entfernt, liegt der Hell's-Gate-Nationalpark, ein kleiner Wildpark, der wichtig für die seltenen Bartgeier ist. Hier jagt auch der Klippenadler.

Nakuru
New Gate
Lanet
Njoro
Sarova Lion Hill
Game Lodge
Lake
Nakuru
BABOON
CLIFFS
Nderit
Lake Nakuru
Lodge
LAKE
ELMENTAITA
Nderit
Makalia
Naishi
Makalia
Falls

Lake-Nakuru-Nationalpark

Wann:	das ganze Jahr über, April weniger geeignet
Klima:	Tagestemperatur 21°C bis 26°C
Regen:	110 – 150 mm (Apr. – Nov.) 10 – 40 mm (Dez. – Mrz.)
Höhe:	1050 – 1759 m über dem Meeresspiegel

Der Nakurusee entstand durch den Großen Afrikanischen Grabenbruch. Der Park ist ca. 188 km^2 groß, die Entfernung nach Nairobi beträgt 156 km. Er liegt südlich der Stadt Nakuru und ist seit 1960 ein geschütztes Vogelreservat. Später, im Jahr 1968, bei der Wiedereinführung von Säugetieren, erhielt er den Status eines Nationalparks. Seit 1990 unterliegt das Gebiet der Ramsar-Konvention. Gegenwärtig funktioniert der Schutz so gut, dass es zu den an Fauna artenreichsten Naturschutzgebieten gerechnet wird. Der See wird im Norden durch den Menengai-Krater und die Hügel Bahati und Lion begrenzt. Der Eburukrater befindet sich im Süden und die Mau Klippe im Westen. Drei Flüsse strömen zusammen mit den gereinigten Abwässern der Stadt Nakuru in den See. Seit 2010 ist ein Anstieg des Wasserspiegels zu verzeichnen. Gründe dafür sind verstärkte Niederschläge und Zuflüsse, eine geringere Verdunstung aufgrund der Zufuhr von kühlerem Wasser und eine Erhöhung des Bodens durch die Ablagerung von Sedimenten. Es wird aber auch vermutet, dass unterirdische Seen und Flüsse im Great Rift Valley das Wasser durch den porösen Boden nach oben drücken. Das gleiche Phänomen tritt auch bei den anderen Seen auf. Dadurch ist der Nakurusee enorm gewachsen und ist heute viel schwacher alkalisch. Daher hat sich das Biotop für Flamingos stark verändert. Die kargen Ebenen entlang des westlichen Ufers sind nun überflutet.
Die Wildkonzentration ist jetzt im Süden und Osten am höchsten. Heutzutage ist der Nakuru-Nationalpark auch ein sicherer Ort für Breit- und Spitzmaulnashörner. Darüber hinaus gibt es viele Katzen und zahlreiche Huftiere sowie die vom Aussterben bedrohte Rothschild-Giraffe.

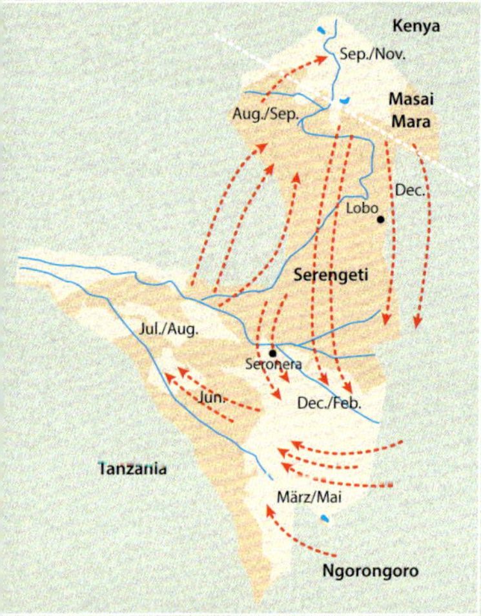

Masai-Mara-Migrationszeitplan

Aug.: *Ab diesem Monat erreicht die enorme Herde, bestehend aus Gruppen von vielen Tausenden Zebras und Gnus, die Ebenen. Da der Park unter dem Einfluss des Victoriasees steht, fällt hier der meiste Regen im ganzen Serengeti-Mara-Ökosystem. Eine wichtige Barriere ist der Fluss Mara. Die Herden kommen vor allem aus dem Westen, sodass sie den Fluss überqueren müssen, um östlich weitergrasen zu können.* **Sep. - Okt.:** *Fast die vollständige Herde befindet sich nun in der Masai Mara, vor allem weil in der Serengeti kaum noch Wasserlöcher zu finden sind.* **Nov.:** *Die ersten Regenfälle erreichen die Serengeti und die Herde wendet sich grasend in südöstliche Richtung wieder der Serengeti zu.*

Masai-Mara-Schutzgebiet

Wann: das ganze Jahr über, Dez. – Apr. weniger geeignet
Klima: Tagestemperatur 20°C bis 26°C
Regen: 130 mm (Dez. – Jan.) 70 – 95 mm (Feb. – Apr., Nov.) 20 – 50 mm (Mai – Okt.)
Höhe: 1500 – 2200 m über dem Meeresspiegel

Die Masai Mara liegt im Südwesten Kenias. Seit 1984 misst diese geschützte Naturlandschaft 1500 km^2. Sie ist ein Teil der viel größeren, südlicher gelegenen Serengeti in Tansania. Die Landschaft besteht vor allem aus Grasland und hügeliger Savanne, unterbrochen von Felsformationen und steilen Berghängen. Baumreichen Bewuchs finden Sie an den Ufern der weitverzweigten Flüsse Mara, Talek und Sand. Es ist Kenias beliebtester Safaripark. Oft bildet er die Kulisse für Naturfilme. Eine Reise durch Kenia, ohne die Masai Mara zu besuchen, ist eine verpasste Chance. Der meiste Regen fällt im nördlichen Teil des Parks, die Wildtierdichte kann daher abhängig vom Niederschlag von Zeit zu Zeit stark variieren. Der Wildbestand ist sehr artenreich und außerordentlich hoch. Die Gnus und auch der weitaus größte Teil der Zebras kommen während der jährlichen Migration vor allem im August in die Masai Mara. Besonders ihre Überquerung des Flusses Mara ist eine Gelegenheit, spektakuläre Aufnahmen zu machen. Im Falle einer langen Trockenheit begeben sich die Huftiere andernorts auf die Suche nach Wasser und Gras. In der Masai Mara haben Sie gute Chancen, Leoparden zu sehen. Auch Geparden und vor allem Löwen lassen sich häufig blicken. Die Lodges sind in allen Winkeln des Parks über ein feinmaschiges Wegenetz zu erreichen.

Kenia

Meru
Murera
iKweta Safari Camp
KINNA
BISANADI
Bisanadi
MURERA
Bwatherongi
Murera Springs
Eco Lodge
Leopard Rock Lodge
Mulika
Mururi
ROJEWERO
MULIKA
Leopard Rock
Murera
KINDANI
RHINO
Mughwango
Bwatherongi
Rhino River
Camp
KIOLU
BWATHERONGI
Elsa's Kopje
PUNGURU
Rowejero
Sand
Nkimuni
Kiorimba
Shifta
Ura
Ntoe
Ura
Ura
Meru
Elsa
Rowejero
Sand
Tana
Adamson's Falls

Meru-Nationalpark

Wann: das ganze Jahr über
Klima: Tagestemperatur 21°C bis 26°C
Regen: 50 - 70 mm (Nov., Apr. - Jun.) 10 - 30 mm (andere Monate)
Höhe: 304 - 1036 m über dem Meeresspiegel

Der Meru-Nationalpark liegt 350 km von Nairobi entfernt und nordöstlich des Mount Kenya. Der Park hat eine Fläche von 870 km². Im Süden liegt der Fluss Ura und der südöstliche Bereich wird vom ganzjährig wasserführenden Fluss Tana begrenzt. Da der Park nicht auf der Route vieler Safaris liegt, wird er nicht oft besucht. Vor allem aber war dieses Gebiet vor dem Jahr 2000 sehr beliebt bei Wilderern und illegalen Jägern. Zwischen den Jahren 2000 und 2005 half der International Fund for Animal Welfare (IFAW) dem Kenya Wildlife Service, den ursprünglichen abwechslungsreichen Wildbestand des Parks wiederherzustellen. Inzwischen wurden neue Lodges erbaut und heutzutage erfreut sich der Park wieder steigender Besucherzahlen. Besonders wegen der abwechslungsreichen Landschaft ist ein Besuch sehr empfehlenswert. Vielleicht kennen Sie die Geschichte von Elsa, der Löwin, beschrieben von Joy Adamson in ihrem Buch „Born Free". An dem Ort, an dem das Ehepaar sein Camp „Elsa's Kopje" betrieb, steht nun eine Lodge. Im Meru treffen Sie an dichtbewachsen Ufern, auf Savannen und bewaldeten Hügel besondere Tierarten an, wie zum Beispiel den Streifenschakal, den Kleinen Kudu und den Blauducker. Daneben gibt es über 300 verschiedene Vogelarten. Am Ufer des Tana können Sie mit ein wenig Glück Bindenfischeulen beobachten. Durch die Nähe zum Mount Kenya fällt im westlichen Teil des Parks regelmäßig Regen. Viele kleine Bächer sorgen dafür, dass das Wasser letztendlich seinen Weg in die Flüsse Ura und Tana findet.

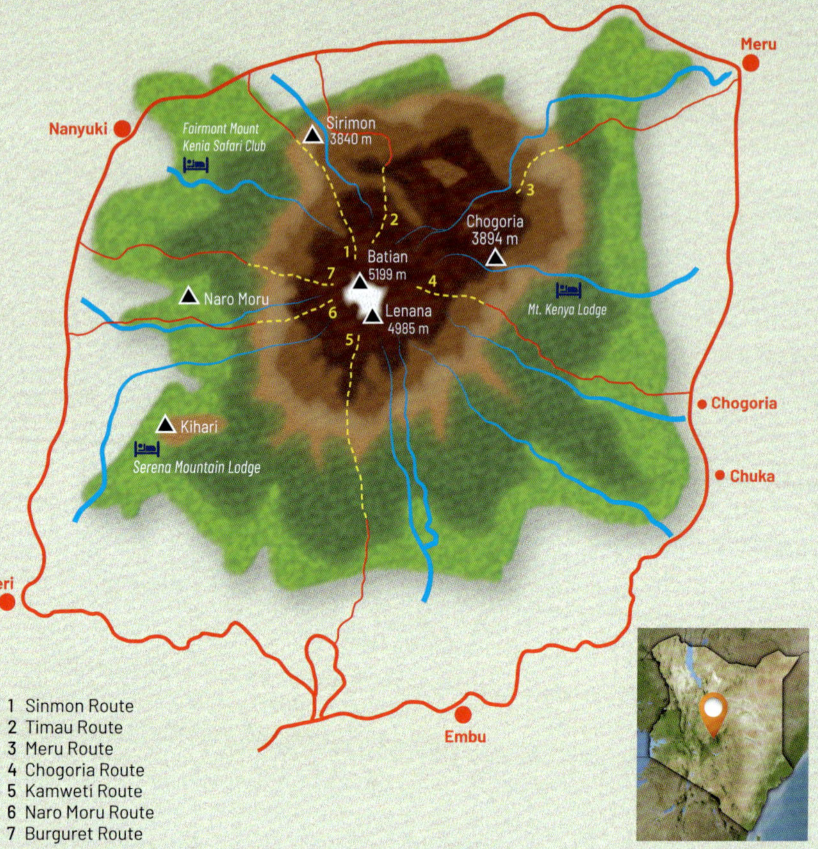
Meru
Nanyuki
Fairmont Mount Kenia Safari Club
Sirimon 3840 m
Chogoria 3894 m
Batian 5199 m
Lenana 4985 m
Naro Moru
Mt. Kenya Lodge
Chogoria
Kihari
Serena Mountain Lodge
Chuka
Nyeri
Embu
1 Sinmon Route
2 Timau Route
3 Meru Route
4 Chogoria Route
5 Kamweti Route
6 Naro Moru Route
7 Burguret Route

Mount-Kenya-Nationalpark

Wann: das ganze Jahr über
Klima: Tagestemperatur 19°C bis 23°C, abends kalt
Regen: 50 – 70 mm (Nov., Apr. – Jun.) 10 – 40 mm (andere Monate)
Höhe: 2134 – 5199 m über dem Meeresspiegel

Der Mount-Kenya-Nationalpark erhielt seinen Status im Jahre 1949 und erstreckt sich über ein Gebiet von 588 km^2. Der Park umfasst Bambuswälder, alpines Moorland, Gletscher, Bergseen und Eisflächen bis hin zu den beiden Gipfeln des Mount Kenya: dem Batian (5199 m) und dem Nelion (5188 m). Um den Gipfel in Begleitung von Bergführern zu erreichen, muss man gut ausgerüstet sein und über gute Klettererfahrung verfügen. Der bereits sehr beschwerliche Aufstieg auf den Kilimandscharo gilt als einfacher als der auf den Mount Kenya. Die meisten Besucher bleiben auf den Berghängen und übernachten in einer der Lodges. Der Mount Kenya ist ein alter Vulkan und ist Kenias höchster Berg. An seinem Fuß werden allerlei Pflanzen wie Kaffee, Tee und Früchte angebaut. Auf den unteren Hängen des Berges ist der Bewuchs hingegen wild und dicht. Hier lebt unter anderem der Guereza. Die Flora dieser Berglandschaft besteht aus Lobelien, Heidepflanzen und vielen alpinen Blumen. Eine Unterkunft finden Sie zum Beispiel in der Serena Mountain Lodge, die gegenüber einer Wasserstelle erbaut wurde. Am Abend und in der Nacht wagen sich hier zahlreiche Tierarten ins Scheinwerferlicht, um ihren Durst zu stillen. Für besondere, wie zum Beispiel Riesenwaldschweine, Nashörner, Stachelschweine, Honigdachse oder Leoparden, können Sie sich wecken lassen. Oder aber Sie bleiben die ganze Nacht wach, um nichts zu verpassen. Am Fuße des Mount Kenya liegt der Mount Kenya Safari Club. Der Nationalpark eignet sich allerdings nicht für Safaritouren mit dem Auto.

Kenia

Samburu-, Buffalo-Springs- und Shaba-Nationalpark

Wann: das ganze Jahr über

Klima: Tagestemperatur 28°C bis 30°C

Regen: 5 – 35 mm (Jan. – Dez.)

Höhe: 800 – 2145 m über dem Meeresspiegel

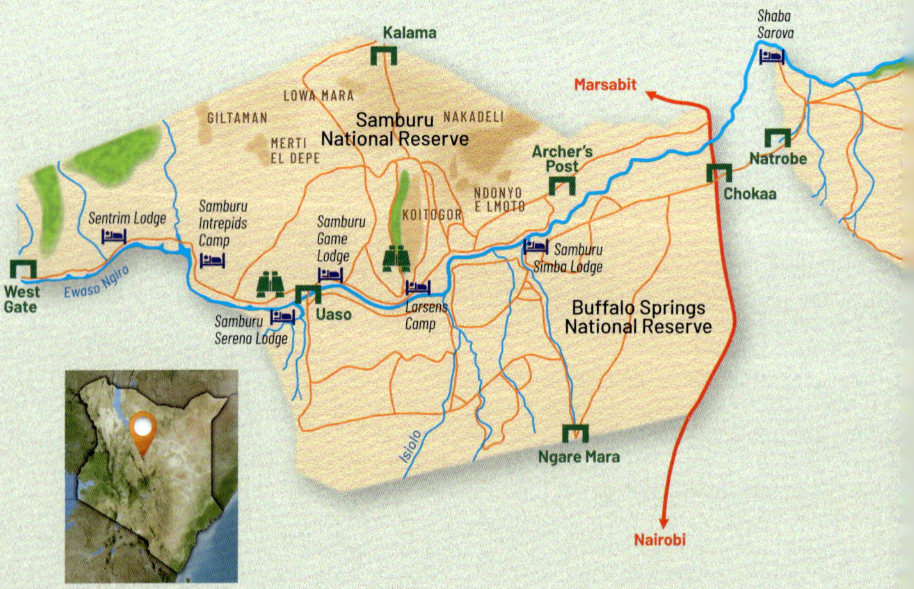

Samburu, Buffalo Springs und Shaba sind drei Wildparks, die aneinandergrenzen. Diese Parks verfügen zusammen über eine Fläche von 576 km^2. Die nördliche Grenze des Shaba ist der Fluss Uaso Nyiro, die anderen beiden Parks liegen westlich des Shaba. Der Samburu ist mit etwa 165 km^2 der kleinste, aber interessanteste Park. Das Tierleben in dem semiwüstenartigen Gebiet ist nur durch die permanente Wasserzufuhr des Uaso Nyiro möglich. Obwohl der Fluss in Zeiten außergewöhnlicher Dürre an manchen Stellen austrocknen kann, bleiben doch immer Pfützen übrig. Am Ufer findet sich dichter Bewuchs von unter anderem diversen Palmenarten. Zwei Berge ragen in dem Gebiet empor: der Koitogor und der Ololokwe. Die Parks sind etwas Besonderes, da Sie hier Tierarten antreffen, die in anderen Teilen Kenias nicht oder nur selten vorkommen. Dazu zählen beispielsweise das Grévyzebra, die Netzgiraffe, der Somalistrauß, der Gerenuk und die Beisa-Oryx.

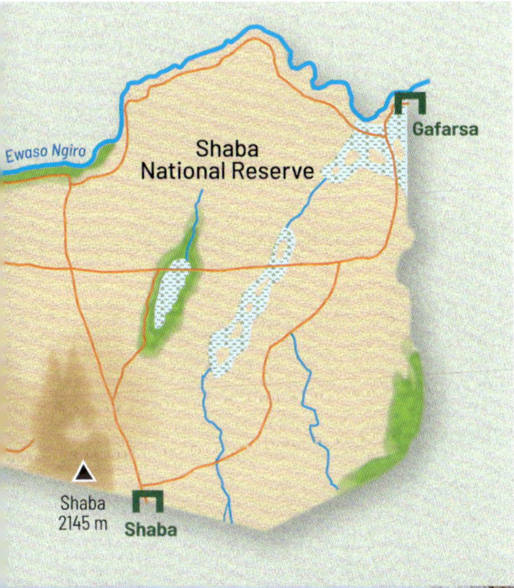

Die Vogelwelt wird auf ca. 400 verschiedene Arten geschätzt. Regenpfeifer und Flughühner sind an den kleineren Wasserstellen zahlreich vorhanden. Dies gilt ebenso für den Halsband-Zwergfalken. Der Kampfadler wird hier regelmäßig gesichtet, oft in der Nähe des Wassers, wo er Dikdiks und Perlhühner auflauert. An Duckerarten leben hier der Rot-, Kronen- und Blauducker. Vielleicht kennen Sie die Geschichte der Löwin Kamunyak. Sie adoptierte mehrere Male ein Beisa-Oryx-Kalb und nahm ihre Mutterschaft so ernst, dass sie das Kalb sogar gegen ihre eigenen Artgenossen verteidigte.

Kenia

Kwale
Kwale
Mombasa
Shimba Hills Lodge
Kivumoni
Main Gate
Morera
Pengo
Shimba
Elephant
Sheldrick Falls
Mwachemwana
MGONGANI NORTH FOREST
MGONGANI WEST FOREST
Mkonda
Kidongo
Nzoruni
Mkundi

Shimba-Hills-Schutzgebiet

Wann: das ganze Jahr über
Klima: Tagestemperatur 26°C bis 32°C
Regen: 5 - 30 mm (Jan. - Dez.)
Höhe: 100 - 450 m über dem Meeresspiegel

Das Shimba-Hills-Schutzgebiet liegt in der Nähe der kenianischen Küste, 56 km südlich von Mombasa. Das Gebiet ist sehr hügelig und umfasst 310 km^2. Dichter Bewuchs wechselt sich gelegentlich mit kleinen savannenartigen Stellen ab. Es ist der einzige Park in Kenia, in dem Sie die schöne Rappenantilope beobachten können. Sie wurde hier vor vielen Jahren ausgesetzt, um diese ursprünglich einheimische Tierart wieder in Kenia anzusiedeln. Heutzutage lebt im Schutzgebiet eine gesunde Population. In den Shimba Hills gibt es mindestens sechs verschiedene Waldtypen und viele der Baum- und Pflanzenarten sind einzigartig in Kenia und im Allgemeinen selten. Die Elefanten, deren Zahl hier stark zunimmt, fügen diesen Pflanzen viel Schaden zu. Obwohl der Park von einem Zaun umgeben ist, werden auch umliegende landwirtschaftliche Flächen von den Herden aufgesucht. 14 km vom Eingang des Parks entfernt liegt der Mwanluganjewald. Zwischen den beiden Gebieten wurde ein Korridor eingerichtet, der den Elefanten die Möglichkeit gibt, sich auf ein größeres Gebiet zu verteilen. Das Problem ist damit jedoch noch nicht gelöst. Das Aussetzen ganzer Herden im Tsavo wäre eine Option. Im Schutzgebiet kann man viele verschiedene Vögel, darunter Nashornvögel und Eisvögel, beobachten. Die aus Holz errichtete Shimba Hills Lodge, liegt direkt gegenüber einer Wasserstelle. Im Park können Sie an Wandertouren teilnehmen, die von erfahrenen Guides geleitet werden. Die Sheldrick Falls sind nur zu Fuß zu erreichen.

Nairobi
Umbi Hill
Motumo
Muvugo
Migo
980 m
Tiva
Tiva
Athi
Tsavo East
Tsavo Safari Club
Nairobi
Mtito Andei
YATTA PLATEAU
Kyulu
Kilaguni Lodge
Mzima
Severin S.C.
Ngulia 1821 m
Tsavo
Lugard Falls
Galana
Crodotile Tented Camp
Tsavo
Manyani
Crocodile point
Sala
1249 m
Mudanda Rock
Manda 1382 m
Ziwani
Voi Lodge
Maktau
Taita Hills 2250 m
Voi
Aruba Lodge
Taveta
Tsavo West
Voi
Aruba Dam
Lake Jipe
Jipe
Lake Jipe Lodge
Buchuma
Mombasa
Kasigau
Kanjaro 1006 m
Tanzania
MKOMAZI NATIONAL PARK
Mombasa

Tsavo-Nationalpark

Wann:	das ganze Jahr über
Klima:	Tagestemperatur 29°C bis 32°C
Regen:	50 mm (Nov. – Dez.) 10 – 35 mm (Okt., Jan. – Mai)
Höhe:	450 – 1000 m über dem Meeresspiegel

Der Tsavo ist der größte Nationalpark Kenias. Er erstreckt sich über insgesamt 20 800 km^2. Von Touristen besucht wird allerdings vor allem der zentrale Teil des Tsavo. Der Park wird sowohl durch die Eisenbahnlinie, die Mombasa mit Nairobi verbindet, als auch durch eine Autobahn, in Ost- und West-Tsavo aufgeteilt. Bereits 1948 wurde der Tsavo als Naturschutzgebiet ausgewiesen, aber erst nach der Unabhängigkeit von England im Jahr 1963 wurde auch das Jagen verboten. Das Gebiet nördlich des Galanaflusses besteht vor allem aus trockenen bis sehr trockenen, kaum bewachsenen Ebenen. Der westliche Teil hingegen ist in erster Linie vulkanischen Ursprungs. In der Nähe der Chyulu Hills liegt Shetani: ein breiter Strom erstarrter Lava, der wie ein Gletscher aussieht. Hier finden Sie auch ausgedehnte Savannen, die sich mit schönen, hügeligen Landschaften und wasserreichen Gebieten abwechseln. Die Mzima Springs versorgen Mombasa mit Süßwasser. Unter einer Lavaschicht sprudeln jeden Tag beinahe 200 Millionen Liter kristallklares Wasser hervor. Hier leben Flusspferde und Fische, darunter Barben. In der direkten Umgebung der Quellen gibt es sehr zutrauliche Meerkatzen. Andere besondere Orte sind Mudanda Rock und der Aruba Dam. Dies sind natürliche Stauseen, die auch in Trockenzeiten Wasser enthalten. 40 km von Voi entfernt liegen die Lugard Falls, Wasserfälle und Stromschnellen, deren Wassermassen in einer engen Felsformation verschwinden. Zudem ist der vogelreiche Tsavo von September bis November ein wichtiger Futterplatz für Zugvögel.

Uganda

Uganda, das sich über vier geografische Regionen erstreckt, ist eine Republik, die politisch in 77 Distrikte unterteilt ist. Es grenzt an Kenia, den Südsudan, die D.R. Kongo, Ruanda und Tansania. Das Land hat keine Verbindung zum Meer, ein Großteil des internationalen Frachtverkehrs erfolgt per Schiff über den Viktoriasee nach Tansania und über Straßen nach Kenia. Das Parlament besteht aus der Nationalversammlung und hat 449 Mitglieder. Das Land erlangte am 9. Oktober 1962 seine Unabhängigkeit vom Vereinigten Königreich und ist nach dem Königreich Buganda benannt, das einen Teil des Südens des Landes, einschließlich der Hauptstadt Kampala, umfasst. Neben Buganda gibt es vier weitere Königreiche in Uganda: Ankole, Bunyoro-Kitara, Busoga und Toro. Die derzeitige Bevölkerung (2019) wird auf über 44 Millionen geschätzt, von denen 84 % dem Christentum und etwa 14 % dem Islam angehören. Die wichtigste Stadt ist Kampala, das industrielle, administrative und politische Zentrum des Landes. Sie erstreckt sich über sieben Hügel und ihr Name bedeutet "die Hügel der Antilopen". Entebbe, wo sich der internationale Flughafen befindet, liegt am Viktoriasee, etwa 40 km von Kampala entfernt. Die Amtssprachen sind Englisch und Ki-Swahili, aber in einigen Regio-

nen werden auch Runyoro, Runyankole, Rukiga, Luo und Lusoga gesprochen. Das 241 000 km^2 große Land liegt größtenteils auf dem ostafrikanischen Plateau und befindet sich durchschnittlich 1100 Meter über dem Meeresspiegel. Große Teile des Landes werden landwirtschaftlich genutzt (Kaffee, Mais, Tee und Tabak). Insbesondere der Export von landwirtschaftlichen Erzeugnissen trägt zu einem Wachstum von durchschnittlich 2,5 % pro Jahr bei. Dennoch hat das kaum Auswirkungen auf die Armut der Bevölkerung, die hauptsächlich (zu etwa 80 %) in ländlichen Gebieten lebt. Das BNE pro Kopf (2020) ist US$ 2400 (Deutschland USD 50.800) und gehört zu den niedrigsten der Welt. Viele der ursprünglichen Einwohner Ugandas leben heute in England und den USA und tragen erheblich zur Kaufkraft der Familienmitglieder bei.

Uganda

Butogota
Ishasha
Engagi Lodge
Buhoma
Buhoma Lodge
Ihihizo
Ruhija
MAFUGA FOREST RESERVE
Gorilla Close Up Lodge
Rubugeri
Rushaga

Bwindi Impenetrable Forest

Wann: das ganze Jahr über
Klima: Tagestemperatur 20°C bis 23°C
Regen: 100 - 130 mm (Okt. - Mai) 25 - 60 mm (Jun. - Sep.)
Höhe: 1160 - 2607 m über dem Meeresspiegel

Der Bwindi Impenetrable Forest befindet sich im Südwesten Ugandas und grenzt an die Demokratische Republik Kongo und den Virunga-Nationalpark. Der Park umfasst 321 km² und kann nur zu Fuß durchquert werden. Die Landschaft besteht aus Bergen, vielen Hügeln, tiefen Tälern mit hier und da schmalen Wanderwegen inmitten einer dichten tropischen Vegetation mit auffallend vielen blühenden Pflanzen und Bäumen. Die Berge steigen bis auf 2600 Meter und die Täler sind bis zu 1200 Meter tief. Neben etwa 120 Säugetier-, 348 Vogel- und 220 Schmetterlingsarten sind die Berggorillas der Hauptgrund für einen Besuch in diesem Park. In Begleitung eines Führers und Scouts, die von der Uganda Wildlife Authority eingestellt sind, machen sich kleine Gruppen auf, um die Berggorillas in ihrem natürlichen Lebensraum zu beobachten. Mehrere Gorillafamilien leben in verschiedenen Sektoren des Gebietes. Schätzungen zufolge leben hier etwa 50 Prozent der Gesamtpopulation. Etwa 600 Gorillas leben jetzt hier unter einigermaßen sicheren Bedingungen. Heutzutage patrouillieren bewaffnete Ranger durch den Park. Diese Situation trägt zu einem stetigen Anstieg der Zahlen bei. Bis ins letzte Jahrhundert wurden diese Tiere jedoch in großem Umfang gejagt, manchmal wegen des Fleisches, aber auch wegen der Ausfuhr von meist jungen Exemplaren für den Privatbesitz (ganze Familien, die die Jungtiere schützen wollten, wurden damals erschossen). Damals wurden auch Teile von Gliedmaßen auf lokalen Märkten als "Souvenirs" verkauft. Der Park kann das ganze Jahr über besucht werden, aber die Zeit außerhalb der Regenzeit ist vorzuziehen.

Rugombe
Kampala
Sebitoli Forest Camp
Fort Portal
Sebitoli
Mpanga
Papaya Lake Lodge
Nyabikere
Primate Lodge
Kanyancho
Kanyancho River Camp
NDALI KRATER FIELD
Nkingo
Kibale Forest Camp
Bigodi
Kakoga
Dura
Kabalege
QUEEN ELIZABETH NATIONAL PARK

Kibale-Nationalpark

Wann: das ganze Jahr über
Klima: Tagestemperatur 24°C bis 28°C
Regen: 50 - 75 mm (Okt. - Apr.) 20 - 40 mm (Mai - Sep.)
Höhe: 1100 - 1600 m über dem Meeresspiegel

Der Kibale-Nationalpark liegt im Westen Ugandas und grenzt im Süden an den Queen Elizabeth National Park. Der Park erstreckt sich über eine Fläche von 766 km² und ist größtenteils bewaldet. Zwischen den beiden Parks liegt ein 180 km langer Korridor aus unberührten Hoch- und Tieflandwäldern. Es ist daher nicht verwunderlich, dass hier 13 verschiedene Primatenarten leben, von denen der Schimpanse wohl die bekannteste ist. Die Artenvielfalt der Bäume in diesem feuchten Wald ist enorm. Schätzungen zufolge gibt es 229 verschiedene Baumarten. Aufgrund der feuchten Bedingungen ist das Unterholz üppig, viele Farn-, Kräuter- und Grasarten sind hier zu finden. Eine der Pflanzen, die hier unkultiviert wächst, ist die Robusta-Kaffee Pflanzenart *(Coffea canephora)*. In diesem Park ist "tracking" das Schlüsselwort und für die meisten Besucher ist der Schimpanse das Ziel eines Besuchs in Kibale. In diesem tropischen Regenwald leben etwa 1500 dieser Menschenaffen (die Weltpopulation beträgt etwa 5000), und unter der Führung erfahrener Führer können Sie diese wunderschönen Tiere in ihrer natürlichen Umgebung besuchen. Weitere Attraktionen sind die Kraterseen, die Bigodi Wetlands und die Vielfalt an Reptilien und Vögeln. Die meisten Besuche erfolgen zu Fuß, aber Sie können auch einige Ausflüge mit dem Geländerad unternehmen.

Kanataruk Hot Springs
South Sudan
Kidepo
Kapekenyang
KARAMOJA PLAINS
Lopetopara
MORONGULE MOUNTAINS
Lokayo
MORONGULE MOUNTAINS
Pirre
Murumyang
Losigiria
Morongule 2750 m
NARUS VALLEY
Lomei
Apoka Safari Lodge
LONYILI HILLS
Kalokudo
Nataba
Mbale
Narus
Kipedo Savannah Lodge
Katurum Lodge

Uganda

Kidepo-Valley-Nationalpark

Wann:	das ganze Jahr über
Klima:	Tagestemperatur 24°C bis 28°C
Regen:	50 – 75 mm (Okt. – Apr.) 20 – 40 mm (Mai – Sep.)
Höhe:	1100 – 1600 m über dem Meeresspiegel

Der 1442 km^2 große Kidepo Valley National Park befindet sich im Norden Ugandas und grenzt im Westen an den Südsudan. Die Landschaft besteht überwiegend aus Grassavanne mit gelegentlichen Hügeln und Bergen bis zu einer Höhe von 2750 m. Kidepo wird von zwei großen Flüssen durchzogen, dem Kidepo und dem Narus. Vor allem in den trockenen Jahreszeiten sind sie eine wichtige Wasserquelle für die zahlreichen Herden, die hier weiden. Der Park liegt isoliert, etwa 520 km von Kampala entfernt, und aufgrund der Entfernung ist dieser Naturpark nicht immer Teil eines Reiseprogramms. Trotz der schlechten Straßen, die dorthin führen, erleben die wenige Besucher Kidepo als einen der schönsten Parks in Uganda. Dank des guten Naturschutzes ist die Tierwelt sehr vielfältig und die Zahl der Vögel wird auf 475 verschiedene Arten geschätzt, vor allem im März und April, wenn die Zugvögel eintreffen. Eines der vom Aussterben bedrohten Säugetiere, das hier zu finden ist, ist die Rothschild-Giraffe. Weitere Tiere sind die Mähnenlosen Zebras *(E. q. borensis)*, Elenantilopen, Defassa-Wasserböcke, Elefanten, Löwen und viele Büffel. Der Park kann auch mit einem Kleinflugzeug erreicht werden.

Nshara
Eagles Nest
Sanga
Kyanyanshara
Mihingo Lodge
1559 m
KIGARAMA ESCARPMENT
WARUKIRI RIDGE
Ruroko Kopje
One Tree Hill
1450 m
Lake Mburo
Kazuma Hill 1340 m
Nyabushenyi
Lake Kazuma
Rwizi

Lake-Mburo-Nationalpark

Wann: das ganze Jahr über
Klima: Tagestemperatur 25°C bis 27°C
Regen: 20 – 70 mm (Jun. – Sep.) 90 – 135 mm (Okt. – Mai)
Höhe: 1220 – 1828 m über dem Meeresspiegel

Der Lake-Mburo-Nationalpark liegt im Südwesten Ugandas, etwa 240 Kilometer von Kampala entfernt. Der Park ist 260 km^2 groß und einer der kleineren Nationalparks in Uganda mit einer Savannenlandschaft. Die Landschaft in diesem Gebiet ist sehr abwechslungsreich.
Ein großer Teil wird von den fünf Seen eingenommen, von denen der Mburo-See der größte ist; im Westen liegt eine Hügellandschaft und im Norden die Savannenlandschaft. Vor allem Zebras und Flusspferde treten in dieser Landschaft in großer Zahl auf. Weitere Tierarten, die die Fantasie anregen, sind Tüpfelhyänen, Schakale, Leoparden und nach einer Wiederansiedlung ein kleines Löwenrudel.
Zu den Ausflugsmöglichkeiten in diesem Gebiet gehören Ausritte zu Pferd, von Rangern geführte Wanderungen, Bootsfahrten auf dem Mburo-See (auf Anfrage), Mountainbike-Touren und geführte Nachtwanderungen. Für Vogelliebhaber bietet der Park auch viele Arten (350), die anderswo viel seltener vorkommen, wie den Sudanhornraben, den Binsenral und drei Arten von Papyruswürgern. Die besten Orte, um diese Vögel zu beobachten, sind die Warukiri- und Miriti-Täler, der Rubanga-Wald und nachts am Salt Lick.

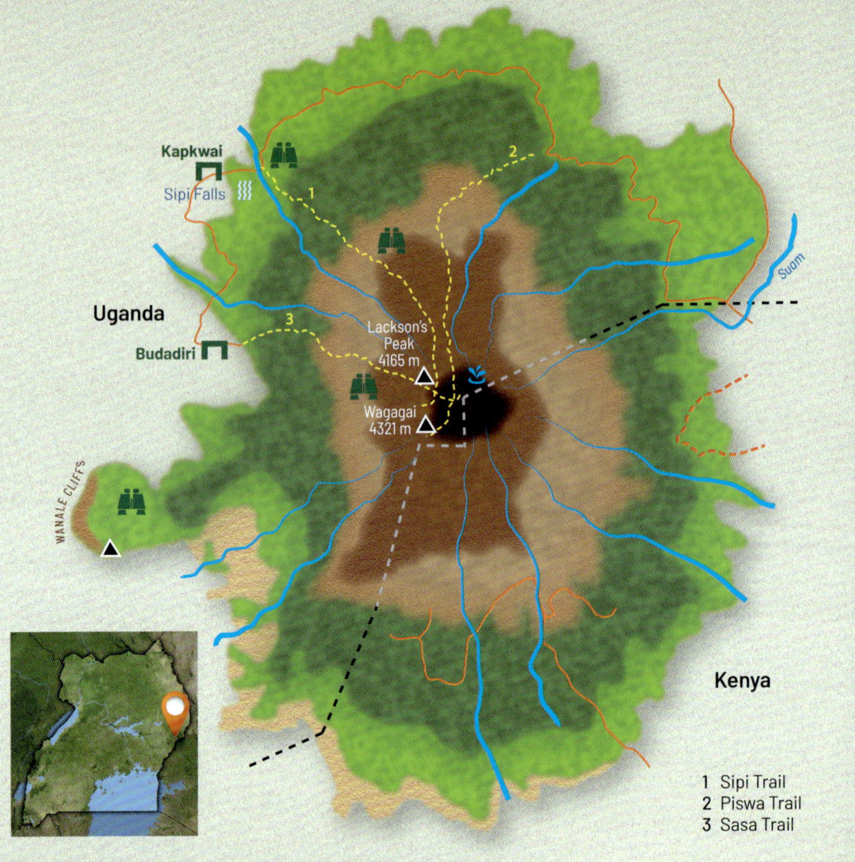
Kapkwai
Sipi Falls
Uganda
Budadiri
Lackson's Peak 4165 m
Wagagai 4321 m
Wanale Cliffs
Suam
Kenya
1 Sipi Trail
2 Piswa Trail
3 Sasa Trail

Mount-Elgon-Nationalpark

Wann: das ganze Jahr über, Dez. – Mrz. mäßiger Niederschlag
Klima: Tagestemperatur 13°C bis 25°C
Regen: 400 – 560 mm (Apr. – Nov.) 100 – 180 mm (Dez. – Mrz.)
Höhe: 2000 – 4321 m über dem Meeresspiegel

Der Mount-Elgon-Nationalpark erstreckt sich über die Länder Uganda und Kenia und umfasst in Uganda eine Fläche von 1121 km^2. Vor etwa 24 Millionen Jahren bildete sich an dieser Stelle ein Vulkan, der einst höher war als der Kilimandscharo in Tansania. Die Spuren dieses Ausbruchs wurden auf einer Fläche von 4000 km^2 gefunden. Viele Ausbrüche später, aber von der Erosion überholt, hat dieser einsame Vulkan heute eine Höhe von 4321 m. Die Caldera ist 40 km lang und hat vier Gipfel: Wagagi 4321 m, Sudek 4303 m, Koikos 4222 m und Mubyi mit 4210 m. In der östlichen Ecke des Kraterrandes befinden sich heiße Quellen am Beginn der tiefen Suam-Schlucht. Der Sipi Trail beginnt am Forest Exploration Centre in Kapkwai. Drei Rundwege, zwischen 3 und 7 km lang, führen durch Wälder mit Wasserfällen, Höhlen, die von den Lavaströmen gebildet wurden, und schönen Aussichten. Die Vegetation verändert sich, je höher man den Vulkan besteigt. Die untersten Regionen sind bewaldet und aufgrund der Niederschläge ist das Unterholz mit Farnen, Orchideen und blühenden Pflanzen üppig bewachsen. Zwischen einer Höhe von 2500 und 3000 m wechselt die Vegetation hauptsächlich zu Bambusarten. Noch höher sind es vor allem Gräser und Blumen, die sich wie ein weicher Teppich nach oben ziehen. In der Zone von 3500 m bis zum Gipfel finden Sie auch riesige Lobelien und Greiskräuter. Der Park beherbergt verschiedene Tierarten, darunter zwei Arten von Schliefern, Meerkatzen, Paviane und Stummelaffen. Ebenfalls hauptsächlich an den Hängen des Vulkans leben Servale, Tüpfelhyänen, Elefanten, Büffel und verschiedene Antilopenarten. Am Abend besteht die Chance, Leoparden, Buschschweine, aber auch Riesenwaldschweine in ihrem natürlichen Lebensraum zu beobachten. Die Bergregion ist auch das Gebiet, in dem der Bartgeier manchmal anzutreffen ist.

Wankwar
Murchison Safari Lodge
Albert Nile
Ayogo
Tangi
Tangi
Ayogo Falls
Murchison Falls
Murchison River Lodge
Victoria Nile
Kamudini Corner
Zolla
Mobaku
Sambiya River Lodge
Sambiya
Chobe
Chobe Safari Lodge
Karuma Falls
Bugungu
Toliya
D.R. Congo
Wairingo
Nanda
Waiga
Waiga
Rabongo Forest
Lake Albert
Kaniyo Pabidi
Bugungu Wildlife Reserve
Karuma Wildlife Reserve
Masindi
Kichumbanyobo
Budongo Forest
Bunyoro Escarpment
Masindi

Murchison-Falls-Nationalpark

Wann: das ganze Jahr über
Klima: Tagestemperatur 29°C bis 34°C
Regen: 5 - 30 mm (Jan. - Dez.)
Höhe: 615 - 1187 m über dem Meeresspiegel

Der Murchison Falls National Park befindet sich im Nordwesten Ugandas am Ende des Albert-Grabens. Die Wasserfälle sind nach Roderick Murchison benannt. Im Jahr 1863 war er Präsident der damaligen Royal Geographical Society in London. Der Park ist mit einer Fläche von 3893 km² das größte Naturschutzgebiet Ugandas. Im Jahr 1926 wurde das Gebiet von den Briten als Jagdgebiet ausgewiesen, 1952 erhielt es den Status eines Nationalparks, des ersten in Uganda. Damals war noch kaum die Rede von Wildtierschutz. Bis Ende des letzten Jahrhunderts wurde noch viel gejagt. Dies geschah vor allem durch die politische Elite und deren Freunde im In- und Ausland sowie durch die einheimische Bevölkerung, die dies hauptsächlich zur Nahrungsergänzung tat.
Heute leben etwa 76 verschiedene Säugetierarten und schätzungsweise 450 Vogelarten im Park. Eine der Attraktionen ist die 8 m schmale und 45 m hohe Schlucht, durch die sich der Viktoria-Nil mit donnerndem Getöse schlängelt. Es gibt mehrere Orte, an denen Sie dieses Spektakel beobachten können. Es ist auch möglich, den Wasserfall mit dem Boot zu erreichen. Dieser Fluss fließt vom Viktoriasee quer durch Uganda und mündet in den Albertsee, danach wird das Flussgebiet Albert-Nil genannt. Die Landschaft des Murchison Falls National Park ist sehr schön. Ein großer Teil des Parks besteht aus sanft hügeligen Savannen, bewaldeten Gebieten, dem weiten Waiga-Sumpfgebiet und, weiter östlich, einer Hügellandschaft mit Hügel von beinah 1200 Metern Höhe. Der Film "The African Queen" (1951) mit Humphrey Bogart und Katharine Hepburn in den Hauptrollen wurde im Murchison Falls National Park gedreht.

KIBALE
NATIONAL PARK
Fort Portal
Kasese
Rukoki
Mubuku
Mulikwezi
MPANGA GORGE
RWENZORI MOUNTAINS
NATIONAL PARK
Irangara
Crater
Lake
George
Kasenyi
Safari
Camp
Akika Island
Kasenyi
Albert Nile (White Nile)
VIRUNGA
NATIONAL PARK
Kayanja
Lagoon
BUNYARUGURU
CRATER FIELDS
Lake
Katwe
Hippo
Hill
Main Gate
KYAMBURA
WILDLIFE RESERVE
KYAMBURA GORGE
D.R.
Congo
Q.E.
Bush Lodge
Kazinga Channel
Mweya
Safari Lodge
Rotanda
Kibona
Swamp
Lake
Edward
Lake
Nyamusingire
Nyomweru
MARAMAGAMBA
FOREST
Ntungwe
Nchwera
ISASHA
Ishasha
Ishasha
Wilderness
Camp
KIGEZI
WILDLIFE RESERVE
Ishasha
BWINDI
INPENETRABLE
FOREST

Queen-Elizabeth-Nationalpark

Wann: das ganze Jahr über
Klima: Tagestemperatur 25°C bis 28°C
Regen: 5 - 12 mm (Jan. - Dez.)
Höhe: 884 - 1337 m über dem Meeresspiegel

Mit einer Fläche von 1978 km^2 ist der Queen Elizabeth National Park nach den Murchison Falls der zweitgrößte Wildpark Ugandas. Er ist auch einer der schönsten Naturparks in Afrika. Nicht so sehr wegen des Wildbestandes, der mit dem anderer afrikanischer Parks vergleichbar ist, sondern vor allem wegen der natürlichen Schönheit. Das Gebiet weist eine große Vielfalt an Ökosystemen auf. Als ob ein Meteoritenregen auf diese Landschaft niedergegangen wäre, sind hier und da kreisrunde Gruben zu sehen, die nun als Wasserstellen und Schlammbäder dienen. Es gibt ausgedehnte Savannen, die vor der Regenzeit gelb und nach der Regenzeit grün sind. Die Waldtypen reichen von feuchten Regenwäldern bis hin zu Wäldern mit wesentlich trockeneren Bedingungen. Es gibt auch die Flusswälder, in denen viele schöne Fieber-Akazien und Feigenbäume wachsen. In anderen Teilen des Parks sind es vor allem Palmen, die die Landschaft bereichern.
Und dann sind da noch die Seen und Sümpfe mit ihren ständigen Bewohnern und ihrer spezifischen Vegetation. Im Nordwesten liegt wie eine dunkle und bedrohliche Wand das Ruwenzori-Gebirge. Eine Bootsfahrt auf dem Kazinga-Kanal dauert 3 bis 4 Stunden. Sie fahren entlang des Ufers dieser 40 km langen natürlichen Verbindung zwischen Lake George und Lake Edward. Unterwegs sieht man viele Flusspferde und Krokodile, und nicht selten sieht man auch Elefantenherden, die sich am frischen Gras oder den jungen Blättern der Büsche laben. Die Savannen von Ishasha im südlichen Teil weisen die höchste Löwenkonzentration im Queen Elizabeth National Park auf. Hier findet man sie oft in Bäumen, was für Löwen ungewöhnlich ist. Dieser Park ist auch für Vogelbeobachter sehr interessant; Schätzungen zufolge gibt es mehr als 600 Vogelarten.

Tansania

Die vereinigte Republik Tansania besteht seit 1964, als sich die ehemalige Republik Tanganjika und die halbautonome Inselgruppe Sansibar zusammenschlossen. Das Parlament hat 156 gewählte Mitglieder, 101 vom Festland und 55 von Sansibar und Pemba. Tansania hat etwa 50 Millionen Einwohner, die sich in 120 ethnische Stämme aufteilen. Es gibt zwei Amtssprachen: Ki-Swahili und Englisch. Achtzig Prozent der Bevölkerung leben in ländlichen Gebieten und betreiben Landwirtschaft im kleinen Stil. Tansania grenzt an Kenia, Uganda, Mosambik, Malawi, Sambia, die DR Kongo, Ruanda und Burundi. Die Gesamtfläche Tansanias beträgt 945 000 km^2 und damit ist das Land fast dreimal so groß wie Deutschland. Die Landschaft ist sehr vielfältig. Bestimmend ist der Große Afrikanische Grabenbruch, der im Mittleren Osten beginnt und über das Tote und das Rote Meer nach Äthiopien verläuft, wo er sich in einen östlichen und einen westlichen Graben verzweigt. Der westliche Arm erreicht Tansania über Uganda, der östliche über Kenia. Nachdem die beiden Grabenarme Tansania verlassen haben, vereinigen sie sich in Malawi wieder und enden vor der Küste von Mosambik. Als Folge des Grabenbruchs entstanden verschiedene große Seen, darunter der Natronsee, der Manyarasee und der Tanganjikasee. Letzterer ist 1430 m tief und damit der tiefste Punkt Afrikas. Vor Millionen von Jahren entstand der höchste Berg Afrikas, der Vulkan Kilimandscharo (5895 Meter). In Tansania gibt

es noch zwei weitere Schichtvulkane: Im Norden, in der Nähe des Natronsees, befindet sich der Ol Doinyo Lengai, auch „Gottesberg" genannt. Er ist 2890 m hoch und brach in den Jahren 1917, 1926, 1940 und 1966-67 aus. Der Krater füllt sich seit dem Jahr 1983 mit Lava. Ebenfalls im Norden liegt der Mount Meru, der 1910 einen letzten kleinen Ausbruch hatte. Hinter dem langen Küstenstreifen und weiter landeinwärts im Süden liegt das Gebirge Eastern Arc. Dann beginnt ein flaches bis leicht hügeliges Zentralplateau mit einer durchschnittlichen Höhe von 1200 Metern. Die Landschaft Tansanias ist überwiegend Grasland. Sie ist in der Regel karg und für die Landwirtschaft ungeeignet, aber ein guter Lebensraum für Wild. Hier findet man eine hohe Konzentration von Weide- und Raubtieren. Verstreut in den Savannen, die hauptsächlich von Akazien bewachsen sind, gibt es halbhohe Felsformationen. Die Flüsse werden meistens von wildem Bewuchs und riesigen Feigenbäumen gesäumt. Im Nordosten ist die Vegetation tropisch und so gut wie undurchdringlich. Das BNE pro Kopf (2020) ist US$ 3200 (Deutschland USD 50.800).

Nanyuki
Lekandiro
Tulusia
Lendoiya
Momella
Momella Lodge
Kusare
Small Momella
Big Momella
Little Meru 3820 m
SHAPERO FOREST
Rishateni
el Kekhotoito
KITOLO FOREST
Kinandia
Tulusia
Meru 4566 m
Malo Falls
Engarenanyuki
Longil
Jembamba
Lokie
Senato
Kavu
Ngonongare
Ngonongare
Ngurdoto Crater
Maksoro
Janero
Sharipango
Kiboko Lodge
SERENGETI NDOGO
Ngongongare
Arusha
Moshi

Arusha-Nationalpark

Wann: das ganze Jahr über

Klima: Tagestemperatur 23°C bis 28°C

Regen: 40 mm (Dez. – Jan., Mrz.) 10 – 25 mm (andere Monate)

Höhe: 1500 – 4566 m über dem Meeresspiegel

Der kleinste Wildpark Tansanias ist lediglich eine halbe Stunde Fahrt von Arusha entfernt. Er umfasst eine Vielzahl von Lebensräumen und wird von zwei alten Vulkanen dominiert: Im westlichen Teil vom Mount Meru mit einer Höhe von 4566 m und im Osten vom Ngurdoto mit einem Durchmesser von 3600 m und einer Tiefe von 100 m. Auf dem Boden dieses Kraters befindet sich ein Sumpf. In den ihn umgebenden Bäumen leben Stummelaffen und Diademmeerkatzen und auch viele Vogelarten finden hier ihre Nahrung. Der fruchtbare Boden des alten Mount-Meru-Vulkans ist bis zur Baumgrenze mit tropischer Vegetation bedeckt. Hier wachsen Farne, Moose, Orchideen, Lobelien und häufig auch blühende Sträucher. Der kegelförmige Krater ist an seiner Ostflanke durch spätere Eruptionen eingesackt. Die letzte fand im Jahr 1910 statt. Genauso wie den Kilimandscharo kann man auch diesen Vulkan besteigen, die Route bietet prächtige Panoramen. Felsige Pfade führen an schnell fließenden Bächen und dichter Vegetation entlang. Die Zahl der verschiedenen Vogelarten wird auf 400 geschätzt. Vogelliebhaber kommen wegen der Turakos und Trogone hierher. Im nordöstlichen Teil des Parks liegen die Momelaseen. In dem hügeligen Grasland zwischen dem Vulkan und den Seen finden Sie das meiste Wild, darunter Büffel, Ellipsenwasserböcke, Giraffen, Zebras, Warzenschweine und den Kirk Dikdik. Aber auch der Leopard lebt in diesem Gebiet.

Gombe Forest Lodge
Gombe Stream
National Park
Kigoma
Lake Tanganyika
Lagosa
Mbali Mbali
Mahale Lodge
Mahale Mountains
National Park

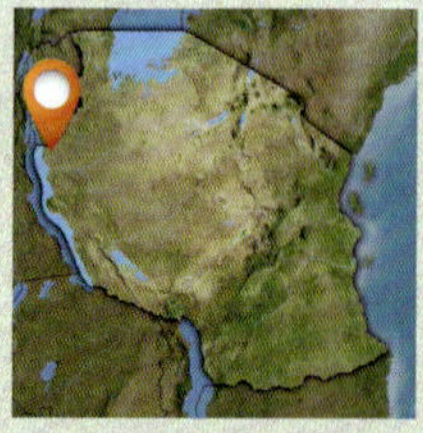

Gombe-Stream- & Mahale-Mountains-Nationalpark

Wann: das ganze Jahr über, mäßiger Niederschlag Mai – Okt.
Klima: Tagestemperatur 27°C bis 33°C
Regen: 85 – 120 mm (Nov. – Apr.) 5 – 40 mm (Mai – Okt.)
Höhe: 770 m – Gombe 1500 m, Mahale 2460 m über dem Meeresspiegel

Der Gombe-Stream-Nationalpark liegt am Tanganjikasee im Westen von Tansania. Dieses Naturschutzgebiet ist speziell dafür bestimmt, die Schimpansen-Population vor Wilderern zu schützen. Es handelt sich um einen der wenigen Orte in Tansania, wo diese Primaten in ihrem natürlichen Lebensraum vorkommen. Das Gebiet ist 158 km^2 groß und besteht aus einem dichten Wald. Der Zugang ist per Boot von Kigoma aus möglich. Die Schimpansen sind die Hauptattraktion, jedoch kommen hier auch Kaffernbüffel, Rotschwanzmeerkatzen, Defassa-Wasserböcke, Buschböcke und Leoparden vor. 100 Kilometer südlich von dem Strand, an dem einst Stanley sein Gegenüber fragte: „Doctor Livingstone, I presume?", liegt der Mahale-Mountains-Nationalpark, ebenfalls am Ufer des Tanganjikasees. Die Ausläufer des Mahalegebirges bilden den Lebensraum der ca. 800 hier wild lebenden Schimpansen. Der Park umfasst ein 623 km^2 großes geschütztes Naturgebiet, in dem auch die Rotschwanzmeerkatze und die Diademmeerkatze vorkommen. Die Hügel sind mit tropischem Regenwald bedeckt und unter der Leitung von lokalen Spurensuchern begibt man sich dort auf die Suche nach den Schimpansen.

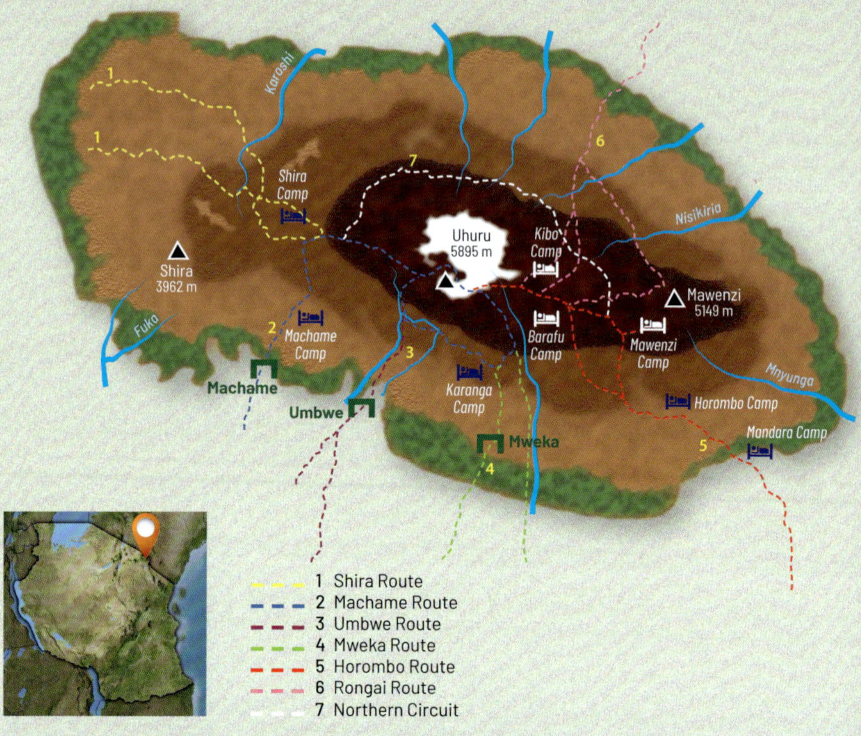
Karoshi
Shira Camp
Uhuru
5895 m
Kibo Camp
Nisikiria
Shira
3962 m
Fuka
Machame Camp
Machame
Umbwe
Karanga Camp
Barafu Camp
Mawenzi Camp
Mawenzi
5149 m
Mnyunga
Horombo Camp
Mandara Camp
Mweka
1 Shira Route
2 Machame Route
3 Umbwe Route
4 Mweka Route
5 Horombo Route
6 Rongai Route
7 Northern Circuit

Kilimandscharo-Nationalpark

Wann:	das ganze Jahr über, weniger geeignet Mitte Dez. - Mrz.
Klima:	Tagestemperatur 25 - 30°C (nachts bis -20°C)
Regen:	80 - 110 mm (Dez. - Mrz.) 5 - 40 mm (Apr. - Nov.)
Höhe:	1800 - 5895 m über dem Meeresspiegel

Inmitten des Kilimandscharo-Nationalparks liegt Afrikas höchster Berg. Der Fuß des alten Vulkans befindet sich auf 1824 m Höhe, der höchste Gipfel erreicht 5895 m. Auf den unteren Hängen befindet sich ein tropischer Regenwald, weiter oben eine alpine Landschaft und schließlich die Eisfelder. Es gibt keine Bambus-Zone. Jedes Jahr kommen etwa 35 000 enthusiastische Besucher, um auf dem Dach Afrikas zu stehen. Es ist nicht wirklich eine Bergbesteigung, sondern eher eine intensive Wanderung, aber die dünne Luft macht es zu einer harten und anstrengenden Tour. Wer sich längere Akklimatisierungsphasen gönnt, erhöht seine Chancen, den Aufstieg mit weniger starken Symptomen der Höhenkrankheit zu meistern. Normalerweise dauert die Reise zum Gipfel und zurück dreieinhalb Tage. Es sind zähe Draufgänger, die kurz nach Mitternacht die letzten paar hundert Meter zum Gipfel zurücklegen. Nach etwa 20 Minuten und den ersten Sonnenstrahlen kehren sie zum Basislager zurück. Jede Route hat ihre eigenen spezifischen Bedingungen, wie Schwierigkeit, Länge und Landschaft. Im September 2010 gab es einen spanischen "Bergsteiger", Kilian Jornet. Er lief in 5 Stunden, 23 Minuten und 50 Sekunden zum Gipfel. Er hat den alten Rekord um mehr als eine Stunde übertroffen! Als wäre das nicht genug, stieg er nach einer 10-minütigen Pause auf dem Gipfel in 1 Stunde und 41 Minuten zum Eingang des Mweka ab!

Tierarten gibt es kaum. Den Angola-Mantelaffen können Sie in den niedrigeren Lagen antreffen. Unter den Vögeln gehören die Nektarvögel und die Hornraben zu den auffälligsten Arten.

Arusha
Lake Manyara Serena Lodge
Main Gate
Simba
Lake Manyara Hotel
Mikundo
Mchanga
Hippo Pool
Msasa
Chemchem
Ndala
Lake Manyara
GREGORY RIFT WALL
Ndogo
Lemala Manyara
Endabash
Kubwa
Aray
Manyara Tree Lodge
Yambi

Lake-Manyara-Nationalpark

Wann: das ganze Jahr über, weniger geeignet Dez. – Mrz.
Klima: Tagestemperatur 27°C bis 31°C
Regen: 110 – 160 mm (Dez. – Mrz.) 50 mm (Apr., Nov.) 5 – 20 mm (Mai – Okt.)
Höhe: 960 – 1478 m über dem Meeresspiegel

Der Lake-Manyara-Nationalpark liegt östlich von Arusha. Der Park misst 329 km², von denen der See 231 km² bedeckt. Im Westen erstreckt sich der Bergkamm, der das Great Rift Valley begrenzt. In der Nähe des Eingangs, an dem unterirdische Quellen Süßwasser an die Oberfläche bringen, gibt es einen schönen Wald mit enormen Mahonien und Feigen. Südlich davon befindet sich eine spärlicher bewachsene Savanne, die bis zum Ufer des alkalischen Sees reicht. Ein Netzwerk von Pfaden ermöglicht es Ihnen, große Teile des Parks zu erkunden. Besonders bemerkenswert ist die immense Vielfalt an Vogelarten. Hornraben, Bartvögel, Nektarvögel und Flamingos kommen in großer Zahl vor. Löwen werden ab und zu gesichtet, oft sind sie auf dem Weg in den Tarangire-Nationalpark oder in die Serengeti. Wenn man diese Raubkatzen hier antrifft, ruhen sie häufig in Bäumen. Da sie nicht gut klettern können, ist das ein eher außergewöhnliches Verhalten. Anscheinend werden sie dort oben weniger von Stechmücken geplagt. Elefanten können in dem Gebiet ganz aus der Nähe beobachtet werden. Flusspferde halten sich vor allem im nördlichen Teil auf, und zwar am Zustrom des Flusses, wo der See weniger alkalisch ist. Nach den Regenperioden überschwemmt der flache See wieder die großen Flächen des trockengefallenen Landes und der sonst durchgehend hohe pH-Wert (9,5) sinkt. Im östlichen Teil des Parks liegt der Kwakuchinja-Korridor. Er gibt dem Wild die Möglichkeit, in andere Wildparks wie den weiter südöstlich gelegenen Tarangire oder den Ngorongoro und die Serengeti im Norden zu migrieren.

Ndea Ndogo
Dindira Dam
Kavateta Dam
TSAVO WEST
NATIONAL PARK
Kinondo
Magunda
Moshi
IBAYA
Babu's Camp
MZARA
Kenya
Same
Zange
Rhino
Sanctuari
flooded after
heavy rains
Elephant Motel
Tona Lodge
Njiro
KISIMA
Kavuma
Mkomazi
National
Park
TUSSA
SOUTH PARE
MOUNTAINS
Usamba
Kamakota
Mkomazi
Langoni
KLEVE
Ponde
Mataba Dam
Mambo
View
Point
Mtae
Kab
Umba
Mlalo
Umba
Lukozi
Bagai
Mombo
Tanga
WEST USAMBARA
MOUNTAINS
Mombo
Dar es Salaam

Tansania

Mkomazi-Nationalpark

Wann: das ganze Jahr über
Klima: Tagestemperatur 26°C bis 33°C
Regen: 30 - 60 mm (Dez. - Mrz.) 5 - 30 mm (Apr. - Nov.)
Höhe: 450 - 2463 m über dem Meeresspiegel

Der Mkomazi-Nationalpark liegt im Nordosten Tansanias und grenzt an die kenianische Grenze, wo er in den Tsavo-West-Nationalpark in Kenia übergeht. Das Gebiet wurde 1951 als Wildreservat ausgewiesen und erhielt 2006 den Status eines Schutzgebietes. Der Park ist 3234 km^2 groß und seine Landschaft wird von niedrigem Buschwerk und vielen Grasarten beherrscht, gelegentlich unterbrochen von der *Acacia tortillis*, einer Schirmakazie mit weit ausladender Baumkrone. Das Gelände ist bis auf einige Hügel zumeist flach. Ein Gebiet im Norden des Mkomazi wurde eingezäunt und für ein Zuchtprogramm für Spitzmaulnashörner eingerichtet. Diese Tiere werden 24 Stunden am Tag überwacht und ein Expertenteam verfolgt den Fortgang des Projekts genau. Gelegentlich wird der Mkomazi durch ein Rudel Afrikanische Wildhunde besucht. Ihr Areal ist so groß, dass sie sowohl Tsavo als auch Mkomazi besuchen. Andere Tierarten, die man hier antreffen kann, sind Elenantilopen, Zebras, Kuhantilopen, Giraffen, Kudus, Büffel, Elefanten und viele andere Weidetiere.
Das Gebiet liegt auch auf der Zugroute von Zugvögeln. Vor allem im September und Oktober steigt die Zahl der Arten auf etwa 400. Die Entfernung zur Stadt Arusha beträgt 186 km, größtenteils auf einer asphaltierten Straße. An der südwestlichen Seite des Mkomazi liegen die Usambara- und Pare-Berge, die auch als Tansanische Alpen bezeichnet werden.
Die Gipfel erreichen hier eine Höhe von bis zu 2463 m, die Hänge sind bewaldet. Vor allem Hiker besuchen das Gebiet für Wanderungen in der Natur.

NGORONGORO CRATER RIM
Engitati
1793 m
Layanai
EMPAGAAI CRATER
Mandusi
Munge
OLDUPAI GORGE
Seneto
Sopa Lodge
Magadi
Lonyoke
NGORONGORO CRATER RIM
Ngorongoro
Serena
Safari
Lodge
LERAI
Ngoitokitok
Gorigor
Ngorongoro
Crater Lodge
Hippo
Ngorongoro
Wildlife Lodge
Loduare
Arusha

Ngorongoro-Schutzgebiet

Wann: das ganze Jahr über, weniger geeignet Apr. - Mai
Klima: Tagestemperatur 18°C bis 22°C
Regen: 110 - 160 mm (Dez. - Mrz.) 5 - 50 mm (Apr. - Nov.)
Höhe: 1600 - 2200 m über dem Meeresspiegel

Eines der spektakulärsten Naturwunder Afrikas ist das Gebiet, das man als Ngorongoro Crater Conservation Area bezeichnet. Das Gebiet umfasst 8292 km^2 und steht seit 1959 unter Naturschutz. Im nordwestlichen Teil liegt die Olduvai-Schlucht, die seit den 1950er Jahren eine wichtige paläontologische Fundstätte ist. Dort wurden fossile Überreste von Humanoiden gefunden, die 2,5 Millionen Jahre alt sind. Inmitten von riesigen schwarzen Lavagletschern erhebt sich der Krater 600 Meter über die Landschaft. Der Krater des 2 bis 3 Millionen Jahre alten Vulkans war einst 5000 m hoch. Die Wände sind im Laufe der Zeit in den Kraterschlund gerutscht. Vom Bergrücken aus wird Sie der Anblick des Kraters mit einem Durchmesser von 19 km beeindrucken. Umso mehr, als es kaum zu glauben ist, dass am Boden des alten Vulkans etwa 25.000 größere Tiere leben. Die Lodges liegen an den Flanken und der 260 km^2 große Kraterboden ist nur mit Allradfahrzeugen zu erreichen. Seit 1979 steht der Vulkan auf der Welterbeliste der UNESCO. Die Massai, ein Hirtenvolk, das sowohl in Kenia als auch in Tansania beheimatet ist, lassen im Krater ihre großen Herden grasen - trotz der vielen Löwen und Hyänen, die hier leben. Es ist ein imposantes Erlebnis, wenn Sie Zeuge werden, wie eine Herde Gnus oder Zebras während der „Serengeti-Migration" den hohen Kraterrand hinauf- oder herabsteigt. Unterirdische Quellen gewährleisten eine permanente Versorgung mit Süßwasser. Es gibt einen Süßwassersee, der von Flusspferden bevölkert wird, und einen Sodasee, an dem oft Flamingos zu finden sind. Außerdem lebt hier eine kleine Population Schwarzer Nashörner.

Ipera
Iringa
Mwagusi
Mzombe
Lupati
Ruaha
National
Park
Mwayembe
Ikuka
RUAHA CLIFF
Mwagusi
SafariCamp
Great Ruaha
Kwihala
Camp
Kimilamatonge
Matopotopo
Mdonya
Old River Camp
Msembe
Iringa
Mdonya
Ruaha
River
Lodge
Jongomero
Itiku
USANGU GAME
RESERVE
Jongomero
River Camp

Ruaha-Nationalpark

Wann: das ganze Jahr über
Klima: Tagestemperatur 26°C bis 31°C
Regen: 20 – 30 mm (Dez. – Mrz.) 0 – 10 mm (Apr. – Nov.)
Höhe: 750 – 1868 m über dem Meeresspiegel

Aufgrund seiner isolierten Lage ist Ruaha einer der am wenigsten besuchten Wildparks Tansanias. Es ist schwierig, auf der Straße dorthin zu gelangen; am einfachsten geht es mit dem Sportflugzeug. Ein Teil des Ruaha-Nationalparks gehört zum Großen Afrikanischen Grabenbruch. Im Jahr 2008 wurde das südlich gelegene Wildreservat Usangu annektiert. Zusammen umfassen diese zwei Parks eine Fläche von 20 226 km^2. Der westliche Teil wird von einem Bergmassiv begrenzt, die nordwestliche Grenze bildet der Mzombe-Fluss und im Süden fließt der Ruaha-Fluss. Letzterer führt in der Regel genügend Wasser und bewässert mit seinen Nebenflüssen und seinen verzweigten Flussarmen die grasbewachsenen Ebenen. Seit 1993 kommt es jedoch immer wieder zu Phasen, in denen der Fluss nicht mehr fließt. Das Flusswasservolumen ist durch den zunehmenden Reisanbau in den umliegenden Gebieten unter Druck geraten. Entlang der meisten Flüsse finden sich langgestreckte Flusswälder, die unter anderem Angola-Mantelaffen und Leoparden beheimaten. Landschaftlich ist der Ruaha-Nationalpark größtenteils ein Plateau, das hier und da einige Hügel aufweist.
Der Südwesten besteht vor allem aus Miombo-Baumsavannen, bewaldete Flächen mit Laubbaumarten. Ruaha ist vor allem für seine große Elefantenpopulation bekannt, der größten in ganz Tansania. Andere hier beheimatete Tiere, die in den übrigen Parks des Landes nicht oder nur selten vorkommen, sind Afrikanische Wildhunde, Rappenantilopen, Pferdeantilopen und Streifenschakale. Vogelliebhaber können hier ca. 475 verschiedene Vogelarten beobachten, vor allem während der Regenzeit von Dezember bis April.

Tansania

Kisaki
Kinyanguni
Matambwe
Sable Main Lodge
Mbuyu
Safari Camp
MUA
Selous
Mtemere
Dar es Salaam
Beho Beho
Kipalapala
Rufiji River Camp
Ruaha
Rufiji
The Retreat
Kilombero
Ulanga
NADANGA
Nyerere
National
Park
Shuguti
TUNDU
Luwegu
Liwale
Muhinji
Selous
National
Reserve
Mbarangandu
Makunguviro
Likuyu
Kalulu

Nyerere- & Selous-Nationalpark

Wann: das ganze Jahr über, weniger geeignet Dez. – Feb.

Klima: Tagestemperatur 22°C bis 31°C

Regen: 110 – 175 mm (Dez. – Feb.) 50 – 65 mm (Nov., Mrz.) 10 mm (Apr. – Okt.)

Höhe: 700 – 1100 m über dem Meeresspiegel

Der Namensgeber dieses großen Wildreservats ist der Soldat Frederick Courteney Selous. Während des Ersten Weltkriegs kam der Brite hier bei einem Scharmützel mit dem deutschen Heer ums Leben. Er wurde unter einer Tamarinde beigesetzt. Auf seinem Grab befindet sich eine bronzene Plakette mit der Aufschrift „Captain F.C. Selous D.S.O 25th Royal Fusiliers, killed in action 4.1.17". Aber vor allem wird des Abenteurers als Großwildjäger, Naturliebhaber und Schützer von Naturgebieten gedacht. Aufgrund der Migrationsroute der Elefanten erhielt dieses Naturgebiet im Westen Tansanias im Jahr 1922 den Status eines Wildreservats und wurde nach dem Mann benannt, der dort zu jagen pflegte. Eine Safari im Selous ist eine Entdeckungsreise im Herzen Afrikas. Das Reservat liegt nicht auf der Route der nördlichen Parks und daher gibt es hier nur wenige Besucher im Jahr. Infolgedessen ist das Wild viel weniger an Fahrzeuge und menschliche Laute gewöhnt. Das ausgedehnte Gebiet wird durch oft ausgetrocknete Flussbetten und den Fluss Rufiji durchschnitten, der nach der Regenzeit zu einem mächtigen Strom anschwillt. Der Park befindet sich 450 km westlich von Daressalam. Mit 55 000 km^2 ist der Selous beinahe zweimal so groß wie Belgien. Ein Gebiet von etwa 30 000 km^2, das hauptsächlich den nördlichen Teil des Landes umfasst, wurde im Jahr 2019 zum Nyerere-Nationalpark erklärt. Genauso wie im Ruaha werden auch in diesem Park Wandersafaris angeboten. Unterkünfte finden Sie in der direkten Umgebung des Flusses Rufiji im nördlichen Teil des Reservats. Das Selous-Wildreservat steht auf der Liste des UNESCO-Welterbes.

Serengeti-Migrationskalender

Nov.: *Die ersten kurzen Regenschauer fallen in der Serengeti und die Gnu- und Zebraherden verlassen die Masai Mara.* **Dez.:** *Bereits grasend bewegen sie sich weiter südwärts. Die Savanne mit dem jungen Gras ist reich an Mineralien, die die Milchproduktion zum Säugen der Jungen stimulieren. Die ersten Zebras werden geboren.* **Jan.:** *In kleinen und größeren Herden laufen Zebras und Gnus in südöstliche Richtung. Babyboom bei den Zebras und erste Gnus.* **Feb.:** *250 000 bis 300 000 Gnus werden in der südlichen Zone geboren. Viele umherstreifende Kälber sind auf der Suche nach ihrer Mutter.* **März:** *Beginn der großen Regenperiode, die Kälber wachsen schnell.* **Apr.:** *Zunehmend schwere Regenschauer, Herden vor allem im südlichen Teil der Serengeti.* **Mai:** *Lange, verstreute Herden ziehen nordwärts. Wasserlöcher in den Savannen verschwinden schnell.* **Juni:** *Der Regen nimmt ab, die Herde zieht weiter nordwärts und erreicht den Grumeti-Fluss im westlichen Korridor. Hier liegen Krokodile geduldig auf der Lauer.* **Juli:** *Die Herde zieht weiter nach Norden, ein Teil spaltet sich ab in Richtung Lobo Region.* **Aug.:** *Der Kreis schließt sich. Die ersten Herden erreichen die Masai Mara.*

Tansania

Serengeti-Nationalpark

Wann:	das ganze Jahr über
Klima:	Tagestemperatur 24°C bis 34°C
Regen:	40 - 80 mm (Nov. - Mai) 10 - 25 mm (Jun. - Okt.)
Höhe:	1000 - 1800 m über dem Meeresspiegel

Die Serengeti umfasst 14 700 km². Zusammen mit dem angrenzenden kenianischen Masai Mara bietet sie eine Fauna von großer biologischer Vielfalt. Das Gebiet war nicht für die Landwirtschaft geeignet. Nomadenvölker ließen dort ihr Vieh weiden und auch bei Jägern war es beliebt. In späteren Jahren, bis zur Mitte der achtziger Jahre des vorigen Jahrhunderts, war die Serengeti zudem ein Paradies für Wilderer. Die Elefantenpopulation sank bis auf einige hundert und von den Nashörnern waren sogar nur zwei übriggeblieben. Dank internationaler Spenden und dem Einsatz der lokalen Behörden konnte erfolgreich eingeschritten werden. Der ökonomische Wert der Serengeti stieg, da sie fortan als Urlaubsziel fungieren sollte. Heutzutage ist die Serengeti einer der faszinierendsten Wildparks Afrikas und empfängt jährlich Touristen aus allen Teilen der Welt. In der lokalen Sprache bedeutet „seringet" „weitläufig", und das ist sie wahrlich. Grasland so weit das Auge reicht, der Horizont ist in weiter Ferne. Manchmal wird die freie Sicht unterbrochen von halbhohen Felsformationen, spärlichem Bewuchs oder gelegentlich vorkommenden dichten Wäldern entlang der Flüsse Grumeti, Mbalageti und Mgungu. Aufgrund des nährstoffarmen Bodens wachsen hier Sträucher und Baumarten, die lange Trockenperioden überstehen können. Das spärlich verzweigte Straßennetz bietet Wildtieren Ruhezonen, in denen sie ungestört leben können.

Dodoma
Park Gate
Tarangire Treetops
Tarangire Safari Lodge
Burungi
Boundary Hill
Tarangire Sopa Lodge
Buffalo
Sangaiwe
Boundery Hill
Msoffo
Chemchangeu
Tarangire Hill
Olkambe
Ngasuwa
SANGAIWE HILLS
Bwama Mbili
Elephant
Silale
Kitibong
Mamire
Oliver's Camp
Haldedonga
Gursi
Tarangire
OLDOINYA NGAHARI
Lormakau
Adam Drift
Ngahari
Ngusero Oloirobi
Kalima
Oldule
Mkungunero

Tarangire-Nationalpark

Wann:	das ganze Jahr über
Klima:	Tagestemperatur 24°C bis 28°C
Regen:	40 - 60 mm (Dez. - Mrz.) 5 - 15 mm (Apr. - Nov.)
Höhe:	1300 - 1600 m über dem Meeresspiegel

Der Tarangire-Nationalpark im Südwesten des Manyarasees wirkt wie ein angelegter Park. Die Affenbrotbäume sehen aus, als wären sie ordentlich in einem Muster gepflanzt und es hat den Anschein, als ob die leicht hügeligen, oft grünen Graslandschaften mit hier und da einigen Wäldern täglich von vielen Parkarbeitern gepflegt werden. Und schließlich der Tarangire-Fluss, der sich durch die Landschaft schlängelt, und mit schöner Ufervegetation einladende Picknickplätze beschattet. Dies ist jedoch ein Trugschluss. Die natürliche Schönheit des Tarangire ist eine Folge der dortigen saisonalen Bedingungen. Die wasserliebenden und charakteristischen Affenbrotbäume werden in Überschwemmungsgebieten mit Wasser versorgt, große Gruppen von Weidevieh pflegen die Grasflächen, und die hohen Bäume und Sträucher sind auf das Flusswasser angewiesen. Vom Tarangire Hill aus haben Sie einen wundervollen Blick über die Landschaft. Nur 112 km von Arusha entfernt schlägt hier das Herz der afrikanischen Fauna. Der Fluss sorgt jedes Jahr für Trinkwasser. Wenn es in anderen Parks bereits trocken ist, ziehen viele Herden und mit ihnen viele Raubtiere in den Tarangire. Im Park brüten weltweit gesehen die meisten Vogelarten: 550. Die Monate Juni bis September sind die besten Monate, um den 2850 km^2 großen Tarangire zu besuchen. Wenn Ihnen die Entfernung bis zur Serengeti zu weit ist, bietet ein Besuch im Tarangire eine fantastische Alternative.

Inhalt

Dieser Feldführer enthält Tierarten, denen Sie während Ihrer Safari in den Nationalparks begegnen können. Domestizierte Arten wie Esel oder Dromedare, kleinere Nagetiere wie Ratten und Mäuse oder Fledermäuse werden in diesem Buch nicht beschrieben. Buchstruktur und Aufbau sind so, wie sie auch in den meisten anderen Naturführern üblich sind. Die verwendete zoologische Ordnung besteht zunächst aus der Klasse, dann aus der Ordnung, zu der das Tier gehört, und schließlich aus den Familien innerhalb dieser Ordnung. Alle Tiere sind mit ihren deutschen, lateinischen und englischen Namen versehen.

Säugetiere

Der Begriff Säugetiere bezieht sich als Klasse auf alle warmblütigen Tiere, die ihre Jungen säugen und fast immer lebendgebärend sind. Die zu anderen Klassen gehörenden Reptilien und Vögel werden an anderer Stelle in diesem Buch beschrieben.

Legende

ist Verbreitungsgebiet

Maße und Gewichte

- Kopf-Rumpf-Länge
- Schulterhöhe
- Gewicht Männchen
- Gewicht Weibchen

Aktiv

- Tag
- Dämmerung
- Nacht
- Tag & Nacht

Lebensraum

- Savanne
- Wasser & Sumpf
- Berge
- Halbwüste
- Wald
- Wüste
- Felsen

Population

- **LC** = gesund (**L**east **C**oncern)
- **NT** = abnehmend (**N**ear **T**hreatened)
- **VU** = schutzbedürftig (**Vu**nerable)
- **EN** = bedroht (**En**dangered)
- **CE** = kritisch bedroht (**C**ritically **E**ndangered)

RÖHRENZÄHNER - ERDFERKEL *Tubulidentata - Orycteropodidae*

Röhrenzähner *Heutzutage besteht die Ordnung der Röhrenzähner aus einer Familie mit nur noch einem Vertreter: dem Erdferkel. Weitere fossile Arten dieser Ordnung wurden in Afrika gefunden. Der Name "Röhrenzähner" verweist auf den Aufbau der Zähne. Diese bestehen aus dicht aneinander liegenden Röhrchen aus Dentin, gefüllt mit Pulpa und zusammengehalten durch Zahnzement. Sie sind nicht mit Zahnschmelz bedeckt. Röhrenzähner haben vage Ähnlichkeit mit der Familie der Schweine, gehören aber nicht zu ihr, sondern sind eher mit Elefanten, Seekühen und Schliefern verwandt.*

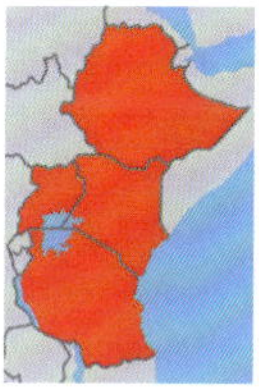

100-120 cm
50-60 cm
♂ 40-60 kg
♀ 40-60 kg

LC
NT
VU
EN
CE

Erdferkel *(Orycteropus afer)* **Aardvark**

Erdferkel sind leicht an ihren großen spitzen Ohren, den kurzen Pfoten mit großen Klauen und der Schweine-schnauze erkennbar. Ihre Nahrung besteht aus Termiten und Ameisen. Um diese zu fangen, benutzen sie ihre 30 cm lange, klebrige Zunge. Sie haben eine wenig behaarte, braungraue Haut. Die Schnauze ist rund, weich und beweglich mit kleinen fleischigen Tentakeln, die als Tastorgane dienen. Erdferkel verfügen über einen ausgezeichneten Geruchssinn und ein gutes Gehör, sie sehen jedoch schlecht. Diese scheuen Tiere sind Einzelgänger. Nach Sonnenuntergang gehen sie auf Nahrungssuche. Den Tag verbringen sie in tiefen, selbst gegrabenen Höhlen, die sie an verschiedenen Orten haben, um jederzeit flüchten zu können. Diese permanenten Höhlen haben verschiedene Gänge, Kammern, mehrere Eingänge und ein kleines Luftloch in der Decke. Als Toilette verwenden sie kleine Kuhlen, die sie wieder mit Erde bedecken. Ihr Territorium stecken sie durch Duftmarkierungen ab. In Gebieten, wo Erdferkel sehr verbreitet sind, kann es vorkommen, dass Höhlen mit zwei oder drei Artgenossen geteilt werden. Auch andere Tiere benutzen die Höhlen.
Das Weibchen trägt sein Junges ca. sieben Monate lang aus. Sie gebiert vor, manchmal auch während der Regenzeit, wenn das Nahrungsangebot gut ist. Erdferkel werden bis zu 18 Jahre alt.

Schliefer *Die Schliefer ähneln zwar Nagetieren, sind jedoch keine. Die Familie der Schliefer hat in Afrika fünf Vertreter: zwei Klippschlieferarten and drei Baumschlieferarten. Die Arten haben verschiedene Unterarten. Schliefer sind eng mit Rüsseltieren wie z. B. Elefanten und auch mit Seekühen verwandt. Alle Arten haben viele äußerliche Gemeinsamkeiten. Schliefer sind gedrungene Tiere mit einem kurzen, dichten Fell. Sie haben große, dunkle Augen und am Kopf kleine runde Ohren und Tasthaare. Das Fell ist je nach Region und Art unterschiedlich, meistens aber hellgraubraun bis dunkelbraun. Von Natur aus sind sie scheu, doch in der Nähe von Lodges werden sie zutraulich. Ihre Nahrung besteht vor allem aus Blättern, Blüten, Früchten und Bast. Während einige Tiere fressen, halten andere Wache. Wenn Gefahr droht, zum Beispiel durch Greifvögel, Katzenartige oder Schlangen, schlagen diese Wächter mit Rufen Alarm, und die gesamte Gruppe flieht. Schliefer haben eine Tragzeit von 210 bis 240 Tagen. Meistens hat ein Weibchen ein bis drei Junge pro Wurf. Die Schliefer werden 9 bis 12 Jahre alt.*

40-60 cm
15-30 cm
♂ 3-5 kg
♀ 3-5 kg

LC
NT
VU
EN
CE

Klippschliefer *(Procavia capensis)* **Rock Hyrax**
Der Klippschliefer ist die am häufigsten vorkommende Schlieferart. Das Fell variiert zwischen blassgrau, beigefarben und braun. Die Unterseite ist heller. Klippschliefer leben in Gruppen von vier bis zu fünfzig Tieren, mit einem dominanten Männchen, Weibchen mit Jungen und einigen halbwüchsigen Männchen. Die Männchen sind territorial. Klippschliefer bauen zwischen den Felsen Nester aus Gras. Über die Felsen verteilt hat die Kolonie einige „Latrinen" für Kot und Urin. Der starke Geruch ist charakteristisch für eine bestimmte Kolonie. Urin wird meistens auf hervorstehenden Felsen hinterlassen, das Salz des Urins hinterlässt dort helle Flecken. Klippschliefer sind überwiegend tagaktiv. In der Paarungszeit gibt das Männchen sehr durchdringende Laute von sich. Es schüttelt den Kopf, wenn es auf ein Weibchen zugeht, und scheidet aus einer Duftdrüse auf seinem Rücken einen starken Geruch aus. In jeder Gruppe gibt es ein Alphatier, das die Rangordnung bestimmt.

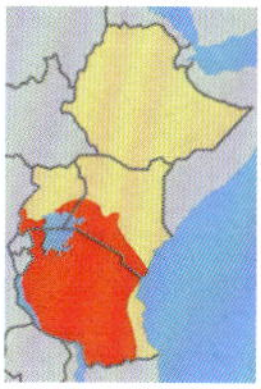

35-50 cm
15-30 cm
♂ 2-3 kg
♀ 2-3 kg

LC NT VU EN CE

Steppenwald-Baumschliefer *(Dendrohyrax arboreus)* **Southern Tree Hyrax**

Der Steppenwald-Baumschliefer hat an den Füßen Fußpolster, die beim Klettern nützlich sind. Auf dem Rücken ist ein kahler Fleck, ca. 2 bis 4 cm groß. Die Haare um diesen Fleck sind cremeweiß. Der Bauch ist schmutzig weiß. Die Ohrränder, die Augenbrauen und die Lippen sind ebenfalls hell. Seine Sinne, Sehen, Hören und Riechen, sind stark ausgebildet. Er lebt sowohl in mit Akazien bewachsenen Baumsavannen als auch in feuchten Regenwäldern und in den Bergen bis zu einer Höhe von 4500 Metern. Er ist ein guter Kletterer und bewegt sich leichtfüßig durch Bäume und Sträucher. Sie bewohnen allein oder in Paaren ein Territorium. Die Tiere sind vor allem während der Dämmerung und nachts aktiv; tagsüber verstecken sie sich in einem Nest, in Baumhöhlen oder zwischen dichten Ästen oder Wurzeln. Nachts verraten laute Knurr- und Pfeifgeräusche ihre Anwesenheit, die Laute können sich bis zu hohen Schreien steigern. Sie ernähren sich von Blättern, Früchten, Zweigen, Rinden und Trieben. Einige dieser Pflanzen sind für andere Tiere giftig. Manchmal ergänzen sie ihre Nahrung durch größere Insekten, Echsen und Vogeleier. Ab und zu kommen sie auch auf den Boden, um zu fressen. Wasser entnehmen sie der Nahrung. Sie trinken nur selten.

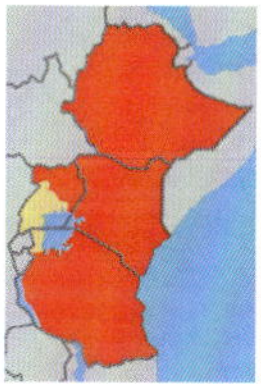

35-50 cm
15-30 cm
♂ 2-3 kg
♀ 2-3 kg

LC NT VU EN CE

Buschschliefer *(Heterohyrax brucei)* **Yellow-spotted Rock Hyrax**

Der Buschschliefer ist die einzige Art der gleichnamigen Gattung innerhalb der Schliefer. Busch- und Klippschliefer haben nicht nur weitgehend identische Lebensweisen, manchmal gibt es in der Zeit der Geburten gemischte Kolonien, in denen Familien beider Arten zusammenleben. Buschschliefer sind etwas wählerischer bei der Nahrungssuche. Ihre Rückendrüse ist weiß, nicht schwarz wie manchmal bei den Klippschliefern.

Elefanten *Bekannt sind heute ca. 160 Arten von Rüsseltieren, die sich auf mehr als 10 Familien verteilen. Alle bis auf die Elefanten sind inzwischen ausgestorben, einige von ihnen erst in der jüngeren Vergangenheit (Ende der Eiszeit oder noch später). Heutzutage gibt es noch drei Arten: den Indischen Elefanten mit vier Unterarten und die Gattung der Afrikanischen Elefanten mit zwei Arten.*
Die Familie der Elefanten (Elephantidae) stammt aus Afrika. Ihre dicke Haut ist von Natur aus hellgrau und verfärbt sich abhängig vom Lebensraum. Die großen Ohren sind stark durchblutet und werden wedelnd zur Körperkühlung eingesetzt. Beide Geschlechter haben Stoßzähne, die in einem Jahr ca. 16 cm wachsen aber durch Gebrauch verschleißen. Die Füße haben Zehen mit Nägeln und an der Unterseite dicke Polster, die so weich sind, dass sich die Tiere lautlos fortbewegen können. Die Fußabdrücke unterscheiden sich von Tier zu Tier. Die Spitze des langen Rüssels ist sehr geschickt und äußerst empfindlich (z. B. bei Ameisen- oder Bienenstichen). Elefanten sehen nicht besonders gut, können aber ausgezeichnet riechen und hören.

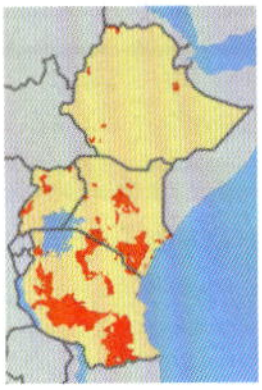

4,5-6,5 m
2,5-4 m
5000 kg
3200 kg

LC
NT
VU
EN
CE

Afrikanischer Elefant

(Loxodonta africana) **Savanna Elephant**

Der Afrikanische Elefant oder Afrikanische Steppenelefant ist der größte und am häufigsten vorkommende der zwei in Afrika lebenden Arten (manche Studien sagen, dass es im Nordwesten Namibias eine dritte Art gibt). Ein Bulle wiegt um einiges mehr als eine Kuh. Der Gewichtsrekord bei Bullen liegt bei 10 800 kg, ein anderes Tier hatte eine Schulterhöhe von etwas mehr als vier Metern. Nach einer Trächtigkeitsperiode von 22 Monaten wird ein Junges geboren, an einem Ort und zu einer Zeit mit viel Wasser und Nahrung. Elefanten sind nicht wählerisch. Sie fressen alle Pflanzen, bis zu 250 kg pro Tag (große Exemplare produzieren daher 2000 Liter Methan am Tag). Sie trinken 100 bis 200 Liter Wasser täglich. Sie bevorzugen in der Regenzeit Gräser, in der Trockenzeit Sträucher sowie junge Bäume. Auch Früchte, Zweige, Bast und Blätter werden gefressen. Sie sind den ganzen Tag aktiv, 12 bis 16 Stunden davon verbringen sie mit der Nahrungsaufnahme. Die Kühe leben in Gruppen unter der Führung einer Leitkuh, meist ist es die älteste Kuh. Die übrigen Mitglieder sind ihre erwachsenen Töchter und Schwestern sowie ihre noch nicht ausgewachsenen Kinder und Enkel. Meistens spalten sich Gruppen auf, wenn sie zu groß werden, sie bestehen selten aus mehr als zwanzig Tieren. Verwandte Gruppen halten jedoch jahrelang Kontakt miteinander, über Frequenzen, die für den Menschen nicht wahrnehmbar sind (Infraschall unter 16 Hz). Diese Töne sind für Elefanten kilometerweit zu hören. Wenn Bullen zwischen zehn und vierzehn Jahre alt sind, werden sie aus der Herde vertrieben und schließen sich anderen Bullen an. Ältere Männchen leben im Allgemeinen allein. Elefanten haben ein ganzes Sortiment an komplexen Geräuschen. Durch Brummen, Trompeten und lautes Brüllen drücken sie Emotionen aus und geben Signale. Sie kommunizieren, indem sie stampfend seismische Vibrationen verursachen, die noch mindestens vier Kilometer weiter für andere Elefanten spürbar sind. Elefanten werden ca. 60 Jahre alt, zum Teil auch deutlich älter. Sie sterben eines natürlichen Todes, wenn sich die Qualität ihrer Zähne nach dem sechsten (manchmal nach dem siebten) Zahnwechsel schnell verschlechtert und sie ihre Nahrung nicht mehr zermahlen können. Als Musth wird die Zeit bezeichnet, in der ein Bulle brünstig ist, sie kann 1 bis 103 Tage dauern. Eine geschwollene Drüse auf der Schläfe scheidet dann ununterbrochen ein Sekret aus. Aus dem fast steifen Penis tropfen Urin sowie eine grünliche Flüssigkeit. Während dieser Zeit sind die Tiere durch den hohen Testosteronspiegel viel aggressiver. Sie kämpfen miteinander um das Recht, sich zu paaren. Der Mensch jagt Elefanten immer noch wegen der Stoßzähne aus Elfenbein und auch, weil sie landwirtschaftliche Flächen verwüsten. In Nationalparks sind sie zum Teil so zahlreich, dass andere Tierarten Mühe haben zu überleben. Geschwächte Tiere und Kälber brauchen sich außer vor dem Menschen nur vor Löwen zu fürchten, vor allem nachts.

Im Regenwaldgürtel von West- und Zentralafrika gibt es den Waldelefanten (Loxodonta cyclotis). Die Lebensräume der beiden Arten überschneiden sich. Sie leben manchmal nebeneinander und manchmal paaren sie sich auch. Der Waldelefant ist kleiner und dadurch gut an seine Umgebung angepasst. Er hat eine Schulterhöhe von bis zu 240 cm und wiegt 2800 bis 4000 kg. Ansonsten gibt es wenig äußere Unterschiede. In den Wildparks dieses Reiseführers kommt er nicht vor.

Feuchtnasenprimaten *Die Galagos sind eine Primatenfamilie aus der Gruppe der Feuchtnasenaffen. Mit großen Sprüngen bewegen sie sich durch Bäume und Sträucher und halten dabei mithilfe ihres Schwanzes Balance. Mit ihren großen Augen und Ohren sind die Galagos gut an das Leben in der Dunkelheit angepasst. Sie verlassen sich auch auf ihren Tastsinn an Hand- und Fußsohlen, Handgelenken und Kopf. Galagos leben in trockenen Wäldern. Ihre wichtigsten Feinde sind Greifvögel, aber auch Affen. Tagsüber schlafen sie im Astwerk, in hohlen Bäumen oder in Nestern. Weibchen mit Jungen schlafen in Gruppen. Galagos urinieren auf ihre Hände und Füße, vermutlich für besseren Halt, möglicherweise aber auch, um ihr Territorium zu kennzeichnen. Das Revier wird mit Geruchsstoffen aus den Hautdrüsen an den Genitalien und auf der Brust markiert. Galagos kommunizieren vor allem über laute Rufe, die an das Weinen von Babys erinnern. Galagos erkennen einander am Geruch. Auf dem Speiseplan dieser Allesfresser stehen kleine Vögel, Insekten, Früchte, Blumen, Eier, Gummi und Nüsse.*

Senegal-Galago

Somalia-Galago

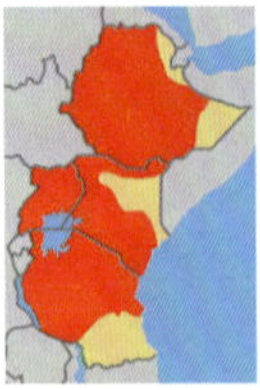

11-15 cm
5-6 cm
♂ 250 gr
♀ 250 gr

LC
NT
VU
EN
CE

Senegal-Galago

(Galago senegalensis) **Lesser Galago** oder **Bushbaby**
Ihr Fell ist grau mit einem beigefarbenen Schimmer. Sie sind flinke Kletterer und springen ohne Probleme mehr als vier Meter weit. Manchmal leben einige hundert Exemplare in einem Gebiet von drei Hektar. Nach etwa 115 Tagen bringt das Weibchen meist zweimal jährlich ein oder zwei Junge zur Welt. Der **Somalia-Galago** *(Galago gallarum)* **Somali Lesser Galago** ist ein mittelgroßer Galago. Sein Lebensraum sind trockenere Busch- und Waldgebiete, in denen er sich scheinbar mühelos durch die vielen Dornen bewegt. Sein Gesicht ist weiß um die großen bernstein-farbenen Augen, das Fell an den Gliedmaßen teilweise rostbraun. Die Rückseite ist überwiegend grau. Die Hände und Füße sind dunkelgrau oder schwarz, je nach Standort. Die Tiere sind in der Regel neugierig und nicht sehr scheu.

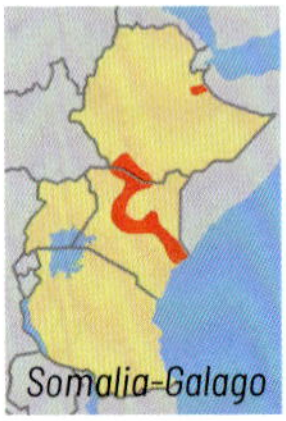
Somalia-Galago

26-34 cm | 10-14 cm | ♂ 900 gr | ♀ 700 gr

LC | NT | VU | EN | CE

Kleinohr-Riesengalago

(Otolemur garnettii)

Garnett's Greater Galago

Da sich sein Lebensraum mit dem Großohr-Riesengalago überschneidet, werden die beiden manchmal verwechselt. Der kleinere Kleinohr-Riesengalago hat kleinere Ohren, eine spitzere Schnauze und größere Augen. Das Fell auf dem Rücken ist leicht rostbraun bis graubraun. Der Bauch ist beige. Die Spitze des bis zu 40 cm langen rötlichbraunen Schwanzes ist dunkelbraun. Zwischen August und Oktober bringt das Weibchen nach einer Trächtigkeitsdauer von ca. 130 Tagen ein Junges zur Welt.

26-44 cm | 10-14 cm | ♂ 1,6 kg | ♀ 1,3 kg

LC | NT | VU | EN | CE

Großohr-Riesengalago

(Otolemur crassicaudatus) **Brown Greater Galago**

Der Großohr-Riesengalago ist einer der größten Galagos und wird auch auf dem Boden angetroffen. Im Gegensatz zu seinen Verwandten ist er eher ein Kletterer und Läufer, als dass er von Ast zu Ast springt. Das Fell ist graubraun, die Kehle und der Bauch beige. Der lange, etwa 45 cm lange wollige Schwanz ist meist rötlich braun. Er lebt südlich des Äquators im grünen Gürtel bis Angola und im Küstenstreifen bis unterhalb von Lesotho. Unter guten Bedingungen gibt es Kolonien von 100 Tieren pro Quadratkilometer. Beide Geschlechter bewachen ihr Revier, das sich oft mit dem von Artgenossen überschneidet. Außerhalb der Paarungszeit sind die Begegnungen in der Regel freundlich. In Gefangenschaft werden sie bis zu 18 Jahren alt.

Paviane *Paviane (Papio) gehören zu den sogenannten Hundeaffen (Papionini). Ihr Schwanz ist lang und hat einen Knick. Es sind tagaktive Tiere, die gut sehen, hören und riechen können. Männchen werden deutlich größer als Weibchen und haben längere Schnauzen. Paviane leben in Gruppen, die meist aus einigen dominanten Männchen sowie Weibchen mit jungen und halbwüchsigen Tieren bestehen. Innerhalb der Gruppe herrscht eine strenge Hackordnung, auch unter den Weibchen. Die soziale Struktur ist patriarchalisch, die größten und stärksten Männchen sind die dominantesten. Sie haben das Vorrecht auf Paarung, das beste Futter und den besten Schlafplatz. Diese Männchen interessieren sich nur für brünstige Weibchen, alle anderen ignorieren sie. Durch gegenseitige Fellpflege werden soziale Bindungen innerhalb der Gruppe gefördert. Weibchen gebären jeweils ein Jungtier, das sie einige Tage bei sich tragen. Mit zwei Wochen beginnt das Junge unter Aufsicht seiner Mutter die Umgebung zu erkunden. Nach drei Monaten ist das Jungtier selbstständig und sucht nur noch bei Gefahr Schutz bei seiner Mutter. Weibchen bleiben ihr ganzes Leben bei der Gruppe, während viele Männchen die Gruppe verlassen, sobald sie geschlechtsreif sind. Paviane leben vorrangig in bewaldeten Savannen, solange es Wasser gibt. In offenen Gebieten und dichten Wäldern findet man sie hingegen nicht. Ihr Futter suchen sich diese anpassungsfähigen Allesfresser auf dem Boden. Dazu gehören Gräser, Wurzeln und Früchte, aber auch Heuschrecken, Schnecken, Skorpione, Eidechsen, Eier, Fische und Frösche. Manchmal jagen sie auch Vögel und kleine bis mittelgroße Säugetiere. Paviane haben viele Feinde, der wichtigste ist der Leopard. Aber sogar Schimpansen und Pythons erbeuten manchmal einen Pavian. Bei Gefahr warnt der Pavian die anderen mit einem Schrei, woraufhin die Tiere laut schreiend davonlaufen. Paviane spielen eine wichtige Rolle in ihrem Lebensraum, nicht nur als „Buschfleisch", sondern auch als Samenverbreiter. Der Pavian wird 20 bis 30 Jahre alt.*

40-70 cm
45-70 cm
♂ 25 kg
♀ 12 kg

LC
NT
VU
EN
CE

Steppenpavian *(Papio cynocephalus)* **Yellow Baboon**
Das Fell dieser Art ist überwiegend gelb-braun. Der Farbunterschied zu anderen Pavianarten ist besonders bei den Weibchen auffällig. Ihr Lebensraum liegt hauptsächlich knapp unterhalb des Äquators und erstreckt sich von Ost- bis Westafrika. Sie leben in Savannen und nicht allzu bewaldeten Gebieten. Sie kennen 10 verschiedene Schreie, um miteinander zu kommunizieren. Diese Rufe sind meist eine Warnung, sie reichen vom Zurückrufen eines Pavians, der sich zu weit entfernt hat, über Verhaltenskorrekturen bis hin zur Bestätigung der Dominanz und der Gefahr beim Anblick von Raubwild. Im letzteren Fall wird fast die gesamte Truppe mitschreien. Wenn der Steppenpavian aggressiv ist, zeigt er seine großen Reißzähne und seine rosa Augenlider.
Durch die Ausdehnung der landwirtschaftlichen Flächen und die dort angebauten Leckerbissen für Paviane geraten diese zunehmend in Konflikt mit der lokalen Bevölkerung.

Anubispavian

(Papio anubis) **Olive Baboon**

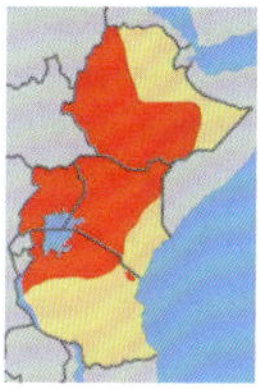

45-95 cm
50-85 cm
♂ 35 kg
♀ 15 kg

LC NT VU EN CE

Von allen Pavianarten ist der Grüne Pavian, wie er auch genannt wird, die am weitesten verbreitete Art in Afrika. Sie ist in 25 Ländern zu finden und kommt auch in tropischen Regenwäldern vor. Der Name Grüner Pavian ist irreführend, da er nicht grün, sondern hellbraun oder graubraun ist. Er ist ein Allesfresser und sucht seine Nahrung, junge Triebe, Harz, Gummi und Blätter, sowohl auf dem Boden als auch in Bäumen. Die Hierarchie innerhalb der Truppe ist wechselnd. Bei einem sehr dominanten Anführer hält sie etwas länger an, aber es werden ständig neue Bindungen eingegangen. Auch die Zusammensetzung der Harems ändert sich ständig. Einige Familien innerhalb der Truppe werden höher eingestuft. Vor allem die Weibchen aus diesen Familien haben viele Freundinnen. Sie bleiben in der Regel bei ihren Familien. Auch dieser Pavian benutzt verschiedene Rufe, von denen der bekannteste "wah-hoe" ist, wenn er Raubwild erspäht.

50-80 cm
45-70 cm
♂ 25 kg
♀ 13 kg

LC NT VU EN CE

Mantelpavian

(Papio hamadryas) **Hamadryas Baboon**

Der Mantelpavian war im alten Ägypten ein heiliges Tier. Sein Bild ist auf vielen antiken Artefakten zu sehen. Die Männchen haben ein rosafarbenes Gesicht mit weißen Mähnen. Die großzügige Behaarung bis zum nackten Hinterteil ist hellgrau, das Gesäß ist leuchtend rosa. Weibchen und Jungtiere sind hellbraun. Die kleinsten sind fast schwarz. Diese Paviane sind Allesfresser und während der Dürrezeit ernähren sie sich von der Sisalpflanze sowie von Blättern, Blüten, Trieben und Früchten eines endemischen Baumes *(Dobera glabra)*. Wegen der Proteine ernähren sie sich auch von Eidechsen, Insekten und kleinen Säugetieren. Während der Regenzeit halten sie sich in der Nähe von Pfützen auf und ernähren sich von Gras, Wurzeln und jungen Blättern. Sie haben ein ungewöhnliches Sozialsystem. Innerhalb der Truppe gibt es mehr oder weniger konstante Harems, die jeweils aus einem Männchen, einem Thronfolger und etwa 10 Weibchen bestehen. Manchmal schließen sich zwei oder mehr Harems zu einem Bündnis zusammen. Sie schlafen gemeinsam und suchen gemeinsam nach Nahrung. Wenn ein unerschrockenes Männchen es wagt, ein Weibchen zu "stehlen", kommt es zu heftigen Kämpfen, bei denen der Eindringling oft gegen die Übermacht verliert. Unter den Weibchen gibt es keine Hierarchie.

50-75 cm
45-70 cm
♂ 20 kg
♀ 12 kg

LC NT VU EN CE

Dschelada *(Theropithecus gelada)* **Gelada**
Obwohl es viele Ähnlichkeiten mit Pavianen (Papio) gibt, gehört der Dschelada zu einer anderen Familie (Theropithecus), deren einziger Vertreter der Dschelada ist. Diese Affen leben ausschließlich im Hochland der äthiopischen Hochebene und dort hauptsächlich an den Hängen des Simien-Gebirges im Distrikt Tigray, nordöstlich des Tacazzé-Flusses, sowie südlich und nordöstlich des Tanasees und südlich von Wollo. Hier leben sie auf den grasbewachsenen Ebenen und Hängen dieses Hochgebirges in Höhen von 1800 bis 4400 m. Sie bevorzugen die feuchte Seite der Berge. Der Dschelada unterscheidet sich von echten Pavianen durch die rosa, sanduhrförmige nackte Brust, die Paviane nicht haben. Die Hauptnahrung besteht aus Gras und Samen, daneben Wurzeln, Früchte und gelegentlich auch Insekten. Ihr sozialer Umgang ist dem der Mantelpaviane sehr ähnlich. Es sind vor allem die Weibchen, die die Initiative ergreifen. Wenn sie ein Bündnis schließen, wird die Gruppe auch durch andere Männchen ergänzt. Ob dies schon vorher die Absicht war, ist schwer zu erraten, aber es ist keine Ausnahme, dass die Weibchen die Chance sehen, sich dann auch mit anderen Männchen zu paaren. Wenn eine solche heimliche Paarung stattfindet und der Haremsführer dies bemerkt, erfolgt eine harte Bestrafung. Abgesehen von aggressiven Haushunden und Leoparden haben Dscheladas nur wenige natürliche Feinde. Auch ein Äthiopischer Wolf wird in der Regel toleriert. Die Weibchen bringen nach 5 bis 6 Monaten Trächtigkeit ein Jungtier zur Welt, die meisten Geburten gibt es während der Regenzeit. Dscheladas werden etwa 20 Jahre alt.

Meerkatzen *Die Meerkatzenverwandten sind eine der Unterfamilien aus der Überfamilie der Geschwänzten Altweltaffen (Cercopithecoidea). Zu dieser umfangreichen Familie von Affenarten gehören die Meerkatzenartigen (Cercopithecini), die Pavianartigen ((Papionini) und die Schlank- und Stummelaffen (Colobinae). Es ist eine der artenreichsten Gattungen innerhalb der Primaten. Die auf den folgenden Seiten beschriebenen Arten gehören zu den echten Meerkatzen. Einige dieser Arten sind echte Baumbewohner, während andere häufiger nach Nahrung am Boden suchen. Es gibt auch Unterschiede in Größe, Fellfarbe und Lebensraum. Alle Arten fressen Früchte und Samen, ergänzt mit Blättern. Einige Arten sind stärker auf tierische Nahrung angewiesen, wie Insekten, Eier und Eidechsen. Die meisten Arten sind wahrscheinlich territorial und es gibt mehr oder weniger ausgeprägte Hierarchien innerhalb der Gruppe. In artenreichen Wäldern leben mehrere Meerkatzenarten friedlich zusammen. Meerkatzen haben einen schlanken Körper mit langen Gliedmaßen und einem langen Schwanz, der länger als der Körper ist. Das Fell der Männchen auffälliger gefärbt. Alle Arten haben Backentaschen. Die Männchen sind deutlich größer als die Weibchen. Die meisten Arten sind, wie so viele afrikanische Waldtiere, durch Holzeinschlag und Buschfleischjagd bedroht. Aber auch große Greifvögel, Leoparden, Schimpansen und Pythons fangen oft eine Meerkatze.*

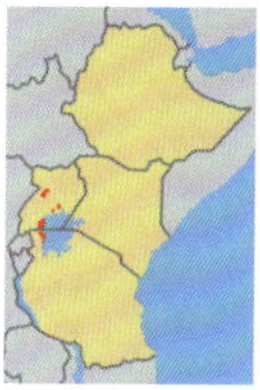

45-65 cm
40 cm
♂ 10 kg
♀ 6 kg

LC
NT
VU
EN
CE

Uganda-Mangabe

(Lophocebus ugandae) **Uganda Mangabey**

Diese schlanke Meerkatzenverwandte ist dunkelgrau bis fast schwarz mit langen zerzausten grauen Mähnen über Rücken und Gliedmaßen. Stehen die Affen auf allen vieren, so wird der Schwanz oft senkrecht nach oben mit der Spitze nach vorn zeigend getragen. Sie sind Baumbewohner, vorzugsweise hoch oben in den Wipfeln, aber sie finden ihre Nahrung wie Früchte und Samen auch am Boden. Auf dem Waldboden suchen sie sich auch gegenseitig auf, um Kontakte zu knüpfen. Ihr Lebensraum wurde durch Abholzung und die Zunahme von Zuckerrohrplantagen stark reduziert. Um die Art für Uganda zu erhalten, insbesondere aus touristischer Sicht, wurden hier und da kleine Projekte zur Erhaltung der Mangabe gestartet. Alle 33 Monate, nach einer Tragezeit von 185 Tagen, bringt das Weibchen ein Junges zur Welt.

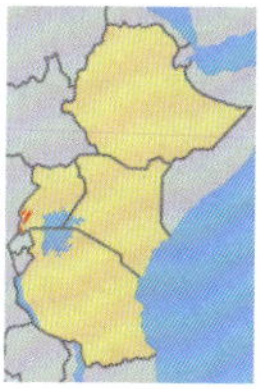

35-60 cm
35 cm
♂ 8 kg
♀ 5 kg

LC
NT
VU
EN
CE

Östlichc Vollbartmeerkatze

(Allochrocebus lhoesti) **l'Hoest's Monkey**

Diese Meerkatze ist an ihrem weißen Bart, dem braunen Rücken und den schwarzen Gliedmaßen zu erkennen. Der äußerste Südwesten Ugandas ist ihr östlichster Lebensraum. Sie sind besonders zahlreich in hügeligen und bewaldeten Gebieten wie iBwindi. Die Familienstruktur ist matriarchalisch und sie tolerieren nur ein Männchen innerhalb der Familie. Am Boden ernähren sie sich vor allem von Früchten, Pilzen, Kräutern, Wurzeln, manchmal auch Eiern und Eidechsen. Zuvor wurde die Art in die Familie der *Cercopithecus* eingeordnet.

50-90 cm

35-45 cm

♂ 8-13 kg

♀ 4-8 kg

LC
NT
VU
EN
CE

Husarenaffe

(Erythrocebus patas) **Patas Monkey**

Der Husarenaffe ist eine afrikanische Meerkatze und die einzige Art der Gattung *Erytrochebus* (Husarenaffen). Das raue Fell ist meist rötlich-braun. Brust und Bauch sind weiß, ebenso die Wangen und die Nase. Der lange, dünne Schwanz ist etwa so lang wie der Körper und wird beim Gehen auf dem Rücken getragen. Dünn bewachsene Savannen mit Akazien und Sträuchern sind ihr bevorzugter Lebensraum. Dank ihrer langen Gliedmaßen erreichen Sie Geschwindigkeiten von bis zu 55 km/h und sind damit die schnellsten Primaten.
Eine Gruppe besteht aus 10 bis 20 Tieren: das dominante Männchen mit mehreren Weibchen und Jungtieren. Erwachsene Männchen außerhalb der Gruppe leben alleine oder in Junggesellengruppen. Das Männchen ist sehr wachsam und schützt seinen Harem und seine Nachkommen. Ihre Hauptfeinde sind Leoparden und Löwen, aber auch Greifvögel. Bei Konfrontationen mit anderen Husarenaffen verhält sich die gesamte Gruppe aggressiv. Andere Affenarten werden hingegen toleriert.
Je nach Jahreszeit und Nahrungsreichtum ist der Lebensraum unterschiedlich groß und überschneidet sich meist mit dem einer anderen Gruppe. Brünstige Weibchen blasen die Wangen auf, ziehen die Lippen zusammen und geben stöhnende Geräusche von sich. Während dieser Zeit stoßen mehr Männchen zur Gruppe. Die Schwangerschaft dauert 24 Wochen. Husarenaffen werden etwa 20 Jahre alt. Sie fressen hauptsächlich Pflanzliches wie Samen, Hülsenfrüchte, Blätter, Gräser, Früchte, Gummi, Blumen und Pilze, manchmal auch Insekten und andere Wirbellose, Eier und kleine Säugetiere.

Stummelaffen *Die Stummelaffen gehören zur Unterfamilie der Stummel- und Schlankaffen (Colobinae), die Schlankaffen leben nur in Asien. Die englische Bezeichnung „colobus" kommt vom griechischen „kolobos", was so viel wie „Stummel" bedeutet und sich auf ihren rudimentären Daumen bezieht. Sie klettern mit den vier Fingern jeder Hand, ohne Hilfe des Schwanzes. Stummelaffen sind scheu und leben in Gruppen von zehn bis zu 25 Artgenossen und bevorzugen tropische Wälder. Sie sind territorial und solange es Futter gibt, bleiben sie in der Regel am selben Ort. Dadurch sind sie leicht zu finden. Sie fressen vor allem junge Blätter, Insekten, Früchte und Samen. en zaden.*

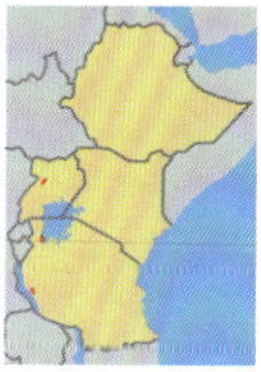

45-65 cm
30-40 cm
10 kg
7 kg

LC
NT
VU
EN
CE

Uganda-Stummelaffe

(Piliocolobus tephrosceles) **Ugandan Red Colobus**

Über ganz Afrika verteilt gibt es 17 verschiedene Unterarten des rötlich-braunen Stummelaffen. Bei dieser Unterart ist das Rot auf die Stirn beschränkt. Der Rücken und die Gliedmaßen sind grau, die Brust und der Bauch sind beige bis weiß. Die größte Population lebt im Kibale-Nationalpark in Uganda. Sie kommt auch im Gombe und im Mahale in Tansania vor. In diesen Parks ist ihr Fell viel brauner. Sie teilen ihren Lebensraum unter anderem mit Schimpansen, die auch ihre Hauptfeinde sind. Die Prädation von Schimpansen unter den Stummelaffen ist sehr hoch. Sobald die Schimpansen die Anwesenheit eines Stummelaffen in der Nähe bemerken, beginnen sie die Jagd, in der Regel nur die Männchen. Die Stummelaffen-Männchen versuchen zunächst, die Aufmerksamkeit der Angreifer auf sich zu ziehen, um ihren Weibchen mit Jungen die Flucht zu ermöglichen. Die Schimpansen treiben die Stummelaffen höher in die Bäume und isolieren die Affen, bis sie in Reichweite sind. Die Jagd wird von lautem Geschrei auf beiden Seiten begleitet. Die Mütter werden versuchen, ihre Jungen bis zum Schluss zu schützen, aber jeder Stummelaffe wird bald von einem Schimpansen besiegt. Die soziale Struktur des Uganda-Stummelaffen ist patriarchalisch. Es gibt eine strenge und aggressive Hierarchie. Die Gruppe besteht aus 20 bis 40 Affen, von denen die überwiegende Mehrheit Weibchen sind. Sie sind tolerant gegenüber Meerkatzen und leben oft zusammen. Die Solidarität unter den Müttern ist gering. Sie wechseln oft die Gruppe.

Südliche Grünmeerkatze

(Chlorocebus pygerythrus)

Vervet Monkey

Vier der sechs Unterarten dieser Meerkatzen leben in den Ländern dieses Reiseführers. Diese schlanken Affen leben in großen Gruppen in weiten Teilen des subsaharischen Afrikas. Das schwarze Gesicht und das hellblaue Skrotum der Männchen sind die auffälligsten Details. Das Fell variiert zwischen beigebraun und olivgrün bis grau. Nahrung suchen sie hauptsächlich auf dem Bodem. Rund um Ihr Hotel sind sie manchmal sehr frech und lieben den Zucker und die Kekse auf Ihrem Tisch. Nach einer Tragzeit von ca. 160 Tagen bringt das Weibchen ein Junges zur Welt. Meerkatzen werden oft Opfer von Raubtieren. Im Amboseli-Nationalpark in Kenia waren 50 % der Todesfälle auf Raubtiere zurückzuführen. In einem Jahr war ein einziger Leopard für den Tod von 70 % aller Grünmeerkatzen verantwortlich. Daneben fürchten sie Kronenadler, Kampfadler, Felsenpythons und Paviane. Meerkatzen fressen Samen, Blüten, Blätter und Gummi der Akazie. Feigen und andere Obstbäume werden ebenfalls gegessen. In Äthiopien lebt die sehr ähnliche **Äthiopische Grünmeerkatze** *(Chlorocebus aethiops)* **Grivet Monkey**. Sie ist meist etwas bräunlicher als die Südliche Grünmeerkatze. Eine zweite Unterart in Äthiopien ist die **Bale-Grünmeerkatze** *(Chlorocebus djamdjamensis)* **Bale Mountain Vervet**. Diese Unterart ist endemisch und kommt nur im Odubullo-Bambuswald des Bale-Gebirge vor. Ihr Kopf ist eher grau als schwarz und ihr Fell ist brauner. Die **Tantalus-Grünmeerkatze** *(Chlorocebus tantalus)* **Tantalus Monkey** ist eine Unterart, deren Verbreitungsgebiet sich von Westkenia bis Ghana in Westafrika erstreckt. Diese Unterart hat auch einen schwarzen Kopf und weiße Wangen. Sie ist der Südlichen Grünmeerkatze sehr ähnlich. Der soziale Zusammenhalt innerhalb der Gruppe all dieser Meerkatzen ist patriarchalisch, wobei die stärksten Männchen die Leitung haben. Männliche Heranwachsende verlassen die Gruppe. Aber auch unter den Weibchen gibt es eine Hierarchie. Die Abstammung ihrer Jungen bestimmt ihren Status innerhalb der Gruppe.

Äthiopische Grünmeerkatze

40-60 cm

35 cm

♂ 7 kg

♀ 4 kg

LC
NT
VU
EN
CE

Rot = Vervet
Violett = Grivet
Rosa = Tantalus
Orange = Bale

40-70 cm
40 cm
♂ 9 kg
♀ 5 kg

LC
NT
VU
EN
CE

Diademmeerkatze *(Cercopithecus mitis)* **Blue Monkey**
Es gibt neun Unterarten der Diademmeerkatze. Das Fell ist dick und je nach Unterart variiert die Farbe von braun bis bläulich grau. „Diadem" bezieht sich auf das helle Fell, das die Stirn bedeckt. Einige Unterarten haben einen schmalen weißen Ringbart, eine weiße Nase oder weiße Wangen. Die Gruppen, in denen sie leben, variieren von 10 bis 40 Affen mit einem führenden Männchen. Die anderen Männchen verlassen die Familie, sobald sie erwachsen sind. Sie führen dann ein Wanderleben, bis sie sich stark genug fühlen, um einen Anführer einer anderen Familie herauszufordern. Die Weibchen bleiben bei ihren Familien. Sie sind sehr territorial und verteidigen oft ihren Lebensraum. Nach dem Prinzip „mehr Augen, mehr Sicherheit" leben sie oft in Harmonie mit den Stummelaffen. Sie suchen ihre Nahrung wie Obst, Feigen, Insekten und Blumen in Bäumen und auf dem Boden. Viele der Unterarten sind aufgrund des Verlusts ihres Lebensraums in ihrer Existenz ernsthaft bedroht. Wälder mit seltenen Holzarten werden abgeholzt, und statt diese Flächen neu zu bepflanzen, werden sie in Plantagen und Ackerland umgewandelt. Eine der Unterarten *(C. m. Boutourlini)*, die jahrhundertelang Westäthiopien bewohnte, wurde dort in den letzten Jahren nicht mehr gesehen. Nach einer Tragzeit von ca. 170 Tagen bringt das Weibchen ein Junges zur Welt. Im Durchschnitt wird die Diademmeerkatze nicht älter als 20 Jahre. Einige dieser Unterarten sind in einem oder mehreren der in diesem Leitfaden genannten Länder zu finden und einige haben noch keinen anerkannten Namen in der deutschen Sprache. **Kolb's Monkey** *(C. m. kolbi)* lebt im zentralen Teil Kenias in der Nähe des Mount Kenya und des Aberdare. Die **Goldmeerkatze** *(C. m. kandti)* **Golden Monkey** lebt im Südwesten Ugandas, das Gebiet wird geteilt mit der **Silbermeerkatze** *(C. m. doggetti)* **Doggett's Silver Monkey**. Der **Stuhlmann's Blue Monkey** *(C. m. stuhlmanni)* lebt im Südwesten Kenias und im zentralen und westlichen Uganda. Der **Elgon Blue Monkey** *(C. m. elgonis)* lebt an den Hängen des Mount Elgon an der Grenze zwischen Uganda und Kenia.

C. m. stuhlmanni

C. m. kolbi

C. m. kandti

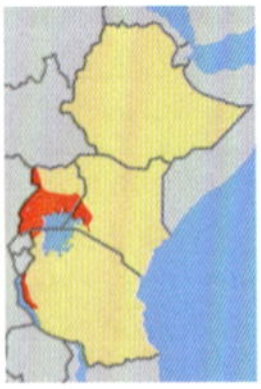

40-60 cm
30-45 cm
♂ 6 kg
♀ 4 kg

LC
NT
VU
EN
CE

Rotschwanzmeerkatze

(Cercopithecus ascanius) **Red-tailed Guenon**

Die Rotschwanzmeerkatze hat auffällige weiße Wangen und ein blaues Gesicht mit einer weißen Nase. Das Fell ist blaugrau bis braun und der 90 cm lange Schwanz ist an der Unterseite rotbraun. Sie sind echte Baumbewohner und wagen sich nicht oft auf den Boden. Sie leben im Tiefland von Regenwäldern und in Akazienwäldern in der Nähe von Feuchtgebieten. Die Gruppe besteht normalerweise aus etwa 30 Affen und wird von einem dominanten Männchen geführt. Nach einer Tragzeit von ca. 170 Tagen bringt das Weibchen ein Junges zur Welt.

30-60 cm
35-40 cm
♂ 9 kg
♀ 5 kg

LC
NT
VU
EN
CE

Weißkehlmeerkatze

(Cercopithecus mitis albogularis)

Zanzibar Sykes Monkey

Es gibt 16 bekannte Unterarten der Weißkehlmeerkatze. Zuvor ging man davon aus, dass es zwei Gattungen gibt: *albogularis* und *mitis*. Heute ist man sich einig, dass alle diese Unterarten zur Familie *(Cercopithecus mitis)* gehören. Sie leben im östlichen Teil Afrikas von Äthiopien bis Südafrika. Diese Meerkatzen sind an ihrer weißen Kehle, dem hellen Nasenbereich und der weißen oder grauen Brust auf dem ansonsten grauen Fell zu erkennen, wobei ein Teil des Rückens normalerweise braun ist. Die Iris ist rötlichbraun. Die Gliedmaßen sind fast schwarz. Nach einer Tragezeit von ca. 170 Tagen bringt das Weibchen ein Junges zur Welt. Auf dieser und der nächsten Seite finden Sie einige Beispiele für diese Affen.

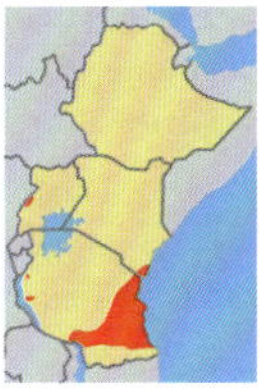

50-70 cm

40-50 cm

♂ 6-14 kg

♀ 5-8 kg

LC | NT | **VU** | EN | CE

Angola-Stummelaffe

(Colobus angolensis)

Angola Black & White Colobus

Bei erwachsenen Affen schmücken weiße lange Haare das schwarze Fell. Die Männchen sind etwas größer als die Weibchen, ansonsten gibt es keine auffälligen Unterschiede. Man findet sie in den Shimba-Hügeln an der Südküste von Kenia und in der Küstenregion Tansanias, in den Nationalparks Arusha und Kilimandscharo sowie in den Gebieten südlich des Ruaha-Flusses. Anders als der Guereza hat dieser Stummelaffe keinen weißen Bart. Wie bei den Guereza, gebiert das Weibchen nach 170 Tagen ein völlig weißhaariges Junges. Nach 2 bis 3 Monaten wachsen ihm auch schwarze Haare.

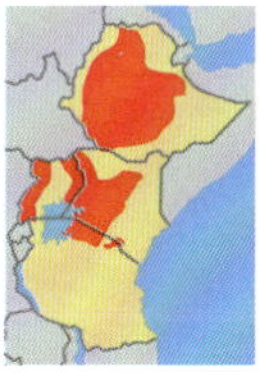

50-70 cm

40-55 cm

♂ 7-14 kg

♀ 6-9 kg

LC | NT | **VU** | EN | CE

Guereza *(Colobus guereza)*

Eastern Black & White Colobus

Diese Art ist unter anderem in Kenia auf den Hängen des Mt. Kenya und des Aberdare, am Nakurusee und entlang der Küste des Victoriasee sowie in weiten Teilen Äthiopiens zu finden. Guerezas haben einen weißen Vollbart und einen buschigen Schwanz mit weißer Fahne. Sie bevorzugen Bergwälder, durch die sie sich mühelos schwingen. Sie bilden Haremsgruppen von rund 8 bis 15 Tieren, die sich aus einem Männchen, zwei bis sechs Weibchen und deren Jungtieren zusammensetzen. Es sind territoriale Tiere, die Streifgebiete sind mit 15 bis 60 Hektar relativ klein und können sich mit denen anderer Gruppen teilweise überlappen.

Menschenaffen *Drei Affenarten aus der Familie der Menschenaffen (Hominidae) leben in Afrika: Gorillas, Schimpansen und Bonobos. Der Orang-Utan und die unterschiedlichen Gibbonarten hingegen haben ihre Verbreitungsgebiete in Südostasien. Die meisten Menschenaffen kommen nur noch selten vor oder sind vom Aussterben bedroht. Die größten Bedrohungen sind der Verlust ihres Lebensraums im tropischen Regenwald, die Jagd auf ihr Fleisch und die illegale Ausfuhr von Affenbabys, die von Wilderern zu Waisen gemacht worden waren durch alle erwachsenen Mitglieder der Gruppe zu töten.*

65-95 cm
50-75 cm
45-60 kg
30-45 kg

LC
NT
VU
EN
CE

Schimpanse *(Pan troglodytes)* Chimpanzee

Schimpansen kennzeichnet ein gedrungener Körperbau. Aufrecht stehend sind sie zwischen 100 und 150 cm groß, mit ausgestreckten Armen erreichen sie eine Höhe von weit über 2 Metern. Inwieweit sich Schimpansen und Menschen genetisch ähneln, ist ein Thema, das umfassend untersucht wird. Das menschliche Genom ist fast entschlüsselt. Da nun auch vom Schimpansen immer mehr DNA-Sequenzen zur Verfügung stehen, können Forscher das menschliche Genom mit dem der Schimpansen vergleichen und Übereinstimmungen bzw. Unterschiede quantitativ bestimmen: Die Übereinstimmung liegt zwischen 94,6 % und 99,4 %. Zwischen Schimpansen und Menschen ist die Verwandtschaft also größer als zwischen Schimpansen und Gorillas. Von den Ländern in diesem Feldführer leben sie nur in Westtansania und Uganda in freier Wildbahn. Aktiv sind Schimpansen vor allem am frühen Morgen und am Nachmittag. Die Tiere verbringen viel Zeit auf dem Boden, klettern jedoch zur Nahrungssuche auch auf Bäume. Sie schlafen in Nestern, die sie sich nachmittags aus Blättern und Ästen bauen. Ihr Futter besteht vor allem aus Früchten und Nüssen sowie aus Blättern, Zweigen und Rinde. Tierische Nahrung wie Insekten, kleinere Affen (Stummelaffen und junge Paviane), junge Antilopen, Wildschweine und Vögel stehen auch auf ihrem Speiseplan. Sie verwenden einfache Werkzeuge, um Insekten und deren Larven zu fangen und Nüsse zu knacken. Dieses Verhalten ist nicht angeboren, sondern erlernt. In einigen Kolonien werden keine Werkzeuge verwendet oder es werden andere Werkzeuge eingesetzt. Sie leben in kleinen, losen Gruppen aus üblicherweise sechs bis zehn Affen. Eine solche Gruppe ist ihrerseits Teil einer Kolonie von bis zu 120 Tieren. Die Gruppe bewohnt ein großes Territorium, das von beiden Geschlechtern gleichermaßen verteidigt wird. Männchen kämpfen oft untereinander um die hierarchische Stellung in der Gruppe und sind äußerst aggressiv gegenüber Fremden. So töten sie teilweise systematisch ihre Artgenossen aus benachbarten Gruppen, um ihr eigenes Territorium zu erweitern. Fremde läufige Weibchen werden jedoch meistens toleriert. Ein Affenweibchen bekommt alle drei bis acht Jahre nach 240 Tagen ein einzelnes Junges. Schimpansenjunge sind mit ca. zwölf Jahren ausgewachsen, die Beziehung zur Mutter besteht jedoch oft ein Leben lang. Weibchen werden mit elf bis zwölf Jahren geschlechtsreif, Männchen ebenfalls ab einem Alter von elf oder zwölf Jahren sexuell aktiv. In der Wildnis werden Schimpansen nur selten älter als 50 Jahre.

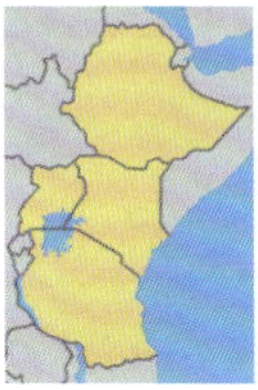

90-130 cm

80-100 cm

♂ 140-190 kg

♀ 70-100 kg

LC | NT | VU | EN | **CE**

Östlicher Gorilla oder **Berggorilla**

(Gorilla beringei) **Eastern Gorilla**

Der Östliche Gorilla *(Gorilla beringei)* hat zwei Unterarten: Der Östliche Gorilla oder Berggorillas *(G. b. beringei)*, der im Südwesten Ugandas lebt und der Östliche Flachlandgorilla *(G. b. graueri)*, der westlich davon in der D.R. Kongo vorkommt. In Westafrika, rund um den Äquator, lebt der Westliche Gorilla *(Gorilla gorilla)*. Gorillas sind seit langem vom Aussterben bedroht, insbesondere der Berggorilla und in etwas geringerem Maße der Flachlandgorilla. In den letzten zwei Jahrzehnten wurden die Berggorillas in Bwindi - Uganda durch häufige Patrouillen von Rangern recht wirksam geschützt, und die Zahl der Gorillas hat dort wieder leicht zugenommen. Der männliche Gorilla wird wegen des grauen Sattels auf seinem Rücken Silberrücken genannt. Wenn er aufrecht steht, ist er etwa 1,70 m lang. Er ist der unangefochtene Anführer seines Harems und ein strenger Erzieher. Er weist die jungen Gorillas mit einem festen Klaps zurecht, wann sie zu weit gehen oder fasst sie schon mal grob an zieht sie weg. Erwachsene Männchen, die keinen Harem haben, leben getrennt von der Familie; die Weibchen bleiben bei ihrem Vater oder Partner. Die Familie ist in der Regel 8 bis 16 Tieren groß. Geburten können jeden Monat stattfinden, aber erst nach 3 bis 4 Jahren und nach einer Tragezeit von fast 9 Monaten bringt die Mutter ein weiteres Junges zur Welt. Berggorillas sind pflanzenfressend und ernähren sich fast ausschließlich vom Mark von Bambusstämmen und von Bananenpflanzen und jungen Blättern. Karotten und Knollen stehen ebenfalls auf der Speisekarte und gelegentlich eine Frucht, aber wo sie leben, sind Früchte sehr selten. In der Abenddämmerung bauen sie Nester. Die Männchen sammeln Blätter und schlafen normalerweise auf dem Boden. Die Weibchen mit ihren Jungen schlafen in den Nestern in den Bäumen. Unter guten Bedingungen kann ein Gorilla 40-45 Jahre alt werden. Die aktuelle Population (2019) wird auf 1000 Exemplare geschätzt.

Stachelschweine *In Afrika leben zwei Arten der Altweltlichen Stachelschweine aus der Gattung Hystrix. Es gibt einen Vertreter der Gattung Atherurus. Sie gehören zur Familie der Nagetiere. Erstere leben in einer Vielzahl von Lebensräumen, von Regenwäldern bis zu Halbwüsten. Der Quastenstachler bevorzugt höhere Lagen und dann vor allem inmitten des tropischen Regenwaldgürtels, der mit einigen Unterbrechungen von Westafrika bis Kenia geht. Sie essen hauptsächlich pflanzliche Nahrung wie Knollen, Karotten und Früchte. Stachelschweine sind besessene Knochensammler. Sie bewahren manchmal Hunderte von Knochen in ihren Höhlen auf, manchmal sogar von bereits lang ausgestorbenen Tieren. Sie nagen an Knochen, um genügend Kalzium zu sich zu nehmen und ihre Zähne zu schärfen.*

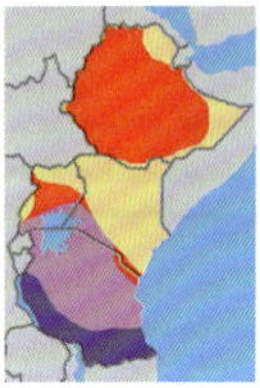

60-70 cm
25 cm
♂ 12-24 kg
♀ 12-24 kg

LC
NT
VU
EN
CE

Rot = cristata
Violett = africaeaustralis
Rosa = Überlappung

Stachelschwein *(Hystrix cristata & africaeaustralis)*

Crested und **Cape Porcupine**

Der Körper ist mit etwa 30 000 langen, scharfen schwarz-weißen Stacheln bedeckt, der Unterkörper mit schwarzen Haaren. Stachelschweine haben einen kräftigen Körper und kurze Beine. Sie sind nachtaktiv. Tagsüber ruhen sie in einer Höhle oder Felsspalte. Bei Gefahr flüchtet das Stachelschwein in eine Höhle. Wenn keine zur Verfügung steht, macht es ein knurrendes Geräusch, stampft mit den Hinterbeinen und rasselt mit den hohlen Stacheln in seinem Schwanz. Wenn dies den Angreifer nicht abschreckt, richtet es seine Stacheln auf den Angreifer und rennt seitwärts auf ihn zu. Stecken die Stacheln einmal in der Haut, sind sie wegen ihrer Widerhaken nur schwer zu entfernen. Sollte es doch gelingen, verursachen sie infizierte Wunden, denn Stachelschweine suhlen sich in ihrem eigenen Kot. Während der Paarungszeit sind sie sehr laut. Das Weibchen spreizt die Stacheln und streckt den Schwanz nach oben. Nach ca. 95 Tagen wirft es 1-4 Junge. Diese haben dann weiche, biegsame Stacheln, die sich nach einer Woche verhärten, wenn sie die Höhle verlassen. Das Weibchen ist etwas größer, äußerlich gibt es keine Unterschiede. Sie werden etwa 15 Jahre alt.

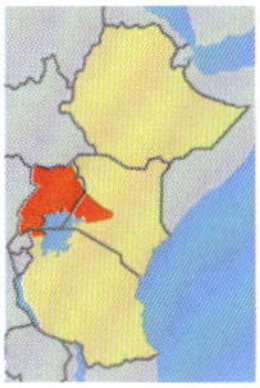

40-60 cm
20 cm
4 kg
4 kg

LC
NT
VU
EN
CE

Afrikanische Quastenstachler

(Atherurus africanus) **African Brush-tailed Porcupine**

Quastenstachler sind echte Waldbewohner. Sie haben die Größe eines Bibers und einen rattenähnlichen Kopf. Das Ende des Schwanzes hat eine Quaste mit Stacheln. Ihre wichtigste Verteidigungswaffe sind die dünnen Stacheln an den Flanken. Wenn sich der Quastenstachler bedroht fühlt, stampft er mit den Vorderbeinen und stellt die Stacheln auf, sodass er doppelt so groß aussieht. Quastenstachler leben in Gruppen von etwa 8 Familienmitgliedern. Nachts suchen sie auf dem Boden der Regenwälder nach Nahrung wie Früchten, Blumen und Palmnüssen. Manchmal ernähren sie sich auch von Bananen, Mais und Maniok aus benachbarten Plantagen. Die Tiere werden wegen des Fleisches gejagt. Die Trächtigkeitsdauer beträgt 100 bis 110 Tage. Manchmal bringt sie dreimal im Jahr ein einzelnes Junges zur Welt. Quastenstachler werden etwa 15 Jahre alt.

NAGETIERE - SPRINGHASE *Rodentia - Pedetidae*

30-40 cm
20 cm
2,5 kg
3 kg

LC
NT
VU
EN
CE

Ostafrikanischer Springhase

(Pedetes surdaster) **East African Springhare**

Obwohl der Name vermuten lässt, dass es sich um einen Hasen handelt, ist der Springhase ein Nagetier und hat nichts mit echten Hasen zu tun. Er ist eher wie ein Eichhörnchen oder ein Känguru. Die Vorderbeine benutzt er auch wie ein Eichhörnchen. Die Hinterbeine mit den 15 cm langen Füßen sind stark entwickelt und anstatt zu laufen, springt er jeweils ein bis zwei Meter, wobei sein langer Schwanz von etwa 40 cm für das Gleichgewicht verwendet wird. Tagsüber werden Sie keine Springhasen sehen, dann schlafen sie in unterirdischen Höhlen. Erst wenn es dunkel ist, suchen sie in trockeneren Zonen nach Nahrung wie Wurzeln, jungen Trieben und gelegentlich Insekten.

Borstenhörnchen *In Afrika leben dutzende Arten von Borstenhörnchen. Sie bewohnen bergige Gebiete, tropische Zonen, aber auch Halbwüsten. Ihre Fellfarbe variiert von grau bis rotbraun, gestreift oder einfarbig. Die meisten Arten gehören zu den Erdhörnchen. Ihre Nahrung besteht aus Pflanzen, Wurzeln und Knollen, aber auch aus Termiten und Insekten. Bei der Nahrungssuche halten einige von ihnen Wache. Sie stehen dabei auf ihren Hinterpfoten und beobachten die Umgebung. Sie sind sehr scheu und flüchten bei der geringsten Störung. Die durch Tunnel verbundenen Höhlen, die die meisten Arten graben, dienen u. a. als Zufluchtsort und bilden ein weit verzweigtes System mit Dutzenden von Gängen. Wenn Jungtiere von Raubtieren angegriffen werden, kämpfen Borstenhörnchen unerschrocken, um den Angreifer zu verjagen. Oft fallen sie jedoch Greifvögeln, Waranen, Schakalen und Schlangen zum Opfer. Obwohl es keine echte Hierarchie gibt, pflanzen sich nur die dominantesten Männchen fort, Weibchen werfen nach 45 Tagen ein bis drei Junge. Diese tagaktiven Tiere leben immer in großen Gruppen und werden ca. sechs Jahre alt.*

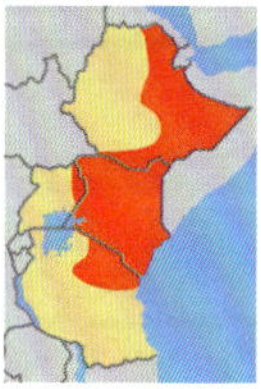

20-24 cm
12 cm
♂ 400 gr
♀ 400 gr

LC
NT
VU
EN
CE

Schlichtborstenhörnchen

(Xerus rutilus) **Unstriped Ground Squirrel**

Das Schlichtborstenhörnchen hat ein braunes oder rötlich-braunes Fell. Es ist vom Gestreiften Borstenhörnchen durch sein streifenloses Fell zu unterscheiden. Der Schwanz ist meist schwarz und weiß. Seine Lebensräume sind trockene Savannen und tropische oder subtropische Trockengebiete mit Unterholz. Sie leben vor allem auf dem Boden und klettert nur selten auf Bäume. Sie ernähren sich vor allem von den Früchten des Afrikanischen Affenbrotbaumes.

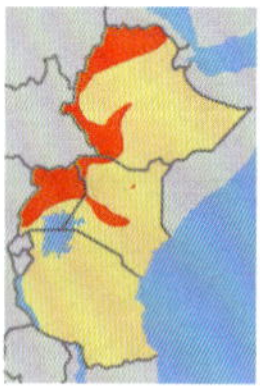

22-29 cm
14 cm
♂ 800 gr
♀ 800 gr

LC
NT
VU
EN
CE

Gestreiftes Borstenhörnchen

(Xerus erythropus) **Striped Ground Squirrel**

Dieses Hörnchen lebt mit 6 Unterarten in einem großen Teil Afrikas südlich der Sahara bis nach Kenia. Es ist eine der größeren Arten, allein schon der Schwanz kann 26 cm lang werden. Die Farbe kann von Region zu Region leicht variieren, ist aber in der Regel rötlichbraun. Der weiße Streifen beginnt an den Schultern und verläuft über die Flanken bis zu den Hüften. Sie leben entweder paarweise oder alleine. Aus unbestätigten Quellen geht hervor, dass der Speichel dieses Eichhörnchens Streptokokken enthalten kann.

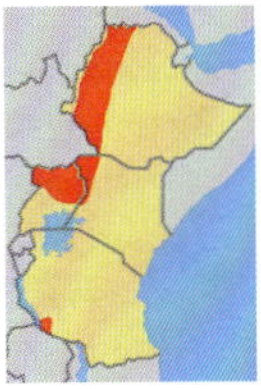

15-20 cm
12 cm
♂ 350 gr
♀ 350 gr
LC NT VU EN CE

Gambische Sonnenhörnchen

(Heliosciurus gambianus)

Gambian Sun Squirrel

Seine Fellfarben verleihen dem Sonnenhörnchen einen leicht olivbraunen Glanz. Der schwarz-beige Schwanz ist so lang wie der Körper und die Augen sind weiß umrandet. Am Unterkörper ist das Fell heller. Sie verbringen viel Zeit in Bäumen, suchen aber ihre Nahrung auch auf dem Boden inmitten grasbewachsener Savannen. Eine besondere Vorliebe haben sie für Ölpalmenplantagen. Ihre Nahrung besteht aus Pflanzen, Wurzeln und Knollen, Baumfrüchten sowie Insekten. Sonnenhörnchen werden auch Graufußhörnchen genannt. Sie sind südlich der Sahara weit verbreitet. Dieses Eichhörnchen lebt als Einzelgänger. Am Ende des Tages baut es sorgfältig einen neuen Schlafplatz aus frischen Blättern.

18-22 cm
12 cm
♂ 400 gr
♀ 400 gr
LC NT VU EN CE

Rotbauchige Buschhörnchen

(Paraxerus palliates) **Red Bush Squirrel**

Das Rotbauch-Eichhörnchen hat einen rötlich-braunen Kopf, Unterkörper und dicken Schwanz. Rücken und Hinterbeine sind grau mit einer rötlich-braunen Tönung. Sie sind echte Baumbewohner und wagen sich nicht gerne auf den Boden. Der Osten Kenias ist sein nördlichster Lebensraum. In Kenia ist es unter anderem im Shimba Hills National Park zu finden. Es bevorzugt dichte Wälder mit vielen fruchttragenden Bäumen. Weiter im Landesinneren sind es die Flusswälder, in denen sie leben. Sie leben als Einzelgänger, aber verbringen die Nacht mit mehreren ihrer Artgenossen. Die Kommunikation untereinander erfolgt durch Rufe und Duftmarkierungen, aber auch die Bewegungen des Schwanzes geben den Artgenossen Signale.
Die Trächtigkeitsdauer des Weibchens beträgt etwa 65 Tage, danach bringt es ein oder zwei Junge zur Welt, wahrscheinlich einmal im Jahr.

Hasen *Echte Hasen (Lepus) sind eine Säugetiergattung aus der Familie der Hasen und Kaninchen (Leporidae). Echte Hasen sind durch ihre Fellfarbe gut getarnt. Bei Gefahr legen sie sich flach auf den Boden und verharren dort, bis der Angreifer ganz nah ist. Erst dann ergreifen sie die Flucht. Im Gegensatz zu ihren Artgenossen sind Echte Hasen gute Langstreckenläufer und fliehen extrem schnell (70 km pro Stunde) vor ihren Feinden.*

Echte Hasen ruhen in flachen Bodenmulden (sogenannten Sassen), die durch Pflanzen gut verdeckt sind. Es gibt jedoch auch einige Hasenarten, die sich zum Schutz vor extremen Temperaturen einen Bau graben. Sie leben meist solitär. In der Regel wird nur das Gebiet in unmittelbarer Nähe gegen Eindringlinge verteidigt, ansonsten sind sie nicht territorial. Sie ernähren sich pflanzlich und leben von Gräsern und Kräutern, Pflanzen der Landwirtschaft, Zweigen, Rinde, Stängeln und Samen.

40-55 cm
20 cm
♂ 1,5-2 kg
♀ 1,5-2 kg

LC
NT
VU
EN
CE

Kaphase *(Lepus capensis)* **Cape Hare**
Der Kaphase hat gelbes oder graubraunes Fell. Sein Bauch ist meist sandfarben bis grau-weiß, die Beine rötlich. Je nach Lebensraum können diese Farben variieren. Die Beine sind lang und schlank und die Hinterbeine doppelt so lang wie die Vorderbeine. Auch die Ohren sind sehr lang. Im Gegensatz zu den meisten anderen Hasenarten gräbt der Kaphase vor allem in wärmeren Gegenden einen Bau. Nur der Gepard ist noch schneller als der Kaphase. Nach einer Trächtigkeitsperiode von etwa 42 Tagen bringt das Weibchen bis zu vier Mal im Jahr ein bis drei Junge zur Welt. Der Kaphase bevorzugt offenes Grasland.

40-50 cm
20 cm
♂ 1,5-2 kg
♀ 1,5-2 kg

LC
NT
VU
EN
CE

Savannen-Hase
(Lepus microtis) **African Savanna Hare**
Kap- und Savannen-Hasen sind schwer voneinander zu unterscheiden. Sie sind etwa gleich groß und die Farbe ihres Fells passt sich ihrem Lebensraum an. Beim Savannen-Hasen sind die Beine jedoch öfter rot-braun und die Ohrspitzen meist schwarz. Wo sich der Lebensraum der beiden Hasen überschneidet, weicht der Savannen-Hase in buschigere und höhergelegene Lebensräume aus, der Kaphase bevorzugt offenes Grasland. Eine Häsin bringt im Laufe des Jahres 8 Junge zur Welt.

SCHUPPENTIERE - SCHUPPENTIER *Pholidota - Manidae*

Schuppentiere *Schuppentiere (oder: „Tannenzapfentiere") sind Säugetiere. Es gibt drei Gattungen mit insgesamt acht verschiedenen Arten, vier davon in Afrika, drei von ihnen in den Ländern dieses Reiseführers. Die Existenz der Schuppentiere ist durch Jagd, Wilderei, Waldbrände und Rodung bedroht. In Afrika und China gelten Schuppentiere als Delikatesse und sind daher auf Schwarzmärkten sehr populär. Hinzu kommt, dass man in Asien den Schuppen und dem Blut Heilkräfte zuschreibt. Das Schuppentier ist trotz des 2010 verliehenen Schutzstatus gegenwärtig eine der am häufigsten illegal nach Asien importierten Tierarten. Sein Überleben ist daher ernsthaft bedroht. Die harten, scharfen Plättchen aus Keratin (einem zähen und unlöslichen Eiweiß, aus dem z. B. auch Fingernägel oder die Hörner von Nashörnern bestehen) liegen wie Hornschuppen auf dem Körper und bedecken alles außer Bauch und Innenseite der Beine. Bei Bedrohung rollen sich die Tiere zusammen, um gefährdete Körperteile und ihre Jungen zu schützen, oder sie schlagen mit dem Schwanz. Die Nahrung besteht vor allem aus Ameisen und Termiten. Sie haben eine lange, dünne Zunge, bedeckt mit klebrigem Speichel. Da sie zahnlos sind, zermahlen sie ihre Nahrung. Ihre Vorderbeine werden als starke Grabwerkzeuge genutzt. Schuppentiere leben solitär und kommen in Wäldern und Grasgebieten vor. Einige Arten leben auf Bäumen, andere auf dem Boden. Manche der baumbewohnenden Schuppentiere haben einen Greifschwanz. Es handelt sich um solitär lebende Tiere mit häufig nur einem einzelnen Jungen. Nach zwei Jahren ist das Jungtier geschlechtsreif.*

40-60 cm
22 cm
10-25 kg
6-13 kg

LC
NT
VU
EN
CE

Steppenschuppentier

(Smutsia temminckii) **Ground Pangolin**

Dieses Schuppentier, benannt nach dem Zoologen Coenraad Jacob Temminck, ist eines von vier in Afrika vorkommenden Schuppentieren. Obwohl es einen ausgedehnten Lebensraum hat, ist es sehr schwierig, das Tier zu finden. Er streift meist nachts durch Savannen und offene Wälder. Die kleinen Vorderbeine werden zum Graben benutzt. Sein Schwanz ist fast so lang wie sein Körper. Obwohl es sich manchmal selbst einen Unterschlupf gräbt, bevorzugt es doch die Höhlen von Wildschweinen oder Erdferkeln. Das Weibchen bringt nach einer Tragzeit von etwa 130 Tagen ein Junges zur Welt. Schuppentiere sind Waldbränden schutzlos ausgeliefert und sterben manchmal an elektrischen Weidezäunen. Sie können bis zu 20 Jahre alt werden.

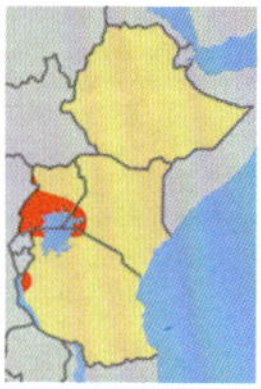

60-80 cm
24 cm
♂ 20-30 kg
♀ 15-25 kg

LC NT VU EN CE

Riesenschuppentier *(Smutsia gigantea)* **Giant Pangolin**

Es ist das größte aller Schuppentiere. Mit Schwanz kann das Männchen eine Länge von 140 cm erreichen. Die Weibchen bleiben etwas kleiner. Über die Größe der aktuellen Population ist wenig bekannt. Die Tiere leiden sehr unter der Zerstörung ihres Lebensraums und der Wilderei. Ihr Lebensraum ist das Tiefland, sowohl die Savannen als auch die tropischen Wälder, wo es viele Termitenkolonien gibt. Sie führen ein einsames Leben. Gestützt auf ihren Schwanz brechen sie mit ihren scharfen Krallen einen Termitenhügel auf und lecken mit ihrer langen Zunge die proteinreiche Nahrung auf. Wie alle anderen Schuppentiere auch, ist ihre Existenz ernsthaft bedroht.

Weißbauchschuppentier *(Phataginus tricuspis)* **Tree Pangolin**

Dieses Schuppentier lebt in Bäumen und auf dem Boden. Die Farbe der Schuppen variiert in Brauntönen. Schuppentiere sind schwer voneinander zu unterscheiden. Sein Schwanz, der auch als Greifschwanz verwendet wird, ist länger, bis zu 60 cm, und etwas schmaler als der von am Boden lebenden Arten. Sie leben solitär, nur wenn ein Weibchen empfänglich ist, sind sie für ein paar Tage zusammen. Nach etwa 150 Tagen bringt sie ein Junges zur Welt. Schuppentiere können nicht besonders gut sehen, aber das wird durch einen guten Geruchssinn kompensiert. Zur Verteidigung geben sie einen übelriechenden Geruch ab.

30-40 cm
18 cm
♂ 3 kg
♀ 2,5 kg

LC NT VU EN CE

Katzenartige *Die Katzenartigen sind ausgesprochene Fleischfresser. An den Vorderbeinen haben sie fünf Zehen mit scharfen Krallen und an den Hinterbeinen vier. Katzenartige können die Krallen einziehen. Nur der Gepard kann das nicht und verbessert so seine Manövrierfähigkeit. Sie (ausgenommen Geparden) jagen vor allem nachts und dank einer reflektierenden Schicht hinter der Netzhaut sehen sie nachts sehr gut. Das Gehör ist ebenfalls gut entwickelt. Katzenartige findet man in Wäldern, aber auch in der Savanne. Sie leben meist solitär, der Löwe bildet hier eine Ausnahme. Sie ersticken ihre Beute, indem sie ihre großen Eckzähne in den Hals des Opfers schlagen.*

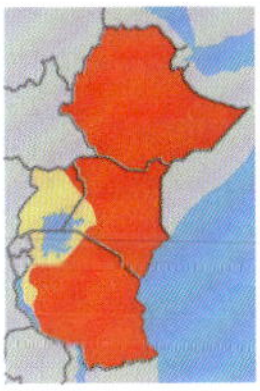

60-80 cm
45 cm
13-18 kg
9-13 kg
LC
NT
VU
EN
CE

Karakal *(Caracal caracal)* **Caracal**
Sein runder Kopf ist durch eine kurze Schnauze, große Augen und dreieckige Ohren mit schwarzen Haarbüscheln an den Spitzen gekennzeichnet. Das Fell ist meist rotbraun und dabei unterschiedlich hell oder dunkel. Brust, Bauch und Innenseite der Beine sind weiß. Die muskulösen Hinterbeine sind länger als die Vorderbeine.
Er bevorzugt Ebenen mit Felsen, kurzem Gras und vielen Möglichkeiten zum Verstecken. Karakale leben solitär in Territorien von einigen Quadratkilometern. Nur in der Paarungszeit verbringen die Kater einige Zeit mit dem Weibchen. Dieses wirft nach einer Tragzeit von 79 Tagen ca. drei Junge. Nach einem Jahr ist der Nachwuchs selbständig. Wahrscheinlich paart sich ein Weibchen mit mehreren Männchen. Das würde auch erklären, warum die Jungen manchmal fremden Katern zum Opfer fallen.
Wichtige Beutetiere sind Hasen, kleine Antilopen wie z. B. Gazellen und Schliefer. Auch Tauben, Hühner und sogar Adler und Strauße werden gerissen. Der Karakal schleicht sich an seine Beute an, die letzten fünf Meter legt er im Sprint oder mit einem einzigen Sprung zurück. Er fängt auch Vögel aus einigen Metern Höhe aus der Luft. Seinen Flüssigkeitsbedarf deckt er vor allem aus der Nahrung. Gelegentlich reißen Karakale auch Ziegen, Schafe und Geflügel, wodurch es zu Konflikten mit den Viehhaltern kommt. Sie sind hauptsächlich nachtaktiv und werden in der Regel bis zu 16 Jahre alt.

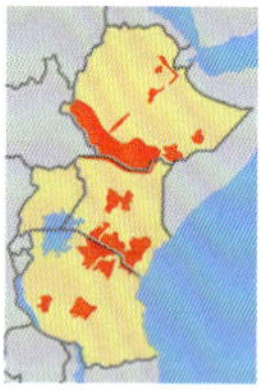

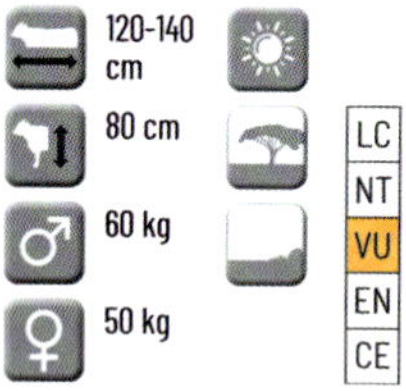

Gepard *(Acinonyx jubatus)* **Cheetah**

Merkmale des Gepards, die ihn vom Leopard unterscheiden, sind die schwarzen Tränendrüsen, die höheren Beine, das Fleckenmuster und der viel schlankere Körperbau. Das zierliche Raubtier ist ausschließlich fleischfressend und jagt tagsüber vor allem kleine Antilopen. Der Gepard schleicht sich mit gesenktem, nach vorn gestrecktem Kopf an die Antilope an, bis er sich seiner Beute auf ungefähr 20 Meter genähert hat. Dann versucht er mit einem schnellen Sprint zuzuschlagen. Der Gepard ist das schnellste Landtier der Welt. Innerhalb weniger Sekunden erreicht er eine Höchstgeschwindigkeit von 110 km/h. Diese Geschwindigkeit kann er über eine Strecke von 500 Metern aufrechterhalten. Er schlägt seiner Beute mit der Vorderpfote eines ihrer Hinterbeine weg, wodurch sie strauchelt. Dann versucht er, seine Beute zu ersticken, indem er sich in der Kehle des Opfers festbeißt. Nach dem „Kill" braucht er Zeit, um zu Atem zu kommen. Die Chance, dass seine Aktion andere Raubtiere anlockt und diese seine Beute rauben, bevor er sie fressen kann, ist sehr hoch.

Erwachsene Geparde leben solitär. Junge Geparde sind, sobald sie von ihrer Mutter verstoßen werden, meistens für mehrere Jahre zusammen. Geburten finden das ganze Jahr über statt. Würfe von drei oder vier Welpen sind normal. Die Sterblichkeit des Nachwuchses ist sehr hoch, vor allem durch die Nahrungsrivalität mit z. B. Löwen und Hyänen. Die Tragzeit dauert 92 Tage. Durch die Vergrößerung von landwirtschaftlichen Flächen werden Populationen voneinander abgeschnitten und Inzucht breitet sich aus. Geparde werden ca. 16 Jahre alt.

45-60 cm
35 cm
♂ 3,2-5,5 kg
♀ 3,2-4,5 kg

LC
NT
VU
EN
CE

Afrikanische Wildkatze *(Felis lybica)* **African Wild Cat**
Die Falbkatze oder Afrikanische Wildkatze *(F.l. lybica und F.l. cafra)* ist der Urahn der Hauskatze *(F.silvestis catus).* Sie kommt in großen Teilen Europas und Afrikas sowie in Südwest- und Zentral-Asien vor. In Afrika haben Wildkatzen ein hellgelbes bis dunkelgraues Fell mit dezenten Streifen und einen geringelten Schwanz. Sie kommen in Laubwäldern, Waldrändern, Halbwüsten und Savannen vor mit Ausnahme der tropischen Regenwälder und der sehr trockenen Bereiche der Sahara. Die Falbkatze lebt allein und jagt in der Dämmerung oder nachts.
Beutetiere sind vor allem Nagetiere, Hasenartige oder Vögel. Gelegentlich fängt sie auch andere kleine Säugetiere, Frösche, Reptilien, Fische und Insekten. Manchmal frisst sie auch pflanzliche Nahrung, Aas jedoch nur selten. Während der Paarungszeit streifen die Kater monoton miauend durch ihr Territorium. Dabei markieren sie ihr Revier häufiger als normal. Die Weibchen sind ungefähr sechs Tage lang rollig und nur dann bereit zur Paarung. Nach einer Trächtigkeit von 56 bis 65 Tagen gebären sie an einem geschützten Ort drei bis vier Junge, zum Beispiel in Baumhöhlen oder Hohlräumen zwischen Felsen. Die meisten Jungtiere werden in der Regenzeit geboren, wenn das Weibchen wegen der saisonalen Häufigkeit an Nagetieren ausreichend zu fressen hat. Hybridisierung mit verwilderten Hauskatzen stellt in vielen Gebieten die größte Bedrohung für den Bestand dieser Art dar. In freier Wildbahn werden diese Katzen in der Regel bis zu 12 Jahre alt.

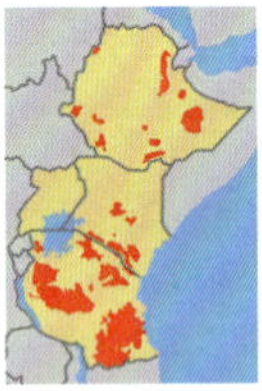

160-210 cm
100-120 cm
♂ 150-225 kg
♀ 110-150 kg

LC
NT
VU
EN
CE

Löwe *(Panthera leo)* **Lion**

Löwen waren einst die am weitesten verbreiteten Landsäugetiere der Erde. Sie lebten fast überall in Afrika, Eurasien und großen Teilen Nordamerikas. Heutzutage gibt es noch zwei Unterarten in Afrika, eine in Westafrika *(P. l. leo)* und die etwas größere *(P. l. melanochaita)*, die in Zentral-, Ost- und Südafrika lebt. Eine kleine Population von etwa 600 Löwen lebt in Indien auf der Halbinsel Gujarat. Aufgrund von Inzucht ist diese Population rückläufig, und es wird erwogen, verwandte Löwen aus Westafrika dorthin zu bringen. Der Löwe ist nach dem Tiger die größte Art in der Familie der Katzenartigen. Das kurze Fell variiert von Ockerbraun bis fast Weiß mit einer dunklen Quaste am Schwanzende. Über den Unterkörper verteilt finden sich helle Flecken, die vor allem bei jüngeren Tieren noch gut zu erkennen sind. Die meisten Männchen tragen eine volle schwarze, braune oder gelbe Mähne an Kopf, Hals und Schultern, die in der Regel nach ungefähr sechs Lebensjahren komplett ausgebildet ist. Löwen werden in der Wildnis ungefähr zehn bis 14 Jahre alt. In Afrika stehen sie an der Spitze der Nahrungskette, bedroht nur durch den Menschen, Artgenossen und durch Krankheiten wie TBC und

FIV (Katzen-Aids). Der weitaus größte Teil von ihnen lebt in offenen Savannen, Grasebenen und dünn bewaldeten Regionen von Wildparks. Da sie eine Bedrohung für das Vieh darstellen, werden Löwen in diesen Gebieten, manchmal sogar in Reservaten, gejagt. Löwen leben in Rudeln, die aus erwachsenen Weibchen, einem oder zwei Männchen sowie deren noch nicht ausgewachsenen Nachkommen bestehen und manchmal mehr als 20 Tiere umfassen. Wenn sich Löwen aus derselben Gruppe begegnen, vollziehen sie ein Begrüßungsritual: Reiben, Lecken und Drehen. Fremde Löwen beider Geschlechter werden verjagt. Löwinnen bleiben ihr ganzes Leben lang in ihrem Rudel, während sich junge Männchen nach dem dritten oder vierten Lebensjahr von ihm lösen und dann umherstreifen. Jedes Rudel hat ein festes Territorium, das nur bei Nahrungsknappheit verlassen wird.
Löwen ruhen ungefähr zwanzig Stunden am Tag. Achtzig Prozent der Nahrung erlegen die Löwinnen. Sie jagen aus dem Hinterhalt große Tiere, vor allem Pflanzenfresser. Bei einem Angriff können Löwen Geschwindigkeiten von bis zu 60 km/h erreichen. Lange halten sie das Tempo nicht durch, sie ermüden schnell. Die Hierarchie im Löwenrudel zeigt sich beim Fressen: Erwachsene Männchen beanspruchen die Beute zunächst für sich. Ein männlicher erwachsener Löwe braucht etwa 7 kg Fleisch pro Tag, eine Löwin nur 5 kg. Wenn die Beute groß ist, fressen sie sich satt. Löwen fressen auch Aas.
Ihre Hauptkonkurrenten bei der Nahrungsbeschaffung sind Hyänen. Wenn deren Zahl die der Löwinnen weit übersteigt, jagen sie sie von ihrer Beute weg. Wenn der Anführer eines Löwenrudels von einem oder mehreren umherstreifenden Männchen herausgefordert wird, kämpft er um seine Position zu verteidigen. Dominante Löwen und Herausforderer sind meistens zwischen fünf und zehn Jahren alt. Der Verlierer muss das Rudel verlassen. Wenn es einen neuen Anführer gibt, tötet er zuerst sämtliche Jungtiere. So sorgt er dafür, dass die Weibchen wieder fruchtbar werden und er sich fortpflanzen kann. Eine feste Paarungszeit gibt es nicht, es kommt jedoch regelmäßig vor, dass alle Weibchen eines Rudels gleichzeitig einen Eisprung haben und daher mehrere Würfe gleichzeitig zur Welt kommen. Nach einer Tragzeit von ca. 100 Tagen bekommen die Muttertiere zwei bis sechs Junge. Löwinnen säugen nicht nur ihre eigenen Nachkommen, sondern auch die ihrer Rudelschwestern. Löwen halten Kontakt mit anderen Gruppenmitgliedern, indem sie brüllen. Dabei sind sie bis zu acht Kilometer weit zu hören. In einem Meter Abstand beträgt die Lautstärke 114 Dezibel, was etwa einem Flugzeug entspricht.

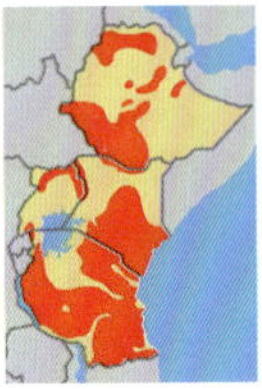

100-150 cm
80 cm
85 kg
55 kg

LC
NT
VU
EN
CE

Leopard *(Panthera pardus)* **Leopard**

Leoparden sind Einzeljäger, die sich ausschließlich von Fleisch ernähren. Kurze, kräftige Beine und ein langer Schwanz kennzeichnen diese großen, muskulösen Katzen. Der breite Kopf hat kleine, runde Ohren, einen starken Kiefer und lange Schnurrhaare. Das hellbraune Fell ist mit Rosetten und schwarzen Flecken bedeckt. Die meisten Tiere sind sandgelb oder hellbraun, die Fellfarbe kann jedoch zwischen beigefarben und schwarz (2019 Laikipia County - Kenia und im Äthiopischen Bergland) variieren. Die Flecken sind bei starkem Sonnenlicht weiterhin sichtbar. Die Männchen sind erheblich größer als die Weibchen. Es sind vor allem Nachttiere, die sich geräuschlos an ihre Beute anschleichen oder diese aus dem Hinterhalt, z. B. von Bäumen, anspringen. Um sich vor Löwen und Hyänen zu schützen, zerren sie ihre Beute üblicherweise auf einen Baum, selbst wenn diese doppelt so schwer ist wie sie selbst. Tagsüber ruhen sie meist zwischen Sträuchern oder in Bäumen. Nicht selten entpuppt sich ein seltsam hängender Ast durch das Fernglas als hängendes Bein eines Leoparden.

Sie jagen vor allem mittelgroße Säugetiere wie Antilopen, Warzenschweine und Paviane. Manchmal spezialisieren sich Leoparden auf eine bestimmte Art. In einem Jahr war ein einziger Leopard in Amboseli für den Tod von 70 % aller Grünmeerkatzen verantwortlich. Männchen haben oft größere Territorien als Weibchen, das Revier überlappt sich in der Regel zudem mit dem eines Tieres vom anderen Geschlecht und wird mit Urin oder Kot markiert oder auch mit Kratzspuren an Bäumen. Gleichgeschlechtliche Tiere meiden einander. Ist ein Gebiet reich an Beute, sind die Reviere entsprechend kleiner. Wenn das Weibchen paarungsbereit ist, sendet es über den Urin einen Duft aus, der die Männchen anzieht. Nach der Paarung kümmern sich die Männchen nicht länger um die Weibchen oder den Nachwuchs, sondern ziehen dann wieder alleine umher. Die Trächtigkeit dauert ca. 100 Tage. Die zwei oder drei Jungen werden drei Monate lang gesäugt und bleiben ungefähr anderthalb bis zwei Jahre bei ihrer Mutter. Danach sind sie geschlechtsreif und selbständig. Erst nach drei oder vier Jahren sind junge Leoparden vollständig ausgewachsen. Der Leopard erreicht in freier Wildbahn normalerweise ein Alter von 12 bis 17 Jahren. Die Wilderei wegen ihres schönen Fells dauert an, sowohl wegen der Nachfrage der lokalen Bevölkerung als auch für den Export.

70-90 cm
60 cm
♂ 9-18 kg
♀ 7-13 kg

LC
NT
VU
EN
CE

Serval *(Leptailurus serval)* **Serval**

Der Serval ist eine der kleineren Katzenartigen. Sein Fell ist gelbbraun mit unregelmäßig verteilten schwarzen Streifen und Flecken. Die Männchen sind größer als die Weibchen. Servale leben vor allem in Savannen mit hohem Gras und in offenem Grasland, aber auch in lichten Wäldern, an Waldrändern und im Schilf der Sümpfe. Aus dicht bevölkerten Gebieten sind sie verschwunden. Ihre Nahrung besteht aus kleinen Säugetieren (bis zur Größe eines Hasen), Echsen, Schlangen, Vögeln und Insekten. Früchte, Fische und Frösche werden ebenfalls gefressen. Manchmal jagen Servale auch junge Antilopen. Die wichtigste Beute sind Mäuse, die sie dank ihres ausgezeichneten Gehörs auch im hohen Gras oder unter der Erde zu finden wissen. Aufgrund seiner langen Beine kann der Serval über hohes Gras sehen. Er passt seinen Tagesrhythmus an das Verhalten der Beute an.

Hat er seine Beute entdeckt, setzt er zu einem hohen Sprung an. Unterirdische Beute wird ausgegraben oder aus der Höhle gezerrt. Außerdem kann er mit einem kräftigen Sprung tiefer fliegende Vögel in der Luft fangen. Übriggebliebene Teile größerer Beutetiere werden unter der Erde versteckt. Servale leben allein in einem kleinen Territorium, das sie mit Urin markieren. Er jagt hauptsächlich nachts, aber wenn es in seinem Revier große Nahrungskonkurrenz gibt, jagt er auch öfter am Tag. Als Versteck dienen Höhlen, Plätze zwischen Felsen oder dichte Vegetation. Dort wirft das Weibchen nach 67 bis 77 Tagen ein bis vier Junge. Diese sind bei der Geburt blind. Die Mutter trägt ihre Jungen regelmäßig zu neuen Verstecken. Nach vier bis fünf Wochen bekommen sie zum ersten Mal Fleisch. Zusätzlich werden sie noch bis zum sechsten Monat gesäugt. Nach einem Jahr sind die Jungen unabhängig. Junge Kater werden dann verjagt, Kätzinnen werden von der Mutter geduldet und bleiben viel länger bei ihr. Servale sind mit zwei Jahren geschlechtsreif und werden in freier Wildbahn ca. 13 und in Gefangenschaft bis zu 20 Jahre alt.

Schleichkatzen *Schleichkatzen (Viverridae) sind Raubtiere. Zu dieser Familie gehören Zibetkatzen und Ginsterkatzen, von denen es etwa 35 Arten in Afrika und Asien gibt. In Afrika gibt es 16 verschiedene Ginsterkatzen, wobei Kleinfleck- und Großfleck-Ginsterkatzen am verbreitetsten sind. Wenn Sie auf Ihrer Reise eine Ginsterkatze sehen, ist es in der Regel eine dieser beiden Arten. Afrikanische Zibetkatzen sind größer und gedrungener als Ginsterkatzen und zeigen deutlich aggressiveres Verhalten. Sie ernähren sich hauptsächlich als Fleischfresser von Nagetieren, Vögeln und Insekten. Aber genau wie Ginsterkatzen sind sie anpassungsfähige Allesfresser. Beide Arten leben in waldreichen Gebieten. Während Zibetkatzen auf dem Boden nach Nahrung suchen, finden Ginsterkatzen als die besseren Kletterer ihre Nahrung jedoch auch auf Bäumen. Wenn Sie im Dunkeln mit einer starken Taschenlampe die Baumkronen absuchen, kann es vorkommen, dass die Reflexion eines Augenpaars dort die Anwesenheit einer Ginsterkatze verrät.*

80-90 cm
30-40 cm
♂ 9-15 kg
♀ 9-15 kg

LC
NT
VU
EN
CE

Afrikanische Zibetkatze

(Civettictis civetta) **African Civet**

Ihre Gliedmaßen sind schwarz, und vom Hals bis zum Schwanz verläuft ein breiter schwarzer Streifen. Sie leben in den tropischen und subtropischen Zonen Afrikas und sind in dichter Vegetation und in Gegenden mit permanenter Wasserverfügbarkeit relativ stark verbreitet. Tagsüber ruhen sie in Höhlen oder dichten Sträuchern und in der Nacht bewegen sie sich mucksmäuschenstill durch die Vegetation und suchen ihre Nahrung hauptsächlich mithilfe von Geruchs- und Gehörsinn. Wegen ihres nach Moschus riechenden Sekrets werden Zibetkatzen auch heute noch gelegentlich "gemolken". In Äthiopien gibt es zu diesem Zweck speziell eingerichtete Zuchtbetriebe. Dieses Sekret der Perianaldrüsen, wurde lange Zeit in der Parfümindustrie verwendet. Die Weibchen werfen nach einer Trächtigkeitsperiode von 60 bis 64 Tagen zwei bis vier Junge. Zibetkatzen werden bis zu 15 Jahre alt. Wenn sie sich bedroht fühlen, stellen sie ihre Rückenhaare auf, um größer zu erscheinen.

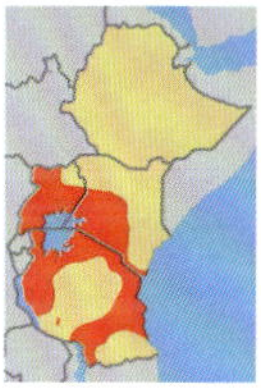

40-60 cm

16-20 cm

♂ 1,7-3 kg

♀ 1,7-2,6 kg

LC
NT
VU
EN
CE

Pardelroller *(Nandinia binotata)* **African Palm Civet**
Äußerlich gleichen Pardelroller eher Ginsterkatzen als Zibetkatzen. Daher gibt es keinen Konsens darüber, zu welcher Familie die Pardelroller gehört. Es ist sehr wahrscheinlich, dass diese Art zu einer eigenen Familie gehört. Taxonomisch werden sie derzeit in der Familie der *Nadiniidae* und der Gattung *Nandinia* geführt. Sie sind nachtaktiv und leben solitär. Sie sind vor allem Waldbewohner, aber nicht an bestimmte Bedingungen gebunden. Man findet sie in Baumzonen inmitten von Savannen, aber häufiger in tropischen Regenwäldern. Sie sind effektiv bei der Jagd auf Flughunde, Vögel, Nagetiere und Insekten. Sie pirschen sich an ihre Beute an, stürzen sich dann auf sie und beißen mehrmals zu. Die Beute wird (fast) im Ganzen verschlungen. Gelegentlich fressen sie auch Aas, aber hauptächlich besteht ihre Nahrung aus Früchten wie Bananen, Feigen und den Früchten von verschiedenen Lianen.
Blitzschnell bewegen Pardelroller sich von Ast zu Ast. Mit ihren daumenähnlichen Zehen können sie sich sehr gut festhalten, auch wenn sie vertikal klettern, und mit dem ca. 60 cm langen Schwanz halten sie das Gleichgewicht. Tagsüber ruhen die Tiere in Baumhöhlen. Die Farbe des Fells variiert von strohgelb bis dunkelbraun oder graubraun und weist dunkle Flecken auf. Düfte sind ihr wichtigstes Kommunikationsmittel. Über eine Duftdrüse am Unterbauch scheiden sie eine braune, moschusartige Flüssigkeit aus. Auch an den Fußsohlen und am Kinn befinden sich Duftdrüsen. Nach einer Trächtigkeitsperiode von zwei Monaten werden zwei bis vier Jungtiere geboren. Beim Säugen produziert das Weibchen eine orange-gelbe Flüssigkeit, die seinen Bauch und das Fell der Jungtiere verfärbt. Diese vorübergehende Färbung signalisiert, dass es nicht paarungsbereit ist.

40-45 cm
26 cm
♂ 2,5 kg
♀ 2,3 kg

LC
NT
VU
EN
CE

Kleinfleck-Ginsterkatze

(Genetta genetta) **Common Genet**

Ginsterkatzen sind solitär lebende Nachttiere. Diese scheuen Räuber ruhen tagsüber in Baumwipfeln. Sie suchen ihre Nahrung in Bäumen und am Boden und erbeuten Nagetiere, Vögel und Insekten, fressen aber auch Früchte und Beeren. Nachts wagen sie sich in die Nähe der Menschen und plündern die von ihnen zurückgelassenen Lebensmittel. Manchmal findet man sie auch auf dem Gelände von Lodges. In einigen Dörfern werden Ginsterkatzen als Haustiere gehalten, um Mäuse und Ratten zu fangen. Diese Ginsterkatzen sind kaum von den Großfleck-Ginsterkatzen zu unterscheiden. Auch ihr Fell hat ein Fleckenmuster, bei dem die Flecken in Längsrichtung angeordnet sind. Die Kleinfleck-Ginsterkatze jedoch ist auf der Rückseite eher rostbraun als dunkelbraun. Die Trächtigkeit dauert etwa 70 Tage, und ein Wurf besteht meist aus einem oder zwei Jungen.

40-50 cm
26 cm
♂ 2,5 kg
♀ 2,3 kg

LC
NT
VU
EN
CE

Großfleck-Ginsterkatze

(Genetta maculata)

Rusty- oder **Large-spotted Genet**

Großfleck-Ginsterkatzen gibt es in großen Teilen des Kontinents, wobei sie baumreiche Gebiete an Fluss- oder Seeufern bevorzugen. Sie ruhen tagsüber in Bäumen. Sie sind geschickte Kletterer und leben allein, außer wenn das Weibchen brünstig ist. Die Paarung ist nicht an die Jahreszeiten gebunden. Von der Kleinfleck-Ginsterkatze ist sie durch die rostbraunen Flecken entlang des dunklen langen Kammes vom Hals bis zum Schwanz zu unterscheiden. Der Farbunterschied kann jedoch manchmal sehr subtil sein. Eine Ginsterkatze wird ca. 15 bis 20 Jahre alt.

Mangusten *Mangusten (Herpestidae) sind vor allem während der frühen Morgenstunden oder in der Dämmerung zu beobachten. Diese scheuen Tiere flüchten beim geringsten Anzeichen von Gefahr. Bei nicht allzu hochwachsendem Gras und leicht abfallendem Terrain haben Sie in Gegenden mit Termitenhügeln gute Chancen, eine Familie vorbeiziehen zu sehen. Bei den in Gruppen lebenden Mangusten gibt es ein Alpha-Männchen und ein Alpha-Weibchen sowie eine strenge „Hackordnung". Normalerweise paart sich nur das Alpha-Weibchen. In der Hierarchie hochstehende Männchen markieren ihr Territorium mit Ausscheidungen aus den Analdrüsen. Bei vielen Arten sind die Weibchen dominant. Kleinere Mangustenarten fressen Insekten, vor allem Mistkäfer, teilweise jedoch auch kleine Reptilien, Eier und Vögel. Auf dem Speiseplan der größeren Arten kommen auch Schlangen vor, sowie Nagetiere und Frösche oder Kröten. Manchmal ergänzen die Tiere ihre Nahrung auch durch Früchte. Zahlreiche Arten nutzen verlassene Termitenhügel als Versteck. Mehrere Würfe pro Jahr sind keine Ausnahme. Die Jungtiere aus dem vorherigen Wurf helfen bei der Versorgung der Neugeborenen. Mangusten werden in der Regel 7 bis 12 Jahre alt.*

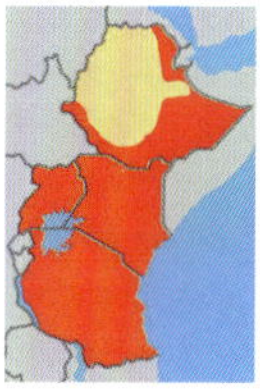

40-45 cm
20-26 cm
♂ 2 kg
♀ 2 kg

LC
NT
VU
EN
CE

Zebramanguste *(Mungos mungo)* **Banded Mongoose**
Die Zebramanguste ist oft zu sehen. Diese Manguste hat einen großen Kopf, kleine Ohren, kurze, muskulöse Beine und ihr Schwanz ist fast so lang wie ihr Körper. Der hintere Teil des Körpers ist etwas höher als die Schultern. Sie ist sehr einfach an ihren markanten Querstreifen zu erkennen. Sie leben in großen Gruppen von sieben bis zu 40 Tieren und zeigen ein ausgeprägtes Sozialverhalten. Jede Gruppe hat ihr eigenes Territorium. Alle Weibchen werden von den Alpha-Männchen während der Balzzeit dominiert. Deren Anzahl ist von der Größe der jeweiligen Gruppe abhängig. Nur sie haben das alleinige Paarungsrecht, das sie jedoch nicht immer erfolgreich verteidigen können. Manchmal suchen die Weibchen absichtlich Partner in rivalisierenden Gruppen, um sich zu paaren. Fast alle Weibchen bringen gleichzeitig zwei bis sechs Junge zur Welt. Nach zehn Tagen sind sie bereits erneut empfänglich.

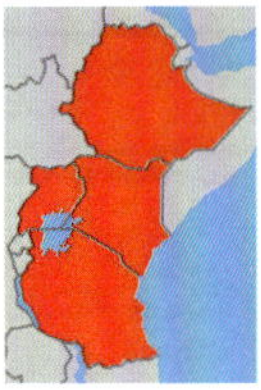

30-40 cm
20-26 cm
♂ 700 gr
♀ 550 gr

LC NT VU EN CE

Schlankmanguste

(Galerella sanguinea) **Slender Mongoose**

Schlankmangusten leben solitär oder in Paaren. Baumhöhlen nutzen die geschickten Kletterer gerne als Ruheplatz. Sie haben einen langen, schlanken Körper mit kurzen Beinen, einen langgestreckten Kopf und einen langen Schwanz. Das kurze, graue Fell variiert farblich zwischen hellgrau und dunkelbraun, vermutlich abhängig vom Habitat. Bauch und Beine sind in der Regel heller, die Schwanzspitze ist schwarz. Sie haben bernsteinfarbene Augen. Finger und Zehen können weit gespreizt werden und haben kleine, scharfe Krallen. Auf dem Boden oder in Bäumen machen sie tagsüber Jagd auf junge Vögel, Nagetiere, Echsen, Schlangen, Frösche und Wirbellose. Darüber hinaus fressen sie Eier, Früchte und Fliegenmaden aus Kadavern.

50-65 cm
24-28 cm
♂ 3-4 kg
♀ 2,5-3,5 kg

LC NT VU EN CE

Ichneumon *(Herpestes ichneumon)*

Large-grey Mongoose

Der Ichneumon hat ein graubraunes bis rötlich-braunes Fell. Sein langer Schwanz ist fast so lang wie sein Körper und endet in einer schwarzen Quaste. Seine Pfoten sind in der Regel dunkler als der Rest des Fells. Der Name Ichneumon kommt aus dem Griechischen und bedeutet „Spurensucher". Er geht oft mit zu Boden geneigtem Kopf und folgt wahrscheinlich einer Geruchsspur. Manchmal läuft eine ganze Familie so in einer langen Reihe hintereinander her. Ichneumone jagen Kaninchen, Nagetiere, Vögel, Wirbellose (wie Insekten und Krabben), Schlangen und andere Reptilien, fressen jedoch auch Aas und Vogeleier. Der Ichneumon kann unterirdische Beute leicht mit seinen Vorderpfoten ausgraben und extrem schnell zuschlagen. Seine Schnelligkeit und Wendigkeit sind ein Vorteil bei der Jagd auf gefährliche Beute wie Giftschlangen. Auch Vögel kann er gut fangen. Ichneumone werden in Gefangenschaft bis zu 20 Jahre alt.

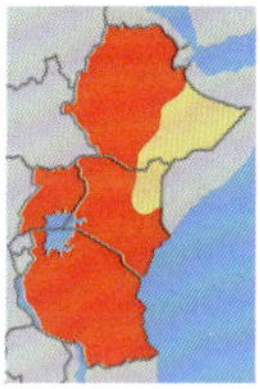

45-70 cm
22-30 cm
♂ 3-5 kg
♀ 3-5 kg

LC NT VU EN CE

Weißschwanzmanguste

(Ichneumia albicauda) **White-tailed Mongoose**

Sie ist die größte aller Mangusten. Ihr Schwanz ist dick und der Kopf im Verhältnis zum Rest des Körpers eher klein. Die Beine sind länger als die anderer Mangusten. Weißschwanzmangusten kommen häufig vor. Man nimmt sie oft nicht gleich wahr, weil sie bevorzugt nachts nach Nahrung suchen. Tagsüber verstecken sie sich in verlassenen Höhlen oder Termitenhügeln. Sie fühlen sich fast überall wohl, ausgenommen in tropischen Wäldern und trockenen Wüsten. Im Durchschnitt werden die Tiere zwölf Jahre alt. Diese Art frisst vor allem Insekten, aber auch Frösche, Mäuse, Schlangen, Vögel, Würmer und vereinzelt auch Früchte. Sie sind Einzelgänger, nur während der Paarungszeit sucht sich das Männchen ein Weibchen. Das Weibchen bekommt ein bis vier Junge. Bei Gefahr verbreiten die Tiere einen unangenehmen Geruch.

40-45 cm
20-30 cm
♂ 2,5-4 kg
♀ 2,5-4 kg

LC NT VU EN CE

Sumpfmanguste

(Atilax paludinosus) **Marsh Mongoose**

Die Sumpfmanguste frisst in erster Linie Krabben und Amphibien, die sie hauptsächlich in der Nähe von Mooren und anderen wasserreichen Gebieten findet. Vor allem dort, wo Schilf und andere Ufervegetation wächst. Sie hat manchmal ein rötlich-braunes, meistens aber ein dunkelbraunes bis fast schwarzes Fell, der Bauch ist heller. Die Vorderzähne des Unterkiefers sind stark genug, um auch zähe Beutetiere zu zerreißen. Sie ist ein guter Schwimmer und versucht an der Wasseroberfläche ihre Beute zu packen. Sie jagt aus dem Hinterhalt. Krabben und Schnecken zerschlägt sie an Felsen. Sumpfmangusten sind vor allem während der Dämmerung und nachts aktiv, leben solitär und lassen sich sehr selten blicken. Die Art kann manchmal am Süßwassersee im Ngorongoro-Krater und am Wasserloch der Mountain Lodge in der Nähe des Mount Kenya angetroffen werden.

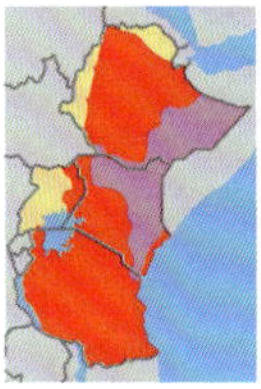

Rosa = Überlappung

18-28 cm

16 cm

♂ 300 gr

♀ 300 gr

LC
NT
VU
EN
CE

Zwergmanguste *(Helogale parvula)* **Dwarf Mongoose**
Zwergmangusten sind sehr soziale Tiere. Sie leben in großen Familien, die jeweils ihr eigenes Territorium haben. Sie haben einen spitzen rötlich-braunen Kopf, kleine Ohren, bernsteinfarbene Augen, einen langen Schwanz und kurze Beine mit langen Krallen. Rücken und Schwanz sind im Allgemeinen graubraun. Sie sind durch ihre kleine Körpergröße leicht von anderen Mangusten zu unterscheiden. Sie leben in trockenem Grasland und karg bewaldeten Gegenden mit Sträuchern, vor allem an Orten mit vielen Termitenhügeln. Diese Art meidet Wälder und zu trockene Gebiete. In Gruppen herrscht eine ausgeprägte Hierarchie mit einem dominanten Pärchen an der Spitze. Das Weibchen ist der Anführer der Gruppe. Das dominante Männchen ist sehr wachsam und steht normalerweise in erhöhter Position, oft gemeinsam mit anderen. Sie müssen einerseits landlebende Raubtiere wie Katzen, Hunde und Schlangen fürchten, andererseits sind aber auch Raubvögel eine ständige Bedrohung. Manchmal findet eine Gruppe einen Unterschlupf in der Nähe eines Bienen- oder Wespennests zum Schutz vor Raubtieren. Das Territorium wird durch gemeinsame Latrinen markiert. Zwergmangusten fressen Wirbellose, kleine Echsen, Vögel und Säugetiere (vor allem junge Nagetiere) und wilde Früchte. Ihr Lebensraum in Ostafrika überschneidet sich mit dem der **Östlichen Zwergmanguste** *(Helogale hirtula)* **Ethiopian Dwarf Mongoose** im Osten Kenias und Äthiopiens. Deren Fell ist in der Regel hellbraun und der Schwanz ist in der Regel zu zwei Dritteln schwarz.

Hyänen *Die Hyänen (Hyaenidae) sind mittelgroße Raubtiere. Obwohl Hyänen wie große Hunde aussehen, stellen sie eine eigene biologische Familie dar, die am nächsten mit den Katzenartigen verwandt ist. Es gibt drei Arten, die zu den Eigenlichen Hyänen gehören: die Fleckenhyäne, die Streifenhyäne und die Braune Hyäne, die im südlichen Afrika lebt. Der Erdwolf bildet seine eigene Unterfamilie. Hyänen sind sowohl Räuber als auch Aasfresser wie die meisten Katzenartigen. Der schräg abfallende Rücken ist charakteristisch für die "Eigentlichen" Hyänen. Im Gegensatz zu den meisten Katzenartigen kann die Hyäne nicht ihre Krallen einfahren. Dadurch kann sie bei der Verfolgung ihrer Beute besser wenden.*

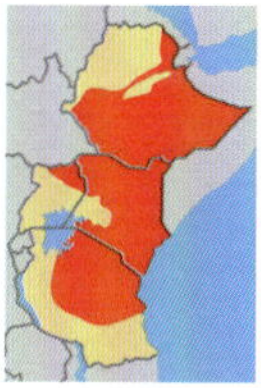

65-75 cm
45-50 cm
♂ 7-12 kg
♀ 7-12 kg

LC
NT
VU
EN
CE

Erdwolf *(Proteles cristata)* Aardwolf

Der Erdwolf ist ein Mitglied der Familie der Hyänen, unterscheidet sich aber stark von den drei anderen Arten. Er ist ein nahezu wehrloses und harmloses Tier, das vor allem von Termiten lebt. Diese kleinen Insekten spürt er auf, indem er seine Ohren auf den Boden oder auf einen Termitenhügel richtet. Leicht zu erkennen ist der Erdwolf an den schwarzen Streifen, die über seinen schlanken Körper laufen. Das Gebiss unterscheidet sich von dem der Eigentlichen Hyänen. Die normal geformten Eckzähne benutzt er, um sich zu wehren. Dagegen sind die Backenzähne klein und überflüssig, da er seine Nahrung aufleckt. Bei älteren Tieren fehlen sie völlig. Der Erdwolf lebt in offenen, trockenen Ebenen und Strauchgebieten. Er meidet bergige Gegenden ebenso wie die Miombo-Baumsavanne im Süden Tansanias. Erdwölfe sind territorial und vor allem nachts und morgens aktiv. Sie schlafen in einer Höhle. Manchmal graben sie selbst einen einfachen Bau, aber meistens teilen sie sich eine Höhle mit einem Erdferkel. Die Tiere sind scheu und tagsüber selten zu sehen. Ein Pärchen hat ein gemeinsames Territorium, die beiden Tiere besuchen sich aber selten. Sie sorgen jedoch zusammen für die Jungen und verjagen mittelgroße Raubtiere, vor allem Schakale und Greifvögel. In Zeiten von Nahrungsknappheit ist der Erdwolf sozialer. Mehrere Erdwölfe suchen dann in Gruppen nach Nahrung. Das Territorium markiert er über die Analdrüsen mit einer nach Moschus riechenden Ausscheidung. Die Tragzeit dauert 90 Tage und der Nachwuchs wird am Ende der Regenzeit, wenn das Angebot an Termiten am größten ist, geboren. Ein Weibchen wirft zwei bis vier Jungtiere. Der Erdwolf erreicht ein Alter von ca. 13 Jahren.

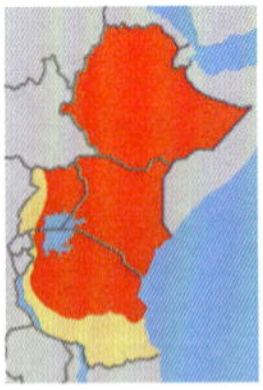

95-120 cm
66-72 cm
♂ 35-40 kg
♀ 35-40 kg

LC
NT
VU
EN
CE

Streifenhyäne *(Hyaena hyaena)* **Striped Hyaena**

Ihr Fell ist lang, hat eine helle Farbe und ist mit vertikalen schwarzen Streifen versehen. Anders als die Fleckenhyäne lebt dieses Tier meist allein oder mit seinem Partner. Erwachsene Streifenhyänen dulden in der Regel keine anderen erwachsenen Hyänen desselben Geschlechts in ihrer Nachbarschaft. Wenn es doch zu einem Treffen kommt, stellen sie ihre Mähne auf, um größer zu wirken. Ihren Lebensraum stellen Dürregebiete von Savannen bis Wüsten dar. In Kenia und dem Norden von Tansania trifft man sie auch in Küstenregionen an.

Die Streifenhyäne hat ein großes Durchhaltevermögen. Sie ist vor allem ein Nachttier, das tagsüber in dichtem Bewuchs, Grotten, Höhlen zwischen Felsen oder unterirdischen Höhlen ruht. Diese Verstecke können selbst gegraben sein, aber meistens bezieht sie verlassene Baue anderer Tiere. Sie ist ein opportunistischer Allesfresser. Ihre Nahrung besteht aus Aas, kleinen Säugetieren bis zur Größe eines Hasen oder Fuchses, Echsen, Wirbellosen wie Heuschrecken und Termiten, Früchten und Wurzeln. Nach einer Tragzeit von ca. 90 Tagen wirft das Weibchen bis zu vier Junge. In freier Wildbahn werden die Tiere 10 bis 12 Jahre alt. Da die Streifenhyäne auch Kleinvieh als Beute ansieht, wird sie häufig bekämpft und durch Vergiftung, Köderfallen oder mit Hilfe von abgerichteten Hunden getötet. Sie ist eine der vielen bedrohten Tierarten in Afrika. Verteilt auf weit auseinander liegende Gebiete, lebt das Tier auch in Zentralasien bis nach Indien, im Kaukasus und im Mittleren Osten. In Afrika ist Tansania sein südlichster Lebensraum.

110-155 cm

70-90 cm

♂ 40-55 kg

♀ 45-65 kg

LC
NT
VU
EN
CE

Tüpfel- oder Fleckenhyäne

(Crocuta crocuta) **Spotted Hyaena**

Diese Art ist die häufigste Hyäne in Afrika. Ihr Lebensraum erstreckt sich vom Südwesten bis in den Nordosten Afrikas. Sie ist die kräftigste aller Hyänen. Die Weibchen sind größer als die Männchen und es sind die Weibchen, die in der strengen Rudelhierarchie dominieren.

Die Genitalien des Weibchens sind denen des Männchens ähnlich. Die Klitoris hat die Form eines Penis. Dieser Pseudo-Penis enthält sowohl die Harnröhre als auch den Geburtskanal. Hyänen sind echte Savannenbewohner und häufig in der Nähe von Wasser, aber auch in dichter Vegetation anzutreffen. Meist leben sie in Gruppen von drei bis mehr als 15 Hyänen. Die Weibchen bleiben in der Regel bei ihren Familien, die jungen Männchen schließen sich im Alter von etwa 3 Jahren einem anderen Clan an. Ein solcher Clan ist territorial, und das Revier wird mit Urinspuren und Ausscheidungen aus Analdrüsen markiert.

Fleckenhyänen jagen am liebsten nachts, aber auch tagsüber sind sie aktiv. In Gruppen sind sie gefürchtete Gegner von Löwen, und es ist durchaus üblich, dass sie Löwen von deren erlegter Beute verjagen. Hyänen sind Räuber und Aasfresser. Ihr sehr starker Kiefer ermöglicht es ihnen, selbst durch dickste Haut zu beißen. Die Hyänen sind evolutionär nah mit den Katzenartigen und den Schleichkatzen verwandt. Ihr Jagdverhalten, das vor allem von Geduld und Schnelligkeit geprägt ist, ähnelt eher dem der Hundeartigen. Der weißgraue Kot der Hyäne zeugt vom Verdauen von Knochen. Der Ruf der Hyäne, oft zu hören bei Sonnenuntergang, ist eines der ersten Geräusche, die aus dem dunklen Busch zu Ihnen dringen werden. Nach ca. 110 Tagen wirft das Weibchen 2 bis 3 Junge. In freier Wildbahn werden Hyänen ca. 20 Jahre alt.

Hundeartige *Die Hundeartigen (Canoidae) sind eine Unterordnung innerhalb der Ordnung der Raubtiere. Zu den Hundeartigen (Canidae) in Afrika gehören Füchse, Schakale und Wölfe. Sie zeichnen sich durch einen guten Geruchssinn und ein ausgezeichnetes Gehör aus. Außerdem zeigen sie großes Durchhaltevermögen - ideal, um ihre Beute bis zur Erschöpfung zu hetzen. Dadurch sind sie sehr erfolgreiche Jäger. Die meisten Arten dieser Familie haben lange Beine, fünf Zehen an den Vorderpfoten und vier an den Hinterpfoten. Die Klauen sind nicht wie bei den Katzenartigen einziehbar. Die Hundeartigen sind sowohl Aasfresser als auch Räuber.*

Füchse *Die Füchse der Gattung Vulpes werden "Echte Füchse" genannt. Füchse sind Allesfresser. Es gibt verschiedene Arten. Der Echte Fuchs hat eine unverwechselbare spitze Schnauze, einen langen, buschigen Schwanz und hohe, dreieckige Ohren. Die Bezeichnung der Gattung Otocyon, zu der der Löffelhund gehört, ist abgeleitet von den griechischen Worten "oto" (Ohr) und "cyon" (Hund). Diese Gattung hat nur eine Art, den Löffelhund, der somit kein Echter Fuchs ist.*

50-60 cm
30-40 cm
4 kg
5 kg

LC
NT
VU
EN
CE

Löffelhund *(Otocyon megalotis)* **Bat-eared Fox**
Der Löffelhund hat Ähnlichkeit mit Schakalen und Füchsen, er ist aber innerhalb der Ordnung der Hundeartigen ein Außenseiter. Das Fell variiert von grau-braun bis rötlich-braun, die Ohren sind auffallend groß, die Beine und der Schwanz sind dunkelbraun bis schwarz. Er ist der einzige hauptsächlich insektenfressende Hundeartige. Seine wichtigste Nahrungsquelle sind Termiten und Mistkäfer, aber er frisst auch andere Wirbellose. Die großen Ohren erlauben es ihm, seine Beute sogar unter der Erde zu lokalisieren. Ab und zu nimmt er auch Eier und Früchte zu sich. Löffelhunde verfügen über scharfe Krallen an den Vorderpfoten und graben ihre Beute sehr schnell aus. Sie leben monogam in kleineren Gruppen. Nach einer Tragzeit von 60-75 Tagen wirft das Weibchen ein bis sechs Welpen. Das dichte Fell schützt sie gegen Angriffe von Termitensoldaten. Auch das Gebiss, bestehend aus kleinen scharfen Zähnen, ist an die Nahrung angepasst. Der Kiefer bewegt sich schnell, wodurch die Termiten rasch getötet werden. Der Löffelhund kommt in zwei voneinander getrennten Populationen vor, eine im Süden Afrikas und die andere in Ostafrika. Er bewohnt trockene, offene Grasebenen, vor allem mit Akazien bewachsene Savannen.

Schakale *Schakale haben einen schlanken Körper mit langen Pfoten und einer spitzen Schnauze. Die Ohren sind groß und spitz. Schakale verfügen über einen ausgezeichnet entwickelten Gehör- und Geruchssinn. Schakale sind Allesfresser. In der Hoffnung, dass sie 'mitessen dürfen', halten sie sich oft in der Nähe größerer Raubtiere auf. Sie fressen vor allem Aas, fangen aber selbst auch kleinere Säugetiere, Vögel und Echsen. Insekten, Früchte und Beeren stehen ebenfalls auf dem Speiseplan. Die monogamen Schakale leben paarweise oder in kleinen Familiengruppen, bestehend aus einem dominanten Pärchen und seinen Jungen aus mehreren Würfen. Nach einer Tragzeit von 57 bis 70 Tagen kommen zwei bis sechs Junge zur Welt. Sie stecken ihr Territorium ab, indem sie Urin und Kot an auffälligen Stellen hinterlassen. Durch durchdringendes Geheul halten die Mitglieder einer Gruppe untereinander Kontakt. Normalerweise werden Schakale nicht älter als 10 Jahre.*

65-80 cm
35-45 cm
♂ 7-12 kg
♀ 7-12 kg
LC NT VU EN CE

Streifenschakal *(Canis adustus)* **Side-striped Jackal**
Ein heller Streifen zieht sich über die Flanken und in geringerem Maße über die Schultern und den Nacken. Trotz einer gesunden Population und einer Vielzahl von Gebieten, in denen er umherstreift und sogar Dörfer und Städte besucht, wird dieser scheue Schakal nicht oft gesehen. Er vermeidet offene Savannen und trockenere Wüstengebiete. Nicht zu dicht bewaldete Gebiete werden bevorzugt. Er nimmt hauptsächlich pflanzliche Nahrung zu sich, insbesondere Baumfrüchte, frisst aber auch Fleisch.

65-75 cm
35-48 cm
♂ 6-13 kg
♀ 6-12 kg
LC NT VU EN CE

Schabrackenschakal
(Canis mesomelas) **Black-backed Jackal**
Der dunkelgraue Rücken wird als "Sattel" bezeichnet. Sie bewohnen Savannen und trockene, spärlich bewachsene Gebiete bis hin zu Halbwüsten. Fossilien deuten darauf hin, dass die Art seit sehr langer Zeit existiert. Ohne dass dafür ein eindeutiger Grund gefunden wurde, leben seit 1,4 Millionen Jahren zwei getrennte Populationen in Afrika. Sie sind Allesfresser und in dieser Hinsicht nicht wählerisch.

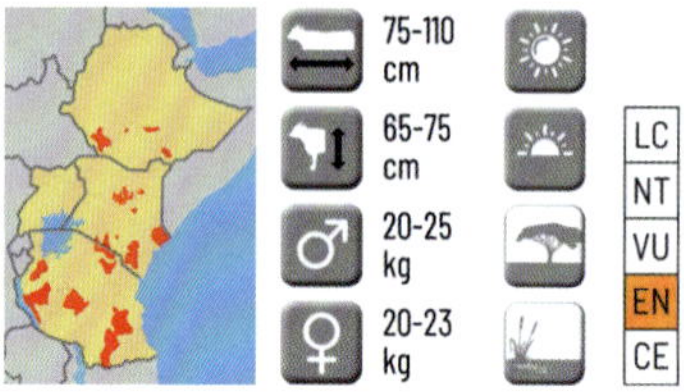

Afrikanischer Wildhund

(Lycaon pictus) **African Wild Dog**

In Afrika gehört er zu den am stärksten bedrohten Tierarten. Er wurde lange Zeit gejagt, weil er vereinzelt junges Vieh gerissen hat. Außerdem ist der Wildhund anfällig für die Krankheiten der domestizierten Hunde. Sein Hauptfeind ist der Löwe. Wenn eine große Löwenpopulation vorhanden ist, verlässt der Wildhund das Gebiet. Die noch existierenden Rudel sind heute so über Afrika verteilt, dass genetische Vermischung kaum noch möglich ist. In verschiedenen Ländern werden die Tiere nun intensiv überwacht. Neben der Wiedereinführung von Wildhunden aus Zuchtprogrammen, vor allem in Südafrika, wurden auch Zoologische Gärten für ihren Schutz gewonnen. Eines der Länder, in denen die Art noch in angemessener Zahl vorkommt und sich weitgehend selbst erhält, ist Botswana. Die Größe des Territoriums des Wildhunds variiert zwischen 400 km^2 und 1500 km^2. Sie leben in Gruppen von 10 bis 30 Familienmitgliedern, wobei die Männchen in der Mehrzahl sind. Erwachsene Weibchen schließen sich manchmal anderen Rudeln an oder gründen ihr eigenes. Im Rudel gibt es ein dominantes Alpha-Paar. Gelegentlich wird der Rüde durch Rivalen herausgefordert. Verliert er, muss er seine führende Position aufgeben. Das Alpha-Weibchen ist meist die Mutter der übrigen Familienmitglieder. Stirbt sie, nimmt die dominanteste Tochter ihren Platz ein. Nur sie trägt Nachkommen aus, welche nach 70 Tagen geboren werden. Nur das Muttertier säugt, andere Rollen bei der Jungenaufzucht werden aber vom ganzen Rudel übernommen. Die meisten Jungen (sieben bis 10) werden am Ende der Regenzeit in einer unterirdischen Höhle geboren Bei ihrer Geburt sind sie blind und hilflos. Nach einem Monat kommen sie dann zum ersten Mal heraus. Ein paar Wochen später wechseln sie von der Muttermilch zu erbrochener Nahrung. Nach 10 bis 14 Wochen gehen sie mit den erwachsenen Hunden auf die Jagd, und nach einem Jahr sind sie bereits ausgewachsen. Der soziale Zusammenhalt ist sehr eng. Wildhunde jagen mit der ganzen Gruppe kleinere Gazellen und scheuen sich auch nicht, größere Antilopen zu reißen. Mit ihrer enormen Ausdauer können sie die Beute bis zu deren Erschöpfung hetzen. Sie sind keine „sanften Killer", wie die Katzenartigen, die ihre Beute ersticken. Wildhunde beißen ihrer Beute in die Weichteile, z. B. in den Bauch oder das Hinterteil, so dass diese durch Schreck und Schmerz in einen Schockzustand gerät und kurz darauf stirbt. Jüngste Forschungen haben angeblich gezeigt, dass die Beute von afrikanischen Wildhunden schneller stirbt als die von Katzenartigen. Afrikanische Wildhunde jagen vor allem in der Dämmerung, aber auch tagsüber. Sie werden normalerweise etwa zehn bis zwölf Jahre alt.

Wölfe *Die Familie der Hundeartigen (Canidae) entstand vor etwa 30 Millionen Jahren im heutigen Nordamerika. Vor sieben Millionen Jahren siedelten sich Nachkommen in Asien, Europa und Afrika an und die dortigen Bedingungen ermöglichten es der Art, sich weiterzuentwickeln. Der Wolf ist der Vorfahre des Hundes (Canis lupus familiaris). Ein Wolf und ein Hund können gemeinsam fruchtbare Nachkommen zeugen, so dass sie nach dem in der Biologie üblichen Artbegriff als zur selben Art gehörig betrachtet werden können. Seine Sinne sind gut entwickelt. Er sieht ausgezeichnet, auch im Dunkeln. Der Wolf hat ein Gesichtsfeld von 250° (zum Vergleich: 180° beim Menschen). Er kann Töne bis zu 40 kHz hören, Töne, die für das menschliche Gehör zu hoch sind. Ihr gutes Gehör hilft ihnen, Nagetiere zu fangen. Wie andere Hundeartigen haben Wölfe eine enorme Ausdauer, die sie ihre Beute erschöpfen lässt.*

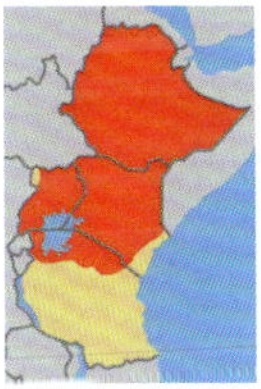

75-85 cm
38 cm
♂ 10-14 kg
♀ 9-12 kg

LC
NT
VU
EN
CE

Afrikanischer Goldwolf

(Canis lupaster) **African Golden Wolf**

Lange Zeit ging man davon aus, dass der Goldschakal auch in Afrika herumstreunte. Der Irrtum war naheliegend, denn der Afrikanische Goldwolf ähnelt in Aussehen und Verhalten dem Schakal. Umfangreiche Untersuchungen des Genoms zeigen jedoch, dass der vermeintliche Schakal zu den Wölfen gehört. Der Ursprung des Afrikanischen Goldwolfs ist wahrscheinlich ein Hybrid, der aus der Vermischung des Wolfsvorfahren mit dem Goldschakal und dann einer Vermischung mit dem Äthiopischen Wolf entstanden ist. Letzterer hat viel mit dem Wolf *(Canis lupis)* und nicht mit den Afrikanischen Hundeartigen gemeinsam. Die Farbe des Fells unterscheidet sich je nach Bereich und variiert von fast grau bis blass hellbraun mit Grautönen. Die Beine und der Kopf sind goldbraun gefärbt. Der buschige Schwanz endet meist in schwarzem Haar. In Ostafrika kommt der Afrikanische Goldwolf sympatrisch mit dem Schabrackenschakal *(Canis mesomelas)* und dem Streifenschakal *(Canis adustus)* vor, im Gegensatz zu diesen bevorzugt er aber deutlich offenere Gebiete. Sie sind hauptsächlich Raubtiere und jagen Gazellen, Nagetiere und gelegentlich Scharrvögel. Sie fühlen sich in trockenen Gebieten zu Hause, wo sie monogam und territorial leben. Die jährlichen Geburten vergrößern das Rudel und machen es erfolgreicher bei der Jagd. Die Art in Ostafrika ist etwas kleiner als ihre Verwandten in West- und Nordafrika. In den Regionen Masai Mara, Serengeti und Ngorongoro sind sie relativ zahlreich.

85-100 cm

50 cm

♂ 14-19 kg

♀ 11-14 kg

LC
NT
VU
EN
CE

Äthiopischer Wolf *(Canis simensis)* **Ethiopian Wolf**

Der Äthiopische Wolf lebt in kleinen Rudeln mit einem dominanten Paar. Er jagt hauptsächlich Nagetiere, zum Beispiel die Riesenmaulwurfsratte *(Tachyoryctes macrocephalus)*. Andere Tiere sind ebenfalls Beute: Schliefer, Hasen und die Kälber von Bergnyala und Bergriedbock. Sie verteidigen ihr Revier gegen Rivalen. Die Größe des Rudels ist dabei der entscheidende Faktor, der oft zu einer Vergrößerung des Territoriums führt. In der Paarungszeit, am Ende der Regenzeit, sucht das Alphaweibchen die Ränder des Territoriums auf, um sich mit anderen Männchen zu paaren. Untergeordnete Weibchen pflanzen sich selten fort. Sie helfen bei der Pflege der Jungtiere. Nach einer Tragzeit von 60 bis 62 Tagen bringt sie 2 bis 6 Junge zur Welt. Die Männchen bleiben ihr ganzes Leben im Rudel, die Weibchen verlassen das Rudel nach ein oder zwei Jahren. Sie führen dann ein Nomadendasein. Die größte Population findet sich im Bale Mountains National Park in Äthiopien. Die Ansteckung durch Haushunde mit Hundekrankheiten wie Tollwut und die Geburt von Mischlingen ist ihre größte Gefahr.

Riesenmaulwurfsratte

Marder *Die Marder (Mustelidae) sind eine Familie hundeartiger Raubtiere (Canoidea) aus der Ordnung der Raubtiere (Carnivora) und bestehen aus etwa siebzig verschiedenen Arten. Zur Familie gehören Hermeline, Nerze, Iltisse, Wiesel, Marder, Dachse und Otter. Die vier letztgenannten leben auch in Afrika. Die Marderarten haben gemeinsam, dass sie Fleischfresser sind, einen langen Körper und kurze Beine mit starken Krallen haben und dass die meisten Arten einen starken Geruch aus ihren Analdrüsen absondern. In der Größe variieren sie von 35 Gramm (einige Wieselarten) bis fast 35 kg (Riesenotter).*

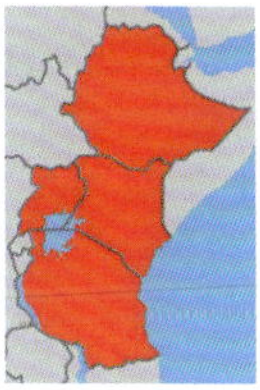

28-38 cm
14 cm
1,2 kg
1 kg

LC
NT
VU
EN
CF

Zorilla *(Ictonyx striatus)* **Striped Polecat**

Das langhaarige Fell des Zorillas oder Banditis, wie er auch genannt wird, ist braun bis fast schwarz, mit vier beigen oder weißen Streifen, die vom Kopf über den Körper bis zum Schwanz verlaufen. Der lange Schwanz misst 20 - 30 cm. Der Unterkörper ist schwarz. Sie sind einzelgängerische Fleischfresser, die nachts jagen. Sie jagen eine Vielzahl von Arten wie Vögel, Mäuse, Ratten, Springhasen, Schlangen, große Insekten und kleine Reptilien. Wenn sie sich bedroht fühlen, sondern sie über ihre Analdrüsen eine übelriechende Flüssigkeit ab. Sie leben hauptsächlich in Savannen, sind aber auch in Halbwüsten und bewaldeten Gebieten zu finden. Es besteht eine Symbiose mit Weidetieren. Diese scheuchen kleinere Nagetiere auf, was die Zorillas ausnutzen können. In einigen Dörfern werden sie als Haustiere gehalten, man entfernt dann die Analdrüsen. Obwohl sich Zorillas auch Hühner schnappen, wenn sich die Gelegenheit bietet, erweisen sie sich als wirksames Mittel zur Bekämpfung von Mäuse- und Rattenschwärmen. Tagsüber verstecken sie sich in Felsspalten oder unterirdischen Bauen. Zum Repertoire des Quietschens, Kreischens und Brüllens gehört auch ein Ruf mit dem sie signalisieren, dass sie paarungsbereit sind. Nach vier Wochen bringt das Weibchen 2 bis 5 Junge zur Welt.
Die Lebenserwartung beträgt etwa 13 Jahre. Es ist schwierig, die Größe der Population zu schätzen. Das Tier ist scheu und wird nur selten gesehen.

60-80 cm
23-28 cm
♂ 9-16 kg
♀ 5-12 kg

LC
NT
VU
EN
CE

Honigdachs

(Mellivora capensis) **Honey Badger** oder **Ratel**

Der Honigdachs hat einen stämmigen Körper, robuste Beine mit starken Krallen und kräftige Kiefer. Sein Fell besteht aus kurzen, rauen Haaren, am Bauch ist es weicher. Das Gehirn des Honigdachses ist im Vergleich zu allen anderen Raubtieren proportional am größten. Honigdachse erweisen sich als sehr widerstandsfähig gegen Schlangengifte, vor allem das von Vipern. Werden sie gebissen, verlieren sie kurz das Bewusstsein. Vermutlich reduzieren sie so die Durchblutung der lebenswichtigen Organe während der Neutralisierung des Giftes. Auch seine dicke, lose hängende Haut schützt den Honigdachs. Seit vielen Jahren wird beim Honigdachs nach den chemischen Stoffen geforscht, die für ihre Immunität verantwortlich sind. Er kommt in vielen Lebensräumen vor, von offenen Savannen bis zu dichten, tropischen Regenwäldern, am häufigsten ist er jedoch in offenen Wäldern zu finden.

Honigdachse sind vor allem nachts aktiv, gelegentlich aber auch schon zur Zeit der Dämmerung. Tagsüber ruhen sie sich in selbst gegrabenen Höhlen aus, die oft über viele Generationen bewohnt werden. Sie leben solitär oder paarweise und haben ein großes Territorium, das sich häufig mit dem anderer Honigdachse überlappt. Die Tiere sind unerschrockene Jäger und gehen keinem Kampf aus dem Weg. Bei Gefahr stößt der Honigdachs einen drohenden, rasselnden Ruf aus. Diesem verdankt er auch den englischen Namen „Ratel". Nach einer Trächtigkeitszeit von sechs Monaten kommen meist zwei bis vier Junge zur Welt. Der Honigdachs kann 24 Jahre alt werden. Er ist ein Allesfresser, frisst Kadaver, jagt aber auch mittelgroße Tiere wie Stachelschweine, Hasen, Schlangen, Schildkröten, Vögel und Fische. Pflanzenwurzeln, Knollen und wilde Früchte gehören ebenfalls zu seiner Nahrung. Er ist spezialisiert auf unterirdisch lebende Tiere. Mit seinen großen Krallen gräbt er sich durch den harten Boden. Honigdachse legen Nahrungsvorräte an. Es wird manchmal gesagt, dass der Honiganzeiger, ein kleiner Vogel, den Honigdachs zu Bienennestern führt, die der Dachs dann aufbricht, woraufhin sich beide Tiere über Larven, Honig und Bienenwachs hermachen. Bislang ist dieses symbiotische Verhalten nur lokal begrenzt und noch nicht wissenschaftlich bewiesen.

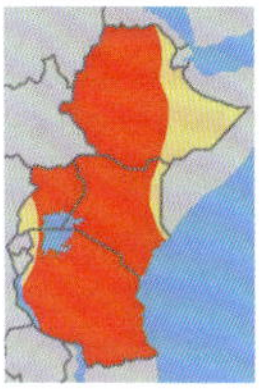

100 cm
30 cm
♂ 18-30 kg
♀ 14-26 kg

LC | NT | VU | EN | CE

Kapotter *(Aonyx capensis)* **Cape Clawless Otter**

ODie Krallen des Kapotters sind stark zurückgebildet und ähneln menschlichen Fingernägeln. Zwischen den Fingern und Zehen haben sie Schwimmhäute. Die Tiere bewohnen unterschiedliche Lebensräume und gehen gelegentlich auch über Land auf Suche nach besserer Nahrung. Man findet sie in Bächen und Flüssen mitten in Savannen, Tieflandwäldern und in Lagunen. Dieser große Otter lebt solitär und ist am weißen Fell auf seiner Unterseite erkennbar. Nur während der Paarungszeit in der Regenzeit suchen die Tiere Kontakt zu Artgenossen. Das Weibchen bringt nach 63 Tagen zwei bis fünf Junge zur Welt. Otter fressen Fische, Frösche, Krabben und zum Teil auch Vögel und kleine Säugetiere. Sie verbrennen viel Energie und benötigen daher große Mengen an Nahrung.

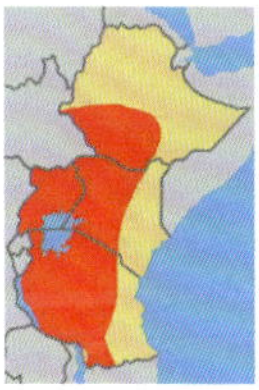

60-75 cm
25 cm
♂ 5-6,5 kg
♀ 3-4,5 kg

LC | NT | VU | EN | CE

Fleckenhalsotter

(Lutra maculicollis) **Spotted-necked Otter**

Dieser kleinere Otter hat ein rötlichbraunes bis dunkelbraunes Fell mit hellen Flecken an Kehle und Nacken. Die Oberschicht besteht aus langen Deckhaaren. Die Luftblasen, die im Fell hängen bleiben, bilden eine isolierende Schicht, die die Tiere im Wasser warm hält. Er besitzt gut entwickelte Klauen. Das Gebiß besteht aus scharfen Zähnen, anders als beim Kapotter. Meist jagen mehrere Tiere gemeinsam. Sie bevorzugen klares Wasser und große Flüsse und Seen. Sie fressen vor allem Fisch, Frösche und Krabben. Da die Jagd und die Fortbewegung im Wasser viel Energie erfordert, brauchen Otter große Mengen an Nahrung. Das Weibchen wirft nach einer Tragzeit von ca. 60 Tagen zwei bis drei Junge. Fischernetze und Überfischung stellen zunehmende Bedrohungen für Otter dar. Ihr größter natürlicher Feind ist die Python, die ruhig am Ufer auf ihre Chance wartet. Junge Otter sind oft eine Beute von Krokodilen und afrikanischen Fischadlern. Sie markieren ihr Revier mit Hilfe von Duftdrüsen an der Schwanzwurzel.

Zebra *Das Zebra ist ein Mitglied der Familie der Pferde (Equidae). Ursprünglich aus Afrika stammend, lebte es früher auch in Europa und Asien, ist heute jedoch nur noch in Afrika zu finden. Allgemein sind Zebras sehr soziale Tiere. Verschiedene Harems bilden zusammen eine große Herde. Dem Menschen ist es nie wirklich gelungen, sie zu zähmen, im Gegensatz zu Pferden und Eseln, den nächsten Verwandten. Ein Grund dafür ist der ausgeprägte Panikinstinkt, der sich nicht eindämmen ließ. Das Zebra ist ein Weidetier und oft zusammen mit großen Herden von Gnus zu finden. Diese profitieren davon, dass die Zebras das lange Gras kürzen. Viele Naturwissenschaftler erklären das Vorhandensein des Streifenmusters als eine Form der Tarnung. Löwen, ihre Hauptfressfeinde, sind farbenblind. Bei einem Angriff stiebt die Herde auseinander, der Wirrwarr aus Streifen vor einem grauen Hintergrund sorgt bei den Verfolgern für Verwirrung. Außerdem haben neue Studien ergeben, dass die Streifen Stechmücken abwehren. Einige der Unterarten haben zwischen den schwarzen auch noch braune "Schatten"-Streifen. Der "Ballon"-Bauch entsteht durch sich bildendes Gas. Männchen ohne Harem leben vor allem in Junggesellengruppen. Bei hohen Konzentrationen von Raubtieren schließen sich verschiedene Herden zusammen. Das Territorium wird mit großen Misthaufen abgesteckt. Die stärksten Hengste haben ein Revier mit viel Gras in der Nähe des Wassers. Solche nahrungsreichen Gebiete ziehen Weibchen an. Ein dominanter Hengst ist an seinem erhobenen Kopf und den ausgreifenden Schritten zu erkennen. Ein untergeordnetes Männchen hat einen erhobenen Schwanz und einen gesenkten Kopf. Die Weibchen sind etwas kleiner als die Männchen.*

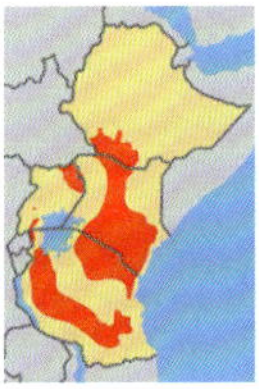

220-250 cm
130 cm
♂ 320 kg
♀ 260 kg

LC
NT
VU
EN
CE

Steppenzebra

(Equus quagga) **Plains** oder **Common Zebra**

Es gibt fünf oder sechs Unterarten von Steppenzebras, von denen drei in einem oder mehreren der in diesem Buch vorgestellten Länder vorkommen. Sie leben in Herden bis zu 16 Artgenossen, aber bei Nahrungsmangel schließen sie sich anderen Herden an. Jedes Zebra hat ein einzigartiges Streifenmuster. Ihr Lebensraum ist vorzugsweise baumloses Grasland, wo sie freie Sicht auf Raubtiere haben. Das Weibchen bringt nach einer Tragzeit von 375 Tagen ein Junges zur Welt. Das Fohlen wiegt bei der Geburt bereits 30–35 kg. Zebras werden in Gefangenschaft bis zu 30 Jahre, in der Wildnis oft nicht mehr als 12 Jahre alt.

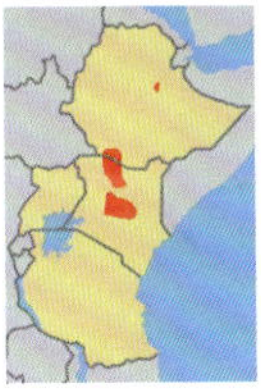

250-270 cm
145-160 cm
♂ 350-430 kg
♀ 330-400 kg

LC
NT
VU
EN
CE

Grévyzebra *(Equus grevyi)* Grévy's Zebra

Das Grévyzebra ist die größte Zebraart, mit hohen Beinen, einem kurzen, muskulösen Hals und einem langen Kopf. Diese Art hat viele relativ schmale Streifen. Sie ist die am nördlichsten lebende Zebraart. Gegenwärtig kommt es nur noch in einigen Parks in Kenia und Äthiopien vor, in Somalia ist es inzwischen ausgestorben. Das Grévyzebra trifft man vor allem in trockenen und offenen Savannen mit vereinzelten Weidegründen und niedrigem Strauchbewuchs an. Im nördlichen Kenia lebt es zusammen mit Steppenzebras. Es ist in der Dämmerung aktiv und frisst vor allem Gräser und Kräuter, ergänzt durch Blätter von Sträuchern. Es kann länger ohne Wasser auskommen als andere Zebras (bis fünf Tage), aber wenn eine Wasserquelle vorhanden ist, trinkt es täglich. In ausgetrockneten Flüssen graben sie nach Wasser. Grévyzebras leben in kleinen, losen Herden von vier bis zwanzig Tieren, bestehend aus einigen Weibchen und deren Jungen. Das Weibchen hat einen festen Platz um zu gebären, zu dem sie jedes Mal zurückkehrt. Sie wirft nach einer Tragzeit von 350 bis 400 Tagen ein einzelnes Fohlen. Der Bestand wird durch die Erweiterung von Weideland für Schafe und Ziegen bedroht. Unter anderem hierdurch ist die Population in Kenia zwischen 1977 und 1988 um knapp siebzig Prozent geschrumpft. In den Zoos wurden Zuchtprogramme gestartet, um die Art vor dem Aussterben zu bewahren. Das Grévyzebra, (*Hippotrigris* oder "Tigerpferd") trat im dritten Jahrhundert nach Christus in römischen Arenen auf. Benannt ist es nach dem französischen Präsidenten Jules Grévy, der 1882 ein Grévyzebra vom abessinischen Kaiser Menelik dem Ersten geschenkt bekam. Das Grévyzebra ist die einzige noch lebende Art der Untergattung *Dolichohippus*. Verwandte Arten kamen früher in ganz Afrika und Eurasien vor. Fossilien wurden sogar in China gefunden. Ein Grévyzebra kann 24 Jahre alt werden.

Nashörner *Nashörner gibt es bereits seit prähistorischen Zeiten, seit ca. 60 Millionen Jahren. Damals existierten ca. 160 verschiedene Arten. Sogar in Europa lebten Nashörner. Heutzutage sind nur noch fünf Arten vorhanden: in Asien das Panzernashorn, das Java-Nashorn und das Sumatra-Nashorn, in Afrika das Schwarze und das Weiße Nashorn. Die Farbbezeichnung in den Namen der afrikanischen Nashörner hat nichts mit deren Farbe zu tun, sondern beruht auf einem Missverständnis bei der englischen Übersetzung. Niederländische „Buren", die vor hunderten von Jahren im südlichen Afrika ein Nashorn sahen, nannten das grasende Nashorn wegen seines breiten Mauls "wijd" (weit). "Wijd" wurde verballhornt zu "white". Die blattfressende Art hat spitze Lippen und wurde ohne eine tatsächlich andere Färbung "schwarz", um den Unterschied zwischen den beiden Arten deutlich zu machen. Ein für den Erhalt der Art tragischer Irrtum ist die vermeintliche Wirkung der Hornsubstanz. Vor allem in China und Vietnam wird gemahlenes Horn u. a. als potenzsteigerndes Mittel verkauft. Das Horn besteht jedoch größtenteils aus Keratin, das auch in menschlichen Haaren und Nägeln vorkommt. Dieses unlösliche Eiweiß ist vollkommen wirkungslos, so dass derartige uralte Behauptungen jeglicher Basis entbehren. Vielleicht spielt die kraftvolle Ausstrahlung des Nashorns oder die Assoziation mit Sexualität dabei eine Rolle. Und doch sind die Nashörner genau dadurch vom Aussterben bedroht. Wilderer jagen heutzutage von Hubschraubern aus, mit modernsten Waffen. Im Jahr 2016 lag der Preis für ein stattliches Horn bei 1 Million Rand (gut 60.000 €). Auf dem Markt in China wird das gemahlene Horn für 65.000 US$ pro Kilo verkauft. Die beiden Hörner eines erwachsenen Weißen Nashorns wiegen ca. 5-7 kg. Im Jahr 2016 wurden allein in Südafrika 1054 Tiere erlegt. Durch den wachsenden Wohlstand in Asien nimmt die Nachfrage stark zu. Das Schlachten geht unvermindert weiter. Genau wie das Weiße Nashorn hat das Schwarze Nashorn zwei Hörner, das größere vorn, oberhalb der Nasenlöcher. Diese Hörner werden im Allgemeinen länger als 60 cm. Es sind Exemplare bekannt, die doppelt so lang waren. Ein zweites Horn, das maximal 50 cm misst, steht zwischen den Augen. Die Tiere bekommen ab dem zehnten Monat Hörner. Das Nashorn suhlt sich in Schlammlöchern oder Staubbädern, um Zecken und andere Parasiten loszuwerden. Es trinkt täglich, es sei denn, die Nahrung enthält genügend Feuchtigkeit. In der Trockenzeit gräbt es mit seinen Vorderbeinen in ausgetrockneten Flussbetten nach Wasser. Das Tier leckt zudem regelmäßig Salz. Das Sehvermögen der Nashörner ist sehr eingeschränkt (circa 20 Meter), aber dafür sind Geruchssinn und Gehör ausgezeichnet entwickelt. Außer dem Löwen und der Fleckenhyäne, die manchmal ein Kalb rauben, hat das Nashorn wenig tierische Feinde.*

340-380 cm

180 cm

♂ 2700 kg

♀ 2000 kg

LC
NT
VU
EN
CE

Breitmaulnashorn *(Ceratotherium simum)*

Square-lipped oder **White Rhinocerus**

Das Breitmaulnashorn, auch Weißes Nashorn genannt, besteht eigentlich aus der südlichen und der nördlichen *(C. s. cottoni)* Unterart. Im Jahr 2018 ist das letzte Männchen der nördlichen Art gestorben. Die beiden verbliebenen Weibchen dieser nördlichen Art leben zur Zeit nur noch in einem einzigen Reservat in Kenia. Fast alle Nashörner, die Sie während ihrer Safari sehen, wurden in Südafrika gezüchtet. Oder es sind

Nachkommen von Müttern oder Großmüttern aus einem lokalen Zuchtprogramm. Diese wurden über Spender an verschiedene afrikanische Wildtierschutzgebiete gespendet. Die Kühe leben zusammen mit Ihren Jungen In elnem Geblet von 4 bls 12 km^2. Diese Gebiete überlappen sich. Die Bullen sind um einiges größer als die Weibchen. Den Rekord hält ein Männchen mit über 4500 kg.
Weiße Nashornweibchen sind im Unterschied zu Schwarzen viel weniger aggressiv und sehr tolerant gegenüber Artgenossen. Oft sind mehrere Weiße Nashörner zusammen an zu treffen. Männchen sind territorial und bewachen ihr Territorium, indem sie regelmäßig die Grenzen erkunden. Ihre Weidegründe markieren sie mit Kot und Urin und sie erzeugen Duftstoffe, indem sie ihren Körper an Bäumen reiben. Nach einer Tragzeit von ca. 480 Tagen wird ein einzelnes Junges geboren, das bereits nach zwei Monaten feste Nahrung frisst. Im Alter von zwei bis drei Jahren können sich Nashörner selbst versorgen. Sie werden dann von der Mutter verjagt.
Das Weiße Nashorn ist sowohl tagsüber als auch nachts aktiv und ein echtes Weidetier. Es bevorzugt kurze Gräser wie *Cynodon* und *Digitaria* arten, die es mit den breiten Lippen abzupft. Sie können vier bis fünf Tage ohne Wasser auskommen, trinken aber mehrere Male am Tag, wenn Wasser in der Nähe ist. Sie können mehr als 50 Jahre alt werden.

280-340 cm

160 cm

1400 kg

1200 kg

LC
NT
VU
EN
CE

Spitzmaulnashorn

(Diceros bicornis) **Hook-lipped** oder **Black Rhinocerus**

Das Spitzmaulnashorn, auch Schwarzes Nashorn genannt, lebt in trockenen Strauchsavannen und in offenen Waldgebieten durchgehend hügeliger Gegenden, wo viele Kräuter und holzige Pflanzen wachsen. 1970 schätzte man die Population auf ca. 65 000 Exemplare. Etwa 1992 war diese Zahl auf ca. 2300 dezimiert. Seit 1996, als viele Länder strenge Anti-Wilderei Gesetze erließen, erholt sich der Bestand wieder langsam. In einigen wenigen Parks wie dem Ngorongoro-Krater in Tansania und dem Nakuru-See in Kenia, wo die Tiere streng bewacht werden können, sind sie recht "zahlreich". Es lebt sedentär (ortstreu) und solitär, kontrolliert aber ein enormes Territorium (ca. 130 km^2). Die Tiere trinken meist gegen Sonnenuntergang und fressen vor allem nachts. Beim Fressen setzen sie ihre spitze Oberlippe als praktisches Werkzeug ein. Sie sind kleiner als das Weiße Nashorn, reagieren aber viel aggressiver auf Angreifer. Das Weiße Nashorn ergreift eher die Flucht. Sollten Sie in einem Auto sitzen, das ein Schwarzes Nashorn "überrascht", wird das Nashorn eher das Fahrzeug angreifen als weglaufen. Vor allem das Verhalten von Weibchen mit Jungen ist unberechenbar. Auf kurze Entfernungen erreicht es eine Geschwindigkeit von 50 km/h. Konfrontationen zwischen zwei Männchen bestehen aus Scheinangriffen, zu echten Kämpfen kommt es kaum. Es gibt keine feste Brunftzeit. Um dem Weibchen zu imponieren, läuft das Männchen durch das Gelände, verspritzt seinen Urin und scharrt mit seinem Horn auf dem Boden. Nach einer Tragzeit von ca. 450 Tagen wirft das Weibchen ein einzelnes Kalb. Innerhalb eines Monats nimmt dieses seine erste feste Nahrung zu sich. Die Stillzeit dauert oft mehr als ein Jahr. Das Junge bleibt bei der Mutter, bis ein neues Junges geboren wird. Ein Weibchen hat alle zwei bis fünf Jahre ein Kalb. Diese langsame Fortpflanzung ist eine der Ursachen dafür, dass das Nashorn anfällig für Überjagung ist. Das Schwarze Nashorn kann mehr als 40 Jahre alt werden.

Schweine *In der englischen Sprache unterscheidet man zwischen „hogs" und „pigs", je nach Familie, welcher die Tiere angehören. Sämtliche Arten der Echten Schweine oder Altweltlichen Schweine (Suidae) sind Allesfresser, den wichtigsten Teil ihrer Nahrung bildet jedoch pflanzliches Futter wie junges Gras, Wurzeln, Knollen, Früchte, Kräuter und Pilze. Die tierische Nahrung besteht vor allem aus Insekten, Schnecken, Vogeleiern, Fröschen, Echsen und Aas. Ihren Bedarf an Mineralien decken sie, indem sie Erde fressen. Säue mit Jungen und Eber sind sehr aggressiv. Zur Überraschung junger, unerfahrener Raubtiere wählen Schweine oft den Angriff als beste Verteidigung. Schweine sind sozial, eine Gruppe besteht aus Weibchen und deren jungen Nachkommen. Meist finden sich enge Verwandte zu Gruppen zusammen. Die Eber bilden Junggesellengruppen. Schweine werden von der lokalen Bevölkerung bejagt. Einerseits dienen sie den Menschen als Nahrungmittel und andererseits wird dadurch der Verwüstung der Felder entgegengewirkt. Das Elfenbein der Zähne wird verkauft.*

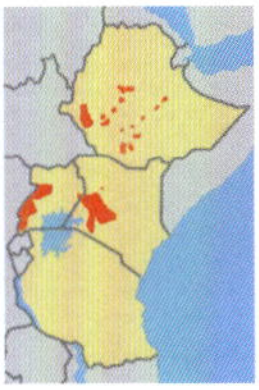

130-200 cm
100 cm
♂ 230 kg
♀ 150 kg

LC
NT
VU
EN
CE

Riesenwaldschwein

(Hylochoerus meinertzhageni) **Giant Forest Hog**

Das Riesenwaldschwein, 1904 erstmalig beschrieben, ist das größte wilde Schwein. Es lebt in tropischen Regenwäldern. Der erwachsene Eber hat beachtliche nach hinten gekrümmte Hauer, während die der Weibchen viel kleiner sind. Tagsüber verstecken Riesenwaldschweine sich im dichten Bewuchs. Sie bilden Familiengrüppchen von vier bis zwölf Tieren. Die ganze Gruppe nutzt eine gemeinsame Latrine. Kontakt halten sie durch bellende Geräusche. Männchen verpassen sich bei Konflikten gegenseitig Kopfstöße. Am häufigsten ist das Rüsselrammen, wobei die Rüsselscheiben aneinandergestoßen werden. Junge werden nach 150 Tagen geboren. Ein Wurf zählt zwei bis sechs Ferkel. Sie sind bei der Geburt strohgelb, werden aber recht schnell braun. Die für junge Wildschweine typischen Streifen fehlen bei den östlichen Populationen. Jungtiere werden neun Wochen lang gesäugt und sind nach 18 Monaten geschlechtsreif.
Wenn das Junge erwachsen ist, wird das Fell schwarz. Riesenwaldschweine können bis zu 18 Jahre alt werden. Sie leben unter anderem in Aberdare-Nationalpark und rund um den Berg Mt. Kenya und in den bewaldeten Gebieten Ugandas.

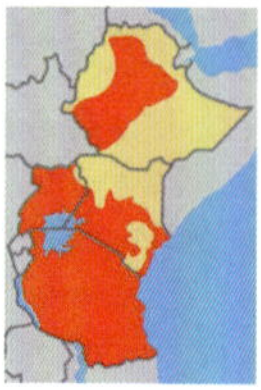

100-150 cm
80 cm
♂ 80-110 kg
♀ 60-90 kg

LC
NT
VU
EN
CE

Buschschwein

(Potamochoerus larvatus) **Bushpig**

Das Buschschwein erkennt man an der weiß-grauen Rückenmähne bei beiden Geschlechtern, dem rötlich-braunen Fell, das mit zunehmendem Alter dunkler wird und den spitzen Ohren. Die scharfen Stoßzähne sind nicht sehr lang. Sie sind sehr sozial und kommen in Gruppen von meist zwölf Tieren vor. Der Eber ist aggressiv und dominant, er führt und beschützt die Gruppe. Kämpfe zwischen Ebern können tödlich enden. Nach einer Trächtigkeitsdauer von 120 Tagen werden drei bis vier Ferkel geboren. Buschschweine können sehr aggressiv sein, besonders in jungen Jahren.
Ihr Lebensraum umfasst Flusswälder, Schilfgebiete und offene Weideflächen inmitten von Waldgebieten. Sie finden ihre Nahrung, indem sie mit ihrer muskulösen Schnauze im Boden und in abgefallenem Laub wühlen. Dabei schädigen sie auch landwirtschaftliche Kulturen und geraten in Konflikt mit der lokalen Bevölkerung. Ihr natürlicher Feind ist vor allem der Leopard. Gejagt werden sie auch wegen ihres Fleisches. Ferkel werden oft Opfer von Raubvögeln. Das Waldschwein wird etwa 15 Jahre alt.

90-150 cm
80 cm
♂ 80-120 kg
♀ 60-90 kg

LC
NT
VU
EN
CE

Warzenschwein

(Phacochoerus africanus) **Warthog**

Warzenschweine sind an den Hauern zu erkennen, die seitlich weit aus der Schnauze herausragen. Ihren Namen verdanken sie den vier Warzen unter den Augen und auf der Schnauze. Die Haut ist fast glatt und grau. Über den Rücken läuft eine Mähne und am Unterkiefer wachsen fahlweiße Borsten.
Das Warzenschwein hat einen langen, dünnen Schwanz mit Quaste. Wenn es rennt, hält es seinen Schwanz nach oben gerichtet. Es bevorzugt das Umland von Gewässern und baumreiche Savannen.
Um der Hitze und Raubtieren zu entkommen, verstecken sich ganze Familien in Höhlen. Sie halten sich meistens in Wassernähe auf, können aber auch längere Zeit ohne Wasser auskommen. Männchen bleiben so lange bei der Mutter, bis diese sie verjagt. Erwachsene Eber leben allein. Nach einer Trächtigkeit von 160 Tagen bringt die Sau zwei bis drei Ferkel zur Welt. Warzenschweine werden bis zu 15 Jahre alt.

Flusspferde *Das Flusspferd ist eine der zwei noch existenten Arten aus der Familie der Flusspferde (Hippopotamidae). Die zweite Art ist das in seinem Bestand bedrohte Zwergflusspferd. Diese Flusspferde leben entlang der Flussläufe der westafrikanischen Regenwälder. Mit koordinierten Zuchtprogrammen versuchen Zoos diese in Westafrika lebende Art zu erhalten. Trotz seines Namens ist das Flusspferd nicht mit unserem Pferd verwandt. „Hippo" ist das griechische Wort für Pferd, „potamos" für Fluss. Flusspferde haben dieselben Vorfahren wie Wale. Sie sind ein wichtiger Bestandteil des Ökosystems. Es gibt Seen, die ohne Flusspferde biologisch tot wären. Durch ihre Ausscheidungen, die als Dünger wirken, ermöglichen sie anderen Lebewesen deren Existenz. In kleineren Tümpeln mit vielen Nilpferden ist die Menge an Kot kontraproduktiv.*

Flusspferde schützen ihre Haut gegen starke Sonneneinstrahlung, indem sie eine blutähnliche Emulsion absondern. Diese Flüssigkeit wirkt zudem desinfizierend. Das Territorialverhalten der Bullen ist sehr aggressiv. Selbst Huftiere, die am Ufer trinken, werden in der Regel verjagt und manchmal sogar totgebissen. Es herrscht eine strikte Hierarchie, die ältesten Bullen sind dominant. Ihr Territorium umfasst Wasser wie Land, und in diesem haben sie das Recht, sich zu paaren. Im Rang niedriger stehende Männchen werden toleriert. Flusspferde und Menschen geraten regelmäßig in Konflikt. Flusspferde sind viel gefährlicher, als ihre plumpe Erscheinung vermuten lässt. Man sagt, dass diese Tiere, nach der Malariamücke, für die meisten menschlichen Todesopfer verantwortlich sind. Diesbezügliche Statistiken fehlen jedoch. Als besonders unklug erweist es sich, an einem Ufer zwischen einem Flusspferd und dem Wasser zu stehen. Das Flusspferd fühlt sich dann vom Wasser abgeschnitten und greift an. Die Tiere wirken zwar schwerfällig und träge, können jedoch an Land Geschwindigkeiten von über 30 Stundenkilometern erreichen und sind äußerst wendig. Gejagt werden Flusspferde wegen ihres Fleisches und wegen der landwirtschaftlichen Schäden, die sie anrichten. Da ihr Lebensraum schwindet und aufgrund ihrer Anfälligkeit bei langen Dürreperioden, sind die Flusspferdpopulationen in einigen Gegenden bedrohlich geschrumpft.

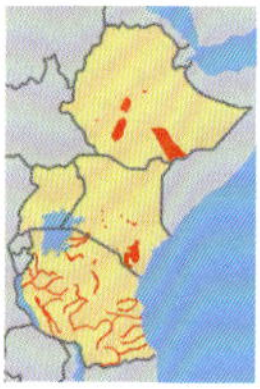

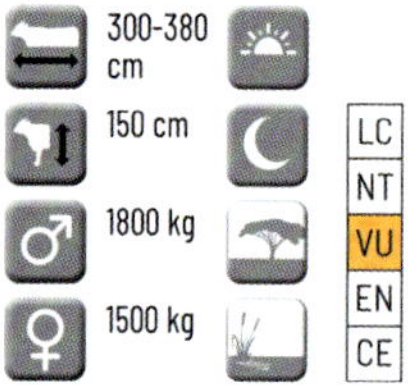

Flusspferd *(Hippopotamus amphibius)* **Hippopotamus**
Augen, Ohren und Nasenlöcher befinden sich oben am Kopf, damit die Tiere mit dem Körper unter Wasser bleiben können. Die Schneidezähne benötigen sie zum Kämpfen. Diese können leicht eine Länge von 50 cm erreichen, sind aus Elfenbein und werden geschliffen, indem Ober- und Unterkiefer aneinander gerieben werden. Männchen sind größer als Weibchen und wiegen um die 2000 kg. In Ausnahmefällen können ältere Männchen weit über 3000 kg erreichen. Nachts verlassen Flusspferde das Wasser, um mit ihren lederartigen Lippen kurzes Gras zu rupfen. Dabei benutzen sie gewöhnlich immer die gleichen Pfade vom Wasser zur Weide. In einer Nacht können Flusspferde dabei acht bis zehn Kilometer zurücklegen. Sporadisch fressen sie auch verwesende Kadaver, manchmal sogar von Artgenossen, aber nur sehr selten lebende Beute. Flusspferde leben in losen Herden von 2 bis 50 Tieren. In der Trockenzeit schließen sich Herden an stehenden Gewässern zusammen.
Die Bullen fordern einander durch Gähnen zum Kampf heraus. Während des Kampfes schlagen sie ihre Unterkiefer gegeneinander. Wenn Flusspferde tauchen, verschließen sie ihre Nasenlöcher. Ein erwachsenes Flusspferd kann so ohne Probleme fünf Minuten unter Wasser bleiben, nachgewiesen sind sogar bis zu fünfzehn Minuten. Flusspferde schlafen meistens im Wasser und kommen schlafend an die Oberfläche, um Luft zu holen. Das geschieht, wie das Atmen selbst, instinktiv. Flusspferde bewegen sich vor allem auf dem Boden laufend. Erwachsene Tiere schwimmen kaum und treiben auch nicht von selbst an die Oberfläche. Während der Paarungszeit versucht der Bulle das Weibchen ins Wasser zu locken, wo sie dann ihre Kiefer gegeneinander schlagen. Anschließend schiebt das Männchen das Weibchen in die Paarungsstellung. Die Paarung findet im Wasser statt und dauert einige Minuten. Nach acht Monaten wird ein einzelnes Junges geboren. Mutter und Junges bleiben zwei Wochen zusammen, bevor sie zur Herde zurückkehren. Während dieser zwei Wochen ist die Mutter sehr wachsam und auch aggressiv. Junge Flusspferde werden an Land und im Wasser gesäugt, die gesamte Stillzeit dauert ca. 8 Monate. In der Nähe des Kazinga-Kanals (Uganda) werden sie von Löwen gejagt. Andernorts gibt es außer dem Menschen praktisch keine natürlichen Feinde für erwachsene Exemplare. Flusspferde erreichen ein Alter von 40 Jahren.

Giraffe *Der Name Giraffe ist vom arabischen "Xirapha" abgeleitet und heißt "der, der schnell läuft". Giraffe camelopardalis bedeutet sinngemäß Halb-Kamel oder Halb-Leopard. Trotz ihres langen Nackens hat die Giraffe genauso wie der Mensch nur sieben Halswirbel, die aber sehr lang sind. Muskulöse Schultern halten das Genick aufrecht. Elastische Blutgefäße und Klappen in den Gefäßen regulieren den Blutdruck zum Kopf hin. Bei beiden Geschlechtern sitzen auf dem Kopf zwei stumpfe, mit Fell bedeckte Fortsätze. In der Mitte der Stirn befindet sich bei einigen Giraffen ein zusätzlicher Knubbel. Eine dunklere Fellfarbe weist auf ein höheres Alter hin. Die Giraffe hat neun Unterarten (drei davon in den Ländern dieses Reiseführers). Sie finden ihre Nahrung vor allem in den bewaldeten Teilen der Savannen südlich der Sahara. Die Giraffe lebt in Herden von sechs bis zwölf Tieren. Erwachsene Männchen dulden keine Rivalen auf ihrem Territorium. Weibchen dagegen haben kein festes Gebiet und ihr Lebensraum überlappt sich oft mit dem von Artgenossinnen. In der Trockenzeit, wenn Wasser und Nahrung knapp sind, leben sie in größeren Gruppen. Dominante Männchen bestimmen die Rangordnung indem sie sich gegenseitig mit dem Kopf auf Nacken und Körper schlagen. Dies führt manchmal zu ernsthaften Verletzungen. Giraffen sind Passgänger. Das bedeutet, dass sie beide Hufe auf einer Körperseite gleichzeitig anheben. Sie können sich auf diese Art sehr schnell in Bewegung setzen, sie erreichen eine Geschwindigkeit von 55 km/h. Die Giraffe ist ein Wiederkäuer. Sie frisst vor allem Blätter, Schoten, Früchte und Knospen. Blätter greift sie mit der 45 cm langen Zunge und den beweglichen Lippen. Wegen ihrer rauen, harten Zunge hat die Giraffe kein Problem mit den spitzen Dornen der Akazie, deren*

Blätter viel Wasser enthalten. Eine erwachsene Giraffe frisst pro Tag ca. 65 kg. Sie ist den ganzen Tag über aktiv. Eine halbe Stunde Tiefschlaf pro Nacht reicht ihr. Sie legt sich nieder und beugt ihren Hals nach hinten, sodass der Kopf auf dem Rücken ruht. In der Mittagzeit sucht sie sich einen Schattenplatz. Eine erwachsene Giraffe hat kaum Feinde. Das Tier ist durch seine Schnelligkeit und die Höhe von Kehle und Kopf gut geschützt. Raubtiere, auch Löwen, werden von erwachsenen Exemplaren durch heftige Tritte auf Abstand gehalten. Von den Neugeborenen erreichen drei Viertel das Erwachsenenalter. Sie ist verwundbar, wenn sie säuft, da sie dann ihre Vorderbeine spreizen muss, um mit dem Kopf das Wasser erreichen zu können. Durch den hohen Wassergehalt der Nahrung braucht sie nur einmal am Tag zu trinken. Ein brünstiges Weibchen zieht die Aufmerksamkeit mehrerer Männchen auf sich. Sie hat einen festen Platz, an dem die Jungen geboren werden. Hierhin kehrt sie immer wieder zurück, um zu kalben. Junge kommen nach einer Tragzeit von 450 Tagen zur Welt. Ein Neugeborenes ist bereits fast 2 Meter hoch, wiegt 5 bis 50 Kilo und kann innerhalb von fünf Minuten stehen. Nach einer Woche schließt sich das Weibchen mit dem Jungen der Herde an. Giraffen werden 25 Jahre alt.

5-6 m
2,6-3,5 m
♂ 1200 kg
♀ 900 kg

LC (markiert)
NT
VU
EN
CE

Massai-Giraffe *(Giraffa c. tippelskirchi)* **Masai Giraffe**

Die Massai-Giraffe wurde nach der Bevölkerungsgruppe benannt, die das Grenzgebiet zwischen Kenia und Tansania bewohnt. Sie ähnelt mit ihren unregelmäßig ausgefransten Fleckenrändern am meisten der südlichen Art, aber da sich ihre Lebensräume nicht überschneiden, führt die Identifizierung nicht zu Missverständnissen. Die Flecken der anderen ostafrikanischen Arten sind von dünnen, weißen Bändern umgeben.

5-6 m
2,6-3,5 m
♂ 1200 kg
♀ 900 kg

LC
NT
VU
EN
CE (markiert)

Rothschild-Giraffe

(Giraffa c. rothschildi) **Rothschild's Giraffe**

Diese Giraffe hat einen weißen Bauch und ab den Kniegelenken weiße Beine. Sie ähnelt stark der Netzgiraffe und ist die am stärksten bedrohte Giraffenart. Kleine Herden sind zu sehr über ein großes Gebiet verstreut. Zählungen aus dem Jahr 2010 kamen auf nicht mehr als 800 Exemplare. Der Nakurusee und das Soysambu Conservancy in Kenia sowie zwei Stellen in Uganda sind ihre letzten Lebensräume.

5-6 m
2,6-3,5 m
♂ 1200 kg
♀ 900 kg

LC
NT (markiert)
VU
EN
CE

Netzgiraffe

(Giraffa c. reticulata) **Reticulated Giraffe**

Sie ist der Rothschild-Giraffe sehr ähnlich. Die eckigen Flecken, die von dünnen, weißen Bändern umgeben sind, erstrecken sich bei ihr auch über den Bauch. Die Rothschild-Giraffe hingegen hat einen weißen Bauch und oft einen helleren Kopf. Der Samburu National Park in Kenia ist einer der Parks, in denen diese Giraffe lebt.

Hornträger *Die größte Gruppe der Paarhufer ist die Familie der Hornträger (Bovidae). Mindestens 143 Arten verteilen sich auf verschiedene Gattungen und Unterfamilien. Die meisten Arten leben in Afrika, viele aber auch in Europa, Asien und Nordamerika. Zur Gruppe in Afrika gehören die Kuhantilopen (Alcelaphinae), die Büffel (Bovini), die Waldböcke (Tragelaphini), die Gazellenartigen (Antilopini), die Kleinstböckchen (Neotragini), die Ducker (Cephalophinae), Kobs, Riedböcke und Wasserböcke (Reduncinae), die Impalas (Aepycerotinae) und Pferdeböcke (Hippotraginae). Alle diese Hornträger haben unverzweigte Hörner. Bei einigen Arten tragen nur die Männchen Hörner, bei anderen auch die Weibchen, wenn auch kleinere.*

Eigentliche Kuhantilopen *Kuhantilopen, Gnus und Leierantilopen gehören zu den Eigentlichen Kuhantilopen. Den englischen Namen "Hartebeest" gaben der Kuhantilope einst die Buren in Südafrika, die fanden, dass das Tier einem "hertenbeest" (Hirsch) ähnelt. Später wurde daraus hartebeest (hart = Herz, beest = Tier), wegen der Form der Hörner. Sie leben oft zusammen mit anderen großen Huftieren. Es gibt fünf Unterarten in den Ländern dieses Buches. Deren Verbreitungsgebiete überlappen sich. Dadurch kommen in diesen Zonen Hybriden vor. Sie werden manchmal als eigene Unterart angesehen. Beide Geschlechter tragen Hörner. Auch die Schultern des Gnus sind höher als seine Hinterbeine. Je nach Unterart ist das Fell dunkelgraubraun bis schieferblau oder hellgrau. Die Schnauze ist bei Bullen schwarz bis zur Stirn und bei Kühen dunkelbraun. Außerdem haben sie eine schwarze, zerzauste, lange Mähne über Hals und Schultern, einen langen schwarzen Schwanz, der fast den Boden berührt, und einen Bart an Hals und Kinn. Beide Geschlechter tragen Hörner. Leierantilopen, auch Topi genannt, leben in feuchten Ebenen, Strauchsavannen und periodisch überfluteten Grasländern. Sie bevorzugen kurzes oder mittelhohes, frisches Gras. Sie haben den gleichen Körperbau wie Kuhantilopen, hohe Schultern und einen schrägen Rücken. Sie können lange Zeit ohne Wasser auskommen. Sie sind sowohl tagsüber als auch nachts aktiv. Sie bewohnen nahezu alle Savannengebiete Afrikas südlich der Sahara, sind aber heute vielerorts auf Schutzgebiete beschränkt.*

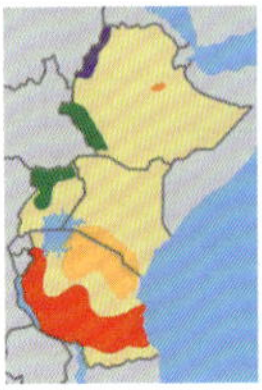

180-230 cm
110-150 cm
♂ 140-220 kg
♀ 130-220 kg

LC
NT
VU
EN
CE

Violett = Tora-Kuhantilope
Orange = Somalia-Kuhantilope
Grün = Lelwel-Kuhantilope
Gelb = Cokes Kuhantilope
Rot = Lichtenstein-Antilope

Kuhantilopen *Kuhantilopen sind große Hornträger mit einem kurzen Hals, einem langen, schmalen Kopf und großen, spitzen Ohren. Die Schultern stehen höher als das Gesäß. Kuhantilopen leben im trockenen Grasland und in licht bewaldeten Savannen, sowohl in Ebenen als auch in hügeligem Gelände. Sie fressen vor allem Gräser und Kräuter. Blätter stellen einen kleinen Teil ihrer Nahrung dar. Wenn Wasser verfügbar ist, trinken sie täglich. Sie können die Trockenzeit aber auch mit der Flüssigkeit aus der Nahrung überleben. Unter besonderen Umständen bestehen die Herden manchmal aus tausenden von Tieren, vor allem in der Trockenzeit. Sie leben oft zusammen mit anderen großen Huftieren. Alte Männchen leben solitär in einem Territorium, junge Männchen ohne Territorium schließen sich zu Junggesellengruppen zusammen. Ein Revier wird durch Kot markiert. In der Brunftzeit bekämpfen sich die Männchen heftig. Nach einer Tragzeit von 240 Tagen wird ein einzelnes Kalb geboren. Die Mutter verteidigt ihre Jungen tapfer vor Raubtieren. Kuhantilopen werden bis zu zwanzig Jahre alt. Es gibt sieben Unterarten, fünf in den Ländern, die in diesem Leitfaden behandelt werden. Wo sich ihr Lebensraum mit dem anderer Arten überschneidet, treten Hybride auf. Beide Geschlechter tragen Hörner.*

Die **Lichtenstein-Antilope** *(A. b. lichtensteinii)* **Lichtenstein's Hartebeest** lebt im Süden und Westen Tansanias und noch weiter südlich in Afrika. Die Hörner dieser Kuhantelope haben eine einzige Krümmung nach innen und sind kürzer als die ihrer Artgenossen. Abgesehen von einem etwas dunkleren Sattel ist der Rücken hellbraun und hat keine weiteren besonderen Akzente. Es gibt keine dunkle Stelle auf dem Kopf, nur die Nase ist schwarz oder dunkelbraun.

Die **Cokes Kuhantilope** *(A. b. cokii)* **Coke's Hartebeest** lebt im Grenzgebiet von Kenia und Tansania.
Die Hörner der Kongoni, wie sie auch genannt werden, sind etwas schmaler als die der Artgenossen, wobei die Hornspitzen etwas weiter auseinander liegen.

Die **Lelwel-Kuhantilope** *(A. b. lelwel)* **Jackson's Hartebeest** lebt in Uganda und im Südwesten Äthiopiens.
Abgesehen von ihrem schwarzen Schwanz und den gelbbraunen Oberschenkeln ist sie vollständig braun bis sanft rotbraun. Die schweren dicken grauen Hörner sind gerade und biegen sich am Ende nach hinten. Wie bei ihren Artgenossen sind auch ihre Hörner gerippt.
Die Lelwel-Kuhantilopen haben keine dunkle Stelle auf dem Kopf, die Augenpartie ist dunkelbraun, die Nase und die Lippen sind fast schwarz.

Die **Somalia-Kuhantilope** *(A. b. swaynei)* **Swayne's Hartebeest** lebt in Äthiopien und in einem begrenzten Teil des Großen Afrikanischen Grabenbruchs.
Ihre auffälligen Merkmale sind die schwarzen Oberschenkel, die schwarze Nase und die weit auseinander stehenden, gedrehten Hörner. Das Gesäß ist ebenfalls heller als der Rest des Fells, Flanken und Hals sind dunkelbraun bis fast schwarz.
Die **Tora-Kuhantilope** *(A. b. tora)* **Tora Hartebeest** lebt im Nordwesten Äthiopiens. Heutzutage ist das Tier dort nur noch selten anzutreffen.

170-240 cm
130 cm
250 kg
220 kg

LC
NT
VU
EN
CE

Streifengnu *(Connochaetes taurinus)* **Blue Wildebeast**

Das Streifengnu lebt heute wieder in großen Gruppen im östlichen und südlichen Afrika. Es ist wie das Weißschwanzgnu (Südafrika) eine der beiden lebenden Arten dieser Gattung. Das Streifengnu wird in fünf Unterarten unterteilt. Drei von ihnen, der ***C. t. johnstoni*** im Südosten Tansanias und im Norden Mosambiks, der ***C. t. mearnsi*** westlich des Großen Grabenbruchs in Kenia und Tansania und der ***C. t. albojubatus*** östlich des Großen Grabenbruchs in Kenia und Tansania, sind in den Parks dieses Safari-Führers zu finden. Da die Unterschiede kaum sichtbar sind, werden alle Unterarten Streifengnu genannt. Gnus leben in offenen Savannen und Grasebenen, aber auch in leicht bewaldeten Gebieten. Oft sind sie in Gesellschaft von Zebras, die das lange Gras für die Gnus kürzen. Die Gnus sind immer in einem Umkreis von 20 km zur nächsten Wasserstelle zu finden und trinken mindestens zweimal am Tag. Sie sind den ganzen Tag aktiv, ruhen sich aber während der Mittagshitze im Schatten aus. In Gebieten, wo kurzes Gras oder Wasser saisonabhängig sind, wie z.B. in der Serengeti, sind die Gnus immer unterwegs. Sie bleiben in einem Gebiet, bis dieses abgegrast ist, und ziehen dann weiter. In Gebieten, wo sie nicht migrieren, leben die Weibchen in Gruppen mit ihren Jungen. Wenn sich die Tiere zusammenfinden und große Herden bilden, das ist normalerweise nach einer Regenperiode, beginnt die Brunftzeit. Die Männchen versuchen sich gegenseitig von den brünstigen Weibchen fernzuhalten. Acht Monate später, wenn die Regenzeit angebrochen ist, werden die Kälbchen geboren. Sie können bereits innerhalb weniger Minuten laufen. Circa achtzig Prozent aller Jungen werden in einem Zeitfenster von drei Wochen geboren. Diese Geburtsexplosion erhöht die Überlebenschancen. In dieser Zeit zieht der Ort, an dem diese Geburten stattfinden, jedoch viele Raubiere an. Wenn eine Herde angegriffen wird, bricht Chaos aus. Viele Kälber verlieren ihre Mütter und fallen dann in der Regel den Raubtieren zum Opfer. Die Lebenserwartung des Gnus beträgt zwanzig Jahre.

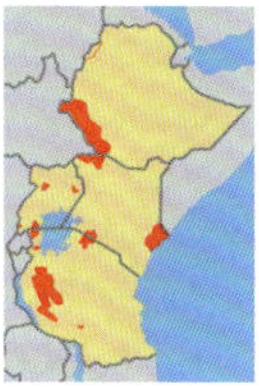

180-210 cm
120 cm
♂ 135 kg
♀ 120 kg

LC
NT
VU
EN
CE

Leierantilope *(Damaliscus lunatus, jimela)* **Topi**

Obwohl drei Unterarten in den Ländern dieses Buch leben, werden alle drei Topi genannt. Sechs Unterarten dieser Leierantilope leben in ganz Afrika. Sie haben ein kurzes, gelb- bis mahagoni- oder kastanienbraunes Fell. Die Unterseite ihrer Beine ist ockerfarben. Über den Gesäß- und Schulterflanken ist das Fell schwarz mit einem lila Schimmer, ebenso von den Augen bis zur Nase. Die gerippten leierförmigen Hörner sind bis zu 60 cm lang. Der lange Schwanz endet in einem schwarzen Büschel. Brünstige Weibchen sammeln sich in Gruppen, die wiederum viele Männchen anziehen. Die Männchen stehen dicht beieinander und formen kleine Arenen. Diese sind nicht größer als 25 Quadratmeter. Am Rand dieser Arenen kämpfen die Männchen um das Recht auf Paarung. Wenn ein Weibchen die Arena verlassen will, schlägt das Männchen "falschen Alarm". Mit einem schnaubenden Geräusch täuscht es das Nahen eines Raubtiers vor und lenkt so das Weibchen ab. Außerhalb der Migrationszeit leben die Tiere in Herden, die aus einem dominanten Männchen, einigen Weibchen und deren Kälbern bestehen. Ihr Vorkommen hängt stark von der Qualität des Grases ab. Auf der Suche nach besseren Weidegründen schließen sie sich der Wanderung der Gnus und Zebras in der Serengeti an. Wenn sie länger an einem Standort bleiben, markieren die Männchen ihr Territorium. Ein Tier hält von einer Anhöhe (z.B. einem Termitenhügel) aus Wache, während die anderen Tiere grasen. Nach einer Tragzeit von 240 Tagen wird ein einzelnes Kalb geboren. Ist das Männchen ein Jahr alt, wird es aus dem Territorium vertrieben. Nach drei oder vier Jahren wird es selbst versuchen, sich eines Harems zu bemächtigen. Sind die Leierantilopen ungefähr 15 Jahre alt, verlieren sie ihre Zähne und sterben infolgedessen.

Gazellenartige *Diese Unterfamilie der Gazellenartigen (Antilopinae) umfasst Gazellen (Gazella, Eudorcas & Nanger) und Gerenuks (Litocranius). Die Zwergantilopen, die ebenfalls zu dieser Unterfamilie gehören, werden an anderer Stelle in diesem Buch beschrieben. Gazellen oder mittelgroße Antilopen leben vor allem auf grasbewachsenen Ebenen, aber auch in Halbwüsten, in dichten Wäldern und auf felsigen Hügeln sind sie zu finden. Sie sind Pflanzenfresser und ernähren sich hauptsächlich von grünen Pflanzenteilen wie Gräsern, Kräutern, Blättern, jungen Trieben, Knospen und Beeren. Sie sind schnell, aufmerksam und leben in Herden unterschiedlicher Größe. Sie sind in fast ganz Afrika zu finden.*

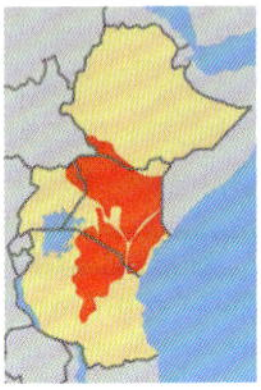

120-150 cm

90 cm

♂ 55-75 kg

♀ 50 kg

LC
NT
VU
EN
CE

Grant-Gazelle

(Nanger granti) **Grant's Gazelle**

Die Grant-Gazelle ist eine große Gazellenart, die in den Savannen Kenias und Tansanias zahlreich vorkommt. Es gibt drei Unterarten, die sich leicht in der Fellfarbe unterscheiden. Sowohl Männchen als auch Weibchen haben geringelte Hörner. Die fast geraden Hörner sind zwischen 50 und 80 cm lang, die der Weibchen etwas kürzer. Die Gazelle lebt auf offenen Flächen und in trockenen Strauchgebieten von Ostafrika. Sie ernährt sich von jungen Gräsern, Kräutern und Blättern, aber auch von Früchten. Ihren Feuchtigkeitsbedarf deckt sie durch ihre Nahrung, so dass sie nicht von Wasserquellen abhängig ist. Sie verträgt hohe Temperaturen bis zu ca. 45° C. Daher kommt sie auch in Gebieten vor, die für viele andere Antilopenarten ungeeignet sind. In Gebieten, wo Nahrung das ganze Jahr über verfügbar ist, migrieren sie nicht. In der Brunftzeit leben die Weibchen in Harems, bestehend aus einem dominanten Männchen, 10 bis 30 Weibchen und deren Jungen. Das dominante Männchen kontrolliert ein Gebiet von bis zu 10 km^2, wenn die Nahrung knapp ist. Es ist ca. drei Jahre alt, wenn es den ersten Harem gründet. Außerhalb der Brunftzeit lebt die Grant-Gazelle in größeren Herden von manchmal bis zu fünfhundert Tieren. Sie bildet auch häufig gemischte Herden mit anderen Huftieren, wie z. B. der kleineren Thomson-Gazelle. Es gibt jährlich zwei Brunftperioden. Während dieser Zeit kämpfen die Männchen, bilden Harems und zeigen territoriales Verhalten. Im August und September sowie von Dezember bis Februar gibt es Geburtenspitzen. Nach einer Tragzeit von 198 Tagen wird ein einzelnes Kalb geboren. Wenn die Geburt naht, sondert sich das Weibchen von der Herde ab und sucht einen gut geschützten Platz auf. Das Kalb bleibt die ersten vier bis sechs Tagen im Gebüsch verborgen. Die Mutter versucht in dieser Zeit kleinere Raubtiere von ihrem Jungen fernzuhalten. Sobald das Junge laufen kann, schließt es sich der Herde an. Grant-Gazellen werden in der Regel zehn bis zwölf Jahre alt.

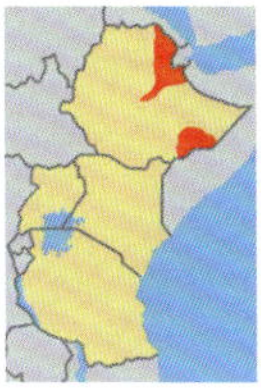

120-140 cm
85 cm
♂ 35-45 kg
♀ 30-40 kg
LC NT **VU** EN CE

Sömmerringgazelle *(Nanger soemmerringii)*

Soemmerring's Gazelle

Diese Gazelle ist mit der Grant-Gazelle verwandt und sie haben auch viele Gemeinsamkeiten. Normalerweise leben sie nicht im Revier des jeweils anderen, aber dort, wo sie manchmal zusammen sind, ist der Unterschied besonders gut an den nach hinten und nach innen gebogenen Hörnern der Sömmerringgazelle zu erkennen. Die Farbe des Fells variiert von hellbraun bis leicht rostbraun an Hals, Rücken und Flanken. Der Bauch ist weiß, ebenso die Kehle und die Innenseite der Beine. Der Kopf hat einen schwarzen Tränenstreifen.

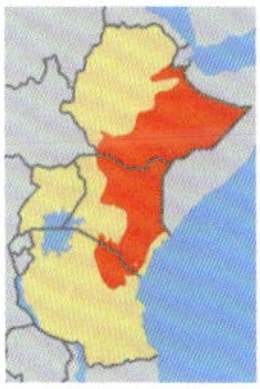

140-160 cm
100 cm
♂ 35-45 kg
♀ 30-40 kg
LC NT VU EN CE

Gerenuk oder Giraffengazelle

(Litocranius walleri) **Gerenuk**

Der Gerenuk lebt auf offenem und flachem Land in spärlich bewachsenen Halbwüsten. Sie meiden dichtes Buschland. Das kleinere Weibchen trägt keine Hörner. Der Gerenuk ist eine lange, schlanke Antilope mit einem sehr langen Hals und langen Beinen. Der Kopf ist langgestreckt, mit einem schmalen Maul, großen Augen und langen Ohren. Er ernährt sich von den Blättern und Trieben von Bäumen und Sträuchern, vor allem von Akazien. Um diese in einer Höhe von über 2 m zu erreichen, stellt er sich auf die Hinterbeine. Mit ihrem schmalen Maul kann er Blätter aus dornentragenden Gehölzen herauszupfen. Der Gerenuk trinkt sehr wenig, er entnimmt seiner festen Nahrung genügend Wasser. Er lebt solitär, paarweise oder kleineren Gruppen, die aus einigen Weibchen und deren Jungen bestehen. Ein dominantes Männchen lebt in einem festen Territorium von 3 bis 6 km^2. Andere Männchen werden verjagt. Weibchen werden toleriert. Das Alphamännchen begleitet diese Gruppen. Das Territorium wird abgesteckt, indem ein Duftstoff aus den Augendrüsen verteilt wird. Während der Paarungssaison schwillt der Hals der Männchen an, damit sie so die Weibchen beeindrucken können. Junge werden nach einer Tragzeit von 210 Tagen geboren. Gerenuks werden zehn bis zwölf Jahren alt.

80-110 cm
55-75 cm
♂ 15-25 kg
♀ 15-20 kg

LC
NT
VU
EN
CE

Thomson-Gazelle

(Eudorcas thomsonii) **Thomson's Gazelle**

Die Thomson-Gazelle gehört zu den kleineren Antilopen. Das Männchen ist etwas größer als das Weibchen und hat relativ schwere Hörner. Diese sind bei den Weibchen kürzer und schlanker. Von der Grant-Gazelle unterscheidet sie sich vor allem durch den schwarzen Streifen an den Flanken. Die Thomson-Gazelle hat zwei Unterarten. Diese getrennten Populationen leben westlich *(E.t. Nasalis)* und östlich *(E.t. thomsonii)* des östlichen Arms des Afrikanischen Grabenbruchs. Sie zählt dort zu den häufigsten Weidetieren. Sie bevorzugt die offenen Grasflächen und kann in Gegenden überleben, die bereits von anderen großen Huftieren abgegrast wurden. Die Thomson-Gazelle frisst vor allem Gras, aber in der Trockenzeit auch Kräuter, Blätter von Sträuchern und Samen. Den Großteil ihres Wasserbedarfs deckt die Gazelle über feste Nahrung. Sie kann lange ohne Wasser auskommen. In der Regenzeit leben die Weibchen in Herden von sechs bis sechzig Tieren (vereinzelt in grasreichen Gebieten über einhundert). Erwachsene Männchen sind standorttreuer und haben ihr eigenes Territorium. Um es zu markieren, wird die Drüse am Auge an Stängeln und Zweigen gerieben, vor allem auf Hügeln und an anderen markanten Stellen. An diesen Plätzen werden auch oft Kötel hinterlassen. In der Trockenzeit ziehen die Thomson-Gazellen in die Strauchsavannen. Während der Migration schließen sich kleine Herden von Weibchen und deren Nachkommen mit Gruppen männlicher Junggesellen und Einzeltieren zusammen oder auch mit Gruppen von Zebras, Gnus und anderen Huftieren und bilden so eine Herde, die aus tausenden Tieren bestehen kann. Thomson-Gazellen werden häufig zur Beute von Geparden. Während der Flucht vor einem Raubtier kann die Gazelle Geschwindigkeiten von 80 km/h erreichen. Das Weibchen bringt oft zweimal im Jahr ein Kalb zur Welt. Das Kalb versteckt sich in der ersten Woche im hohen Gras. Thomson-Gazellen werden zehn Jahre alt. Bei der etwas kleineren Unterart *(E.t. Nasalis)*, die in der Serengeti und der Masai Mara vorkommt, ist das Gesicht weißer.

Zwergantilopen *Die Zwergantilopen gehören zur Unterfamilie der Gazellenartigen und stellen eine Reihe von Gattungen wie die Dikdik (Madoqua), Moschusböckchen (Neotragus), Klippspringer (Oreotragus), Oribi (Ourebia) und Steinböckchen (Raphicerus).*

Dikdik *Diese kleine Antilope hat ihren Namen nicht ihrer Gestalt, sondern dem Klang des Alarmsignals zu verdanken, das sie von sich gibt, wenn Gefahr droht. Sie ist ein schlankes, zierliches Tier mit langen Wimpern über relativ großen Augen. Auf dem kleinen Kopf befindet sich eine leicht geschwollene Nase. Nur die Männchen haben kurze, spitze Hörner. Die Hinterbeine sind höher als die Vorderbeine. Dies fällt jedoch nicht sofort auf, wenn man einen Dikdik sieht. Sie stehen bei drohender Gefahr starr mit Spannung auf den Hinterbeinen, um mit einem Sprung zu entkommen. Dikdiks sind paarweise unterwegs und suchen rund um die Uhr in baumreicher Umgebung nach Nahrung, die aus Blättern, Wurzeln, Hülsenfrüchten und Blüten besteht. Das Weibchen gebärt, oft zweimal im Jahr, nach einer Tragzeit von ca. 170 Tagen ein Junges. Alle Arten haben auffällig große Tränendrüsen, mit denen sie ihr Territorium markieren. Dies tun sie auch mit Urin und Dung. Sie sind erbitterte Verteidiger ihres Territoriums. In freier Wildbahn wird ein Dikdik nicht älter als 10 Jahre.*

60-70 cm
36 cm
♂ 3-4 kg
♀ 2,5-3,5 kg

LC
NT
VU
EN
CE

Rot = Kirk's Dik Dik, Violett = Salt Dik Dik

Kirk-Dikdik

(Madoqua kirkii) **Kirk's Dik-Dik**
Dieses Dikdik ist im kenianischen Tsavo besonders zahlreich. In Kenia überschneidet sich der nördliche Lebensraum mit dem des Günther-Dikdiks. Die Nase des letzteren ist etwas länger. Auch Rücken und Flanken unterscheiden sich. Sie sind bei Kirk etwas bunter. Bei Gefahr bleibt das Tier zunächst stehen, um die Gefahr einzuschätzen, und rennt dann mit hoher Geschwindigkeit in das Dickicht. Dikdiks sind monogam.
Das etwas kleinere **Eritrea-Dikdik** *(Madoqua saltiana)* **Salt's Dik-Dik** lebt im Osten Äthiopiens. Dieses hat wiederum 5 Unterarten, von denen drei in Äthiopien leben. Die dort am häufigsten vorkommende Unterart ist *M. s. Saltiana*. Die Farbe des Fells unterscheidet sich je nach Unterart, meist sind Kopf und Rücken etwas rötlichbrauner als bei seinen Verwandten. Sein Lebensraum besteht aus Halbwüsten mit Gebüsch.

- 58-66 cm
- 34 cm
- ♂ 3-3,8 kg
- ♀ 2,5-3,2 kg

LC | NT | VU | EN | CE

Günther-Dikdik

(Madoqua guentheri) **Guenther's Dik-Dik**

Das Günther-Dikdik lebt in Kenia nördlich des Äquators, unter anderem im Samburu-Nationalpark und im Tiefland von Äthiopien. Der Unterschied zu anderen Dikdiks ist die etwas längere Nase. Außerdem ist es eher ein Blattfresser als ein Grasfresser. Die etwas ausgeprägtere Nase eines Dikdiks dient als Kühlmechanismus. Die Nase ist gut durchblutet, und häufiges Atmen durch die Nase senkt die Temperatur (Elefanten zum Beispiel schlagen mit ihren gut durchbluteten Ohren, um ihre Körpertemperatur zu senken). Das Weibchen bringt ein- oder zweimal im Jahr nach einer Tragzeit von ca. 170 Tagen ein Junges zur Welt. Wegen seiner Wehrlosigkeit muss er sich vor vielen Raubtieren fürchten. Er ist daher sehr wachsam für Warnrufe, insbesondere die des Weißbauch-Lärmvogels.

- 50-56 cm
- 30-40 cm
- ♂ 4-6 kg
- ♀ 4-5,5 kg

LC | NT | VU | EN | CE

Moschusböckchen

(Neotragus moschatus) **Suni**

Dieser Suni, wie er auch genannt wird, gehört zu den kleinsten Böckchen *(Neotragus)*. Seinen Namen trägt er aufgrund der auffallenden Duftdrüsen im Gesicht, die stark nach Moschus riechen. Einige Zwergantilopen sind nicht größer als ein Hase. Der Suni ist etwas größer. Das Fell ist braun bis rotbraun, der Unterkörper ist weiß. Nur das Männchen hat kurze Hörner (8 cm). Ihr Essen besteht aus Blättern, Pilzen, Früchten und Blüten und sie können lange Zeit ohne Wasser auskommen. Wenn er sich bedroht fühlt, bleibt der Suni mäuschenstill liegen, bis sein Angreifer fast auf ihn tritt. Dann rennt er blitzschnell in die dichte Vegetation. Moschusböckchen fallen Schlangen, Greifvögeln und Haushunden zum Opfer. Das Weibchen bringt nach einer Tragzeit von ca. 180 Tagen ein Junges zur Welt. Gelegentlich werden diese kleinen Antilopen in Arusha Nationalpark, Mt. Kenya und Amboseli gefunden.

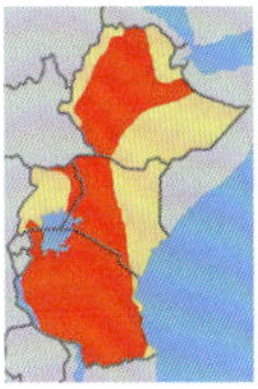

70-90 cm
60 cm
♂ 10 kg
♀ 13 kg
LC NT VU EN CE

Klippspringer

(Oreotragus oreotragus) **Klipspringer**

Der Klippspringer kommt vor allem in trockeneren Teilen des Kontinents vor, vorzugsweise dort, wo es Hügel oder Berge gibt, manchmal sogar in Höhen bis zu 4500 m (Mt. Meru - Tansania). Die Haare des grau-gelben oder graubraunen Fells stehen aufrecht und lassen das Tier größer erscheinen. Das Weibchen ist etwas größer. Unter den Augen befinden sich Drüsen, mit denen sie ihr Territorium markieren. Nur das Männchen hat zwei aufrechtstehende, spitze Hörner von etwa 8 cm (mit Ausnahme einer Unterart in Ostafrika, wo das Weibchen gelegentlich auch Hörner hat). Die charakteristische Gangart des Klippenspringers besteht darin, dass er die Vorderseite der Hufe benutzt. Sie sind Pflanzenfresser (Gräser und Felspflanzen) und trinken nicht oft, der Wassergehalt in den Pflanzen reicht meist aus. Die Tragzeit beträgt ca. 210 Tage, das Weibchen wirft ein Kalb. Meist sieht man die Klippspringer paarweise oder in kleinen Familien. Sie können ca. 15 Jahre werden.

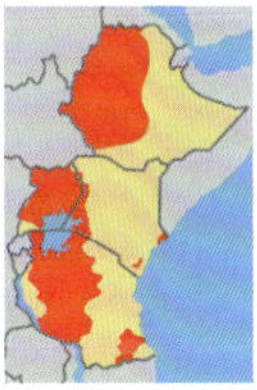

90-110 cm
50-65 cm
♂ 15-22 kg
♀ 13-20 kg
LC NT VU EN CE

Oribi *(Ourebia ourebi)* **Oribi**

Das Oribi ist die größte der „kleinen" Antilopen in Afrika. Das Fell ist oberseits rostbraun, unterseits weiß. Das kurze Schwänzchen hat eine schwarze Spitze. Nur die Männchen tragen spitze ca. 10-15 cm lange Hörner. Der schwarze Fleck unter den Ohren ist eine der Duftdrüsen. Die anderen befinden sich zwischen den Hufen, in der Leiste, unter dem Auge und unter den Knien und Knöcheln. Ihr Territorium ist mit den Sekreten aus diesen Drüsen und mit den Fäkalien markiert. Das Oribi ist ein Weidetier. Es bevorzugt flache und offene Grasebenen, die durch Waldbrände, starke Beweidung oder nährstoffarmen Boden offen gehalten werden. Wasservorkommen sind weniger wichtig. Das Oribi "versteckt" sich gerne in der Gesellschaft großer Huftierherden. Es ist den ganzen Tag aktiv. Wenn es ruht, liegt es versteckt in hohem Gras oder Buschwerk. Meist leben Oribis paarweise. Eine "Ehe" kann mehrere Jahre lang halten. Während dieser Ehe sind beide nicht unbedingt monogam. Bei Gefahr erzeugt das Oribi ein pfeifendes Geräusch und ergreift springend die Flucht, wobei die Beine steif nach unten zeigen. Nach einer Tragzeit von ca. 210 Tagen wird ein einzelnes Kalb geboren, das sich nach vier Monaten der Herde anschließt. Oribis können bis zu 14 Jahre alt werden.

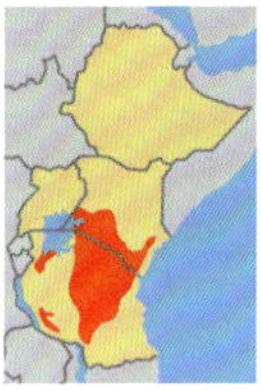

70-85 cm

45-55 cm

10-12 kg

10-12 kg

LC
NT
VU
EN
CE

Steinböckchen *(Raphicerus campestris)* **Steenbok**
Das Steinböckchen ist leicht mit anderen kleinen Antilopen oder jungen Exemplaren größerer Arten zu verwechseln. Es ist eine schlanke Antilope mit großen Ohren und langen Gliedmaßen. Nur das Männchen hat Hörner, die spitz, gerade und bis zu 19 cm lang sind. Beide Geschlechter haben meist ein rötliches bis braunes Fell. Der Bauch und die Innenseite der großen Ohren sind weiß. Oberhalb der Augen verläuft ein breiter, weißer Streifen. In Ostafrika leben Steinböckchen sowohl in trockenen Savannen mit akazienbewachsenem Grasland als auch in offenen Waldgebieten. Vorzugweise auf felsigem Terrain, auf dem sie leichter fliehen können als ihre Verfolger. Sie bevorzugen trockene Gebiete mit genügend Deckung. Ihre Nahrung besteht aus Schösslingen, Zweigen, Blättern und Früchten von Bäumen und Sträuchern. Auch Gras, Pflanzenwurzeln und Knollen, die sie mit ihren scharfen Hufen ausgraben, werden gefressen. Das Steinböckchen deckt seinen Wasserbedarf aus der Nahrung. Bei Gefahr drückt es sich auf den Boden und bleibt still, mit angelegten Ohren, liegen. Nur wenn ein Raubtier zu nahe kommt, flüchtet es schnell. Steinböckchen leben längere Zeit paarweise in einem festen Territorium, werden aber selten zusammen angetroffen. Als Markierung verwenden sie ihre Ausscheidungen und einen Duftstoff aus Drüsen zwischen den Hufen. Wenn sich das Weibchen paaren möchte, wird das Männchen sehr aggressiv und territorial. Das Weibchen kann ganzjährig Junge bekommen, zwei Würfe pro Jahr sind keine Ausnahme. Nach 170 Tagen wirft es ein einzelnes Kalb, das es drei Monate lang säugt. Ein Weibchen ist nach sechs bis acht Monaten geschlechtsreif. Das Steinböckchen wird bis zu 7 Jahre alt.

Büffel *Der Büffel (Syncerus) hat in Afrika vier Unterarten, die sich in Größe, Fellfarbe und Lebensraum unterscheiden. Er ist nicht der Vorfahr des domestizierten Viehs, sondern nur ein entfernter Verwandter im Stammbaum der Rinder. Sein Charakter ist eine Mischung aus Unvorhersehbarkeit und Aggressivität. Diese Eigenschaften sowie seine Stärke sind gefährlich für Menschen und Raubtiere.*

250-370 cm
140-155 cm
♂ 700-900 kg
♀ 350-550 kg

LC
NT
VU
EN
CE

Afrikanische Büffel *(Syncerus caffer)* **Cape Buffalo**

Der Büffel ist einer der "Big Five", eine Trophäe unter Jägern. Er ist unberechenbar und kann, vor allem wenn er verwundet ist, sehr gefährlich werden. Er ist einer der schwersten Vertreter der Familie der Hornträger. Erwachsene Büffel sind kurzhaarig, meistens graubraun bis dunkelgrau oder schwarz. Jungtiere sind rötlich braun. Die großen Ohren liegen unter den schweren, gedrehten Hörnern. Büffel sehen ziemlich schlecht, das Gehör ist mäßig, aber der Geruchssinn ist gut entwickelt. Sie leben sowohl in dichten Wäldern inmitten von Savannen als auch auf offenen Grasflächen, aber niemals weiter als 20 km von einer Wasserquelle entfernt. Wenn möglich, trinkt er dutzende Liter Wasser am Tag. Er ernährt sich vor allem von Gräsern, ergänzt durch Sumpfpflanzen und ist sowohl tagsüber als auch nachts aktiv. In der Mittagzeit sucht er den Schatten auf.

Der Büffel beschmiert sein Fell gern mit Schlamm, um sich gegen Stechmücken zu schützen. Afrikanische Büffel leben in gemischten Herden von zwanzig bis vierzig Tieren. Aber es gibt auch Herden, die aus hunderten Exemplaren bestehen. Der Zusammenhalt ist sehr stark, die erwachsenen Tiere bilden einen "Schutzschild" für die Jungtiere. Es gibt keinen echten Anführer. Ältere Büffel leben allein oder in "Seniorenherden". Ein brünstiges Weibchen zieht mehrere Männchen an. Bullen, die weit oben in der Hierarchie stehen, bekämpfen sich. Dazu stoßen sie ihre Hörner gegeneinander. Auch die Kühe haben eine Rangordnung. Die Kälber werden nach einer Tragzeit von 340 Tagen geboren. Die Büffel können ein Alter von 26 Jahren erreichen. Erwachsene Büffel fürchten nur Löwen.

Waldböcke *Waldböcke (Tragelaphini) sind eine Sammlung mittlerer bis großer Antilopen aus der Familie Hornträger. Die Arten dieser Familie leben häufiger in Wäldern. Die meisten Arten haben einen signifikanten sexuellen Dimorphismus (Unterschied zwischen Mann und Frau). Zur Gattung Tragelaphus gehören Nyalas, Bongos, Kudus, Sitatungas und Buschböcke.*

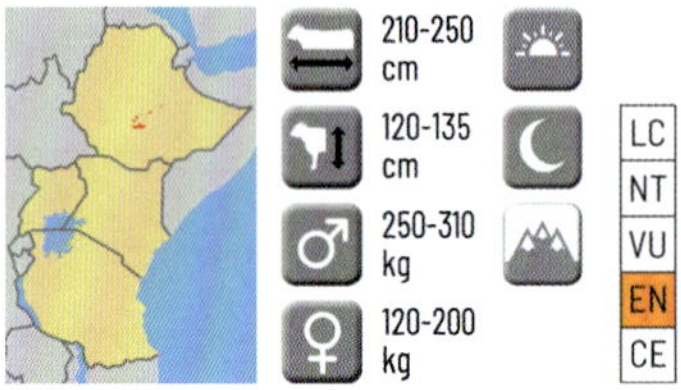

Bergnyala

(Tragelaphus buxtoni) **Mountain Nyala**

Der Bergnyala wird seit langem als entfernter Cousin des Flachland-Nyalas angesehen. Da jedoch vor allem das Weibchen dem Großen Kudu ähnlicher ist, wird angenommen, dass der Bergnyala eher mit dem Großen Kudu verwandt ist. Beide Nyalas leben nur in Afrika und haben einen begrenzten Lebensraum. In diesem Buch wird nur der Bergnyala beschrieben, der andere Nyala lebt im südlichen Afrika. Es ist unwahrscheinlich, dass Sie den Bergnyala auf Ihrer Reise finden. Das Tier lebt nur in und um das Gebiet des Bale-Gebirges und nördlich davon in dem kleinen Naturpark Kuni-Mukhtar, beide in Äthiopien. Sie sind auch sehr scheu. Die braune Farbe des Fells ist beim Männchen dunkler als beim Weibchen. Mit zunehmendem Alter wird das Fell beider Geschlechter grau. Die Hörner sind spiralförmig und nur das Männchen trägt Hörner. Ein breites, weißes Band zieht sich über Kopf, Kehle und Brust. Es gibt weiße Punkte an den Flanken und an den Oberschenkeln. Die Beine sind auch teilweise weiß. Diese Art wurde erst 1908 entdeckt und ist bisher nur wenig erforscht worden.

225 cm
125 cm
♂ 280 kg
♀ 250 kg

LC
NT
VU
EN
CE

Östlicher Bongo

(Tragelaphus euryceros isaaci) **Mountain Bongo**

Das Hochland rund um den Mt. Kenya und den Aberdare ist der einzige Ort in den Wildparks dieses Reiseführers, an dem Sie diese prächtige und scheue Antilope antreffen können. Die Art ist in ihrem Bestand ernsthaft bedroht. Dies ist zum einen auf die Abholzung und zum anderen auf die Wilderei zurückzuführen. In Gefangenschaft leben mehr Östliche Bongos als in freier Wildbahn. Eine Schätzung aus dem Jahr 2013 ergab eine Zahl von weniger als 100 Tieren. Der Bongo hat ein rötlich-braunes Fell mit zehn bis sechzehn weißen Streifen an den Flanken und weißen Flecken auf den Wangen. Der Bauch und der Hals sind dunkler.
Beide Geschlechter haben eine schmale Rückenmähne und im Gegensatz zu allen anderen Mitgliedern der Gattung *Tragelaphus* haben beide spiralförmige Hörner. Die Beine sind mit schwarzen und weißen Flecken verziert. Diese Tiere sind echte Waldbewohner und bevorzugen höhere, dicht bewachsene Hügel. In den Bergen leben sie bis auf 4000 Meter Höhe. Sie ernähren sich von Pflanzen, vor allem von Blättern, Bambus und frischem Gras, das sie auf Waldlichtungen finden. Diese Lichtungen entstehen durch Brände, Elefanten und Erdrutsche und sind lebenswichtig für die Tiere. Die nachtaktiven Bongos leben solitär in einem großen Revier, das sich oft mit dem von anderen überlappt. Die Tiere verhalten sich nicht territorial. Weibchen mit Kälbern, die gesäugt werden, bilden Gruppen. Die Männchen haben keine Harems. Nach einer Tragzeit von 284 Tagen wird ein einzelnes Kalb geboren. Bongos werden ungefähr 20 Jahre alt. Eine weitere Unterart ist der Westliche Bongo *(T. e. eurycerus)*, der im zentralafrikanischen Regenwaldgürtel und in den weiter westlich gelegenen Ländern Afrikas vorkommt. Auch diese Art ist vom Aussterben bedroht.

Kudu *Es gibt zwei Arten von Kudus, den Großen und den Kleinen Kudu. Der Große Kudu ist am weitesten verbreitet, bis nach Südafrika. Der andere lebt in viel geringerer Zahl nur in Ostafrika.*

Kleiner Kudu

(Tragelaphus imberbis)

Lesser Kudu

130-150 cm
90-110 cm
♂ 100 kg
♀ 60 kg

LC
NT
VU
EN
CE

Das Fell des Männchen ist etwas "röter" als das des großen Kudu. Die Weibchen und die Jungen sind rotbraun. Diesem Kudu fehlen die Mähne und der Bart. Sie ist jedoch an zwei weißen Flecken unter der Kehle und unten am Hals zu erkennen. Zwischen den Augen, über dem Nasenrücken, befinden sich kleine weiße Flecken. Das Weibchen hat eine Tragzeit von 220 Tagen. Nach sechs Monaten wird das Junge unabhängig. Es verbringt jedoch noch zwei Jahre mit der Mutter. Der Kleine Kudu lebt hauptsächlich in Dornbusch-Savannen und in den strauchbedeckten Teilen von Halbwüsten. Er wagt sich selten in offenere Gebiete.
Der Kleine Kudu wird normalerweise 15 Jahre alt.

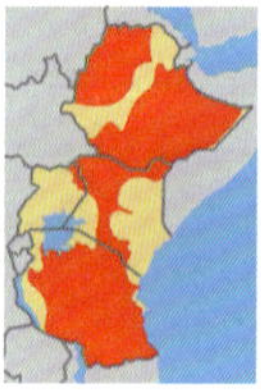

220-250 cm
120-150 cm
♂ 190-300 kg
♀ 160-210 kg

LC
NT
VU
EN
CE

Nördlicher Großkudu

(Tragelaphus strepsiceros) **Greater Kudu**

Er hat ein überwiegend graubraunes Fell. Das Fell der Weibchen ist rotbraun, wird aber mit zunehmendem Alter grau. Nur die Männchen tragen Hörner. Er hat eine Mähne am Nacken und an der Halsunterseite. Die Ohren sind groß und bewegen sich ständig, um Gefahren wahrzunehmen.

Die Flucht vor großen Raubtieren halten sie nicht lange durch. Daher wählen sie unebenes Gelände, um mit großen Sprüngen zu entkommen. Sie leben in kleinen Gruppen. Nachts begeben sie sich in offene Savannen zum Grasen. In der Trockenzeit ziehen sie sich in Wälder und Gebüsche zurück, manchmal auch ins Gebirge in große Höhen. Blätter, Triebe, Blüten, Früchte und Knollen sind ihre Nahrungsquellen. In der Regenzeit fressen sie auch Gras und Kräuter. Feuchtigkeit beziehen sie hauptsächlich aus ihrer Nahrung. Sie können tagelang überleben, ohne zu trinken. Wenn das Tier allerdings in der Nähe einer Wasserquelle ist," tankt" es auf. Nach etwa 270 Tage, werden die Jungtiere in der Regel in der Regenzeit geboren, wenn es reichlich Nahrung gibt. Nach ca. 6 Jahren sind die Hörner ausgewachsen und die zwei bis drei Drehungen der Spirale fertig ausgebildet. Der Große Kudu wird normalerweise 18 Jahre alt.

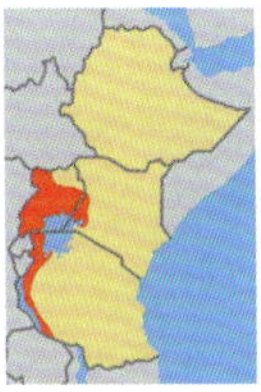

150-170 cm
110 cm
♂ 115 kg
♀ 55 kg

LC
NT
VU
EN
CE

Sitatunga *(Tragelaphus spekii)* **Sitatunga**

Das Männchen ist eine mittelgroße Antilope, das Weibchen ist viel kleiner. Das Fell ist wollig und wasserabweisend und hat kreuzweise verlaufende Bänder. Das Männchen ist dunkelbraun, das Weibchen und die Jungen sind rötlichbraun. Die Hufe sind lang (bis 18 cm) und stehen schräg, wodurch sich die Tiere auf weichem und schlammigem Grund sicher bewegen können. Auf trockenem Boden wirken sie deshalb etwas unbeholfen. Nur die Männchen tragen Hörner. Diese Hörner sind schwer, gedreht und werden ca. 80 cm lang. Die Sitatunga lebt in wasserreichen Gebieten wie Sümpfen und Lagunen und dort vor allem im Schilf. In trockenen Zeiten ist sie an permanente Wasserstellen gebunden. In der Regenzeit lässt sie sich auch im Umfeld von temporären Gewässern sehen. Es ist eine scheue Tierart, die sich meistens in der Ufervegetation verborgen hält. In den Schilf- und Papyrusfeldern verläuft ein Netzwerk aus Pfaden. Hier legt sie ein Bett aus plattgetretenem Schilf an, auf dem sie ruht. Sie entfernt sich selten weit von ihrem Versteck. Gräser, Kräuter und Sträucher frisst sie vor allem in der Dämmerung, aber auch nachts. Die Sitatunga kann gut schwimmen und ist tagsüber oft im Wasser. Bei Gefahr taucht sie ab, so dass nur die Nasenlöcher über der Wasseroberfläche zu sehen sind. Die Tiere sammeln sich gelegentlich in Gruppen zum Grasen, leben ansonsten jedoch allein. Bei Gefahr warnen sie die anderen durch Schnaufgeräusche. Nach einer Tragzeit von 220 Tagen wird ein einzelnes Junges geboren, meist während der Trockenzeit. Das Kalb hat sein "Nest" inmitten dichter Vegetation.
Das Weibchen versorgt sein Junges bei kurzen Besuchen. Das Junge ist nach vier Jahren selbständig. Die Sitatunga wird in Gefangenschaft bis zu 20 Jahre alt.

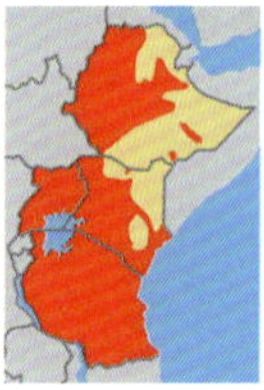

105-140 cm
60-85 cm
♂ 40-70 kg
♀ 30-40 kg

LC
NT
VU
EN
CE

Buschbock *(Tragelaphus scriptus)* **Bushbuck**

Der Buschbock ist eine mittelgroße Antilope, die häufig in Wäldern und Strauchsavannen vorkommt. Er ist ein Weidetier und kann sich gut an sich verändernde Umstände anpassen. Weibchen und Kälber haben im Vergleich zu den Männchen ein helleres Fell. Vor allem an den Flanken und am Rücken tragen beide Geschlechter weiße Flecken. Über dem Maul befindet sich ein schwarzer Strich, auf Wangen und Ohren ein weißer Fleck. Der Buschbock hat einen breitbuschigen, kurzen Schwanz. Dieser ist an der Unterseite weiß, am Ende schwarz. Beim Männchen ist der Bauch dunkel gefärbt. Nur die Männchen tragen Hörner. Diese sind fast gerade, meist mit einer Drehung (vereinzelt auch mit zwei). Die Männchen sind größer als die Weibchen. Der Buschbock ist in Ostafrika bis auf Höhen von 3000 m anzutreffen. Seine Nahrung besteht aus einer großen Vielfalt von Pflanzen wie Gras, Kräutern, jungen Trieben und Blättern, ergänzt durch Wurzeln, Knollen und Früchte. Buschböcke folgen auch den Affen und fressen die Früchte, die diese fallen lassen. Männchen leben solitär, in Paaren oder in kleinen Familien. Es besteht eine Altershierarchie. Die Jungen werden nach einer Tragzeit von ca. 180 Tagen geboren. Es gibt 14 Unterfamilien des Buschbocks, sieben von ihnen leben in einem oder mehreren Ländern dieses Buches. Sie unterscheiden sich hauptsächlich durch die Farbe des Fells und die Streifen und Flecken. Ihr Lebensraum umfasst den größten Teil Afrikas südlich der Sahara. Buschböcke werden circa 12 Jahre alt.

Notiz: Da es bemerkenswerte Unterschiede zwischen den Unterfamilien und Unterarten gibt, ist es nicht klar, ob alle derzeit benannten Buschböcke als ein- und dieselbe Art angesehen werden können.

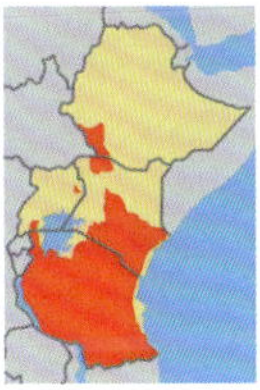

180-350 cm
140-160 cm
600-900 kg
400-600 kg

LC
NT
VU
EN
CE

Elenantilope *(Taurotragus oryx)* **Common Eland**

In einigen wissenschaftlichen Artikeln wird die Elenantilope aufgrund ihrer molekularen Phylogenie (Abstammung von gemeinsamen Vorfahren) manchmal auch der Gattung *Tragelaphus* zugeordnet. Es sind große afrikanische Antilopen. Sie leben in den karg bewaldeten Savannen und fressen vor allem Gräser, Kräuter und Samen. Die Nahrung wird durch Blätter und Früchte ergänzt. Knollen graben sie mit den Hufen aus. Die Weibchen und jungen Männchen sind Herdentiere, leben aber in getrennten Herden. Die Weibchen leben mit Jugendlichen ab zwei Jahren zusammen. Die Neugeborenen, die nach einer Tragzeit von 270 Jahren geboren werden, bleiben zwei Jahre in einer Kindergartengruppe. Ältere Männchen leben meist solitär. Wenn frisches Gras im Überfluss vorhanden ist, suchen sich die Herden gegenseitig auf und die Paarungszeit beginnt. Dominante Bullen paaren sich mit mehreren Weibchen. Wenn Gefahr droht, meist durch Löwen, verteidigen die Weibchen gemeinsam ihre Jungen. Elenantilopen erreichen Geschwindigkeiten von 40 Stundenkilometern und springen circa zwei bis drei Meter hoch. Die Bullen haben ein glattes, gelb-braunes bis rötliches Fell, das mit zunehmendem Alter grauer wird. Bei der Unterart in Ostafrika verlaufen über den Rumpf mehrere dünne, cremefarbige Striche. Bei ausgewachsenen Männchen entwickelt sich eine Wamme sowie ein Haarbüschel an der Stirn. Das Fell der Weibchen ist etwas bräunlicher. Männchen werden wesentlich größer als Weibchen. Die Hörner sind spiralförmig gedreht und bei beiden Geschlechtern vorhanden. Die Hörner der Weibchen sind dünner aber etwas länger, bis zu 65 cm. Elenantilopen können bis zu 25 Jahre alt werden. In Afrika, aber seltsamerweise auch an einigen Orten in Russland, wurde die Elenantilope domestiziert. Es gibt Landwirte in Afrika, die die Elanantilope den importierten Rindern vorziehen. Gründe dafür sind der ruhige Charakter, die hochwertige und schmackhafte Milch, die hohe Fleisch- und Fellqualität, aber auch die Tatsache, dass das Tier mit den typischen afrikanischen Bedingungen, wie z. B. lang anhaltenden Dürren, zurechtkommt.

Ducker *Es gibt zwanzig afrikanische Duckerarten. Sie werden auf der Basis ihrer Lebensräume in zwei Hauptgruppen unterteilt: Ducker in dichten Wäldern, die bei weitem die Mehrheit darstellen und Ducker, die in trockeneren Buschsavannen leben. Beiderseits des Mauls und unter den Augen befinden sich Drüsen, langgestreckte schwarze Striche auf dem Fell. Mit dem Sekret aus diesen Drüsen markiert das Tier sein Territorium. Ducker fressen vor allem Blätter, Triebe, Früchte, Samen und Bast. Sie werden oft für den menschlichen Verzehr gejagt. Für die lokale Bevölkerung ist Duckerfleisch eine wichtige Nahrungsquelle. Der Ducker zeichnet sich durch seinen höheren Hinterleib und seine kurzen Vorderbeine aus.*
Alle männlichen Ducker haben kurze, spitze Hörner, die Weibchen bei einigen Arten kurze Stümpfe. Der Name des Tieres kommt von seinem Fluchtverhalten: sich "duckend".

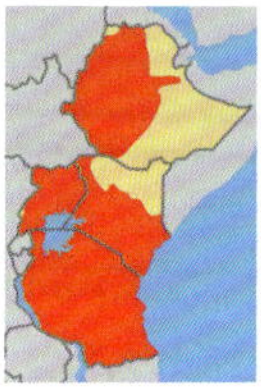

80-110 cm
40-50 cm
♂ 15-20 kg
♀ 18-23 kg

LC
NT
VU
EN
CE

Kronenducker *(Sylvicapra grimmia)*
Common oder **Grey Duiker**
Der Kronenducker ist ein Außenseiter innerhalb der Ducker-Familie. Diese Art besteht aus 14 Unterarten und kommt praktisch im gesamten subsaharischen Afrika vor. Der Kronenducker lebt in den Baumzonen inmitten der Savannen. Farbe und Dicke des Fells hängen vom jeweiligen Lebensraum und der Unterart ab und variieren von Grau bis Braun, je nach Höhenlage des Lebensraums. Das Weibchen ist etwas größer als das Männchen und nur das Männchen hat kleine Hörner (10 cm). Beide haben einen schwarzen Streifen, der an der Nase beginnt und manchmal ganz bis zum Schopf reichen kann.

Blauducker *(Philantomba monticola)* **Blue Duiker**
Der Blauducker ist der kleinste von allen Duckern. Sein Fell variiert zwischen hellgrau und dunkelbraun, die Beine sind oft dunkler. Er ist wahrscheinlich der artenreichste unter den Duckern, aber er wird aufgrund seiner Scheu und seines unzugänglichen Lebensraums in dichten Wäldern nur selten gesehen. Er flieht beim geringsten Anzeichen von Gefahr. Beide Geschlechter tragen 3 cm lange Hörner.

50-64 cm
35 cm
♂ 3-6 kg
♀ 3-6 kg

LC
NT
VU
EN
CE

70-90 cm
30-45 cm
♂ 10-16 kg
♀ 10-16 kg

LC
NT
VU
EN
CE

Rotducker

(Cephalophus natalensis) **Red Duiker**

Der Rotducker hat ein schönes, rotbraunes Fell. Farbunterschiede gibt es je nach Region. Das Ende des kurzen Schwanzes ist weiß. Er lebt in dichten Wäldern. Der scheue Rotducker ist vor allem tagsüber aktiv. Nach einer Tragzeit von circa 210 Tagen bringt das Weibchen manchmal zweimal im Jahr ein Kalb zur Welt.

Pferdeböcke *Die Pferdeböcke (Hippotraginae) gehören ebenfalls zu den Hornträgern (Bovidae). Diese Unterfamilie umfasst die Pferde-Antilopen, Rappen-Antilopen und Oryx-Antilopen. Sie alle sind kräftige Antilopen. Sie leben hauptsächlich von härteren Gräsern, manchmal ergänzt mit Hülsenfrüchten, Knollen und wilden Melonen. Ihre natürlichen Feinde sind Löwen und Leoparden. Diese jagen vor allem die Kälber. Erwachsene Pferdeböcke sind furchtbare Gegner.*

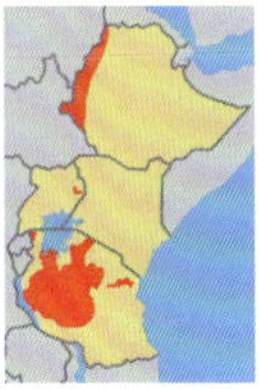

190-240 cm
140 cm
♂ 275 kg
♀ 250 kg

LC
NT
VU
EN
CE

Pferdeantilope

(Hippotragus equinus) **Roan Antilope**

Ihr raues Fell ist im Norden ihres Verbreitungsgebiets gelbbraun. Der Bauch ist beige. Am Kopf hat sie eine schwarz-weiße Zeichnung. Über den Hals bis zu den Schultern verläuft eine Mähne mit schwarzen Spitzen. Die sichelförmigen Hörner sind geringelt und nach hinten gekrümmt. Sie werden 75 cm lang. Die Hörner der Weibchen sind etwas kleiner. Sie bevorzugen offene und licht bewaldete Gebiete, wo nur wenige andere Gräser und Pflanzenfresser vorkommen. Ihre Hauptnahrung ist kurzes bis mittelhohes Gras, ergänzt durch Blätter und Triebe von Gehölzen. Die Tiere wagen sich selten weit vom Wasser weg und suchen zweimal am Tag eine Wasserstelle auf. Sie leben normalerweise in kleinen Herden von zehn Exemplaren, bestehend aus einem dominanten Bock, mehreren Weibchen und Kälbern. Auf Weidegründen, die reich an nahrhaftem Gras sind, schließen sich Herden manchmal zusammen. Die meisten Jungen werden nach 280 Tagen in der Regenzeit geboren. Junge Männchen werden nach drei Jahren von der Gruppe verstoßen und schließen sich Junggesellengruppen an. Später werden sie versuchen, ihren eigenen Harem zu gründen. Pferdeantilopen werden bis 17 Jahre alt.

180-200 cm
130 cm
♂ 230 kg
♀ 220 kg

LC
NT
VU
EN
CE

Rappenantilope

(Hippotragus niger) **Sable Antilope**

Die Rappenantilope hat eine stämmige Statur. Sie hat einen gedrungenen Hals, breite Schultern, eine lange Schnauze, große spitze Ohren und einen langen Schwanz. Die Art gehört zur Unterfamilie der Pferdeböcke und ist eng mit der Pferdeantilope verwandt. Das Fell des erwachsenen Männchens wird glänzend schwarz. Weibchen und junge Männchen sind kastanienbraun. Der Bauch beider Geschlechter ist weiß, genauso wie der Hals und ein Teil des Kopfes. Vom Genick bis zu den Schultern läuft eine Mähne. Die Hörner sind 120 bis 160 cm lang. Sie sind geringelt und nach hinten gebogen. Die Hörner des Weibchens sind kürzer. Rappenantilopen leben in waldreichen Savannen und in den offenen Miombo-Baumsavannen. In der Trockenzeit, wenn die Wälder von Waldbränden heimgesucht werden und lokale Wasserstellen austrocknen, ziehen sie in die von Flüssen durchströmten Täler, bis diese morastig werden.

Ihre Nahrung besteht vor allem aus jungem, mittelhohem Gras und Kräutern, aber auch aus Blättern und Trieben. Die Rappenantilope muss jeden zweiten Tag trinken und ist daher selten weit von Wasser entfernt anzutreffen. Sie leben in Herden von zehn bis dreißig Tieren. Tiere verschiedener Gruppen begegnen einander aggressiv. Die Männchen folgen den Gruppen manchmal, leben aber meistens von den Weibchen getrennt in eigenen Territorien. Männchen kämpfen regelmäßig gegeneinander. Sie gehen auf die Knie und ringen mit ihren Hörnern. Nach einer Tragzeit von 240 bis 280 Tagen wird ein einzelnes Kalb geboren. Wenn die Männchen drei Jahre alt sind, werden sie aus der Gruppe verjagt. Sie schließen sich dann Junggesellengruppen an. Weibchen bekommen nach drei Jahren ihr erstes Kalb. Sie werden ungefähr 17 Jahre alt. Shimba Hills in Kenia ist ihr nördlichster Lebensraum. Es gibt vier Unterarten. Die kleinste davon *(H.n. roosevelti)* lebt in Kenia und Tansania.

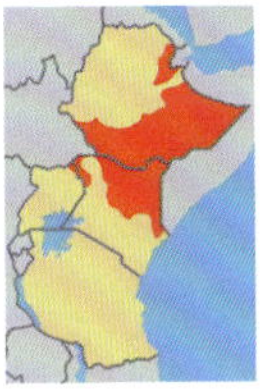

160-190 cm
120 cm
♂ 210 kg
♀ 190 kg

LC | NT | VU | **EN** | CE

Beisa-Oryx oder Ostafrikanische Oryxantilope

(Oryx beisa) **Beisa Oryx**

Von den sechs Arten, die in Afrika vorkommen, leben nur zwei in den Ländern dieses Reiseführers. Spießböcke, wie sie oft genannt werden, sind kräftige Tiere. Beide Geschlechter haben lange, gerade, gerippte Hörner. Ihr prächtiges Äußeres ist nicht mit anderen großen Huftieren zu verwechseln. Zudem halten sie sich vor allem in Wüsten oder Halbwüsten auf. Sie können lange Zeit ihren Wasserbedarf allein durch Gräser decken. In der Trockenzeit fressen sie auch Blätter von Sträuchern und Baumschößlinge. Wenn Wasser verfügbar ist, trinken die Tiere täglich. Ihre Feinde sind Löwen und Leoparden, die vor allem die Kälber jagen. Die natürliche Grenze zur Büschelohr-Oryx ist der Tana-Fluss im Osten Kenias.

Büschelohr-Oryx *(Oryx callotis)* Fringe-eared Oryx

Diese Art lebt in einem kleinen Grenzgebiet zwischen Tansania und Kenia. Der einzige Unterschied zur Ostafrikanischen Oryxantilope ist eine schwarze Quaste am Ende der Ohren. Die Tragzeit beträgt auch 264 Tage und die Kälber werden während der Regenzeit geboren. Man trifft die Tiere für gewöhnlich in Herden von rund 30 Oryxantilopen an. Das älteste Weibchen leitet die Herde. Der dominante Bock geht normalerweise am Ende der Herde. Alle Oryxantilopen sind außerdem in der Lage, ihre Körpertemperatur zu erhöhen, so dass sie weniger schwitzen und somit weniger Feuchtigkeit verlieren. Der Urin ist daher sehr konzentriert. Oryxantilopen werden im Schnitt 20 Jahre alt.

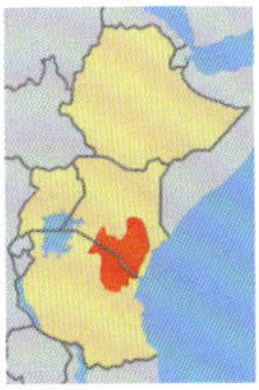

160-190 cm
120 cm
♂ 210 kg
♀ 190 kg

LC | NT | **VU** | EN | CE

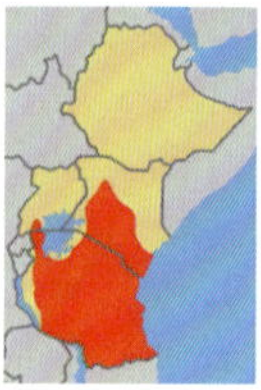

120-150 cm

85 cm

♂ 50-70 kg

♀ 40-50 kg

LC NT VU EN CE

Impala *(Aepyceros melampus)* **Impala**
Impalas sind eine der verbreitetsten Antilopenarten in Ostafrika und im südlichen Afrika. Obwohl die Impalas "Bushmeat" für viele Raubtiere sind, überlebt diese Art sehr gut. Sie sind vor allem Weidetiere, aber sie fressen auch Blätter, Samen, Hülsenfrüchte und Kräuter. Die grazile Impala ist eine schlanke, mittelgroße Antilope mit einem rotbraunen Fell, das am untersten Teil der Flanken am hellsten ist. Die Unterseite ist beinahe weiß. Die Ohren sind an den Spitzen schwarz. Nur das Männchen trägt Hörner. Diese Hörner sind schlank, gewunden und deutlich geringelt und können mehr als 90 cm lang werden. Impalas leben in Herden in offenen Ebenen und wenig bewaldeten Gebieten in der Nähe von Wasser. Sie verfügen über ein hervorragendes Gehör und einen sehr guten Geruchssinn. Sie sehen jedoch schlecht. Bei Gefahr geben sie bellende Laute von sich. Wenn sie fliehen müssen, können sie Sprünge von 9 Metern machen, manchmal bis 3 Meter hoch. Die Impalas leben in Herden, bestehend aus einem oder zwei dominanten Männchen und einem Harem von ca. 30 Weibchen sowie den Jungen. Erwachsene Weibchen bleiben ihr Leben lang in derselben Herde, viele der Jugendlichen verlassen die Herde, wenn sie erwachsen sind. Die Männchen leben dann in Junggesellengruppen. Größere Herden von mehr als fünfzig Tieren sind in der Trockenzeit keine Seltenheit. Die Tiere halten miteinander Kontakt, indem sie durch Drüsen in der Ferse Duftspuren hinterlassen. Ein Männchen von vier bis sechs Jahren wird versuchen, seinen eigenen Harem zu gründen. Die jährliche Brunftzeit beginnt am Ende der Regenzeit und dauert drei Wochen. Dann kommt es zu heftigen Kämpfen zwischen den Männchen. Neue dominante Böcke verjagen die schwächeren und übernehmen den Harem. Am Beginn der kurzen Regenzeit, nach einer Tragzeit von ungefähr 200 Tagen, werden alle Jungtiere fast gleichzeitig geboren. Das Weibchen bleibt beim Grasen in der Nähe und sucht das Junge nur auf, um es zu säugen. Nach 4 bis 6 Monaten endet die Bindung zwischen Mutter und Jungtieren. Die Hälfte der Jungen erreicht das Erwachsenenalter. Weibchen sind mit achtzehn Monaten geschlechtsreif. Impalas werden bis zu 15 Jahre alt.

Wasserböcke *In Afrika gibt es sechs Arten von Wasserböcken (Kobus). Die Kob-, Defassa- und Ellipse-Wasserböcke leben in den Parks dieses Reiseführers. Diese Weidetiere haben ein feuchtigkeitsresistentes Fell. Dieses Fell führt dazu, dass ihr Körper bei heißem Wetter schnell austrocknet, weshalb sie auf Wasser angewiesen sind, in dem sie sich abkühlen können. Savannen oder Grasland in der Nähe von Gewässern, Sümpfen und Überschwemmungs-gebieten bilden ihren Lebensraum. Wasserböcke sind sehr standorttreu und territorial. Sie werden 14 bis 18 Jahre alt.*

170-240 cm

130 cm

♂ 250 kg

♀ 210 kg

LC NT VU EN CE

Defassa-Wasserbock

(Kobus e. defassa) **Defassa Waterbuck**

Sein Fell ist rotbraun, viel farbintensiver als das des Ellipsen-Wasserbocks und sein Hinterteil ist weiß (unter seinem Schwanzansatz hat er einen weißen Spiegel). Sein Verbreitungsgebiet erstreckt sich bis zur Westküste Afrikas und südwärts bis Sambia. Der Ostafrikanische Graben bildet die Trennungslinie zum Lebensraum des Ellipsen-Wasserbocks. Im Laufe der Jahre verdunkelt sich das Fell. Nur das Männchen trägt Hörner. Diese sind geringelt und krümmen sich leicht nach hinten und oben an der Spitze dann leicht nach vorn. Der Defassa-Wasserbock lebt in Waldgebieten in der Nähe von Wasser. Seine Nahrung besteht vor allem aus Gräsern und Kräutern, ergänzt durch Blätter und Früchte von Bäumen und Sträuchern. Sie trinken jeden Tag. Sie leben in kleinen Herden von fünf bis zwölf Tieren, bestehend aus einem dominanten Männchen, einigen Weibchen und deren Jungen. Wo es viel Nahrung gibt, können die Herden auf bis zu 70 Tiere anwachsen. Männchen ohne Harem, meist nicht älter als vier Jahre, leben in Junggesellengruppen.

Ellipsen-Wasserbock *(Kobus e. ellipsiprymnus)* **Common Waterbuck**

Das Fell ist normalerweise bräunlich grau. Um den Schwanz herum befindet sich im Fell ein weißer Ring (in Form einer Ellipse). Die geringelten Hörner werden 50 bis 90 cm lang. Bei Gefahr flieht ein Wasserbock, meistens in hohes Gras oder dichtes Gestrüpp, aber es passiert auch, dass sich das Tier fast vollständig im Wasser versteckt und nur die Nasenlöcher aus dem Wasser herausragen. Der Ellipsen-Wasserbock lebt östlich des afrikanischen Grabenbruchs. Wo beide Arten vorkommen, werden auch Hybriden geboren. Nach etwa 8 Monaten bringt das Weibchen ein Jungtier zur Welt. Nach zwei bis fünf Wochen ist es wieder bereit, sich zu paaren. Die Jungen sind nach drei Jahren ausgewachsen und fruchtbar. Dies erklärt auch den Erfolg der Art. Ihre Feinde sind hauptsächlich die Hyäne und der Löwe. Da aber der Geruch der fettigen Substanz, die das Fell wasserabweisend macht, ziemlich übel riecht, muss der Wasserbock in der Regel nur Krokodile fürchten, wenn andere Beutetiere zahlreich sind. Wasserböcke werden 14 bis 18 Jahre alt.

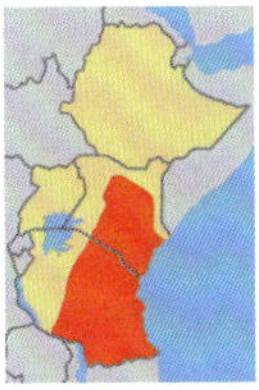

170-240 cm

130 cm

♂ 260 kg

♀ 210 kg

LC NT VU EN CE

140-180 cm
95 cm
♂ 95 kg
♀ 60 kg

LC
NT
VU
EN
CE

Kob *(Kobus kob)* **Kob**

Der Kob lebt in Afrika inmitten des tropischen Gürtels der Regenwälder und vor allem in feuchtem Grasland und in der Nähe von Flüssen, die in der Regenzeit über die Ufer treten. Seine Hauptnahrung besteht aus kurzem frischem Gras und Wasserpflanzen. Er ähnelt der Impala, aber der Kob ist wesentlich robuster gebaut. Beide Geschlechter haben ein rotbraunes Fell, wobei das des Männchens mit dem Alter dunkler wird. Bei ihm ist die weiße Kehle deutlich sichtbar.
Beide Geschlechter haben schwarze Knie an den Vorderbeinen. Kob-Böcke haben gekrümmte, gewundene Hörner mit Ringen und einer Länge von 50 bis 70 cm (den Weibchen fehlen diese). Der Kob lebt in großen Herden. Insbesondere die Weibchen leben manchmal in Herden von vielen Hunderten. Die jungen Männchen leben in kleineren Junggesellengruppen. Innerhalb dieser Gruppe kommt es häufig zum Kräftemessen, was aber selten zu ernsthaften Kämpfen führt. Die Konflikte zwischen Männchen, die einen Harem schützen oder übernehmen wollen, sind viel gewalttätiger. Wenn die Weibchen zu besseren Weidegründen abwandern, schließen sich ihnen Hunderte von Junggesellen an. Die übrigen erwachsenen Männchen bleiben in ihren Revieren, die oft in Gebieten liegen, die bei Regenfällen überschwemmt werden. Wenn es ihnen nicht gelingt, ihren Harem zusammenzuhalten, warten sie auf die Ankunft anderer Herden. Das Weibchen paart sich mit mehreren Männchen und bringt nach 8 Monaten ein Junges zur Welt. Es handelt sich um die Unterart Uganda-Grasantilope *(K.k. thomasi)*, die man vor allem in den Parks Murchison Falls und Queen Elizabeth sehen kann. In Kenia und Tansania sind sie durch die Ausweitung der landwirtschaftlichen Flächen verdrängt.

Riedböcke *Riedböcke (Redunca) sind mittelgroße Antilopen. Man unterscheidet drei Arten. Die Männchen tragen Hörner, die gewunden und nach vorn gebogen sind und die je nach Art verschieden lang sind. Alle Riedböcke kommunizieren mittels eines lauten Pfeifgeräuschs. Vor allem nachts und in der Trockenzeit sind viele Pfeifkonzerte zu hören. Bei Gefahr wird der Schwanz nach oben gehalten, wodurch die weiße Unterseite gut sichtbar ist. Während der Trockenzeit leben sie vorübergehend in Gruppen. Die Männchen bilden dann kleine Reviere. Bei seiner Werbung läuft das Männchen um das Weibchen herum und macht ein blökendes Geräusch. Riedböcke leben normalerweise paarweise oder in kleinen Familienverbänden, Männchen ohne Territorium in Junggesellenverbänden. Das Territorialverhalten ist bei Riedböcken nicht stark entwickelt. Männchen sind größer als Weibchen. Riedböcke werden ca. 10 bis 12 Jahre alt.*

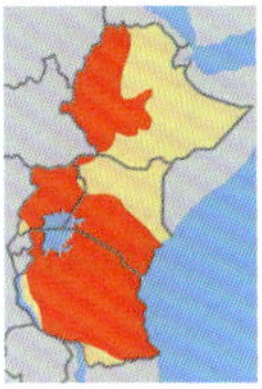

- Länge: 100-135 cm
- Schulterhöhe: 85 cm
- ♂ 55 kg
- ♀ 45 kg
- LC / NT / VU / EN / CE (LC)

Riedbock

(Redunca redunca) **Bohor Reedbuck**

Beide Geschlechter haben ein rötliches bis rotbraunes, wolliges Fell. Die Unterseite ist cremefarben, genauso wie Wangen, Lippen, Kinn, Hals, die Innenseite der Ohren und der Ring um die Augen. Der Riedbock hat einen kurzen Schwanz von ca. 25 cm. Er bevorzugt feuchte Grasebenen, wie z. B. das Ufer von Seen und Flüsse, wo er sich von eiweißreichen jungen Schilfrohrsprossen und Gräsern ernährt. Die Herden werden größer, wenn die die Wasserstellen knapper werden. Ihre Anwesenheit in Uganda ist gegenwärtig zweifelhaft.

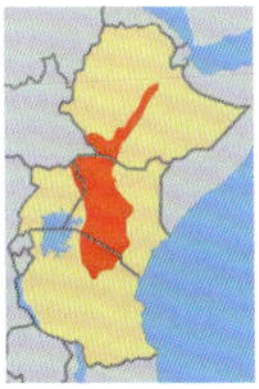

- Länge: 100-120 cm
- Schulterhöhe: 70 cm
- ♂ 30 kg
- ♀ 25 kg
- LC / NT / VU / EN / CE (EN)

Bergriedbock

(Redunca fulvorufula) **Mountain Reedbuck**

Er ist der kleinste der drei Riedböcke. Das Fell an den Flanken und auf dem Rücken der Männchen ist zottelig und graubraun. Besonders bei ihm ist der Hals deutlich frischer braun. Der Bauch, die Brust und die Unterseite des Schwanzes sind weiß. Seitlich am Kopf, unter den Ohren, ist eine dunkle Hautdrüse sichtbar. Der Schwanz ist kurz und dicht. Sie leben im Allgemeinen auf grasbewachsenen Flächen in felsigen Gebieten zwischen 1500 und 5000 Metern Höhe (Kilimandscharo). Der Bergriedbock ernährt sich von Gräsern und Kräutern, Wasser ist für Riedböcke unerlässlich. Nach einer Tragzeit von 220 Tagen wird ein Kalb geboren.

Reptilien

Nach traditioneller Auffassung sind die Reptilien eine Klasse, die die folgenden Ordnungen mit noch lebenden Vertretern umfasst: Schuppenkriechtiere (Squamata) wie Schlangen, Echsen und Doppelschleichen. Schildkröten *(Testudines)*, die sich in Wasser- und Landschildkröten gliedern. Das Krokodil *(Crocodilia)*, von dem es in den Ländern dieses Safariführers nur eine Art gibt und schließlich die Brückenechse *(Sphenodontidae)*, eine uralte Echsenart die nur noch in Neuseeland vorkommt und nicht verwandt ist mit dem Tier, das man heute als Eidechse bezeichnet.
Reptilien sind überall auf der Welt zu finden, außer in sehr kalten Regionen. Es gibt mehr als 10.000 Arten. Mit Abstand die meisten Reptilien leben an Land. Die Haut ist mit Schuppen, einem Knochenpanzer oder Hornplatten bedeckt, die zum Schutz dienen, aber auch zur Tarnung oder Abschreckung gefärbt sind. Die meisten Reptilien sind Fleischfresser, nur einige Arten (z. B. Landschildkröten) ernähren sich von Pflanzen. Die meisten Reptilien legen Eier. Einige Arten bebrüten die Eier (z. B. Pythons) oder sind lebendgebärend (Vipern und einzelne Chamäleons). Meistens aber werden die Eier vergraben, in warmem Sand oder in Laubhaufen, die verrotten und dadurch Wärme freisetzen. Die Reptilien in diesem Buch sind eine Auswahl von Arten, die in den Nationalparks vorkommen.

Inhalt

Legende

Ist Verbreitungsgebiet

Größen und Gewichte

Volle Länge

Gewicht Männchen

Gewicht Weibchen

Aktiv

Tag

Dämmerung

Nacht

Tag und Nacht

Lebensraum

Savanne

Berge

Walt

Felsen

Wasser & Sumpf

Halbwüste

Wüste

Schlangen-toxizität

nicht giftig

leicht gifig

stark giftig

extrem giftig

Population

- **LC** = gesund (**L**east **C**oncern)
- **NT** = abnehmend (**N**ear **T**hreatened)
- **VU** = schutzbedürftig (**Vu**nerable)
- **EN** = bedroht (**En**dangered)
- **CE** = kritisch bedroht (**C**ritically **E**ndangered)

Schild- und Pelomedusenschildkröten *Schildkröten sind eine Ordnung der Reptilien, deren Arten sich alle durch einen stabilen und häufig auch gewölbten Panzer auszeichnen. Es gibt mehr als 300 verschiedene Arten von Schildkröten, verteilt auf über 14 Familien. Schildkröten unterscheiden sich in Größe, Farbe und Lebensweise. Alle haben sowohl auf ihrer Bauchseite (Plastron) als auch auf ihrem Rücken (Carapax) einen knöchernen Panzer, den eine lederartige Hautschicht bedeckt. Der Rückenpanzer ist mit dem Bauchpanzer an den Seiten des Körpers durch eine Knochenbrücke verbunden. Nur außerhalb des Panzers besteht die Körperoberfläche aus flexibler Haut, nämlich am Kopf, an den Füßen und am Schwanz. Die Hornplatten sind einzelne, stark vergrößerte Schuppen. Die dehnbare Haut, die den Rest des Körpers bedeckt, besteht wie bei allen Reptilien aus Hornschuppen. Die Schuppen der Haut werden regelmäßig ersetzt.*

Alle Schildkröten haben zwei Lungenflügel und acht Halswirbel. Sie können die Luft kontrolliert von einem Lungenflügel in den anderen strömen lassen. Dieses Verfahren wird von im Wasser lebenden Tieren genutzt, um die Balance zu halten. Schildkröten pflanzen sich jährlich fort. In der Jugend wachsen sie schnell, danach entwickeln sie sich langsam weiter. Manche größeren Arten können sehr alt werden. Auf dem Speiseplan stehen, je nach Art, unterschiedliche tierische und pflanzliche Kost. Da sie keine Zähne haben, können Schildkröten ihre Nahrung nicht zermahlen, sie zerschneiden sie mit dem scharfen Rand ihres Schnabels in Brocken. Wie Krokodile und einige Vögel, schlucken sie kleine Steinchen zur Unterstützung der Verdauung. Sie helfen, die Nahrung im Magen zu zerkleinern.

Schildkröten sind in der Lage, schwere Verletzungen zu überleben, da sie sich sehr gut regenerieren können. Sie sind aber Gefahren ausgesetzt, gegen die selbst ihr harter Panzer nicht hilft, wie z. B. Bissen von Krokodilen oder Greifvögeln, die die Schildkröten aus großer Höhe fallen lassen. Risse im Panzer heilen nur langsam. Ihr Sehvermögen ist sehr gut, selbst bei Nacht. Unter Wasser können Pelomedusenschildkröten potentielle Feinde bereits am Ufer erkennen, an Land ist ihr Sehvermögen jedoch eingeschränkt. Vor allem im Wasser lebende Schildkröten haben einen gut entwickelten Geruchssinn, der ihnen hilft, Nahrung aufzuspüren. Sowohl lebende Beutetiere als auch im Wasser liegende Kadaver werden erkannt. Sie können aber nicht gut hören.

Bei vielen Arten steht Aas auf der Speisekarte. Während der Paarungszeit wird der Geruchssinn genutzt, um Artgenossen des anderen Geschlechts zu finden. Wenn sie ein Sonnenbad nehmen, werden sie lebhafter. Zusätzlich beschleunigt eine erhöhte Körpertemperatur, genau wie bei allen anderen Reptilien, die Verdauung. Schildkröten legen Eier. Sie graben eine Kuhle in den warmen Sand, wo die Kleinen je nach Art nach 6 bis 15 Monaten schlüpfen. Nach der Eiablage schenken sie dem Gelege keine Aufmerksamkeit mehr.

20-25 cm

♂ 2 kg

♀ 2 kg

LC | NT | VU | EN | CE

Glattrand-Gelenkschildkröte *(Kinixys belliana)* **Bell's hinge-back Tortoise**
Bis eine neue Studie im Jahr 2012 zu anderen Ergebnissen führte, wurde angenom-

men, dass die Glattrand-Gelenkschildkröte in weiten Teilen der Länder in diesem Reiseführer verbreitet war. Inzwischen ist sie jedoch selten geworden, vor allem aufgrund des Handels mit exotischen Haustieren. Ein Parasit (Zecke) scheint ihr paradoxerweise beim Überleben zu helfen, nachdem einige Länder deswegen Importe verboten haben. Sie lebt in bewaldeten Gebieten in der Nähe von Wasser. Besonders auffällig ist ihr Rücken, der in einem 90-Grad-Winkel zum Ende steht, so dass sie bei Gefahr sowohl den Schwanz als auch die Hinterbeine einziehen kann. Die Farbe des Rückenpanzers ist überwiegend dunkelbraun mit gelben Flecken. Jüngere Exemplare haben oft gekielte Hornplatten, die jedoch mit zunehmendem Alter verschwinden.

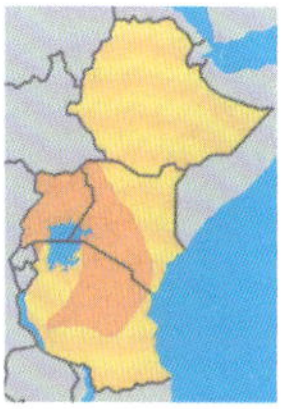

40-70 cm

♂ 15-35 kg

♀ 20-40 kg

LC NT VU EN CE

Pantherschildkröte *(Stigmochelys pardalis)* **Leopard Tortoise**

In der Mitte jeder größeren Knochenplatte befindet sich ein fünfeckiger, gelb-grauer Fleck. Die Zeichnung verblasst mit dem Alter. Die Pantherschildkröte hat einen hohen Panzer. Sie sucht hauptsächlich tagsüber nach Nahrung und verbringt die heißeste Zeit des Tages in schattigen Bereichen. Sie meidet feuchte Gebiete.
Auf der Speisekarte stehen Pflanzen, Früchte, Blumen, aber vor allem Gräser. Um genügend Kalzium für eine gute Eierschale zu bekommen, nagt sie an Knochen und frisst manchmal den Kot einer Hyäne. Während der Regenzeit ist die Schildkröte am aktivsten, vor allem am Morgen. Nach einem Regenschauer in der Trockenzeit findet man sie an stehengebliebenen Pfützen. Während der Paarungszeit kämpfen die Männchen und drücken sich gegenseitig mit den Schilden weg. Dabei machen sie laute zischende, blasende und grunzende Geräusche. Das Weibchen gräbt ein Loch in den Sand, wo es nachts zwischen 5 und 30 Eier ablegt. Nach etwa 10 Monaten schlüpfen die Jungen. Jungtiere fallen manchmal Greifvögeln zum Opfer, die die Schildkröten aus großer Höhe fallen lassen, wodurch der Panzer bricht. Die Pantherschildkröte wird normalerweise bis zu 50 Jahre alt, manchmal viel älter.

35-45 cm

♂ 5-7 kg

♀ 5-7 kg

LC NT VU EN CE

Gezackte Pelomeduse *(Pelusios sinuatus)* **Serrated Hinged Terrapin**
Da Wasserschildkröten immer eine Schlammschicht auf ihrem Panzer haben, ist es schwierig, eine Art von einer anderen zu unterscheiden. Die Gezackte Pelomeduse hat einen etwas höheren Panzer als die Starrbrust-Pelomeduse. Der Panzer ist etwas höckerig und das Weiß der Iris ist oft sichtbar. Sie lebt, wie ihre Artgenossen, in Seen und Flüssen im tropischen Ostafrika. Da sie wie alle Reptilien Kaltblüter sind, liegen sie oft in der Sonne, manchmal sogar auf dem Rücken eines Nilpferdes. Zwischen Oktober und Januar legt das Weibchen bis zu 25 Eier in den warmen Sandboden, daraus schlüpfen nach 60-90 Tagen die Jungen. Die Verbreitungskarte zeigt alle 17 Unterarten der Klappbrust-Pelomedusen.

Starrbrust-Pelomeduse *(Pelomedusa subrufa)* **African Helmeted Turtle** oder **Marsh Terrapin**
Saubere Panzer sind bei Jungtieren hellbraun, später grün bis dunkelbraun. Der Kopf und die Beine sind heller gefärbt. Das Plastron ist gelb mit braunen Flecken. Die Form ist länglich und kuppelförmig. Der Hals ist recht lang und wird bei Störungen unter den Schildrand eingezogen. Halswender-Schildkröten sind in einem großen Teil Afrikas südlich der Sahara beheimatet. Ihr Lebensraum sind sowohl temporäre als auch permanente Gewässer. Während der Regenzeit zieht diese Schildkröte von Tümpel zu Tümpel, was wahrscheinlich zu ihrer großen Verbreitung geführt hat. Wenn kein Oberflächenwasser mehr vorhanden ist, gräbt sie sich ein und wartet auf Regen. Die Art ist aber nicht vollständig vom Wasser abhängig. In gemäßigten Zonen sind sie oft außerhalb des Wassers auf Nahrungssuche. Auch werden sie häufig am Ufer gesehen, wo sie sich sonnen und aufwärmen. Ihre Nahrung besteht vor allem aus Wassertieren, aber auch aus kleineren Amphibien und Reptilien. Sie werden ca. 15 Jahre alt.

20-25 cm

♂ 2 kg

♀ 2 kg

LC NT VU EN CE

KROKODILE - KROKODILE *Crocodilia - Crocodylidae*

Krokodile *Krokodile sind eine Ordnung der Reptilien. Sie leben in tropischen und subtropischen Gebieten. Es gibt drei Krokodilfamilien: Gaviale, Alligatoren (zu denen auch der Kaiman gehört) und Echte Krokodile. Sie sind ausschließlich Fleischfresser und ernähren sich vor allem von Fisch. Es existieren 22 oder 23 verschiedene Arten, darunter das Nilkrokodil. Die meisten Arten leben in stehenden bis langsam fließenden Gewässern. Der als Paddel verwendete Schwanz ist sehr muskulös und trägt einen deutlichen Kamm aus großen Schuppen. Der gesamte Körper ist mit Schuppen bedeckt. Unter diesen liegt eine Schicht von sich überlappenden Plättchen. Jedes Jahr entsteht eine neue Schicht. So kann man auf das Alter des Tieres schließen.*

Krokodile wachsen ihr ganzes Leben lang, die Schuppen jedoch nicht, daher müssen die Tiere sie abschaben. Die Schuppen werden nacheinander abgeworfen. Auch die Zähne sind nicht bleibend und werden regelmäßig ausgetauscht. Krokodile haben einen regulierbaren Stoffwechsel und einen angepassten Blutkreislauf, sie können z. B. sauerstoffarmes und sauerstoffreiches Blut miteinander vermischen. Das Blut hat eine stark antibakterielle Wirkung. Schwere Verletzungen, selbst von abgerissenen Gliedmaßen, verheilen meist schnell und ohne Infektionen. Die Eiweiße im Blut sind in der Lage, z. B. antibiotikaresistente Bakterien zu töten und sogar das für Menschen tödliche HI-Virus abzubauen. Dank der sehr geringen Bewegungsaktivität bleibt der Energieverbrauch niedrig, so dass die Tiere relativ wenig Nahrung benötigen. Krokodile schlucken regelmäßig Steine, um die Verdauung zu fördern. Ihr Magen ist in zwei Kammern unterteilt. Der erste Magen knetet und der zweite Magen verdaut die Nahrung. Das Krokodil verfügt über die konzentrierteste Magensäure, die in der Tierwelt bekannt ist. Im Magen wird die Beute in ihrer Gesamtheit verdaut, Knochen, Hufe, Hörner oder Federn inklusive.

Die Augen haben eine zusätzliche durchsichtige Membran, die sich unabhängig von den Augenlidern schließen kann. Dadurch können Krokodile trotz "geschlossenen" Augen gut unter Wasser sehen. Auch nachts sehen sie hervorragend. Die Paarung findet immer unter Wasser statt. Krokodile sind nicht monogam. Sie sind so wie alle Reptilien Kaltblüter und können ihre Körpertemperatur nicht selbst erhöhen. Um wärmer zu werden, nehmen sie regelmäßig ein Sonnenbad. Dies dient vor allem dazu, die Verdauung zu beschleunigen. Auch Schwitzen kann ein Krokodil nicht. Um sich trotzdem irgendwie abzukühlen, öffnen sie ihr Maul, wodurch zusätzliches Wasser aus dem Maul verdunsten kann. Krokodile spielen ökologisch eine wichtige Rolle. Sie beseitigen kranke, schwache und unaufmerksame Tiere. Auch Kadaver werden gefressen, wodurch verhindert wird, dass diese verrotten und das Wasser verunreinigen. Außerdem fressen sie große Mengen gefräßiger Raubfische, wie z. B. Welse. Dies wirkt sich auf den Lebensraum anderer Tiere aus. Viele Vögel ernähren sich von Fisch. Wird der Fischbestand zu niedrig, ziehen sie fort. Ihr Kot ist aber eine wichtige indirekte Nahrungsquelle für

350-
600 cm

225-
750 kg

200
500 kg

LC	NT	VU	EN	CE

Nilkrokodil *(Crocodylus niloticus)* Nile Crocodile

Bei erwachsenen Nilkrokodilen verschwinden die gelben Flecken auf dem Rücken, aber ihre Flanken bleiben meist gelblich mit grauen Flecken. Bei hohen Temperaturen verharren die Tiere im Wasser. Das Nilkrokodil gräbt Höhlen ins Ufer, manchmal unterhalb des Wasserspiegels, in die es sich zurückzieht, wenn es zu heiß oder zu trocken wird. Es versteckt sich auch unter großen Steinen und zwischen Baumwurzeln. Krokodile lassen die Anwesenheit von Artgenossen zu, weil sie als Gruppe effizienter jagen können. Die Beute wird auseinandergerissen, indem sich das Krokodil um seine Achse dreht. Nach 12 bis 16 Jahren sind sie geschlechtsreif. Während der Balz berühren sie einander oft, vor allem am Kopf und am Genick. Indem sie mit ihren Nasenlöchern und ihrem Maul das Wasser blubbern lassen, versuchen die Männchen die Weibchen zu beeindrucken. Ein dominantes Männchen kann sich mit bis zu zwanzig Weibchen paaren.

Einen Monat nach der Paarung legt das Weibchen 40 bis 60 Eier in eine 50 cm tiefe, warme Sandgrube. Die Temperatur muss mindestens 28 °C betragen. Die Höhe der Temperatur ist entscheidend für das Geschlecht: Bei 32-33 °C entstehen meist Männchen, bei niedrigeren Temperaturen (<31 °C) Weibchen. Da die Temperatur im Nest jedoch niemals überall gleich ist, schlüpfen nach drei Monaten beide Geschlechter. Das Weibchen bleibt in der Nähe, um Nesträuber wie den Nilwaran fernzuhalten. Wenn die Jungen geschlüpft sind, machen sie piepsende Geräusche, die die Mutter veranlassen, sie auszugraben und in ihrem Maul zum Wasser zu transportieren. Räuberische Säugetiere, Vögel, große Fische und Artgenossen sind dann eine Gefahr. Die größte Bedrohung für Krokodile ist der Mensch. Das Töten von Krokodilen im großen Stil findet aus Angst, Unwissenheit oder kommerziellen Gründen statt. Auf Grund der Austrocknung seiner Lebensräume ist das Krokodil bereits in vielen Ländern verschwunden. Meistens werden Nilkrokodile 50 bis 70 Jahre alt, aber unter guten Bedingungen werden einzelne Exemplare auch 100 Jahre alt und älter.

Agamen *Alle Echsen haben einen grundsätzlich ähnlichen Körperbau, die Arten können sich jedoch in Länge, Farbe und Körperform stark unterscheiden. Die kleinsten Arten werden nur einige Zentimeter lang, die größten erreichen eine Länge von fast drei Metern (Komodowaran). Viele Echsen haben eine verknöcherte Lederhaut. Diese fehlt jedoch bei einigen Gruppen wie z.B. den Geckos, diesen blitzschnellen Echsen. Die Hautfarbe vieler Echsen wird durch Melanin bestimmt, einem organischen Pigment, das von den Melanozyten produziert wird. Dies sind Zellen, die unter der untersten Schicht der Oberhaut liegen. Vor allem bei Agamen kann man dies gut sehen. Agamen sind Teil der Leguanartigen (Agamen, Chamäleons und Leguane) und hier mit den Chamäleons eng verwandt. Die Agamen (Agamidae) bilden eine Familie innerhalb der Ordnung Schuppenkriechtiere. Die Familie umfasst über 350 Arten. Agamen haben relativ häufig einzelne Schuppen die dornartig auf dem Kopf, Genick und Schwanz abstehen.*
Die meisten Arten bleiben klein, ungefähr 20 bis 30 cm groß. Männchen sind oft spektakulär gefärbt, vor allem während der Paarungszeit. Hierdurch werden manche Arten von der lokalen Bevölkerung zu Unrecht für giftig gehalten und getötet. Einige Arten haben sich an kühlere oder trockenere oder heißere Lebensbedingungen angepasst. In Afrika leben sie in Savannen und in Wüsten. Agamen sind Allesfresser. Außer Insekten fressen sie Gras, Früchte und Blüten. Auch Eier anderer Echsen werden gefressen. Sie selbst werden von Mangusten, Greifvögeln und Schlangen gejagt. Sie haben verschiedene Kommunikationsformen, die bekannteste ist das 'Nicken' mit dem Kopf. Viele Arten können auch ihren Gemütszustand durch die Körperfarbe ausdrücken, genau wie Chamäleons. Bei manchen Arten sind die weniger dominanten Männchen wie die Weibchen gefärbt. Die dominanten Männchen sind oft aggressiv und verteidigen vehement ihr Territorium. Die meisten Agamen legen Eier. Agamen werden 7 bis 17 Jahre alt.

♀

♂

17-25 cm

LC | NT | VU | EN | CE

Gregori Blaukehlagame *(Acanthocercus gregorii)* **Black-necked Agama**
Einen allgemein anerkannten deutschen Namen für diese Agame gibt es noch nicht. Diese Agame lebt in Teilen des östlichen Afrikas und bevorzugt Gebiete mit trockenem, mit Bäumen bewachsenem Boden. Sie findet ihre Nahrung vor allem auf Bäumen (Johannisbrotgewächse und Akazien), sucht aber auch den Boden zwischen den Bäumen ab. Der Kopf und die Vorderbeine sind blau, ab dem Rücken wird sie gelb und der Schwanz endet wieder blau. Die Flanken sind gelb bis grau. So wie bei Agamen üblich, verändert sie ihre Farbe je nach Gemütszustand. Das etwas kleinere Weibchen ist viel blasser (graubraun). Es legt seine Eier in eine warme, feuchte Höhle, meist zu Beginn der Regenzeit. Der Nachwuchs schlüpft nach ca. 90 Tagen.

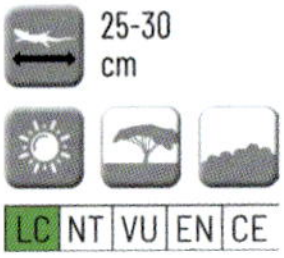

Kenia Felsenagame *(Agama lionotus)* **Kenyan Rock Agama**

Sie ist eine der farbenfrohsten Agamenarten. Das Männchen hat einen blauen Körper und einen schönen orangen Kopf. Den Rücken entlang läuft ein heller Streifen. Der Schwanz ist blau-hellblau geringelt. Auch die Beine sind blau. Die Weibchen sind braun oder grau gesprenkelt. Wenn ein fremder Artgenosse in das Territorium eindringt, greift das dominante Männchen sofort an. Dabei "nickt" es mit seinem Kopf. Eindringling und Verteidiger umkreisen sich zunächst, dann greifen sie an. Sie beißen zu und schlagen mit dem Schwanz. Die Agamen fressen vor allem Insekten. Ameisen zählen zu ihren Lieblingsspeisen. Sie setzt sich manchmal neben eine Ameisenstraße, um in aller Ruhe die vorbeilaufenden Tiere aufzufressen. Das Weibchen legt die Eier zu Anfang der Regenzeit. Die Jungen schlüpfen nach 50 bis 60 Tagen.

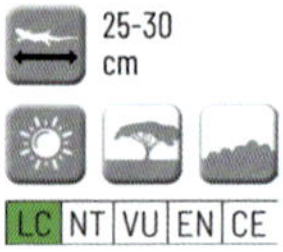

Stahlblaue Felsenagame *(Agama mwanzae)* **Mwanza Flat-headed Agama**

Diese auffällige Agame kommt in den trockenen Gebieten von Kenia und Tansania vor. Die Felsenagame lebt in losen Gruppenverbänden und vor allem in felsigen Gebieten. Man findet sie nicht selten sonnenbadend auf einem Stein. Männchen sind vom Kopf bis zu den Schultern violett. Häufig ist der Rücken ebenfalls violett, außerhalb der Paarungszeit etwas blasser. Die Beine sind blau oder grau. Die Weibchen sind hellbraun bis grau. Weniger dominante Männchen sind insgesamt viel blasser. Die Art wird manchmal mit der rotköpfigen Siedleragame verwechselt. Die Felsenagame ernährt sich von Wirbellosen, wie Käfern und Heuschrecken. Sie wird wegen ihrer Farbenpracht als Haustier gehalten. Im Volksmund nennt man sie auch "Spiderman lizard".

SCHUPPENKRIECHTIERE - WARANE *Squamata - Varanidae*

Warane *Warane sind die größten Echsen. Sie kommen in den verschiedensten Lebensräumen vor. Manche Arten leben in trockenen Wüsten, andere haben sich an Gebiete mit Bewuchs angepasst. Einige sind nur im tropischen Regenwald an zu treffen, wo sie sich fast ausschließlich auf Bäumen aufhalten. Im Gegensatz dazu leben unter anderem der Nilwaran und der Weißkehlwaran vor allem auf dem Boden. Von manchen Waranen weiß man, dass sie stark an wasserreiche Umgebungen angepasst sind, Zu ihnen gehört der Nilwaran, der einen seitlich abgeflachten Schwanz hat, um besser schwimmen zu können. Alle Warane haben einen dreieckigen Kopf mit einem relativ spitzen Maul. Sie verfügen über recht gut entwickeltes Gehör und können vor allem tagsüber gut sehen. Die Form der Nase ist vom Lebensraum abhängig. Bei wasserliebenden Waranen sitzt die Nase etwas höher, damit sie beim Schwimmen atmen können. An der Unterseite des Kopfes befindet sich ein Kehlsack für Nahrung. Warane kommen morgens zum Vorschein, um nach Fressbarem zu suchen. Die heißeste Tageszeit verbringen sie in ihrem Versteck, einer Höhle oder zwischen Felsen. Alle Arten sind gute Kletterer, Schwimmer und Läufer. Die Tiere sind notorische Eierdiebe und scheuen sich nicht, das Nest eines Krokodils auszurauben. Am nächsten verwandt sind Warane mit den Schlangen. Sie haben auch einige Merkmale mit Schlangen gemeinsam, wie z. B. die lange, gespaltene Zunge und den stark entwickelten Geruchssinn. Sie können auch ihr Maul weit öffnen um größere Nahrungsbrocken zu schlucken, ein typisches Merkmal aller Schlangen. Sie werden meist 12 bis 17 Jahre alt.*

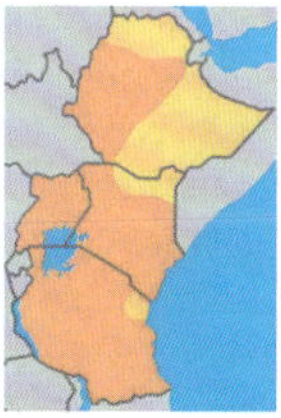

60-150 cm

♂ 6-9 kg

♀ 5-7 kg

LC | NT | VU | EN | CE

Weißkehlwaran *(Varanus albigularis)*

Rock Monitor

Es gibt drei Unterarten des Weißkehlwarans. Zwei davon leben in einem oder mehreren Ländern dieses Buches. Diese Unterarten unterscheiden sich in Farbe und Größe. Gemeinsam haben sie den gebänderten Schwanz und den helleren Hals. Dieser Waran hat einen ähnlichen Lebensraum wie der Nilwaran. Die beiden Arten sind vor allem daran zu unterscheiden, dass der Weißkehlwaran einen kürzeren Kopf hat. Die Nahrung des Weißkehlwarans ähnelt der seines größeren Cousins. Eigentlich frisst er alles, was in sein Maul passt. In Uganda gibt es Medizinmänner, die ihren Patienten das Blut dieses Warans als Medizin gegen HIV spritzen. Es gibt Weißkehlwarane, die weit über 150 cm groß und erheblich schwerer als üblich sind.

90-160 cm

♂ 7-13 kg

♀ 6-11 kg

LC NT VU EN CE

Nilwaran

(Varanus niloticus)

Nile Monitor

Der Nilwaran ist Afrikas längste Echse aus der Familie der Warane.
Er frisst nicht nur Aas, sondern ist auch ein aktiver Jäger. Er frisst allerlei kleine Tiere wie Vögel, Amphibien, Echsen, Schlangen und Weichtiere, aber vor allem Eier, insbesondere die des Krokodils. Er stellt die größte Bedrohung für das Gelege des Nilkrokodils dar. Der Nilwaran liebt trockene, heiße Plätze in sandigen Gebieten (z. B. Savannen und Halbwüsten) mit etwas Vegetation, Wasser und Felsen, zwischen denen er sich in der Mittagshitze verstecken kann. Da er oft das Wasser als Fluchtweg wählt, ist er häufig in der Nähe von Seen und Flüssen zu finden. Die Geschlechter sind schwer auseinanderzuhalten, aber das Männchen hat eine etwas dickere Schwanzwurzel und sein Körper ist etwas größer. In kühleren Gegenden halten die Tiere eine Winterruhe von zwei bis drei Monaten. Der Nachwuchs hat einen schwarzen Körper mit grellgelben Flecken. Bei älteren Tieren verblassen die Farbschattierungen und der Körper wird überwiegend grau oder oliv.
Der Nilwaran hat einen launischen Charakter und greift durchaus an, wenn Sie ihm zu nahe kommen. Sie sind blitzschnell. Sowohl die langen, scharfen Krallen, als auch der Schwanz und das Maul werden als Waffen eingesetzt und können Menschen ernsthaft verletzen, abgesehen von den Fäulnisbakterien, die das Maul des Nilwarans bevölkern und eine Gefahr darstellen. Junge Warane fallen oft Greifvögeln zum Opfer. Die Eier werden häufig von Katzenartigen und Ratten ausgegraben. Ein Weibchen legt 16 bis 32 Eier, die nach 6 bis 9 Monaten schlüpfen. Die Jungtiere sind sofort selbstständig. Manchmal gibt es Nilwarane, die größer als 150 cm und auch deutlich schwerer sind.

Schlangen *Von den rund 3.900 verschiedenen Arten töten etwa 600 ihre Beute mit Gift. Zu dieser Gruppe gehören auch Schlangen, deren Gift für den Menschen wenig oder gar nicht gefährlich ist. Als Kaltblüter leben die meisten Arten in wärmeren Gegenden, einige in extrem trockene Umgebungen, andere kommen sogar in kalten Regionen bis zum Polarkreis vor. Es gibt jedoch auch Schlangen, die unterirdisch leben oder sich an ein Leben in wasserreichen Umgebungen angepasst haben. Wenn eine Schlange sich häutet, wird die Haut in einem Stück abgeworfen. Es gibt 18 Schlangenfamilien, von denen viele in Afrika leben. Vier davon appellieren an die Fantasie: Culubridae - Nattern, Pythonidae - Pythons, Elapidae - Giftnattern (Kobras, Mambas) und die Viperdae - Vipern. Alle diese Familien haben wiederum viele Unterfamilien. Ihr wichtigster Sinn ist der Geruchssinn. Schlangen atmen durch die Nasenlöcher, riechen aber mit der Zunge. Sie „wedeln" mit der Zunge, um Duftstoffpartikel aufzufangen. Im Inneren des Mauls führen sie die Zungenspitzen in das Jacobson-Organ. Da die Zunge gespalten ist, können Schlangen in „Stereo" riechen.*
Sie hören nicht wie andere Tiere, aber sie reagieren auf Schallvibrationen. Die meisten Schlangen können nur schlecht sehen und erkennen lediglich bewegliche Objekte. Schlangen sind Fleisch-, aber keine Aasfresser. Sie töten ihre Beute durch Strangulieren, Beißen oder durch Verabreichung von Gift. Sie haben viele Feinde, z. B. andere Schlangen, Krokodile, Schildkröten, Vögel und Säugetiere. Zu letzteren zählen vor allem die Marderarten und Mangusten. Von den großen Katzenartigen, Primaten und Schweinen weiß man, dass auch sie hin und wieder Schlangen fressen. Huftiere zertrampeln Schlangen, um sich selbst zu schützen. Im unwahrscheinlichen Fall eines Schlangenbisses sollten Sie unbedingt versuchen, das Tier zu fotografieren, damit später das richtige Antiserum ermittelt werden kann. Für Hilfe bei Schlangenbissen lesen Sie bitte www.toxinology.com.

Nattern *Die Nattern-Familie (Colubridae) ist in vier Unterfamilien unterteilt. Aufgrund des fortschreitenden Wissens haben viele Arten in den letzten Jahren ihre wissenschaftlichen Namen mehrmals geändert. Oft gibt es nicht einmal einen deutschen Namen für die Art. Mit mehr als 250 Gattungen und über 1800 Arten ist sie die bei weitem größte Schlangenfamilie. Mit Ausnahme einiger weniger Arten (z.B. Boomslang und Lianennattern) sind Glattnattern für den Menschen ungefährlich.*

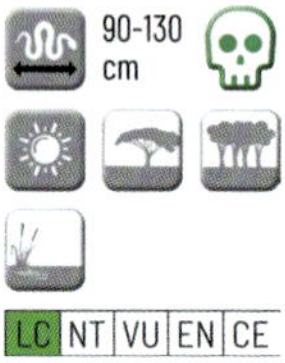

Gefleckte Buschschlange

(Philothamnus semivariegatus)

Spotted Bush Snake

Die Gefleckte Buschschlange ist eine lange, schlanke und sich schnell bewegende Schlange. Sie sind im dichten Grün kaum wahrnehmbar. Sie sind als Beute verletzlich und völlig harmlos. Diese grüne Schlange mit schwarzen Flecken ist am Bauch gelblich bis cremefarben. Sie jagen Eidechsen und Laubfrösche in bewaldeten Savannen. Sie haben einen hervorragenden Sehsinn und sind schnelle Schwimmer.

Boomslang *(Dispholidus typus)* **Boomslang**

Die Weibchen behalten die braungraue Färbung, die auch für junge Boomslangen kennzeichnend ist, während die Männchen hellgrün sind. Die Boomslang hat eine kurze, stumpfe Nase und große Augen. Sie leben in bewaldeten Gebieten inmitten von Savannen, die nicht zu trocken sind. Ihre Nahrung besteht aus Chamäleons, Echsen, Fröschen und ab und zu kleinen Säugetieren, Vögeln und Eiern. Im Gegensatz zu den meisten Nattern ist die Boomslang sehr giftig. Der Giftstoff ist ein Hämotoxin. Das bedeutet, dass das Gift das Hämoglobin (Eiweiß) in den roten Blutkörperchen angreift und zerstört. Dadurch kann das Blut nicht mehr gerinnen und das Opfer stirbt an zahlreichen inneren und äußeren Blutungen. Symptome bei Menschen sind: Kopfschmerzen, Übelkeit, Schlaflosigkeit und Wahnvorstellungen. Die Symptome zeigen sich oft erst nach Stunden. Einerseits hat man so Zeit, ein Antiserum zu besorgen, andererseits läuft man aber Gefahr, den Biss zu vernachlässigen. Eine erwachsene Boomslang hat 4-8 Milligramm Gift. Fünf Milligramm genügen meist, um einen Menschen zu töten. Die scheue Baumschlange beißt nur, wenn man versucht, sie zu fangen. Das Weibchen legt ca. 30 Eier. Boomslangen werden oft nicht älter als 8 Jahre.

70-100 cm

LC | NT | VU | EN | CE

Weißlippen-Schlange

(Crotaphopeltis hotamboeia) **Herald Snake**

Die Weißlippen-Schlange ist in weiten Teilen Subsahara-Afrikas zu finden. Sie ist durchschnittlich 75 cm lang und hat einen hell-orangen und schwarzen Fleck hinter den Augen. Die Farbe der Weißlippen-Schlange variiert von braun bis dunkelgrau mit weißen Punkten. Der Bauch ist deutlich heller.
Die Schlange ist leicht reizbar und reagiert aggressiv, wenn sie gestört wird. Dann zischt sie und greift an. Sie kann auch beißen. Ihr Biss ist jedoch für den Menschen harmlos. Sie bevorzugt sumpfiges Grasland inmitten von Flachlandwäldern. Sie ernährt sich von Kröten, Fröschen, Eidechsen und anderen Schlangen. Untersuchungen zeigen, dass diese Schlange zehn bis 15 Jahre alt wird.

Getigerte Katzennatter *(Telescopus semiannulatus)* Eastern Tiger Snake

Die Getigerte Katzennatter ist ein farbenfrohes Mitglied der 1800 verschiedene Arten umfassenden Familie der Nattern *(Culubridae)*. Sie ist eine auffällige Schlange mit einem schlanken Leib und einem relativ großen orangen Kopf mit großen, hervorquellenden, orangen Augen. Ihr Körper ist hellrosa, auf dem Rücken hat sie braunschwarze Flecken (am Bauch nicht, das unterscheidet sie unter anderem von der Südafrikanische Korallenschlange *(Aspidelaps lubricus)*. Sie ist vor allem nachts aktiv und sucht ihre Nahrung auf dem Boden. Sie frisst junge Vögel, Fledermäuse, Echsen und kleine Nagetiere. Sie bewegt sich langsam. Einmal in der Nähe ihrer Beute, schlägt sie mehrmals rasend schnell zu. Ihr Gift ist schwach und für den Menschen ungefährlich. Ihr bevorzugter Lebensraum sind Savannen und Halbwüsten. Getigerte Katzennattern werden ca. 10 Jahre alt. Die Weibchen legen während des Sommers 6 bis 20 Eier.

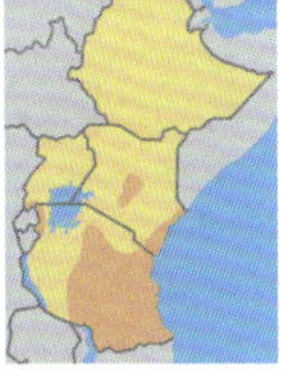

55-80 cm

LC | NT | VU | EN | CE

Pythons *Diese Schlangen gehören zusammen mit den Boas und Anakondas zu den größten Schlangen. Vor allem in abgelegenen Gebieten, in denen sie nicht von Menschen gejagt werden, wurden Pythons gefunden, die 6 Meter oder noch länger waren. Pythons haben eine besondere Form der Brutpflege: Sie legt die Eier als Haufen ab und windet sich dann um das Gelege. Da Schlangen Kaltblüter sind, kann sie dies nicht mit ihrer Körperwärme tun, aber indem sie ihren Körper durch Muskelkontraktionen in Schwingung versetzt, erhöht sich ihre Körpertemperatur. Das Weibchen ist in dieser Zeit sehr aggressiv.*

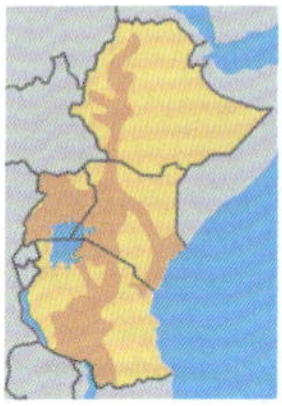

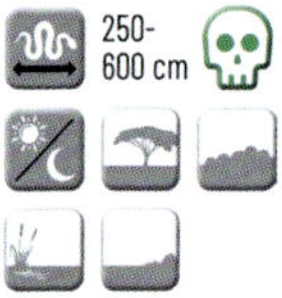

LC NT VU EN CE

Nördlicher Felsenpython

(Python sebae)

African Rock Python

Er ist hellbraun bis grau und hat auf dem ganzen Körper dunkelbraune Flecken. Andere Muster sowie viele hellere Färbungen kommen aber ebenfalls vor. Die Weibchen können eine Länge von mehr als 4 Metern und ein Gewicht weit über 50 Kilo erreichen. Die Männchen bleiben übrigens viel kleiner und werden ungefähr 250 cm lang. Der Felsenpython ist in einem großen Teil Afrikas verbreitet. Sein Lebensraum ist vielfältig: Wälder, Savannen bis hin zu felsigen Umgebungen, aber immer in der Nähe von permanentem Wasser. Er nutzt die Wärmesensoren an seiner Oberlippe, um Beutetiere wie Ratten, Schweine und Affen zu orten. Besonders nachts ist er darauf angewiesen. Wegen ihrer beträchtlichen Länge fressen sie auch viel größere Beutetiere. Sie können durchaus auch eine erwachsene Antilope oder ein junges Krokodil verspeisen. Von einer so großen Beute können sie wochenlang zehren. Obwohl diese Schlangen kräftig zubeißen können, töten sie ihre Beute durch Umschlingen und Erdrücken. Bei anhaltender Trockenheit sucht der Felsenpython Höhlen anderer Tiere für einen Sommerschlaf auf. Dieser Ruhezustand wird erst beendet, wenn die Bedingungen besser werden. Die größte Bedrohung stellt die Bejagung durch den Menschen dar, der die Haut des Pythons zu Schlangenleder verarbeitet. Das Weibchen legt 20 bis 100 Eier, nach 90 Tagen schlüpfen die Jungen. Felsenpythons werden meist 10 bis 15 Jahre alt. Der **Südliche Felsenpython** *(Python natalensis)* **Southern African Python** lebt bis in den Süden Zentralkenias. Er erreicht in der Regel nicht die Länge seiner nördlichen Verwandten. Äußerlich gibt es kaum Unterschiede.

Echte Kobras *Die Echten Kobras (Naja) sind eine Gattung aus der Familie der Giftnattern (Elapidae). Diese Gattung gehört zu der am weitesten verbreiteten Gruppe von Giftschlangen und umfasst 38 Arten. Die taxonomische Einordnung der Gattung wurde in der Vergangenheit mehrfach geändert. Kobras gehören zu den bekanntesten Schlangen der Welt, aber aufgrund ihrer Artenvielfalt gibt es noch viel zu erforschen, insbesondere die in Afrika vorkommenden Unterarten.*

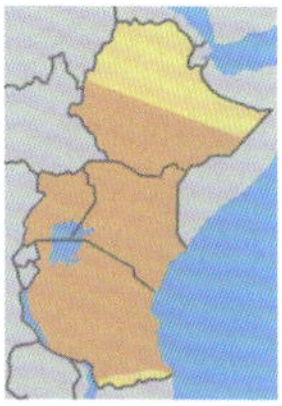

55-80 cm

LC NT VU EN CE

Afrikanische Speikobra

(Naja nigricollis)

Black-necked Spitting Cobra

Die Farbvariationen dieser Kobra sind sehr vielfältig. Beide Bilder zeigen Afrikanische Speikobras, aber sie haben eine völlig andere Farbe. Die ventrale Seite ist grau oder schwarz, manchmal fleckig und in einigen Fällen durch orange oder dunkelgraue Bänder unterbrochen. Bei drohender Gefahr hebt sie den Kopf. Sie kann ihr Gift bis zu zwei Meter weit mit bemerkenswerter Präzision in Richtung der Augen ihres Angreifers spritzen. Im Gegensatz zu den meisten Speikobras beißt diese schon bei der kleinsten Reizung. Das neurotoxische Gift besteht wie bei der Puffotter größtenteils aus *Cytotoxine*. Das Sekret zerstört den Gerinnungsprozess und führt unter anderem zu Nekrose (Absterben von Gewebe) und ist ohne rechtzeitige Behandlung tödlich. Diese Kobras sind tag- und nachtaktiv und erbeuten vorrangig Nagetiere, aber auch andere Schlangen, Vögel und deren Eier. Die Jagd findet vorzugsweise in Savannen und Halbwüsten statt, aber auch in Dörfern mit Mäusen und Ratten. Besonders in Uganda werden sie regelmäßig gesehen.

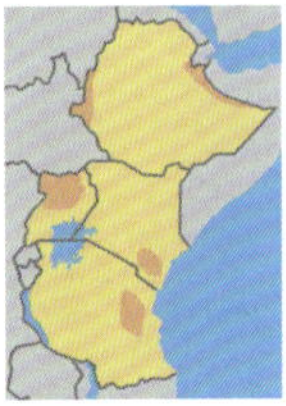

140-
240 cm

LC NT VU EN CE

Uräusschlange

(Naja haje) **Egyptian Cobra**

Kopf und Hals sind fast immer dunkelbraun oder schwarz. Der Körper kann gelblich sein, eventuell mit dunklen Bändern, oder fast schwarz. Ihre Nahrung besteht aus kleinen Schlangen, Säugetieren, Kröten und Vögeln. Sie sind sehr territorial. Wenn Gefahr droht, richtet die Uräusschlange ihren Oberkörper auf und spreizt ihren Nackenschild. Sie zischt, kommt näher und greift an. Das Weibchen legt bis zu 33 Eier, die nach 60 Tagen schlüpfen. Man findet sie in Wüsten und trockenem Grasland, aber auch in städtischen Gebieten. Man findet sie auch auf Feldern und in Flusstälern. Sie meidet dichte Wälder und extrem trockene Gebiete. Wenn diese Kobra einen Menschen beißt, wird in einem von drei Fällen kein Gift injiziert, falls aber doch, enthält das injizierte Gift ein starkes Neurotoxin, das das zentrale Nervensystem angreift und schwere Lähmungen verursacht.

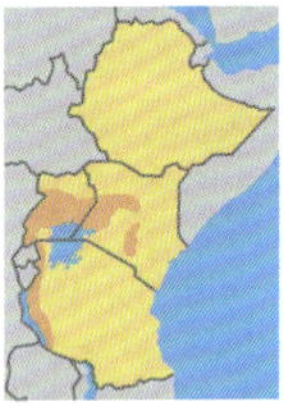

150-
300 cm

LC NT VU EN CE

Braune Waldkobra *(Naja subfulva)* **Forest Cobra**

Diese Kobra hat verschiedene Erscheinungsformen. Sie kann fast vollständig schwarz sein, dann wird sie auch als "Black Cobra" bezeichnet. Oder sie hat am ganzen Körper schwarze Bänder oder Flecken, oder Kopf und Hals sind ockerfarben und der Rest des Körpers ist dunkelbraun bis schwarz, wobei der Hals und die Bauchseite hellbraun sind. Sie ist die längste Kobra der Naja-Gattung und sehr anpassungsfähig und kommt auch in trockeneren Gebieten vor, obwohl sie Tieflandwälder und feuchte Bedingungen in Savannen bevorzugt. Sie kann sehr gut schwimmen. Auf ihrem Speiseplan stehen daher neben kleineren Säugetieren und Reptilien auch Fische. Bei Gefahr hebt sie den Kopf und spreizt ihren Nackenschild. Ihr Gift ist hauptsächlich neurotoxisch und führt bei Beutetieren innerhalb von Minuten zum Tod. Auch für den Menschen ist das Gift tödlich. Begegnungen mit dieser Schlange sind jedoch eher selten. Während des Paarungsrituals richten Rivalen ihren Hals auf und „tanzen" mit ihren Köpfen. Nach 55 bis 70 Tagen legt das Weibchen zwölf bis 26 Eier in einen hohlen Baum, Termitenbau oder ein Erdloch. Mit 28 bis 35 Jahren (in Gefangenschaft) erreichen sie ein für Kobras hohes Alter.

- GIFTNATTERN *Squamata – Elapidae*

Mambas *Wie die Echten Kobras gehören auch die Mambas zur Giftnattern-Familie (Elapidae). Es gibt vier Arten, die alle in Afrika vorkommen. Drei der vier Arten leben in Bäumen. Nur die Schwarze Mamba ist oft am Boden zu finden. Charakteristisch für Mambas ist, dass sie in drohender Position das Maul weit öffnen. Dadurch erweitert sich der Hals, genau wie bei Kobras, nur nicht so stark.*

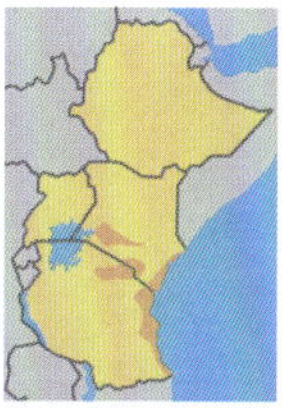

180-230 cm

LC | NT | VU | EN | CE

Gewöhnliche Mamba

(Dendroaspis angusticeps) **Eastern Green Mamba**

Diese Mamba lebt in feuchten Waldgebieten mit immergrünen Bäumen. Auf der Rückseite ist sie grün und ihr Bauch ist gelblich. Der schmale Kopf ist fast genauso dick wie der Körper. Die Augen sind groß und haben runde Pupillen (typisch für tagaktive Schlangen). Die Innenseite des Mauls ist weiß. Es sind Baumbewohner, die sich nur selten auf den Boden wagen. Mit ihrer Farbe sind sie gut getarnt für die Jagd auf Chamäleons, Vögel und andere Baumbewohner. Begegnungen mit Menschen sind selten, das neurotoxische Gift ist jedoch sehr stark und führt ohne sofortige Behandlung mit einem Schlangenserum meist zum Tod. Das Weibchen legt zehn bis 15 Eier, nach drei Monaten schlüpfen die Jungen. Wie alle Giftschlangen sind sie vom ersten Tag an giftig. Mambas werden etwa 12 bis 15 Jahre alt.

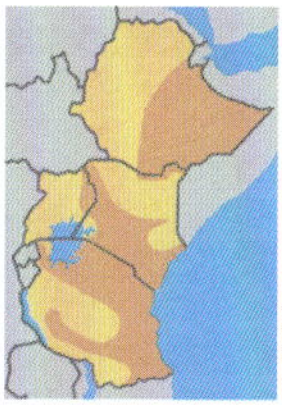

200-400 cm

LC | NT | VU | EN | CE

Schwarze Mamba *(Dendroaspis polylepis)* **Mamba, Black**

Die Schwarze Mamba ist schlank und in einigen Fällen über 4 Meter lang. Ihren Namen hat sie wegen der schwarzen Innenseite ihres Mauls. Ihre Körperfarbe variiert zwischen hellgraubraun, braun und bläulich mit einer helleren Bauchseite. Sie hat einen schlanken Kopf mit sehr großen und glatten Schuppen. Es ist die schnellste Schlange der Welt. Sie kann auf kurze Entfernungen 16 bis 20 km/h erreichen. Diese Schlange ist bekannt für ihre extreme Giftigkeit. Das Gift hat lähmende Wirkung und kann zu Atemstillstand führen. Es gibt zwar ein Antiserum, da manche Menschen jedoch allergisch darauf reagieren, kann es nicht immer bedenkenlos verabreicht werden. Schwarze Mambas werden in die Enge getrieben - aggressiv und greifen dann an. Auf kurze Entfernungen sind diese Schlangen extrem schnell, wodurch es beinahe unmöglich ist zu entkommen. Mit einem einzigen Biss können sie so viel Gift absondern, dass der Tod eines Menschen schon nach 20 Minuten eintritt. Wütende Mambas beißen mehrmals zu. Sie leben in trockeneren und wärmeren Gebieten. Ihre Favoriten sind Felder und Äcker. Sie bewegen sich meistens auf dem Boden. Ihre Nahrung besteht vor allem aus kleinen Säugetieren und Vögeln. Das Weibchen legt 15 bis 25 Eier ab, nach 60 Tagen schlüpfen die Jungen. Sie werden etwa 12 bis 15 Jahre alt.

Vipern *Mit Ausnahme einiger Arten haben alle Vipern einen gedrungenen Körperbau mit einem kurzen Schwanz und einem dreieckigen Kopf, der deutlich breiter ist als der Hals. Die meisten Vipern sind lebendgebärend, die Eier sind bereits im Mutterleib geschlüpft. Einige Arten legen zwar noch Eier, aber deren Embryonen sind bereits in einem entwickelten Stadium. Vipern bewegen sich langsam. Wenn sie bedroht werden, verhalten sie sich ruhig und verlassen sie sich lange Zeit auf ihre Tarnung. Alle Vipern sind giftig.*

Puffotter *(Bitis arietans)* **Puff Adder**

Die Puffotter lebt in verschiedensten Biotopen in ganz Afrika. Durch ihr starkes Hämotoxin, ihre weite Verbreitung und ihre Bissfreudigkeit wird diese Schlange in Afrika als die gefährlichste aller Giftschlangen angesehen. Die Puffotter ist in Afrika für die meisten Todesopfer verantwortlich Anders als andere Schlangen verlässt sich die Viper lange Zeit auf ihre Tarnung, bis Beute oder Gefahr zu nahe kommen, dann „plustert" sie ihren Körper auf und schlägt zu. Das laute Zischen, das sie ausstößt, wenn sie sich bedroht fühlt, hat so manchem Menschen das Leben gerettet. Ihr Farbmuster unterscheidet sich je nach Region, aber der breite Kopf ist unverkennbar. Puffottern sind gute Schwimmer, klettern auf Bäume und jagen vor allem nachts, z. B. Nagetiere, Echsen und auf dem Boden Frösche oder Kröten. Die Puffotter ist lebendgebärend (die Jungen schlüpfen bereits im Körper). Ein Wurf besteht normalerweise aus 50 bis 60 Jungen. Große Exemplare, vor allem in Ostafrika, bekommen sogar 100 Junge. Puffottern werden zehn bis 14 Jahre alt.

Östliche Gabunviper *(Bitis gabonica)* **Gaboon Viper**

Die Gabunviper ist die längste Viper in Afrika. Sie hat einen weißen breiten Kopf mit zwei Hörnern und einen dunklen rautenförmigen Fleck von den Augen bis zum Unterkiefer. Der Rest des kräftigen Körpers hat ein Muster aus dunkelbraunen Streifen auf dem Rücken und hellbraunen Streifen bis zum Bauch, die mit Streifen und Flecken in verschiedenen Brauntönen durchsetzt sind. Dadurch ist sie inmitten von trockenem Laub fast unsichtbar. Vor allem in Uganda findet man sie am Rande von Regenwäldern, die in Graslandschaften übergehen. Ihre Nahrung besteht hauptsächlich aus Vögeln, Insekten und kleinen

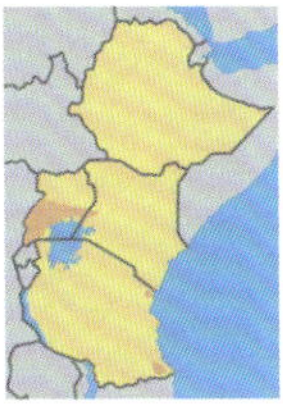

90-120 cm

LC | NT | VU | EN | CE

Säugetieren wie Eichhörnchen und anderen Nagetieren. Sie sind keine aktiven Jäger. Sie schlagen schnell aus der Deckung zu und injizieren ihrer Beute ihr Gift. Nur wenn sie provoziert werden, greifen sie auch Menschen an. Das Sekret ist nicht extrem giftig, aber da die großen Reißzähne viel Flüssigkeit einspritzen und sie ihre Beute oft nicht loslässt, sind Bisse meist tödlich, auch für Menschen, die nicht rechtzeitig behandelt werden. Das Weibchen bringt nach einer Schwangerschaft von 7 Monaten etwa 30 Junge zur Welt.

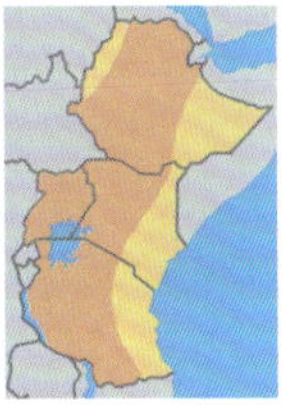

50-100 cm

LC | NT | VU | EN | CE

Gemeine Krötenviper *(Causus rhombeatus)* **Rhombic Night Adder**
Der Name Krötenviper kommt von ihrer Ernährung, denn sie frisst hauptsächlich Kröten. Wie andere Vipern sind auch Krötenvipern hauptsächlich nachtaktiv, aber diese Viper hat runde Pupillen und jagt also auch tagsüber. Ihr Geruchssinn ist besser entwickelt als ihr Sehvermögen. Die dunkle V-Form an der Rückseite des Schädels ist typisch für diese Viper. Hinter den Augen befindet sich ein schwarzes Band auf dem ansonsten blassbraunen Kopf. Der Rest des Körpers ist auf dem Bauch beige und der Rücken hat braune Flecken, unterbrochen von hellbraunen Streifen bis zum Bauch.

Nur wenn sie angegriffen werden und keinen Ausweg mehr sehen, werden sie versuchen zu beißen. Obwohl das Sekret relativ mild ist, ist ihr Biss äußerst schmerzhaft. Sie bevorzugen feuchte Bedingungen mit felsigem Gelände oder ein Gebiet mit Termitenhügeln, wo sie sich verstecken können. Der Schlupf erfolgt drei bis vier Monate nach Eiablage, manchmal auch zweimal im Jahr.

Chamäleons *Die Chamäleons sind eine Familie der Leguanartigen (Iguania) innerhalb der Schuppenkriechtiere (Squamata). Chamäleons sind Fleischfresser und weisen einige charakteristische Merkmale auf, die sie von anderen Reptilien unterscheiden. Sie haben eine lange, muskulöse Zunge, einen Greifschwanz, sich unabhängig voneinander bewegende Augen mit einem Blickfeld von 342° und zangenartige Beine. Die unterschiedlichen Farben entstehen durch das Zusammenspiel verschiedener Zellarten in der Haut - pigmentierter Zellen und solcher, die das Licht reflektieren.*
Die Farbe wird heller bei Sonnenlicht, zeigt Stress oder Entspannung an und dient der Kommunikation mit Artgenossen. Das Weibchen zum Beispiel leuchtet auf, um anzuzeigen, dass es bereits befruchtet ist. Chamäleons legen Eier und vergraben sie in flachen Löchern im Boden. Chamäleons, die in großen Höhen leben, wo vor allem nachts kalte Temperaturen herrschen, sind ovovivipar. Die dotterreichen Eier werden im Mutterleib ausgebrütet (wie z.B. bei vielen Vipern). Ihre Nahrung besteht hauptsächlich aus allen Arten von Insekten. Feinde sind zahlreich, sie fürchten sich sogar vor ihrer eigenen Art.

Lappenchamäleon *(Chamaeleo dilepis)* **Flap-necked Chameleon**
Von den 8 Unterarten leben fünf in einem oder mehreren Ländern dieses Reiseführers. Die Grundfarbe ist grün, aber die Farbvariationen variieren von fast vollständig grün bis braun, gesprenkelt mit dunkleren und helleren Tönen. Wenn sie provoziert werden, werden einige Unterarten sogar fast schwarz. Was sie alle gemeinsam haben, ist der helle Streifen entlang des Bauches. Im Gegensatz zu den meisten Chamäleons ist das Weibchen größer (etwa 10 cm). Der Kehlsack ist orange, aber nur im aufgeblasenen Zustand sichtbar. Es ist das am häufigsten vorkommende Chamäleon, insbesondere in trockeneren Waldgebieten.

25-35 cm

LC NT VU EN CE

8 cm

LC | NT | VU | EN | CE

Brevicaudatus Chamäleon *(Rieppeleon brevicaudatus)* **Bearded Leaf Chameleon**

Es gibt noch keinen deutschen Namen für dieses Chamäleon. Mit einer Gesamtlänge von 8 Zentimetern bleibt diese Art sehr klein. Es hat einen schmalen Körper und einen hohen Rückenkamm. Aufgrund der gezackten Rippen auf dem Rücken und weil es einen dunklen Flankenstreifen bilden kann, fällt es unter verwelkten Blättern nicht auf. Es kann verschiedene Farben annehmen: gelb, grün, orange, braun und schwarz. In diesem Fall verfärbt es sich vollständig. Mit seiner Zunge, die länger als der Körper ist, löffelt es Insekten in sich hinein. Sein Verbreitungsgebiet reicht vom Usambara und Uluguru Gebirge im Osten Tansanias bis zu den Taita Hills in Kenia. Sie leben auf dem Boden oder in niedrigen Büschen in höhergelegenen Landschaften mit hoher Luftfeuchtigkeit. Die befruchteten Eier bleiben einen Monat lang im Körper des Weibchens, dann legt es 2 bis 6 Eier in ein Loch. Je nach Temperatur schlüpfen die Jungen nach 40 bis 90 Tagen.

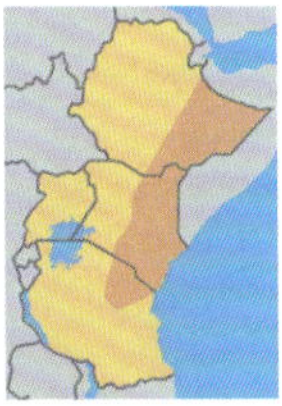

5 cm

LC | NT | VU | EN | CE

Rieppeleon Zwergchamäleon *(Rieppeleon kerstenii)* **Kenya Leaf Chameleon**

Es gibt noch keinen offiziellen deutschen Namen für dieses Chamäleon. Der Körper ist nicht größer als ein Daumen und die hellbraune Haut hat eine körnige Textur mit weißen Streifen, die vom Kopf bis zum kurzen Schwanz verlaufen. Es ist fast weiß auf der Unterseite. Die gestreiften Flanken sind schmal. Dank seiner Tarnung ist das Chamäleon auch in Trockenperioden in der Vegetation praktisch unsichtbar. In offenem Gelände versteckt es sich in Höhlen und Termitenhügeln. Das Weibchen legt 10 Eier pro Gelege. Es ist im Grasland und in Küsten- und Hangwäldern bis zu einer Höhe von 1500 Metern über dem Meeresspiegel zu finden.

20-36 cm

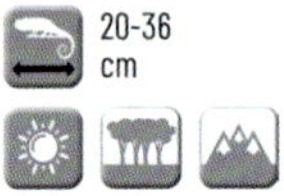

LC | NT | VU | EN | CE

Dreihornchamäleon *(Trioceros jacksonii)* **Jackson's Chameleon**

Es ist ein stämmiges Chamäleon. Die Zunge erreicht sogar fast die doppelte Körperlänge. Die Männchen haben drei auffällige Hörner, die dazu dienen, sich gegenseitig zu beeindrucken. Den viel kleineren Weibchen fehlen diese oder sie sind viel kleiner. Dieses Chamäleon lebt in Höhen von 1600 - 2500 m in feuchten tropischen Wäldern der Aberdares und auf den westlichen und südwestlichen Hängen des Mt. Kenia. In Tansania auf den Hängen des Mt. Meru. Sie kommen auch häufig auf Plantagen vor, weil dort die Pflanzen viele Insekten anlocken. Dieses Chamäleon ist vivipar. Es gibt drei Unterarten, die sich hinsichtlich des Farbschemas voneinander unterscheiden. Die Grundfarben sind Grün mit Weiß- und Gelbtönen. Besonders während der Paarungszeit werden die Farben orange-braun bis dunkelbraun. Das Weibchen wird komplett grün, wenn es empfängnisbereit ist.

Elefantenohrchamäleon *(Trioceros melleri)* **Meller's Giant One-Horned Chameleon**

Es ist das größte Chamäleon in Afrika. Die Männchen sind ca. 60 cm lang, die Weibchen sind kleiner. Das Elefantenohrchamäleon hat lose Ohrlappen (wie die Ohren von Elefanten) und zwei kleine Hörner auf der Nase und Stirn. Die Grundfarbe ist grün, kann aber von fast weiß bis dunkelbraun variieren. Die Querbänder sind hellgrün oder hellgelb. Sein Lebensraum besteht aus Bäumen und Sträuchern in Savannen und Waldgebieten mit viel Schatten. Aufgrund seiner Größe frisst es größere Insekten, aber auch Vögel und Eidechsen. Dieses Chamäleon ist extrem aggressiv und bissig sowohl gegen Menschen als auch seine Artgenossen. Einmal im Jahr legt das Weibchen etwa 80 Eier. Es kann ein Alter von 12 Jahren erreichen, was für Chamäleons ein hohes Alter ist.

38-60 cm

LC | NT | VU | EN | CE

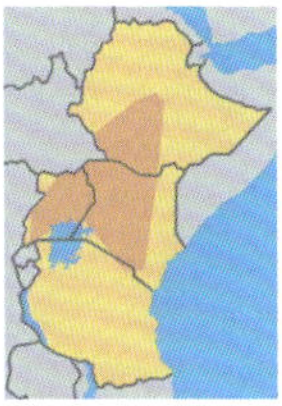

15 cm

LC NT VU EN CE

Streifenchamäleon

(Trioceros bitaeniatus) **Side-striped Chameleon**

An den Flanken befinden sich zwei Streifen, die beim Weibchen auch Flecken sein können. Ihre Farbe wechselt je nach Umgebung und Stress von grün zu graubraun. Sein Lebensraum umfasst die Berghänge des Mount Kenya und der Aberdare Mountains sowie den Naivasha-See in Kenia, den Kilimanscharo in Tansania und den Mount Elgon in Uganda und Kenia. Dort kommt es in Höhenlagen von bis zu 3000 - 4000 m vor. Sie bevorzugen den Kosobaum, eine Strauchart, die vor allem in den höheren Lagen wächst, und Sträucher aus der Familie der Johanniskräuter, einer krautigen Pflanzengattung. Dort klettern sie 1 bis 2 Meter über dem Boden auf die Äste. Das Weibchen ist eilebendgebärend (Ovoviviparie - die dotterreichen Eier werden im Mutterleib ausgebrütet). Die 2 bis 18 Jungtiere werden nach 3 bis 4 Monaten in einer Membran geboren, die sie in den ersten Minuten nach der Geburt durchstoßen.

Helmchamäleon *(Chamaeleo hoehnelii)* **Von Höhnel's Chameleon**

Dieses Chamäleon hat einen stark ausgeprägten Helm auf dem Hinterkopf. Weibchen bleiben kleiner und haben einen deutlich kleineren Helm. Die Farben reichen von olivgrün bis braun, die Männchen haben oft auch blaue oder gelbe Farben, es gibt jedoch eine große Variationsbreite. Das Helmchamäleon lebt in Büschen, aber auch in Gärten und klettert nicht sehr hoch. Die Art lebt in Kenia und Uganda, in Savannen, an Berghängen und in Hochebenen (1200-3000 m), wo die Luftfeuchtigkeit hoch ist. Es ernährt sich von kleinen wirbellosen Tieren wie z. B. Insekten. Das Helmchamäleon ist eilebendgebärend und die Zahl der Jungtiere schwankt stark, 5 bis 20 in einem Fünfmonatszeitraum.

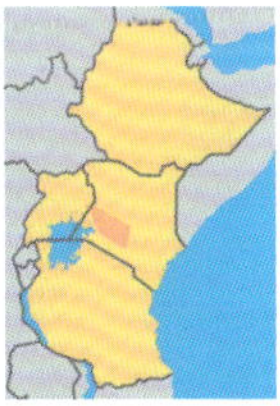

15-25 cm

LC NT VU EN CE

Vögel

Die Vogelarten, die Sie in diesem Buch finden, sind in erster Linie nach der Ordnung geordnet, zu der sie gehören. Dann gibt es noch die klassische Auslegung der Taxonomie, die die Reihenfolge bestimmt. Die größte Gruppe sind die Singvögel. Sie unterscheiden sich von allen anderen Vögeln durch einen stärker entwickelten Stimmkopf (Syrinx), der auch als unterer Kehlkopf bezeichnet wird. Dieses Organ befindet sich dort, wo sich die Luftröhre in die beiden Hauptbronchien gabelt. Vögel rufen oder singen. Der Ruf besteht aus kurzen Tönen und unterscheidet sich je nach Situation, z.B. Kontaktlaute, Drohrufe, Flugrufe, Bettelrufe, Alarmrufe. Der Alarmruf besteht aus einer Reihe von sich schnell wiederholenden Elementen. Die Ruftöne werden das ganze Jahr über verwendet. Der längere Gesang hingegen wird hauptsächlich zu Beginn der Brutzeit verwendet. Der Gesang dient einerseits dazu, ein Territorium zu verteidigen und andererseits um Weibchen anzulocken.

Inhalt

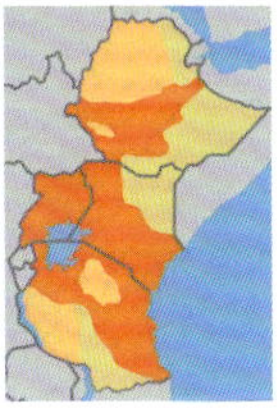

Legende

Verbreitungsgebiet

= abwesend
= unregelmäßiger Gast
= anwesend

Maße und Gewichte

Flügelspannweite
Gewicht Männchen
Gewicht Woibchen

Aktiv

Tagsaktiv
Dämmerungsaktiv
Nachtaktiv

Maanden J F M A M J J A S O N D

= anwesend
= Präsenz schwankt
= brüten
= brüten manchmal

SA Keine äußerlichen Unterschieden (**S**exes **A**like)

~~SA~~ Geschlechter unterscheiden sich im Aussehen

BU Keine Brutdaten (**B**reeding **U**nknown)

Die folgenden Qualifikationen geben nur den allgemeinen Zustand an. Eine Art kann in Ostafrika auf eine kritische verbleibende Anzahl reduziert sein (CE), aber anderswo in Afrika kann gleichzeitig eine gesunde Population leben (LC).

Population

LC = gesund (**L**east **C**oncern)
NT = abnehmend (**N**ear **T**hreatened)
VU = Schutzbedürftig (**Vu**nerable)
EN = bedroht (**En**dangered)
CE = kritisch (**C**ritically **E**ndangered)

Handschwingen
Armschwingen
(Flügelspiegel bei Enten)
Rücken
Bürzel
Steuerfedern oder Schwanz
Unterschwanzdecken
Hosen
Daumen-fittich
Deck-federn
Vorder-rücken
Schulter
Genick
Scheitel
Stirn
Wachshaut
Zügel
Kehle
Brust
Bauch

„Laufvögel" *Der Strauß ist der größte Laufvogel der Welt und auch der schnellste (70 km/h). Er ist eng mit anderen großen Laufvögeln, wie dem Nandu, Emu und Helmkasuar, verwandt. Der Hahn ist meist schwarz mit weißen Flügelenden und einem weißen oder braunen Schwanz. Die Henne ist hauptsächlich braun und etwas kleiner. Hähne haben einen Harem mit drei bis sieben Hennen. Dazu gehört auch das Alpha-Weibchen, das sich zusammen mit dem Hahn um das Brüten kümmert. Die anderen Weibchen brüten nicht, sondern legen alle etwa zehn Eier in dasselbe Nest. Bodennester können bis zu 40 oder mehr Eier enthalten, die in etwa 40 Tagen ausgebrütet werden (wegen der Tarnfarben brütet der Hahn nachts und die Henne am Tag). Die Überlebenschancen eines Kükens sind gering und meist überlebt nur ein einziges. Bei Gefahr legen sich Strauße flach auf den Boden. Auch Hals und Kopf sind flach ausgestreckt und so weniger gut sichtbar. Ihr Habitat sind spärlich bewachsene Savannen.*

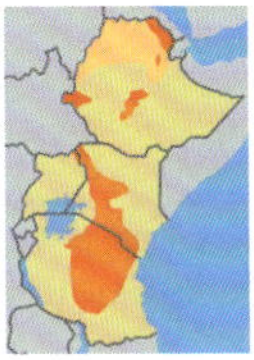
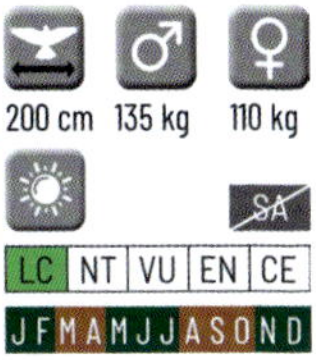

Strauß *(Struthio camelus)*

Common Ostrich *(250 cm)*

Diese Art wird in Ostafrika auch als Massai-Strauß bezeichnet. Sie ist eng mit dem Südafrikanischen Strauß verwandt. Dieser Strauß lebt in Savannen. Strauße fressen hauptsächlich Gräser und Kräuter, aber auch Eidechsen und Frösche, die sich zwischen den Pflanzen verstecken, werden gerne verspeist. Es gibt Hybriden zwischen ihm und dem Somalistrauß.

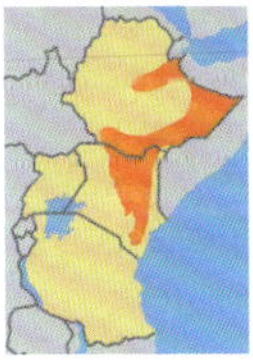
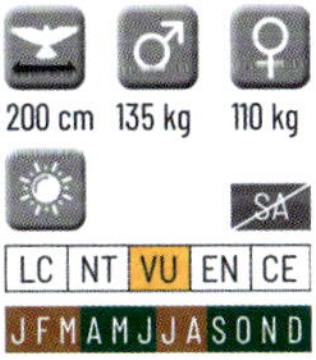

Somalistrauß *(Struthio molybdophanes)*

Ostrich, Somali *(250 cm)*

Die Hähne haben graue Beine, Hals und Kopf sind blaugrau. Während der Brutzeit färbt sich beim Männchen der Schnabel hellrosa, das Blau von Hals und Beinen wird intensiver und die Federn zeigen ein kräftiges Schwarz. Auch die Schienbeine färben sich rosa. In einem Teil Kenias leben die zwei Arten zusammen. Hybriden kommen vor. Während der Somalistrauß eher in dichtbewachsenen Gebieten lebt und sich von Blättern ernährt, bevorzugt der Massai-Strauß die offene Savanne und grast dort. Bei den Männchen beider Arten kann es vorkommen, dass sich die Schwanzfarbe von Weiß nach Braun verändert.

PODICIPEDIFORMES *Podicipediformes - Podicipedidae*

Lappentaucher *Die Familie der Lappentaucher, zu der auch der Zwergtaucher gehört, umfasst 23 Arten. Diese Vögel sind ausgezeichnete Taucher. Dank der Schwimmlappen sind Sie auch unter Wasser sehr beweglich, was die Jagd auf Fische erleichtert. Sie fliegen vorzugsweise nachts, um andere Gewässer zu erreichen. In der Regel bauen sie Schwimmnester aus Pflanzen.*

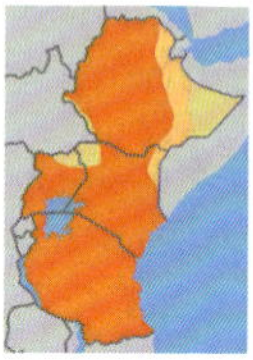

44 cm | ♂ 230 gr | ♀ 200 gr

SA

LC | NT | VU | EN | CE

J F M A M J J A S O N D

Zwergtaucher

(Tachybaptus ruficollis)

Little Grebe *(29 cm)*

Die Farbe des Zwergtauchers ist während der Brutzeit an Kopf, Rücken und Brust dunkel, fast schwarz. Kehle, Wangen und Halsseiten sind rotbraun. Hinter dem Schnabel bis zu den Augen sieht man einen weißen Fleck. Die Unterflügel sind weiß mit dunklen Schwungfedern. Im Winterkleid sind Kopf, Hals und Oberkleid blassbraun und beigefarben. Der Unterkörper ist beige oder braun. Haubentaucher leben in Süß- und Brackwasser, wo sie sich von Insekten und Larven sowie kleinen Fischen und Amphibien ernähren.

SULIFORMES *Phalacrocoracidae & Anhingidae*

Suliformes *Zu den Suliformes (es gibt noch keine deutsche Bezeichnung für diese Vogelgruppe) gehören unter anderem Kormorane und Schlangenhalsvögel. Ihre vierzehigen Füße sind mit Schwimmhäuten versehen. Gänse, Enten und andere Schwimmvögel haben nur drei Zehen mit Schwimmhäuten. Sie leben in Wassernähe und ernähren sich hauptsächlich von Fisch. Während der Kormoran unter Wasser jagt, fischt der Schlangenhalsvogel wie ein Reiher. Die Brutzeiten variieren je nach Region.*

128 cm | ♂ 1,8 kg | ♀ 1,8 kg

SA

LC | NT | VU | EN | CE

J F M A M J J A S O N D

Afrika-Schlangenhalsvogel *(Anhinga rufa)*

African Darter *(90 cm)*

Schlangenhalsvögel haben einen längeren Hals als Kormorane. Mit ihrem spitzen Schnabel spießen sie ihre Beute, z. B. Fische, Amphibien, Wasserschlangen und kleine Wasserschildkröten, unter Wasser auf. Ein langer weißer Augenstreifen trennt die rotbraune Vorderseite des Halses von der dunkelbraunen Hinterseite. Flügel und Schwanz sind anthrazitfarben mit kleinen silbernen Akzenten. Der Unterkörper ist schwarz. Beim Weibchen ist dieses braun, ebenso wie Kopf, Hals und Beine. Stehendes Wasser wird bevorzugt, aber man findet sie auch in Flüssen, wobei nur der Hals und der Kopf sichtbar sind.

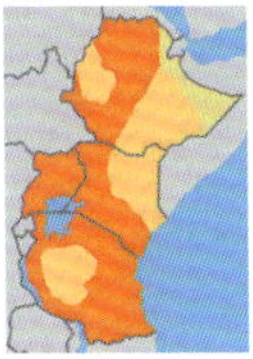

90 cm 685 gr 600 gr

SA

LC NT VU EN CE

J F M A M J J A S O N D

Riedscharbe

(Microcarbo africanus) **Long-tailed** oder **Reed Cormorant** *(60 cm)*
Dieser kleine Kormoran kommt zahlreich vor und sein Verbreitungsgebiet ist groß. Er hat einen langen Schwanz, ein silbernes bis schwarzes Federkleid und einen gelben Schnabel. Die Augen sind leuchtend rot. Man findet ihn in allen Feuchtgebieten. Die Jungen haben eine weiße Brust. Riedscharben bevorzugen Süßwasser: langsam fließende Flüsse, Lagunen und Sümpfe.

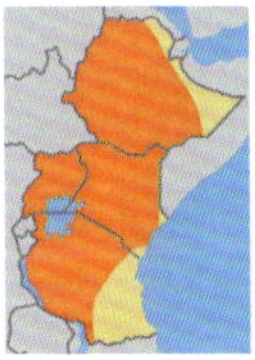

160 cm 2,8 kg 2,4 kg

SA

LC NT VU EN CE

J F M A M J J A S O N D

Weißbrustkormoran

(Phalacrocorax carbo)
White-breasted Cormorant *(95 cm)*
Alle Kormorane haben einen charakteristischen sehr biegsamen Hals. Diese Art hat gelbe Haut am Schnabel. Der Hals ist von vorne weiß, die Brust teilweise weiß. Die Augen sind türkisfarben. Mantel und Flügel sind dunkelviolett-braun. Während der Brutzeit ziert ein weißer Punkt die Oberschenkel und ein roter Punkt die Stelle über dem Schnabel. Die Brutzeiten variieren.

Pelikane *Von den acht Pelikanarten leben zwei in diesem Teil Afrikas. Pelikane jagen in Gruppen nach Fischen. Indem sie mit ihren Flügeln heftig auf die Wasseroberfläche schlagen, treiben sie Fischschwärme in seichtes Wasser. Mit dem großen Schnabel und dem Kehlsack schöpfen sie die Fische aus dem Wasser. Beim Anheben des Kopfes fließt das Wasser ab und der Fisch bleibt zurück. Pelikane gehören zu den größten flugfähigen Vögeln und werden bis zu 35 Jahre alt.*

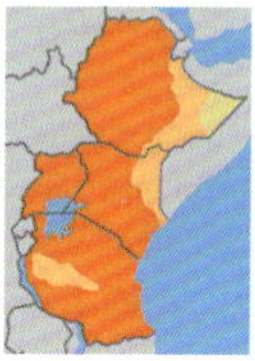

280 cm 7 kg 6 kg

SA

LC NT VU EN CE

J F M A M J J A S O N D

Rötelpelikan

(Pelecanus rufescens)

Pink-backed Pelican *(130 cm)*

Der Vorderrücken dieses kleineren Pelikans hat einen sanften rosafarbenen Schimmer. Sein Gefieder ist überwiegend grau, Schnabel, Flanken und Beine sind rosa. In der Brutzeit trägt er auf dem Scheitel Prachtfedern und die Brust wird manchmal strohgelb. Er lebt an flachen Gewässern (Süß- und Salzwasser) sowie in Mangrovenwäldern an der Küste und nistet in Bäumen.

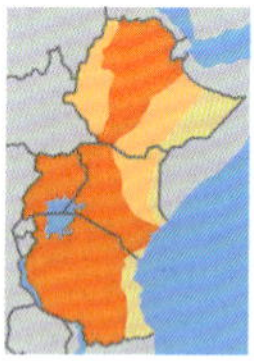

340 cm 15 kg 9 kg

SA

LC NT VU EN CE

J F M A M J J A S O N D

Rosapelikan

(Pelecanus onocrotalus)

Great White Pelican *(170 cm)*

Die größte der beiden in Afrika vorkommenden Arten. Sie sind am gelben Unterschnabel und der weißen oder rosa Haut um die Augen erkennbar (zur Brutzeit gelb bis orange; beim Weibchen meist orangefarben). Das Schwarz der Federn ist im Ruhezustand kaum sichtbar. Sie leben an Seen (Brack- und Süßwasser), langsam fließenden Flüssen und an der Küste. Nur ein kleiner Teil der Population ist dauerhaft in einem dieser Länder. Die Mehrheit hält sich während des Sommers in Südosteuropa und Kleinasien auf.

Reiher *Die 67 Reiherarten gehören in die Ordnung der Ruderfüßer. Ihre Nahrung besteht hauptsächlich aus Fischen, Fröschen und anderen Wassertieren sowie Insekten und Larven, aber manchmal auch kleinere Säugetiere. Diese finden sie meist im flachen Wasser (Flüsse, Tümpeln, Mangrovenwälder). Je nach Habitat und Umständen fängt der Reiher auch Krabben, junge Wasserschildkröten, Muscheln und kleine Schlangen. Männchen sind meist etwas größer, ansonsten gibt es kaum geschlechtsspezifische Unterschiede. Die Brutzeit vieler Reiherarten in Afrika hängt vom Beginn der Regenzeit ab.*

190 cm 2 kg 1,8 kg

SA

LC NT VU EN CE

J F M A M J J A S O N D

Graureiher

(Ardea cinerea) **Grey Heron** *(98 cm)*

Der Graureiher ist auch in Afrika weit verbreitet. Seine Rückenpartie ist überwiegend grau mit schwarzen Flecken auf den Schultern, die Bauchpartie ist weiß mit einem schwarzen Streifen bis zum Hals, der Schnabel gelb, die Beine gelblich bis grün. Während der Brutzeit färben sich die Beine orange, der Schnabel wird rot, und auf dem Scheitel liegen lange, schwarze Schopffedern.

Schwarzhalsreiher *(Ardea melanocephala)* **Black-headed Heron** *(94 cm)*

Sein Gefieder ist überwiegend grau. Nacken und Schopffedern sind dunkelgrau, Wangen und Kehle weiß. Unter der Kehle ist der weiße Hals schwarz gesprenkelt, manchmal ganz schwarz. Zügel und Iris sind gelb, Beine und Füße grau. Die Flügelunterseite ist weiß mit schwarzen Arm- und Handschwingen. Im Gegensatz zu den meisten Reihern ist dieser für seine Nahrung wie Nagetiere, Eidechsen, Würmer und Insekten (insbesondere Heuschrecken) nicht auf Wasser angewiesen.

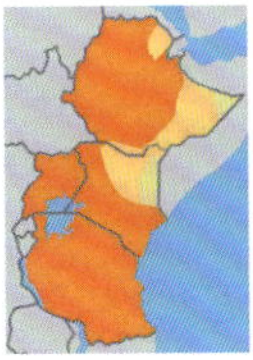

180 cm 1,4 kg 1,4 kg

SA

LC NT VU EN CE

J F M A M J J A S O N D

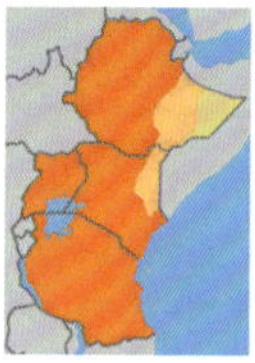

220 cm 4,4 kg 4 kg

SA

LC NT VU EN CE

J F M A M J J A S O N D

Goliathreiher *(Ardea goliath)* **Goliath Heron** *(150 cm)*
Ein Riese unter den Reihern. Aus der Ferne ähnelt er stark dem Purpurreiher, ist aber fast doppelt so groß. Er hat einen langen rotbraunen Hals (vorne grau gesprenkelt) und eine überwiegend graue Rückenpartie. Brust und Bauch sind rostbraun. Die Unterseite der Flügel ist rostbraun und grau. Weibchen sind etwas kleiner und haben einen kurzen Schnabel. Sie sind seltener als andere Reiher und bevorzugen flaches Wasser am Ufer von Süßwasserflüssen, Sümpfe und Mangrovenwälder.

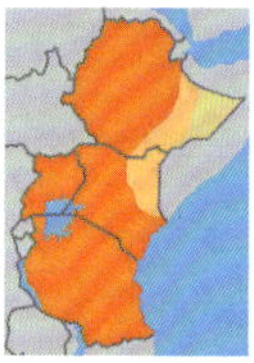

135 cm 1,2 kg 1,1 kg

SA

LC NT VU EN CE

J F M A M J J A S O N D

Purpurreiher *(Ardea purpurea)*
Purple Heron *(85 cm)*
Das Gefieder ist überwiegend rostbraun und grau. Der rostbraune, teils weiße, relativ lange Hals hat hinten und an den Seiten schwarze Streifen. Weibchen sind etwas blasser, ihr Rücken und die Flügel schimmern olivgrün. Sie fischen mit ihrem spitzen Schnabel am liebsten in klarem Wasser nach Fisch, Amphibien, Schlangen und vielen Insektenarten. Im südlichen Afrika ist der Purpurreiher ein Standvogel.

Silberreiher *(Ardea alba)* **African Great Egret** *(100 cm)*
Er ist der größte weiße Reiher. Sein Schnabel ist gelb-orangefarben (manchmal teils schwarz), die Zügel sind grün-gelb. Beine und Zehen sind schwarz. Er watet langsam am Ufer von Süßwasserflüssen und Sümpfen entlang oder steht dort bewegungslos und sucht nach Fröschen, Fischen, Reptilien und kleinen Vögeln. Während der Brutzeit prahlt er gerne mit den 50 cm langen Rücken- und Brustfedern, die er dann radförmig spreizt.

170 cm 1,7 kg 1,4 kg

SA

LC NT VU EN CE

J F M A M J J A S O N D

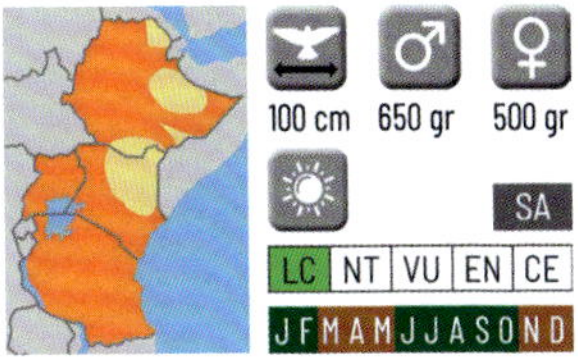

Seidenreiher *(Egretta garzetta)*
Little Egret *(65 cm)*
Der Seidenreiher ist deutlich kleiner als der große Silberreiher. Die Beine sind schwarz und die Zehen gelb. Zur Brutzeit trägt das Männchen Prachtfedern auf Kopf und Brust. Die Zügel verfärben sich dann von blau zu gelb-grau. Sobald er einen Partner hat, werden die Zehen wieder heller gelb. Er lebt meist solitär, sein Habitat sind Feuchtgebiete. Auf seinem vielseitigen Speiseplan stehen Insekten und kleine Reptilien.

Glockenreiher *(Egretta ardesiaca)* **Black Heron** *(56 cm)*
Auf Nahrungssuche breitet der Glockenreiher seine Flügel schirmartig aus bis über den Kopf und sucht im Süßwasser nach Fischen, Amphibien und Insektenlarven. Dieser Reiher hat volles, schiefergraues bis anthrazitfarbenes Gefieder, Beine und Zehen sind gelb. Zur Brutzeit trägt er lange Prachtfedern und ein dunkelgraues Brustfederkleid. Die Beine werden dann komplett schwarz, die Zehen bleiben gelb.

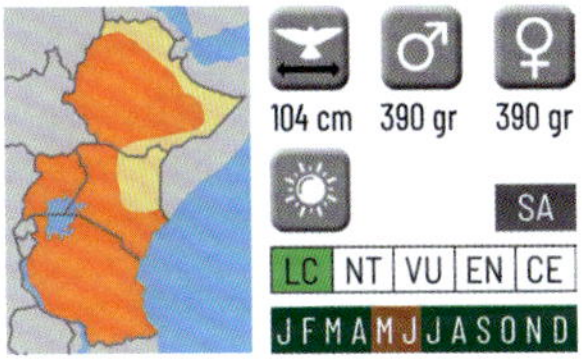

Rallenreiher *(Ardeola ralloides)* **Squacco Heron** *(47 cm)*
Außerhalb der Brutzeit ist sein Gefieder weiß und strohgelb. Das Brutgefieder ist deutlich bunter. Der gelb-graue Schnabel wird blau mit einer schwarzen Spitze und über Scheitel und Nacken wachsen braune und schwarz-weiße Prachtfedern. Die Beine werden rot. Er bevorzugt Süßwassergebiete und ernährt sich hauptsächlich von Insektenlarven, frisst jedoch auch Fische, kleine Vögel und Amphibien.

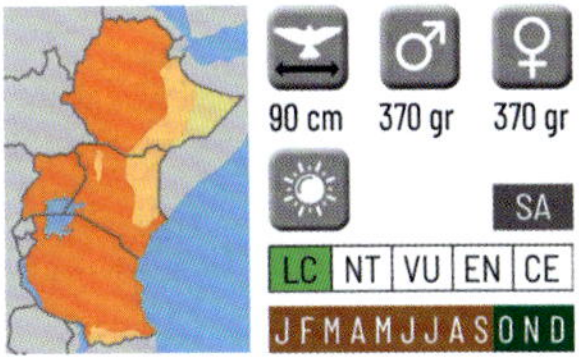

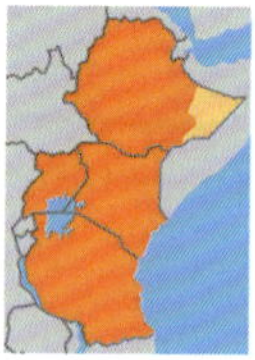

92 cm | 400 gr | 350 gr
SA
LC NT VU EN CE
J F M A M J J A S O N D

Kuhreiher

(Bubulcus ibis)

Cattle Egret *(56 cm)*

Er ist der kleinste der weißen Reiher und weit verbreitet. Man sieht ihn vor allem in der Nähe von großen Weidegängern, wo er Insekten und kleine Reptilien aus dem umgewühlten Boden pickt. Das bevorzugte Habitat sind Teiche und Süßwassermoore. Diese Reiher haben einen gelben Schnabel, die Beinfarbe variiert von grau bis rosafarben. Zum Prachtkleid der Männchen in der Brutzeit gehören rosafarbene Beine und eine rötliche bis rotbraune Brust.

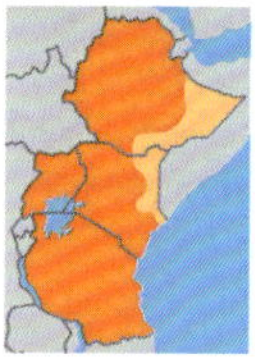

60 cm | 230 gr | 210 gr
SA
LC NT VU EN CE
J F M A M J J A S O N D

Mangrovereiher *(Butorides striata)*

Striated Heron *(45 cm)*

Es gibt weltweit 36 Arten Mangrovenreiher. Der *B.s. atricapilla* ist in diesem Teil Afrikas zu Hause. Der spitze schwarze Oberschnabel und und der teils gelbe Unterschnabel enden in gelb-schwarzen Zügeln und gelben Augen. Von der weißen Kehle verläuft ein weißer Streifen über die graue Bauchpartie. Der Rücken glänzt grünlich. Der Mangrovenreiher ist ein ausgezeichneter Fischer. Der Nacken und die gelben Beine sind länger als sein stämmiger Körper erkennen lässt. Er geht in Mangrovenwäldern und Süßwasser auf Nahrungssuche.

Nachtreiher *(Nycticorax nycticorax)* **Black-crowned Night-Heron** *(65 cm)*

Der Nachtreiher hat eine gedrungene Statur. Während der Brutzeit trägt er Prachtfedern auf dem Scheitel. Vorderrücken und Rücken sind dunkelgrau, Flanken und Flügel hellgrau. Die Iris ist leuchtend rot, die Beine sind gelb. Die Bauchpartie ist weiß. Nachtreiher jagen nachts, während der Brutzeit auch tagsüber. Das Weibchen ist kleiner und heller.

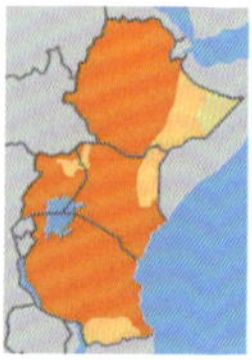

110 cm | 800 gr | 720 gr
SA
LC NT VU EN CE
J F M A M J J A S O N D

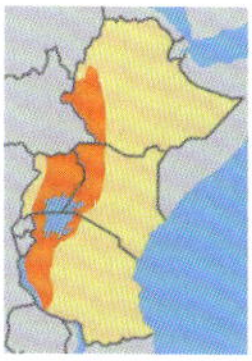

240 cm 6,5 kg 5,8 kg

SA

LC NT VU EN CE

J F M A M J J A S O N D

Schuhschnabel

(Balaeniceps rex)

Shoebill *(130 cm)*

Das Rückengefieder ist überwiegend grau, der Kopf und der Hals sind etwas heller. Mit seinem riesigen Maul erbeutet er Lungenfische *(Protopterus aethiopicus)*, seine Lieblingsspeise, und andere Fische oder Wasserreptilien aus untiefem Wasser. Sein Lebensraum sind hauptsächlich Sümpfe und Flussufer mit Schilf und Papyrus. Männchen und Weibchen besuchen einander nur während der Brutzeit. Beide kümmern sich dann um die Aufzucht. Das Nest ist oft ein Grashaufen auf Schwimmblattpflanzen.

PELECANIFORMES

Pelecaniformes – Scopidae

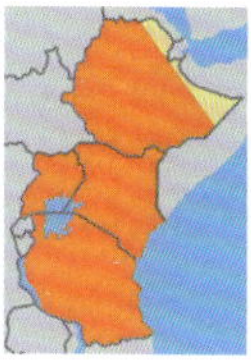

95 cm 400 gr 400 gr

SA

LC NT VU EN CE

J F M A M J J A S O N D

Hammerkopf

(Scopus umbretta)

Hamerkop *(56 cm)*

Der schwere Schnabel ist dunkelgrau und der Kopf ist hammerförmig. Er baut drei bis fünf Mal jährlich große Nester, jedoch nicht unbedingt zum Brüten. Diese oft vorkommenden Vögel sind nicht scheu. Fische, Amphibien, kleine Nagetiere und Frösche bilden die Hauptnahrung, die sie in allen Gewässern finden, sofern Bäume in der Nähe sind. Er ist der einzige Vertreter der Familie *Scopidae*.

PELECANIFORMES

Pelecaniformes – Threskiornithidae

Ibisse und Löffler *Diese Vogelfamilie umfasst 34 Arten. Man unterscheidet Ibisse aus der Alten und der Neuen Welt. Mit ihren langen, gebogenen Schnäbeln suchen sie tagsüber im Boden nach Wirbellosen, Würmern und anderen Weichtieren. Der Löffler bewegt seinen Schnabel auf der Suche nach Beute durch flaches Wasser. Dabei „löffelt" und filtert er mit einer Siebmembran in seinem Schnabel seine Nahrung heraus.*

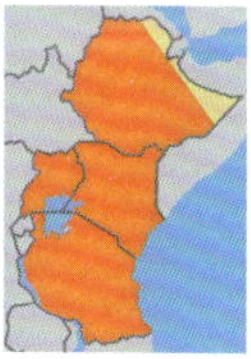

100 cm 1,2 kg 1,2 kg

SA

LC NT VU EN CE

J F M A M J J A S O N D

Hagedasch

(Bostrychia hagedash)

Hadada Ibis *(76 cm)*

Die graubraune Bauch- und Rückenpartie und seine Oberflügeldecken schimmern grün. Der Oberschnabel hat eine rote, längliche Brücke. Ein heller Streifen akzentuiert die Wangen. Weideland, Savannen und Auenwälder sind sein Habitat. Beim Fliegen macht er viel Lärm. Dieser Ibis kann bis zu viermal im Jahr brüten.

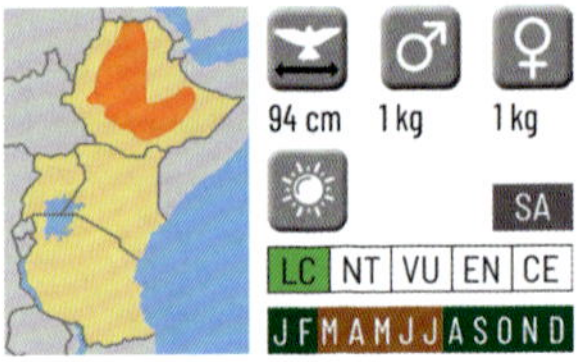

Klunkeribis *(Bostrychia carunculata)* **Wattled Ibis** *(70 cm)*

Ein fast schwarzer Ibis mit leicht grünlich schillerndem Glanz. Die weißen Flügeldecken haben schwarze Flecken. Der dunkle Schwanz zeigt rostbraune Töne. Unterhalb der Kehle haben beide Geschlechter einen rosa Lappen. Ihr Lebensraum beschränkt sich auf Sümpfe und Flussufer, vor allem im Hochland von Äthiopien (z. B. in den Bale-Bergen).

Braunsichler *(Plegadis falcinellus)* **Glossy Ibis** *(65 cm)*

Außerhalb der Brutzeit ist sein Gefieder hellbraun und grau-grün. Im Brutgefieder ist der Kopf bis zu Vorderrücken, Brust und Bauch rotbraun, der Schnabel hellgrau, und die Flügel bekommen einen grünen, irisierenden Glanz. Zu seinem Lebensraum gehören Süßwasserseen, sumpfige Felder und Sümpfe. Der Braunsichler bleibt immer häufiger ganzjährig in Südwest- und Südosteuropa.

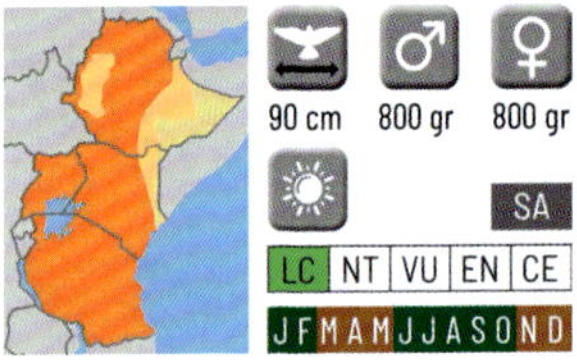

Heiliger Ibis *(Threskiornis aethiopicus)* **Sacred Ibis** *(88 cm)*

Er ist sofort an seinem schwarz-weißen Gefieder und dem schwarzen, flauschigen Schwanz, dem schwarzen Nacken und dem Kopf mit dem langen, gebogenen schwarzen Schnabel erkennbar. Das Habitat umfasst süßwasserreiche Gebiete sowie flache Meeresabschnitte. Vor der Brutzeit sind sie nomadisch.

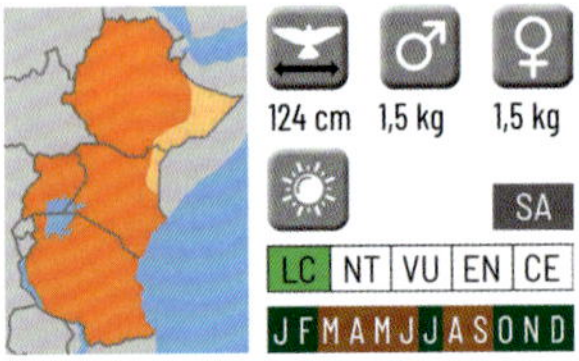

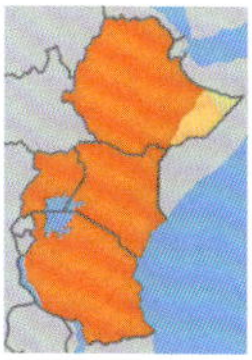

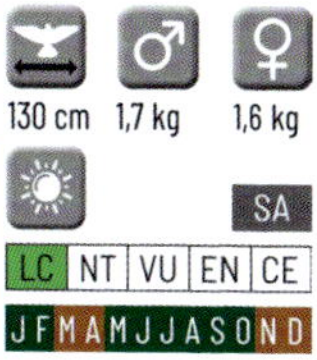

Afrikanischer Löffler *(Platalea alba)* **African Spoonbill** *(90 cm)*
Der Afrikanische Löffler ist erkennbar an dem blaugrauen, löffelförmigen, langen Schnabel, der roten Haut hinter den Augen und den rosa Beinen. Dieser Löffler ist weit verbreitet und zum Teil sehr zahlreich in Süßwasser- und Sodaseen sowie an der Küste in flachen Lagunen. Bei der Futtersuche schwenken sie den Kopf hin und her und waten langsam durch das flache Wasser.

STÖRCHE *Ciconiiformes - Ciconiidae*

Störche *Störche sind die einzige Familie der Ciconiidae mit 6 Gattungen und 19 Arten. Das Futter besteht hauptsächlich aus Fröschen und großen Insekten, aber auch aus Jungvögeln, Eidechsen, Fischen und Nagetieren. Viele Störche sind Zugvögel, die mithilfe der Thermik lange Strecken zurücklegen können (über dem Meer kürzere). Sie haben ein „Radar", das sie zu Orten mit Insektenplagen leitet. Sie fliegen mit gestrecktem Hals. Weil ihnen die Kehlmuskeln fehlen, klappern sie mit dem Schnabel um zu kommunizieren. Geschlechtsspezifische Merkmale gibt es kaum.*

Marabu *(Leptoptilos crumenifer)*
Marabou Stork *(150 cm)*
Er hat einen fast kahlen Kopf mit hängendem Kropf und einen großen gelblichen Schnabel. Flügel und Schwanz sind schiefergrau, der Unterkörper ist weiß. Er frisst auch Aas und wird oft zusammen mit Geiern gesehen. Er ist weit verbreitet, und auf der Suche nach Nahrung trifft man ihn oft auch in Städten und Dörfern.

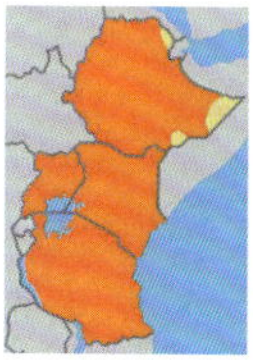

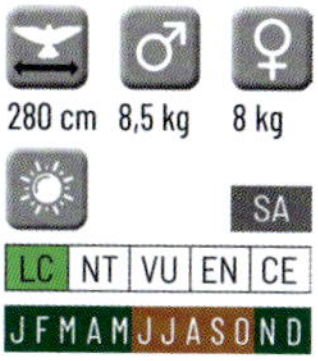

Afrika-Wollhalsstorch *(Ciconia episcopus)*

African Woolly-necked Stork *(90 cm)*

Dieser Storch hat mehrere Unterarten. Einer von ihnen *(C.e. microscelis)* lebt im tropischen Afrika. Er bevorzugt Savannen mit ständigen Wasservorkommen. Die Flügel leuchten in der Sonne graugrün, die Brust lila. Vom Scheitel bis zum Hals ist er wollig und weiß. Der Schnabel ist grau mit einer roten Spitze. Die Stirn ist schwarz. Wollhalsstörche leben normalerweise solitär und häufig findet man sie dort, wo es gebrannt hat.

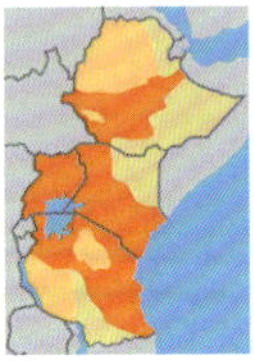

160 cm | ♂ 2,2 kg | ♀ 2,2 kg

SA

LC NT VU EN CE

JFMAMJJASOND

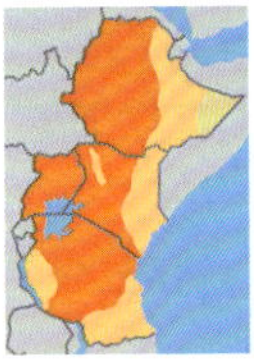

140 cm | ♂ 1,5 kg | ♀ 1,4 kg

SA

LC NT VU EN CE

JFMAMJJASOND

Abdimstorch *(Ciconia abdimii)*

Abdim's Stork *(80 cm)*

Ein mittelgroßer Storch mit einem grauen Schnabel und einem blauen Gesicht. Die Beine des Abdimstorchs sind grau und haben rosafarbene Mittelfußknochen und Zehen. Er ernährt sich hauptsächlich von Heuschrecken, Raupen und anderen großen Insekten in trockeneren Gebieten. Sie brüten zu Beginn der Regenzeit und migrieren in Afrika dorthin, wo die Regenzeit beginnt.

Nimmersatt *(Mycteria ibis)* Yellow-billed Stork *(105 cm)*

Der Nimmersatt ist an seinem langen gelben Schnabel, dem roten Kopf und den roten Beinen zu erkennen. Er bevorzugt Sümpfe und sumpfiges Grasland, ist aber auch häufig an den Ufern von Flüssen und Bächen anzutreffen. Sie sind in der Regel Einzelgänger und ernähren sich von Amphibien und Fischen, die in ihren Schnabel geraten, den sie im flachen Wasser offen halten.

165 cm | ♂ 2,3 kg | ♀ 2 kg

SA

LC NT VU EN CE

JFMAMJJASOND

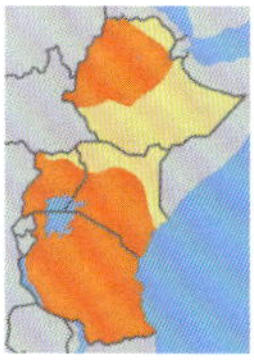

260 cm 6 kg 5 kg

SA

LC | NT | VU | EN | CE

J F M A M J J A S O N D

Sattelstorch

(Ephippiorhynchus senegalensis)

Saddle-billed Stork *(150 cm)*

Ein großer Storch mit rot-schwarzem Schnabel, gelbem Sattel und unter dem Schnabel zwei gelben Kehllappen (Männchen). Das Weibchen hat gelbe, das Männchen braune Augen. Ein weit verbreiteter Storch, der hauptsächlich Fische, Krabben, Amphibien, Muscheln und große Wasserinsekten frisst. Er ist wenig nomadisch, eher ein Einzelgänger und bevorzugt Feuchtgebiete, flache Seen und überflutetes Grasland.

165 cm 4 kg 3,6 kg

SA

LC | NT | VU | EN | CE

J F M A M J J A S O N D

Weißstorch

(Ciconia ciconia) **White Stork** *(100 cm)*

Wintergast. Störche haben ein bemerkenswertes „Radar" in Bezug auf Heuschreckengeburten, Raupen bestimmter Nachtfalter, Waldbrände und Gebiete mit starken Regenfällen. Wegen Ihres vielseitigen Speiseplans kann man sie in den unterschiedlichsten Gebieten finden. Aufgrund milderer Winter in Europa migrieren Weißstörche oder Klapperstörche immer seltener von Westeuropa nach Afrika.

Klaffschnabel *(Anastomus lamelligerus)* **African Openbill Stork** *(86 cm)*

Ein mittelgroßer Storch mit braun-schwarzem Gefieder und schwarzen Beinen. Der klaffende Schnabel ist optimal zum Zertrennen des Muskels aquatischer Schnecken, der wichtigsten Nahrung der Storchküken. Seine Brutzeit ist deshalb abhängig vom Niederschlag und damit verbunden vom Angebot an Schnecken. Der Klaffschnabel lebt in wasserreichen Gebieten bis 1500 m Höhe.

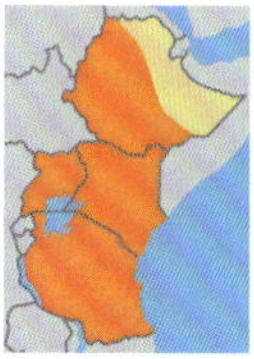

150 cm 1,4 kg 1,1 kg

SA

LC | NT | VU | EN | CE

J F M A M J J A S O N D

Flamingos *Es gibt sechs Arten von Flamingos, von denen zwei in Afrika leben und oft zusammen gesehen werden. Die ersten zwei Jahre ihres Lebens sind sie grau. Danach werden sie überwiegend weiß mit rosa Akzenten. Flamingos stehen oft auf einem Bein im Wasser, so kühlen sie ihren Körper. Mit dem anderen Bein ziehen sie sich aus dem Schlamm heraus. Nur wenn sie die Flügel spreizen, ist das Schwarz an den Flügelenden sichtbar. Mit ihren gebogenen Schnäbeln filtern sie Algen und kleine Krustentiere aus dem Wasser heraus.*

Zwergflamingo *(Phoeniconaias minor)* Lesser Flamingo *(95 cm)*

Er hat einen dunkelroten Schnabel mit schwarzer Spitze. Die untere Schnabelhälfte ist starr, während die obere beweglich ist. Er ernährt sich fast ausschließlich von Cyanobakterien *(Spirulina platensis)*, Kieselalgen *(Bacillariophyta)* und Salinkrebsen *(Artemmia salina)*, die in Salzwasserseen (bis zu 50 % Salz) und Sodaseen (hohe Karbonat-konzentration) leben. Die Flamingos verlassen ihre Futterplätze, sobald die Nahrung knapp wird. Diese Migrationen, bei denen sie manchmal Strecken von mehreren hundert Kilometern zurücklegen, finden in der Regel nachts statt.

100 cm ♂ 2 kg ♀ 1,8 kg

SA

LC **NT** VU EN CE

JFMAMJJASOND

Rosaflamingo *(Phoenicopterus roseus)* Greater Flamingo *(140 cm)*

Dieser größere Flamingo hat einen rosafarbenen Schnabel mit Streifen und schwarzer Spitze. Er filtert seine Nahrung aus dem Schlamm und frisst Fische, Algen, Insekten, Larven und Krustentiere. Letztere verleihen ihm seine rosa Farbe. Das Brutverhalten hängt von der Wassertiefe ab. Sie bauen Nester aus Schlamm oder Steinen in Bassins. Soweit bekannt ist, wird nur der Natronsee in Tansania gelegentlich als Brutplatz genutzt. Brutorttreue korreliert mit Bruterfolg.

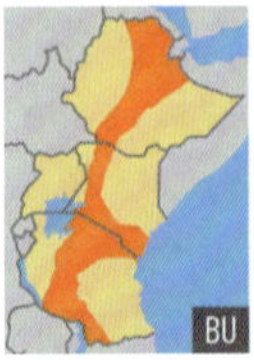

165 cm ♂ 4 kg ♀ 3,2 kg

SA

LC NT VU EN CE

JFMAMJJASOND

Gänsevögel *Zur Ordnung der Gänsevögel (Anseriformes) gehören über 170 Arten. Enten und Gänse, die zur gleichen Familie gehören, sind wiederum in viele Unterarten eingeteilt. Gänse haben längere Beine und einen längeren Hals als Enten und sind meist Weidetiere. Enten fressen hauptsächlich Wasserpflanzen, Gras, Fische und Insekten. Beide haben einen abgeflachten Schnabel und die Füße haben Schwimmhäute. Bei den Enten trägt das Männchen (Erpel) ein buntes Federkleid. Enten sind Standvögel. Sie brüten dort, wo sie leben. Eine Besonderheit bei Erpeln ist ihr Penis, denn die meisten anderen Vögel haben keinen. Weibliche Enten haben ein spiralförmiges Geschlechtsorgan, das ein Eindringen des relativ langen Penis des Erpels nur zulässt, wenn sie dies auch wollen.*

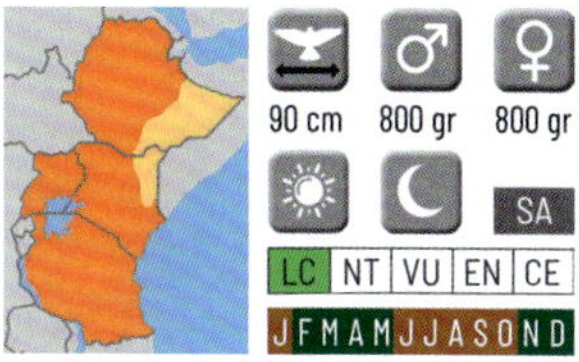

Witwen-Pfeifgans

(Dendrocygna viduata) **White-faced Whistling-Duck** *(48 cm)*
Diese große Ente hat einen weißen Hals und bis zum Scheitel weiße Kopffedern. Der Hinterkopf ist schwarz bis zum braunmelierten Vorderrücken. Die Flanken sind weiß und schwarz geschuppt, die Brust ist rostbraun, der Bauchschwarz. Durch häufige lange Pfiffe bleiben sie mit ihren Artgenossen in Gebieten mit Seen, Flüssen und Tümpeln in Kontakt. Sie sind ausgezeichnete Taucher, die ihre Nahrung (besonders nachts) meist unter Wasser finden. Der Speiseplan ist überwiegend vegetarisch, zum Teil aber mit Insektenlarven.

Gelbbrust-Pfeifgans

(Dendrocygna bicolor) **Fulvous Whistling-Duck** *(53 cm)*
Die Gelbbrust-Pfeifgans hat einen hauptsächlich hellbraunen Unterkörper. Die dunkelbraunen Federn des Vorderrückens haben rotbraune Streifen. Der Schnabel ist grau. Durch häufige lange Pfiffe bleiben sie mit ihren Artgenossen in Gebieten mit Seen, Flüssen und Tümpeln in Kontakt, auch in trockeneren Regionen. Sie ernähren sich fast ausschließlich vegetarisch. Die Brutsaison kann sich nach Region und von Jahr zu Jahr stark unterscheiden.

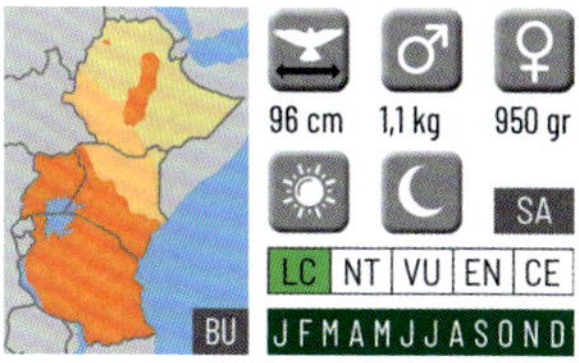

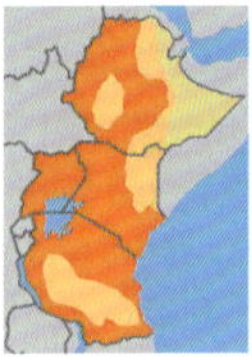

54 cm | 290 gr | 290 gr

SA

LC NT VU EN CE

J F M A M J J A S O N D

Afrikazwergente

(Nettapus auritus)

African Pygmy-goose *(31 cm)*

Zwergenten leuchten in wunderschönen Farben: gelber Schnabel mit schwarzer Spitze, weißer Kopf, dunkelgrüner Scheitel und grüner Nacken. Erpel haben hellgrüne Wangen (Weibchen einen schwarzen Augenstreifen und Flecken auf den Wangen) und einen dunkelgrünen Vorderrücken, ansonsten rötlich-braunes Gefieder, abgesehen von einer weißen Bauchpartie. Diese scheuen Vögel leben oft zusammen mit der Weißrücken-Pfeifgans in Sümpfen und flachen Seen. Sie fressen vor allem die Samen von Seerosen sowie Wasserinsekten und kleine Fische.

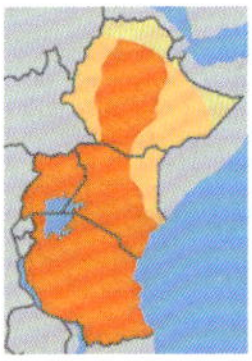

90 cm | 900 gr | 900 gr

SA

LC NT VU EN CE

J F M A M J J A S O N D

Rotschnabelente

(Anas erythrorhyncha)

Red-billed Teal *(48 cm)*

Diese Ente ist in Afrika weit verbreitet. Sie hat ein schön gezeichnetes, creme und braungeschupptes Federkleid sowie einen rotbraunen Schnabel. Die Unterseite des Kopfes ist weiß, die Oberseite ist bis zum Hals graubraun. Der helle Unterköper ist braun gesprenkelt. Sie sind Allesfresser und ernähren sich von Pflanzen und Wasserinsekten. Sie bevorzugen kleine, ruhige Süßwasserseen.

Gelbschnabelente *(Anas undulata)* **Yellow-billed Duck** *(60 cm)*

Eine große Ente mit einem einheitlich gefärbten Federkleid. Sie hat blaugrünen Flügelspiegel in den Armschwingen. Der dunkelbraune Rücken und Bauch sind cremebraun geschuppt. Der Schnabel ist gelb. Sie lebt in wasserreichen Gebieten, wie Sümpfen, Salzpfannen und Seen. Sie sind Allesfresser.

DU | 1,3 kg | 1,1 kg

SA

LC NT VU EN CE

J F M A M J J A S O N D

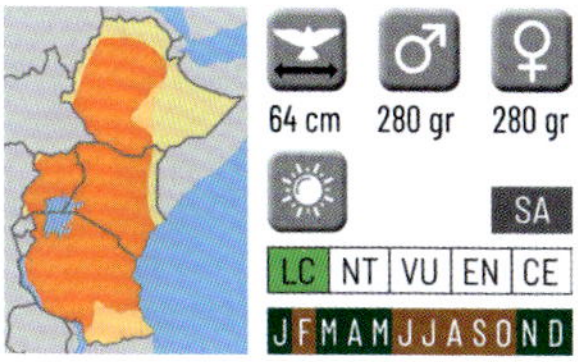

Hottentottenente *(Spatula hottentota)* **Hottentot Teal** *(36 cm)*

Eine kleine Ente mit beigebraun gesprenkeltem Federkleid. Der Scheitel ist dunkelbraun, darunter ist sie cremeweiß. Der Schnabel hat ein silbriges Blau. Diese Ente ist bis 3000 m Höhe weit verbreitet. Sie besucht auch Sodaseen. Das Federkleid des Weibchens ist blasser als das des Männchens. Die Hottentottenente ist Allesfresser, isst aber hauptsächlich Seerosen.

Löffelente *(Spatula clypeata)*

Northern Shoveler *(56 cm)*

Wintergast. Das Weibchen hat ein dezentes, graubraun meliertes Gefieder. Außerhalb der Brutzeit bleiben beim Erpel die weitgehend weiße Brust und der Schnabel dunkel. Beide Geschlechter haben einen grünen Spiegel und einen großen, spatelförmigen Schnabel, mit dem sie Wasserpflanzen und kleine Wassertiere, Insekten, Larven und Krustentiere aus dem Wasser sieben.

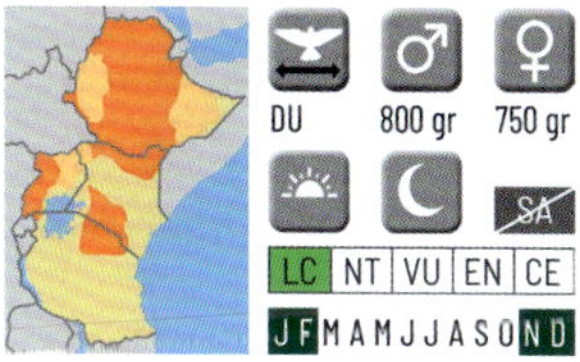

Afrikanische Rotaugenente *(Netta erythrophthalma)* **Southern Pochard** *(50 cm)*

Diese dunkelbraune Ente hat rostbraune hellere Seiten, grellrote Augen und einen silbrigen Schnabel. Ihr Lebensraum sind wasserreiche Gebiete. Die Geschlechter sind äußerlich zu unterscheiden: Das Weibchen ist heller gefärbt, hat einen weißen Hals und weiße Wangenstreife. *N. e. brunnea* ist die afrikanische Unterart.

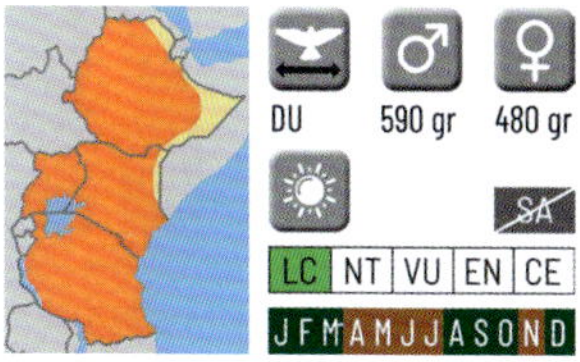

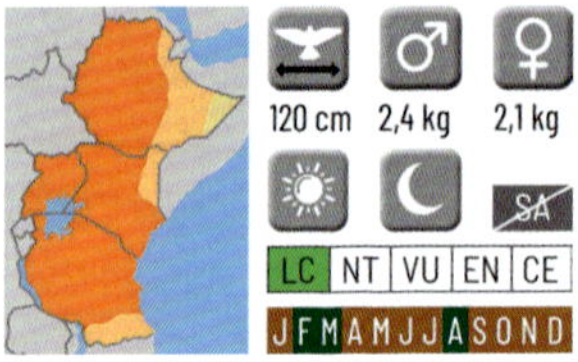

Glanzente *(Sarkidiornis melanotos)*
Comb Duck oder **Knob-billed Duck** *(76 cm)*
Eine große Ente mit weißem Kopf und darauf schwarzen Sprenkeln und ein hellgrauer bis beiger Unterkörper und dunkelgrauen Flügeln mit grün und lila schillerndem Glanz. Der Erpel hat eine markante, hohe, schmale, braune Ausstülpung auf dem grauen Schnabel. Es sind Standvögel, jedoch nomadisch, wenn Feuchtgebiete austrocknen. Erpel verteidigen zwei bis fünf Weibchen gegen Rivalen. Weibliche Enten legen ihre Eier oft in ein gemeinsames Nest. Die Nahrung ist vorrangig pflanzlich.

Nilgans *(Alopochen aegyptiaca)*
Egyptian Goose *(73 cm)*
Die Nilgans hat ein schönes Federkleid, vor allem der braune Rand um die Augen und die beigefarbenen Wangen sind auffällig. Rücken und Vorderrücken sind braun, die Brust beige, der Spiegel grün und die Füße sind rosafarben. Sie ist in Feuchtgebieten und Grasland zu Hause. Nilgänse sind vorrangig Weidetiere, fressen jedoch auch Samen, Blätter und gelegentlich Würmer und Termiten. Das Weibchen ist etwas kleiner und hat einen schlankeren Hals.

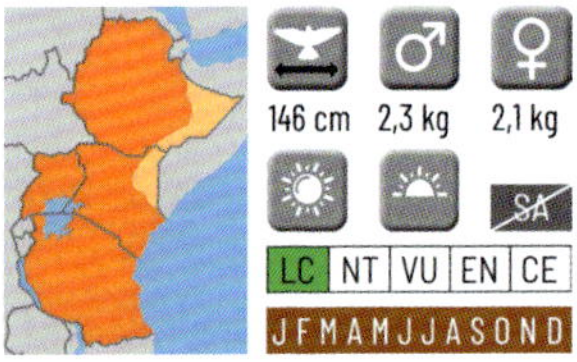

Sporngans *(Plectropterus gambensis)* **Spur-winged Goose** *(100 cm)*
Eine große Gans, insbesondere der Gänserich. Langer Hals, meist weißer Kopf *(P.g. gambensis)* und rosafarbene bis rote Wachshaut und Schnabel. Das Gefieder glänzt in der Sonne grün. Von der Brust bis zum Unterschwanz sind sie weiß. Man sieht diese Gänse an von Bäumen umgebenen Seen, in Sümpfen und überflutetem Grasland. Männchen und Weibchen unterscheiden sich äußerlich kaum, abgesehen von einem Knoten über dem Schnabel des Gänserichs. Am Daumenfittich haben sie Sporen.

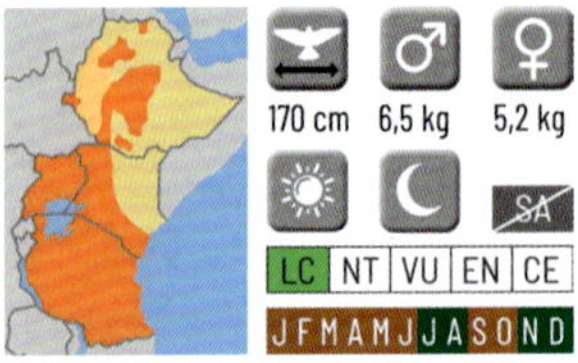

GREIFVÖGEL *Accipitriformes - Pandionidae*

Fischadler *Zu dieser Familie (Pandionidae) gehört nur eine Gattung. Innerhalb dieser einen Gattung der Fischadler gibt es vier Unterarten, die fast überall auf der Welt vorkommen. DNA-Forschung zur Taxonomie des Fischadlers zeigt seine Ausnahmestellung im Vergleich zu anderen Raubvögeln. Die Krallen sind das markanteste Beispiel: Alle vier Zehen des Fischadlers sind gleich lang und können nach vorne zeigen. Bei Habichtartigen steht immer eine Zehe nach hinten.*

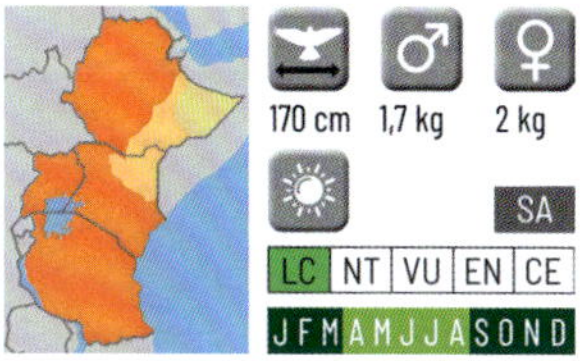

Fischadler *(Pandion haliaetus)*
Western Osprey *(62 cm)*
Wintergast *(P. h. haliaetus).*
Auffallend sind der weiße Scheitel und die dunklere Maske, die bis zum Vorderrücken reicht. Von der Kehle bis zum Unterschwanz ist er weiß, die Flügel und der Vorderrücken variieren von Grau bis Braun. Die Beine sind weiß mit grauen Zehen. Sie fressen fast ausschließlich Fisch. Von einem Aussichtspunkt aus behält er die Wasseroberfläche genau im Auge. Über dem Wasser rüttelt er und stößt dann mit vorgestreckten Füßen ins Wasser, wo er mit seinen Krallen den Fisch ergreift. Mit kräftigen Flügelschlägen erhebt er sich dann wieder vom Wasser. Aus unbestätigten Quellen geht hervor, dass es in Uganda dauerhaft eine kleine Population gibt und dass sie dort auch brüten

GREIFVÖGEL *Accipitriformes - Sagittariidae*

Sekretär *Der Sekretär ist ein Raubvogel und der einzige lebende Vertreter der Familie der Sagitariidae. Sein Name ist entweder auf seine langen Kopffedern zurückzuführen, die an die Schreibfedern früherer Füllfederhalter erinnern, oder auf die Übersetzung des arabischen Worts saqr et tair: Jagdvogel. Der Schlagflug ist träge, langsam und wenig fördernd. Ohne ausreichende Thermik ist er ein ungeschickter Flieger.*

Sekretär *(Sagittarius serpentarius)* **Secretarybird** *(150 cm)*
Der Sekretär sucht seine Nahrung auf dem Boden inmitten von Savannen mit kurzem Gras. Neben Schlangen und Eidechsen, die er mit seinen kräftigen Krallen tötet, frisst er vor allem Heuschrecken und Käfer. Je nach Lebensraum gibt es Farbvariationen, aber in der Regel sind Sekretäre grau. Sie leben meist solitär.

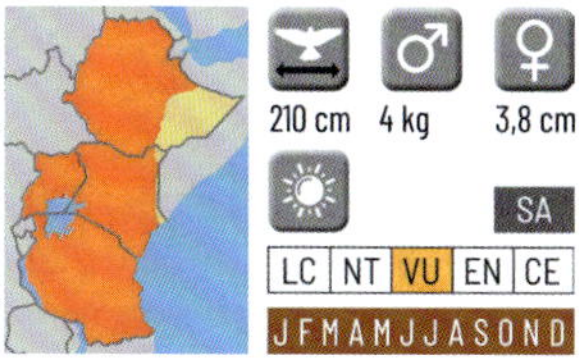

Milane *Diese Art ist in Afrika stark verbreitet. Sie gehören zur Familie der Habichtartigen. Das Essen sammeln er auch in Städten und Dörfern. Der gegabelte Schwanz ist typisch für Milane. Männchen und Weibchen sind äußerlich nicht zu unterscheiden. Sie ernähren sich hauptsächlich von Aas aber auch von kleinen Reptilien, Vögeln, Fledermäusen und Fischen.*

Gleitaar
(Elanus caeruleus)
Black-shouldered Kite *(36 cm)*

86 cm | 260 gr | 300 gr

SA

LC NT VU EN CE

J F M A M J J A S O N D

Ein kleiner und monogamer Milan. Beim Gleitaar sind Kopf, Wangen, Brust und Beinfedern weiß. Die Schultern sind schwarz und vom Scheitel abwärts hat er ein leicht graues Gefieder. Der Schwanz ist kurz. Die gelben Beine und roten Augen sind typisch für diese Art. Er hält sich in Grasland und Savannen auf. Der Gleitaar ist stark nomadisierend und legt lange Strecken zurück, um bessere Nahrungsgebiete zu erreichen.

Schwarzmilan *(Milvus migrans)*
Black Kite *(62 cm)*

Der Schwarzmilan lebt auf allen bewohnten Kontinenten und wird oft mit den **Schmarotzermilan** *(Milvus aegyptius)* **Yellow-billed Kite** *(62cm)* zusammen gesehen. Das Gefieder des Schwarzmilans ist an den Flanken oft etwas dunkler braun, der größte Unterschied besteht jedoch im teilweise schwarzen Schnabel der einen und im Gegensatz dazu vollständig gelben Schnabel der anderen Art. Letztgenannte hat im Flug einen tief gegabelten Schwanz. Sie bewohnen die gleichen Gebiete. In Dörfern und Städten suchen diese Vögel nach Speiseresten, anderswo ernähren sie sich von Nagetieren und Vögeln.

150cm | 900 gr | 1 kg

SA

LC NT VU EN CE

J F M A M J J A S O N D

Schwarzmilan

Schmarotzermiulan

Geier *Geier sind Greifvögel aus der Familie der Habichtartigen. Sie sind in der Regel Aasfresser, die größeren Arten erbeuten jedoch auch geschwächte mittelgroße Säugetiere. Aus großer Höhe suchen sie die Ebenen nach Kadavern ab. Einen ein Meter großen Kadaver können sie bereits aus einer Entfernung von sechs Kilometern ausmachen. Einige Arten spüren ihre Nahrung auch über den Geruch auf. Mit ihren großen Flügeln nutzen sie die Thermik zum Segeln. Die meisten Arten leben in Gruppen, einzelne Arten leben solitär. Der Geier ist im Allgemeinen eher gefährdet. Die Gründe dafür sind vielfältig, wie z. B. die Verschlechterung des Lebensraums durch Intensivierung der Viehhaltung, die zum Verschwinden der Wildpopulationen von Huftieren führt. Die Jagd auf und der Handel mit lebenden Geiern stellen ebenfalls eine Bedrohung dar. Vor allem aber führt ein in der Viehhaltung verwendetes entzündungshemmendes Mittel nach dem Fressen von Kadavern behandelter Tiere bei Geiern zu Nierenversagen. Eine weitere Ursache für das Massensterben sind Kadaver vergifteter Tiere, die Wilderer (bei der Jagd nach Fellen, Elfenbein, Hörnern) zurücklassen.*

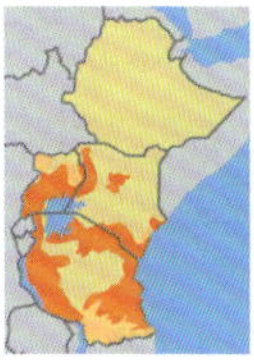

165 cm 1,6 kg 1,8 kg

SA

LC NT VU EN CE

J F M A M J J A S O N D

Palmgeier *(Gypohierax angolensis)*

Palm-nut Vulture *(65 cm)*

In Größe und Gefieder gleicht er auf den ersten Blick dem Schreiseeadler. Dieser Geier ist weiß bis zum Unterschwanz und hat rosa Beine. Um die Augen mit der gelben oder rosafarbenen Haut ist er kahl. Schnabel und Krallen sind gelb. Die weißen Spitzen der Handschwingen sind schwarz. Er ist ein Allesfresser und ernährt sich neben Fisch, Krabben, Insekten und Amphibien vor allem von Ölpalmennüssen *(Elaeis guineensis)*. Sein Lebensraum sind die Ränder tropischer Wälder, entlang der großen Flüsse, Seen und Mangroven.

Kappengeier *(Necrosyrtes monachus)* **Hooded Vulture** *(56 cm)*

Er lebt in der Regel in kleinen Gruppen mit Artgenossen. Auffällig an diesem Geier ist der rosa Kopf mit einem beigefarbenen Flaum. Dieser verläuft vom Scheitel bis hinter den kurzen Nacken. Die Kehle ist bis zum Brustbein weiß oder rosa. Das übrige Gefieder dieses kleineren Geiers ist dunkelbraun. Die Beine sind ebenso wie die Zehen grau oder weiß. Ihre Bestände sind stark rückläufig. Sie stehen am unteren Ende der Hackordnung.

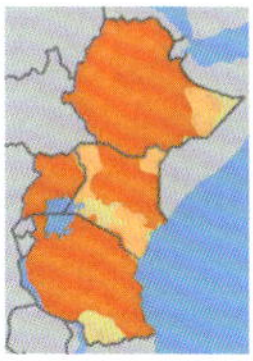

170 cm 2,4 kg 2,4 kg

SA

LC NT VU EN CE

J F M A M J J A S O N D

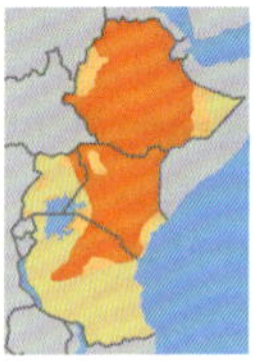

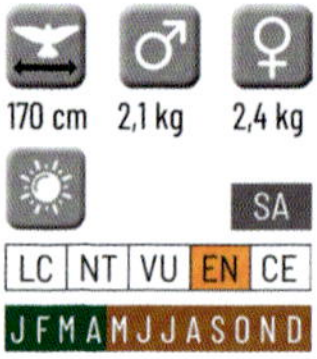

Schmutzgeier

(Neophron percnopterus) **Egyptian Vulture** *(70 cm)*
Die gelbe Farbe des kahlen Kopfes und der Kehle setzt sich auf dem schmalen Schnabel fort, der mit einem grauen Haken endet. Ab dem Scheitel hat er einen schmutzig weißen Nacken. Das Gefieder ist cremeweiß mit schwarzen Hand- und Armschwingen. Der Schmutzgeier benutzt Steine, um Straußeneier zu öffnen. Diese Allesfresser stehen in der Hierarchie bei der Aufteilung von Kadavern weit unten. Sie leben meist solitär, bevorzugen trockene Gebiete wie Halbwüsten und brüten an Klippen und überhängende Felsen.

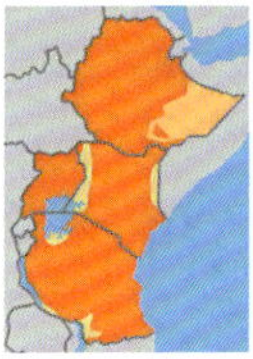

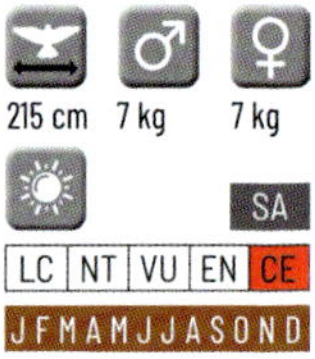

Weißrückengeier

(Gyps africanus) **White-backed Vulture** *(94 cm)*
Einst einer der häufigsten Geier Afrikas, nehmen die Bestände jedoch so stark ab, dass die Art vor allem in Westafrika stark bedroht ist. Der gräulich-weiße Nacken endet bei einem schmutzig weißen Kragen. Das Gefieder variiert von beigefarben bis dunkelbraun (je älter desto heller). Kehle, Kopf und Schnabel sind dunkelgrau bis schwarz. Die Brust ist in der Regel bis zum Unterschwanz hellbraun. Die Schultern sind heller als die dunkelbraunen Handschwingen. Dieser Geier ähnelt dem Sperbergeier, sein Schnabel ist jedoch von sehr dunklem Grau

Sperbergeier *(Gyps rueppelli)* **Rueppell's Griffon** oder **Vulture** *(100 cm)*

Er zählt zu den größten Geierarten und gilt als der am höchsten fliegende Vogel der Welt (bis zu 11 km hoch). Auch das Fortbestehen dieser Art ist stark gefährdet. Er sieht dem Weißrückengeier sehr ähnlich, unterscheidet sich jedoch durch seinen helleren Schnabel, einen dickeren Nacken und braune Flecken auf der hellen Brust. Eine große Brutpopulation lebt in den Simien-Bergen in Äthiopien. Sie sind monogam und werden etwa 30 Jahre alt.

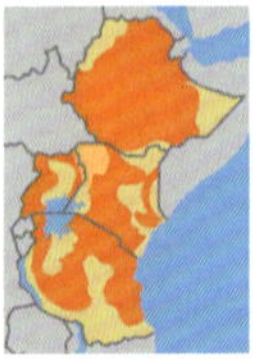

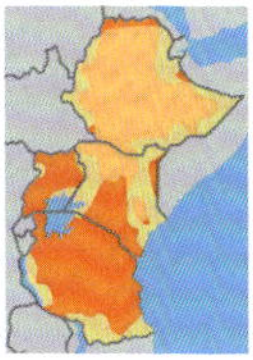

220 cm | 4,3 kg | 5 kg

SA

LC | NT | VU | EN | CE

J F M A M J J A S O N D

Wollkopfgeier

(Trigonoceps occipitalis) **White-headed Vulture** *(85 cm)*
Auffällig sind der blaugraue Schnabel mit rotem Haken und der rosa Kopf mit dem flauschigen Scheitel in Creme bis Gelb. Seine Brust ist dunkelbraun, der Bauch weiß bis zu den roten Beinen. Die Flügel sind weiß und dunkelbraun. Nur das Weibchen hat weiße Armschwingen. Von den größeren Geiern ist diese Art am wenigsten verbreitet und ernsthaft in ihrer Existenz bedroht. Wenn man ihn überhaupt einmal mit anderen großen Geiern bei einem Kadaver sieht, muss er geduldig warten, bis er an der Reihe ist.

Bartgeier

(Gypaetus barbatus) **Bearded Vulture** oder **Lammergeier** *(110 cm)*

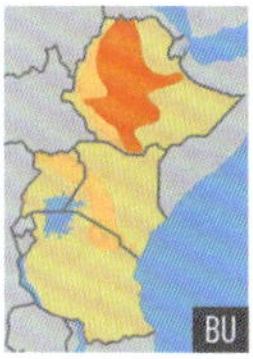

260 cm | 6,6 kg | 7 kg

SA

LC | NT | VU | EN | CE

J F M A M J J A S O N D

Er ähnelt vom Körperbau her einem Adler. Er hat kürzere Beine mit Hosen und keinen kahlen Hals wie die meisten Geier. Die helle, rostbraune Brust und der weiße Kopf mit zwei schwarzen, in einem kurzen Bart endenden Streifen, sind für diese Art typisch. Bartgeier brüten in steilen Klippen. Sie leben in hohen Bergen und ernähren sich vor allem vom Knochenmark der Kadaver. Die starke Säure, die ihr Magen produziert, hilft bei der Verdauung.

Ohrengeier

(Torgos tracheliotos) **Lappet-faced** oder **Nubian Vulture** *(115 cm)*
Der stärkste und aggressivste Geier. Sein Schnabel durchtrennt auch dickste Häute. Der kahle Kopf ist rosafarben, die Intensität der Farbe verrät seinen Gemütszustand. Hals und Brust sind reinweiß mit braunen Federn, Rücken und Flügel sind dunkelbraun. Die Zehen sind grauweiß. Sie folgen anderen Geiern, bevor sie sich beim Kadaver einfinden. Ihr Habitat sind Savannen und Halbwüstengebiete. Sie sind nomadisierend und vermeiden die Regenzeiten.

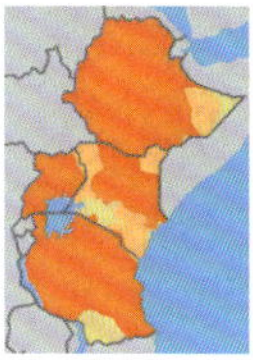

170 cm | 2,4 kg | 2,4 kg

SA

LC | NT | VU | EN | CE

J F M A M J J A S O N D

Schlangenadler *Zur Unterfamilie Circaetus gehört der Schlangenadler. In Afrika gibt es 7 Arten, eine ist Wintergast, die anderen sind Standvögel oder migrieren innerhalb Afrikas. Offene Gebiete mit spärlichem Baumbestand und trockenere Savannen bilden ihren Lebensraum. Sie ernähren sich von Schlangen, Eidechsen, kleineren Säugetieren und Vögeln.*

180 cm | 2,2 kg | 2,3 kg
SA
LC NT VU EN CE
J F M A M J J A S O N D

Einfarb-Schlangenadler

(Circaetus cinereus)

Brown Snake-Eagle
(74 cm)

Das Gefieder ist braun. Schnabel und Wachshaut sind grau, ebenso die Beine und die Zehen. Der Schwanz hat cremefarbene Bänder. Die Unterseite der Flügel ist, abgesehen von den braunen Schultern und Handschwingenspitzen, weiß. Auffallend ist die leuchtend gelbe Iris. Von Baumkronen aus suchen sie mit Rundumblick die Umgebung nach Nahrung ab. Sie sind Standvögel (leben dort, wo sie auch brüten).

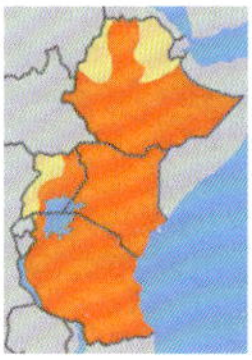

180 cm | 2 kg | 2,2 kg
SA
LC NT VU EN CE
J F M A M J J A S O N D

Schwarzbrust-Schlangenadler

(Circaetus pectoralis)

Black-chested Snake-Eagle *(68 cm)*

Mit Ausnahme des Bauchs und eines Teiles der Brust, die weiß sind, ist er dunkelbraun. Die Krallen und Beine sind grau. Die Unterseite der Flügel ist weiß und sie haben drei schwarze Streifen entlang der Hand- und Armschwingen. Auffallend sind die leuchtend gelbe Iris und die langen Flügel, die in der Ruhephase bis zum Schwanzende reichen. Sein Lebensraum ist vielfältig, aber er meidet zu dichte Waldgebiete.

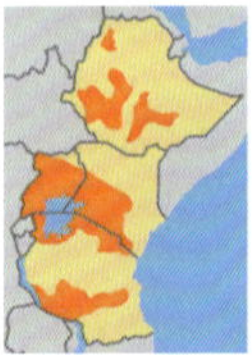

114 cm | 1 kg | 1,1 kg
SA
LC NT VU EN CE
J F M A M J J A S O N D

Bandschlangenadler

(Circaetus cinerascens)

Western Banded Snake-Eagle *(60 cm)*

Ein etwas stämmiger Adler. Er ist überwiegend braun, mit dunklerem Braun auf den Flügeln. Die Beine und die Zehen sind gelb, ebenso der Schnabel, der mit einem schwarzen Haken endet. Die Iris sind gelb. Die Schwanzfedern sind weiß und schwarz gebändert. Er versteckt sich inmitten dichter Flusswälder. Die Weibchen sind etwas dunkler.

Weihen *Weihen sind schlanke, mittelgroße Greifvögel. Weltweit gibt es dreizehn Arten, die zusammen innerhalb der Unterfamilie Circinae die Gattung Circus (Circus = kreisförmiger Balzflug) bilden. Die Höhlenweihe gehört zur Gattung Polyboroides. Weihen unterscheiden sich von den anderen Greifvögeln, da sie fast ausnahmslos am Boden brüten und durch eine schlanke Silhouette und lange, breite Flügel. Dicht über dem Boden fliegend jagen sie kleine Nagetiere, Eidechsen und Vögel, am liebsten im offenen Grasland. Die äußeren Unterschiede zwischen den Geschlechtern sind groß.*

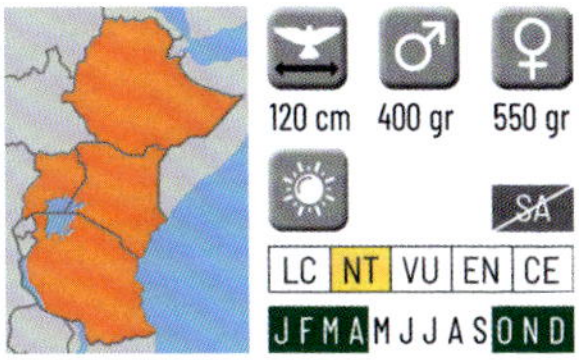

Steppenweihe *(Circus macrourus)* **Pallid Harrier** *(48 cm)*
Wintergast. Die Bauchpartie des Männchens ist weiß, die Rückenpartie grau. Die Handschwingen sind schwarz, der Schwanz schwarzweiß gebändert. Beim Weibchen ist die Rückenpartie dunkelbraun, die Bauchpartie beigefarben bis rotbraun gefleckt. Ihre Flügel sind fleckig rotbraun unter den Schultern und dunkelbraun gestreift über den Arm- und Handschwingen. Beide Geschlechter haben eine gelbe Iris und gelbe Beine. Das Weibchen ist deutlich größer.

Rohrweihe *(Circus aeruginosus)* **Western Marsh-Harrier** *(54 cm)*
Wintergast. Vor allem an der weißen Unterseite der Flügel und den nahezu schwarzen Fingern der Handschwingen sind die Geschlechter gut zu unterscheiden. Die Armschwingen und Schwanzfedern des Männchens sind fast weiß, bei ihr sind sie braun. Beide Geschlechter haben einen beigefarbenen Kopf (bei ihr verläuft eine braune Zeichnung über die Wangen zur Kehle) und gelbe Beine. Die **Froschweihe** *(Circus ranivorus)* **African Marsh Harrier** *(47 cm)* ist etwas kleiner, aber sie ist der Rohrweihe sehr ähnlich. Ihr Bereich erstreckt sich nicht weiter nördlich als Uganda.

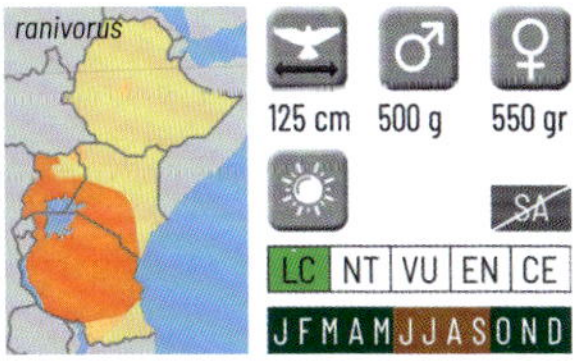

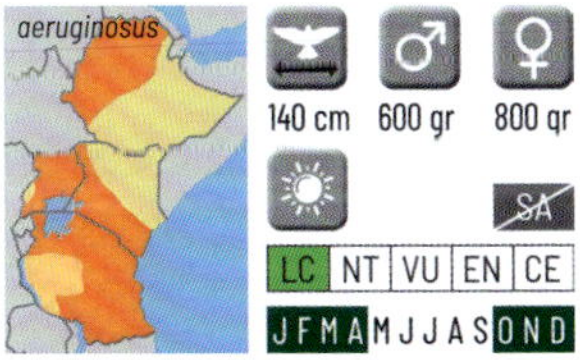

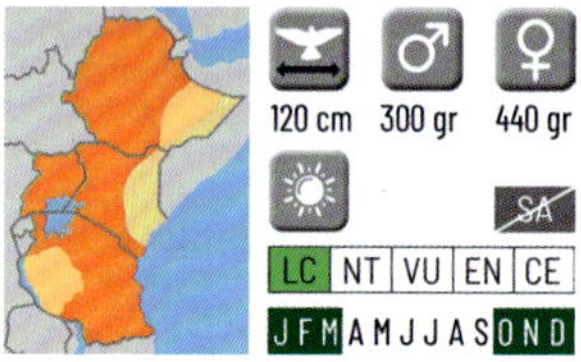

Wiesenweihe *(Circus pygargus)* **Montagu's Harrier** *(46 cm)*
Wintergast. Für das Männchen sind Grautöne kennzeichnend, das Weibchen ist überwiegend braun. Brust und Bauch sind bei ihm weiß, bei ihr beige und häufig gestreift. Sein Kopf ist grau und bei beiden sind Wachshaut, Iris und Zehen gelb. Der Schnabel ist schwarz. Ihre Nahrung besteht aus Vögeln, Wühlmäusen, Eidechsen und größeren Insekten. Der Lebensraum ist vielfältig, aber Wiesenweihen bevorzugen grasbewachsene Landschaften.

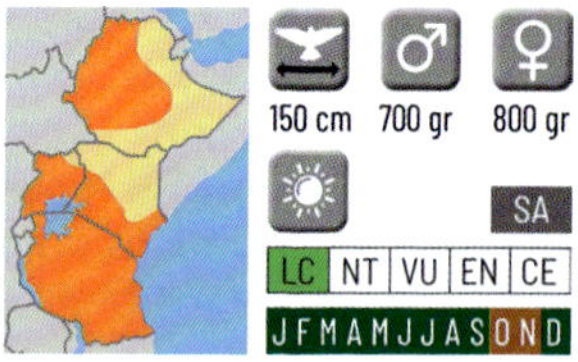

Höhlenweihe
(Polyboroides typus)
African Harrier-Hawk oder **Gymnogene** *(66 cm)*
Diese Art kann zwischen Habicht und Weihe eingeordnet werden. Äußerlich sieht sie dem Singhabicht sehr ähnlich. Die Höhlenweihe hat gelbe Beine und gelbe Haut um die Augen herum bis zum Schnabel (rosafarben bei Erregung). Die Brust hat meist ein Zebramuster. Die Finger der Handschwingen sind auf der Unter- und Oberseite dunkler grau. Sie leben an Flussufern, in Hügellandschaften und in Savannen. Im Gegensatz zur echten Weihe nistet diese in Bäumen. Sie ernährt sich von Vögeln, Eiern, Küken, Fledermäusen und Eidechsen.

Habichte und Sperber *Im Vergleich zum Bussard ist der Habicht etwas kleiner und vor allem schlanker, der Schwanz ist hingegen länger. Abgesehen davon, dass das Weibchen viel größer ist, unterscheiden sich die Geschlechter im Aussehen kaum. Sie sind monogam und bewachen ein Revier. Die Nahrung besteht aus Vögeln bis zur Größe von Perlhühnern und Frankolinen, aus Eidechsen, kleinen Nagern, manchmal auch Zwergmangusten und Insekten. Wie der Bussard jagen sie oft von der Spitze eines Baumes aus, von dem aus sie eine gute Sicht haben. Die Sperber in Afrika sehen den Singhabichten sehr ähnlich, auch bei ihnen sind die Weibchen viel größer als die Männchen. Ihr Flug ähnelt dem von größeren Falken, schnell und zielstrebig. Sie jagen vor allem Vögel.*

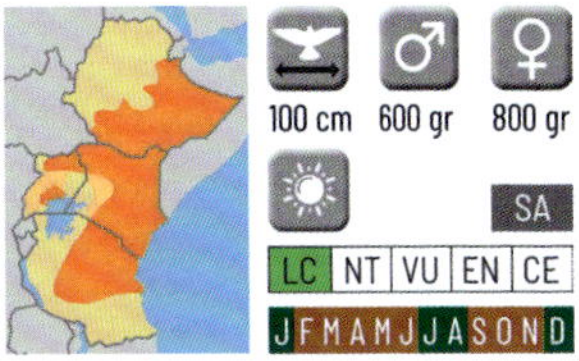

Weißbürzel-Singhabicht

(Melierax poliopterus)

Eastern Chanting Goshawk *(61 cm)*

Er ähnelt den anderen Singhabichten, besitzt aber im Unterschied zu ihnen eine gelbe Wachshaut und rote Beine. Von der Spitze eines Baumes aus behält er seine Umgebung genau im Auge und stürzt sich auf seine Beute. Er bevorzugt flaches, trockenes Grasland mit lichtem Baumbewuchs.

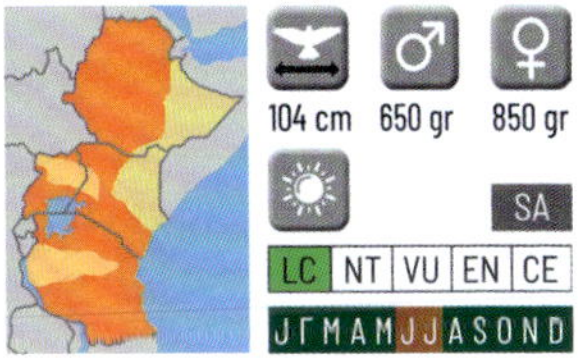

Graubürzel-Singhabicht

(Melierax metabates)

Dark Chanting Goshawk *(50 cm)*

Es gibt fünf Habichte in Afrika mit der Bezeichnung Graubürzel-Singhabicht. Den *M.m. metabate* und *mechowi* findet man in Ostafrika. Er hat rote Beine, einen roten Schnabel mit schwarzem Haken und eine rote Wachshaut. Kopf und Kehle sind grau. Von der Brust bis zum Unterschwanz wird das Grau von schmalen weißen Bändern durchzogen. Er kommt in baumreichen Teilen von Savannen vor. Eidechsen, Schlangen und Vögel bis zur Größe von Perlhühnern dienen ihm als Nahrung. Gelegentlich fängt er auch kleine Mungos und Nagetiere.

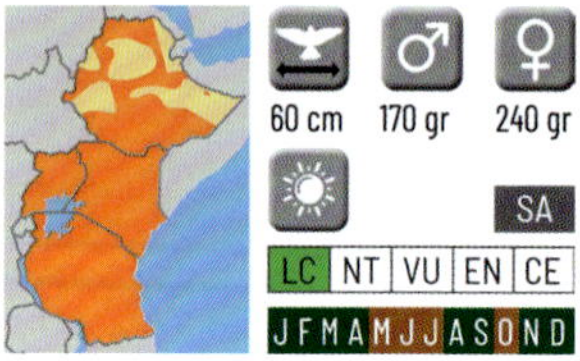

Gabarhabicht *(Micronisus gabar)* **Gabar Goshawk** *(34 cm)*
Der Gabarhabicht hat einen grauen Kopf und eine grau-weiß gestreifte Brust. Die Beine sind rosa, die Wachshaut ist rot und der Schnabel schwarz. Er ist an seiner geringen Größe und den vier dunklen Bändern auf dem grauen Schwanz erkennbar. Er hat auch einen dunkel-anthrazitgrauen Artgenossen. Er besucht Dornenwälder und dünn bewachsene Savannen sowie die Ränder von Halbwüsten mit Flüssen.

Afrikahabicht
(Accipiter tachiro)
African Goshawk *(40 cm)*

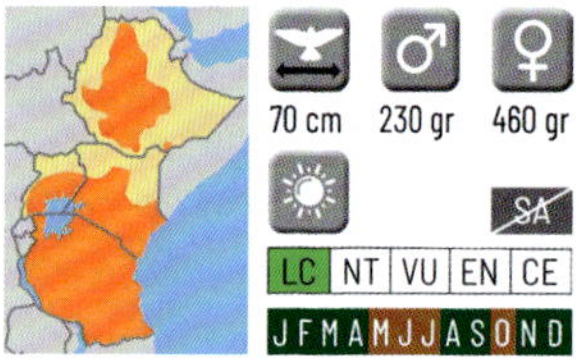

Die braunen bis rotbraunen Querstreifen über Brust und Bauch, die weißen Unterschwanzdecken und seine gelben Beine und gelben Augen sind die auffälligsten Merkmale im Vergleich zu anderen Habichten. Oft hat er braune Flügel und einen langen Schwanz mit mehreren, weißen Bahnen. Die Flanken sind oft rotbraun. Die Farbe des Rückens und der Flügel variiert von braun bis grau. Das größere Weibchen ist immer braun. Sie sind in allen Arten von Lebensräumen weit verbreitet.

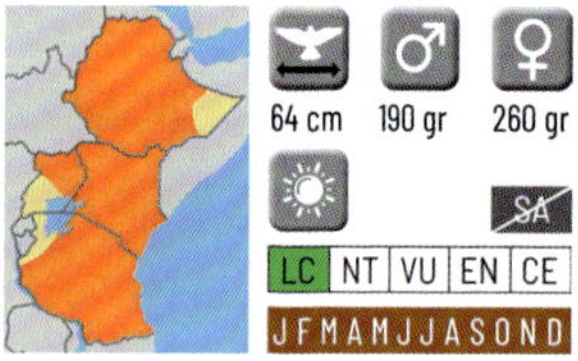

Schikrasperber
(Accipiter badius) **Shikra** *(40 cm)*
Die Rückenpartie ist hellgrau, die Finger an den Handschwingen sind dunkelgrau. Die Bauchpartie ist bis zum Unterschwanz meist weiß. Die Brust ist mit rostbraunen Linien gestreift. Die Schwanzfedern sind grau mit dunklen Bändern. Seine Iris ist rot, bei den größeren und etwas dunkleren Weibchen ist sie gelb. Wachshaut und Beine sind bei beiden gelb. Sie bewohnen Savannen und Wälder mit dichter Belaubung und jagen Eidechsen, Vögel und Nagetiere. Wandert sowohl innerhalb Afrikas als auch nach Asien.

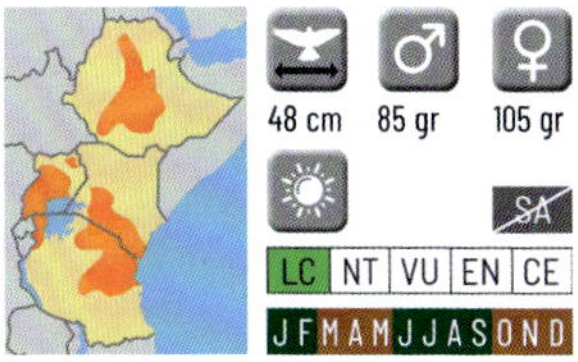

Zwergsperber *(Accipiter minullus)*
Little Sparrowhawk *(23 cm)*
Er ist der kleinste Sperber der Gattung *accipiter*. Das Gefieder ist schiefergrau, der Schwanz ist weiß gebändert. Die Kehle ist weiß, wobei das Weiß durch rötlich-braune Flanken und schmale Streifen unterbrochen wird. Sie sind auf dem größeren Weibchen besser sichtbar. Das Weibchen hat gelbe Augenränder, beim Männchen sind sie eher orange. Sie jagen kleine Vögel, gelegentlich Fledermäuse, Insekten und Eidechsen in offenen Waldgebieten, oft auch entlang von Flüssen oder in Tälern.

Bussarde *Der Bussard jagt in offenem Gelände, nistet jedoch an Waldrändern. Er erbeutet meist kleine Säugetiere, Reptilien und Vögel, frisst aber auch Aas. Im Kreis- oder Segelflug erkundet er die Umgebung und fällt seine Beute dann blitzschnell an. Er gehört zu den mittelgroßen Greifvögeln. Die Weibchen sind etwas größer und blasser.*

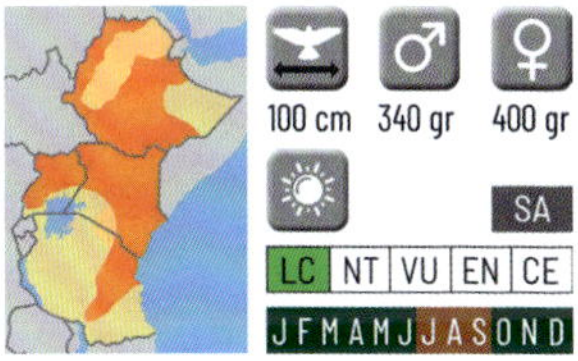

Heuschreckenteesa
(Butastur rufipennis)
Grasshopper Buzzard *(42 cm)*
Brust und Bauch dieses mittelgroßen Bussards sind hellbraun gesprenkelt, Kopf und Vorderrücken sind braungrau. Der Haken des gelben Schnabels ist dunkelgrau. Die Kehle ist weiß, Beine und Iris sind gelb. Die Unterseite der Flügel ist weiß mit schwarzen Fingern an den Handschwingen. Im Flug ist die rotbraune Bauchpartie gut sichtbar. Die Schwanzfedern sind gebändert. Er jagt meist auf dem Boden an Waldränder in trockenen Savannen.

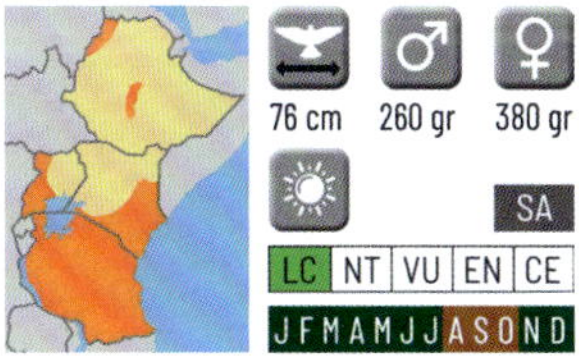

Sperberbussard
(Kaupifalco monogrammicus) **Lizard Buzzard**
(36 cm)
Diese Art sieht einem kleinen Singhabicht ähnlicher als einem Bussard. Auf der Brust fein schwarz-weiß gestreift, sonst überwiegend hellgrau. Beide Geschlechter haben einen markanten schwarzen vertikalen Streifen über der weißen Kehle, rote Krallen und einen roten Schnabel mit schwarzem Haken. Auf dem Schwanz erkennt man ein weißes Band. Sie leben in Wäldern mit Laubbäumen, an Flussufern und in angrenzenden Savannen.

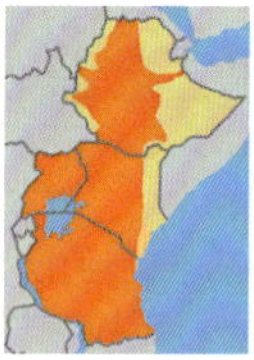

140 cm | 1,1 kg | 1,3 kg
SA
LC NT VU EN CE
J F M A M J J A S O N D

Augurbussard *(Buteo augur)*
Augur Buzzard *(58 cm)*
Der Augurbussard ist während der Regenzeit vor allem in bewaldeten Gebieten anzutreffen. Der Unterkörper ist ganz weiß, von den Wangen bis zu den Flügeln ist er fast schwarz. Die Schulterdeckfedern sind sowohl von unten als auch von oben grau, die weißen Arm- und Handschwingen haben einen grauen Rand. Der Schwanz ist rostbraun. Obwohl er felsige Gebirgslandschaften bevorzugt, ist der Augurbussard auch inmitten von Grasflächen mit Baumbewuchs zu finden.

Falkenbussard *(Buteo buteo vulpinus)* **Steppe Buzzard** *(50 cm)*
Wintergast. Das Gefieder dieses Bussards ist überwiegend braun. Brust und Bauch sind heller und gefleckt. Kurzer, dunkelgrauer Schnabel und gelbe Wachshaut, gelbe Beine und Klauen. In Südafrika gibt es von Oktober bis April viele migrierende Falkenbussarde, in Ostafrika sind sie auf der Durchreise. Fliegt innerhalb Afrikas große Distanzen, aber migriert auch nach Nordeuropa. Man kann ihn oft in langsamem Zirkel- bzw. Segelflug sehen. Vor allem Aasfresser, jagt aber auch kleine Nagetiere und Käfer.

130 cm | 1,1 kg | 1,3 kg
SA
LC NT VU EN CE
J F M A M J J A S O N D

Adler *Adler haben, mit Ausnahme von Schlangenadler und Gaukler, gefiederte Beine („Hosen") und meist gelbe Zehen. Es sind tagaktive Greifvögel, bei denen kaum geschlechtsspezifische Unterschiede zu erkennen sind, auch das Gefieder unterscheidet sich nicht, die Weibchen sind jedoch meist größer als die Männchen. Adler sehen dreimal besser als Menschen. Mit ihrem schweren Hakenschnabel können sie das Fleisch von ihrer Beute abreißen. Viele Adler legen nur ein Ei. Im Falle eines zweiten Kükens wird das ältere in vielen Fällen das andere töten.*

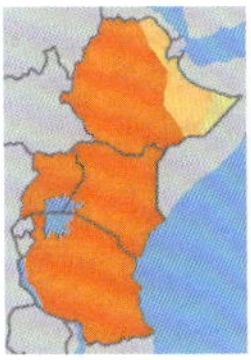

185 cm 2,7 kg 2,7 kg

SA

LC NT VU EN CE

JFMAMJJASOND

Gaukler

(Terathopius ecaudatus)

Bateleur *(70 cm)*

Er ist leicht an seinem gedrungenen Körperbau, der roten Wachshaut und den Zehen zu erkennen. Kopf, Rücken und Brust sind schwarz, die Flügel grau und schwarz. Im Flug sind die weißen Flügel mit schwarzen Hand- und Armschwingen von unten sichtbar. Der schwarze Teil ist dort beim Weibchen deutlich kleiner. Manchmal ist beim Männchen der Vorderrücken weiß statt braun. Er ist ein Thermikakrobat und jagt kleine Säugetiere, frisst jedoch hauptsächlich Aas. Sie leben in offenen Waldgebieten und Savannen. Jungvögel sind braun.

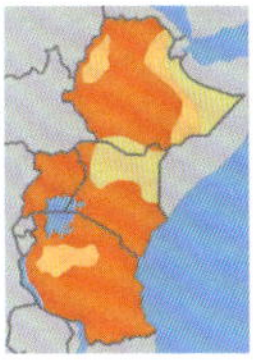

200 cm 2,4 kg 3,5 kg

SA

LC NT VU EN CE

JFMAMJJASOND

Schreiseeadler

(Haliaeetus vocifer) **African Fish-Eagle** *(75 cm)*

Kopf, Rücken und Brust sind weiß. Die Flügel sind an den Schultern rostbraun und ansonsten anthrazitfarben. Die Hose und der Bauch sind ebenfalls rostbraun, die Zehen gelb. Sie leben paarweise und rufen einander immer wieder mit einem hohen Kehllaut. Im Tiefflug, stoßen sie auf ihre Beute herab und reißen sie mit den großen Krallen aus dem Wasser. Zu ihrer Beute gehören kleine Krokodile, Frösche, Fische und Nagetiere.

Raubadler

(Aquila rapax) **Tawny Eagle** *(74 cm)*

Das Gefieder des Raubadlers variiert von dunklen Brauntönen bis beigefarben (siehe beide Fotos), manchmal ist die Brust gefleckt. Die Spitzen der Hand- und Armschwingen sind dunkelbraun. Die Oberseite der graubraunen Schwanzfedern ist gebändert. Er hat einen gelben Schnabel mit schwarzem Haken. Wachshaut, Iris und Zehen sind ebenfalls gelb. Er jagt am Boden Hasen, kleine Antilopen, Bodenvögel und Eidechsen.

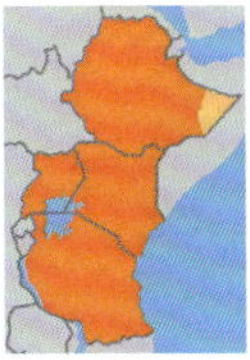

180 cm 2,7 kg 3,1 kg

SA

LC NT VU EN CE

JFMAMJJASOND

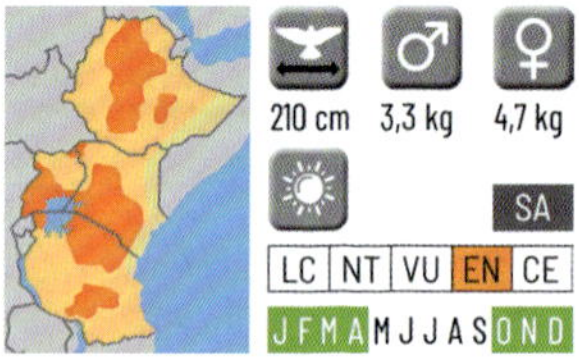

Steppenadler *(Aquila nipalensis)*
Steppe Eagle *(80 cm)*
Wintergast. Er ist leicht mit dem etwas kleineren Raubadler zu verwechseln, aber es gibt ein deutliches Unterscheidungsmerkmal: Der gelbe Schnabelwinkel läuft bei ihm weiter bis unter die Augen. Noch ein anderer Unterschied kann manchmal wahrgenommen werden: Es ist die intensivere Färbung der Steppenadler. Das Federkleid beim Raubadler ist oft blasser. Auch fehlen beim Steppenadler die hellen Flächen der Armschwingen auf der Unterseite der Flügel. In Afrika jagt er Nagetiere, manchmal aus der Luft aus einer Höhe von 150 bis 200 m oder er wartet geduldig an einem Loch.

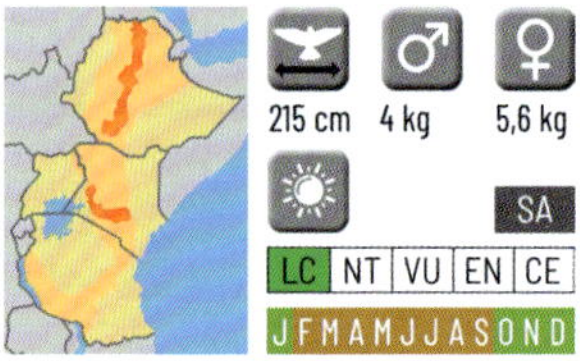

Klippenadler *(Aquila verreauxii)*
Verreaux's oder **Black Eagle** *(90 cm)*
Dieser größte afrikanischen Adler trägt ein weißes "V" auf dem Rücken. Er hat eine große, gelbe Wachshaut auf dem ansonsten grauen Hakenschnabel. Die gelben Beine werden von einer schwarzen Hose bedeckt. Er brütet an Felswänden. Schliefer sind seine Hauptnahrung. Klippenadler legen in der Regel zwei Eier. Das zuerst geschlüpfte Küken tötet das andere.

Afrikanischer Habichtsadler *(Aquila spilogaster)* **African Hawk-Eagle** *(62 cm)*
Die Männchen haben weniger und kleinere dunkle Flecken auf der weißen Brust als die Weibchen. Die Flügel sind auf der Oberseite schiefergrau bis dunkelbraun und auf der Unterseite weiß mit einem dunklen Rand an Schultern, Arm- und Handschwingen. Die Hose ist weiß. Zehen und Iris sind gelb. Der Schnabel ist grau mit einem schwarzen Haken. Dieser Adler lebt vorzugsweise in offenen waldreichen Gebieten. Als Nahrung dienen Bodenvögel, Hasen und Schlangen.

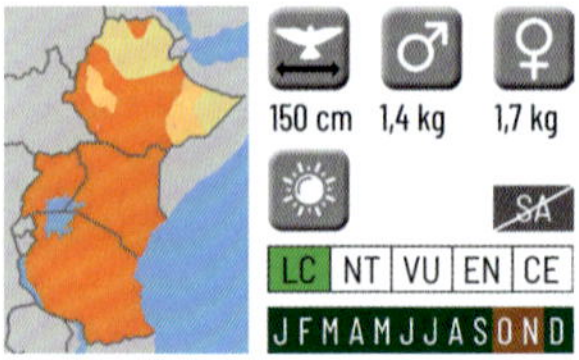

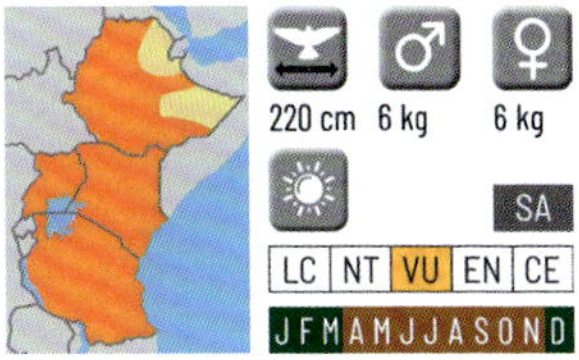

Kampfadler

(Polemaetus bellicosus)

Martial Eagle *(96 cm)*

Die Rückenpartie dieses großen Adlers ist überwiegend braun, die weiße Brust bis zum Unterschwanz dunkel gefleckt. Auf der Kopfrückseite hat er eine kleine Haube. Über die Schwanzfedern laufen dunklere Bänder. Die Zehen sind grauweiß. Er erbeutet kleine bis mittelgroße Säugetiere und Bodenvögel. Jungtiere sind überwiegend weiß, der Vorderrücken und die Flügel sind schiefergrau. Der Kampfadler bevorzugt lichte Wälder und Waldränder.

Schopfadler

(Lophaetus occipitalis)

Long-crested Hawk-Eagle *(58 cm)*

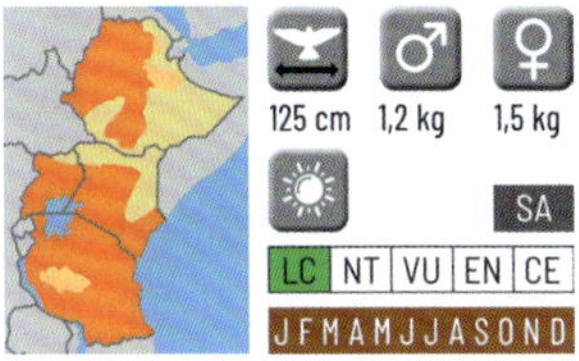

Sie sind überwiegend dunkelbraun, sowohl die Brust als auch die Flügel. Die Unterseite der Flügel ist teilweise weiß mit braunen Streifen. Die Hosen sind weiß, Krallen, Schnabel mit schwarzem Haken und die Iris sind gelb. Die Federn am Kopf kann er aufstellen, beim Männchen sind sie länger. Er ernährt sich hauptsächlich von Nagetieren, ab und an auch von Bodenvögeln, und hält sich gerne an Waldrändern auf, die an Sümpfe und Weideland grenzen.

Kronenadler *(Stephanoaetus coronatus)* **Crowned Hawk- Eagle** *(96 cm)*

Der Kronenadler zeigt ein schönes, markantes Gefieder, besonders im Flug, wenn auf der Flügelunterseite die rostbraunen Schultern, die schwarzen Streifen und die weißen Flächen sichtbar werden. Die Federkrone auf seinem braunen oder graubraunen Kopf fällt auf, wenn der Wind sich in den Federn fängt. Die Brust ist schwarz-weiß gefleckt, auf der Hose verblasst die Musterung. Die Oberseite ist dunkelgrau. Die Zehen sind gelb, die Iris fast weiß. Sein Schwanz und hat drei weiße und drei schwarze Bänder. Er jagt Affen, Klippschliefer, kleine Antilopen und Nagetiere.

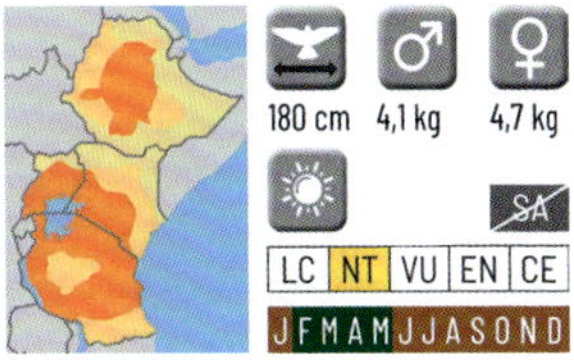

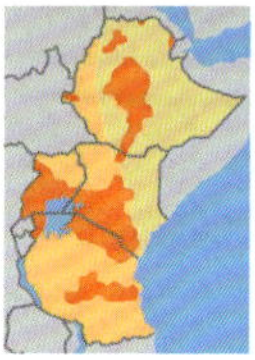

160 cm | 1,4 kg | 2,2 kg

SA

LC | NT | VU | EN | CE

J F M A M J J A S O N D

Schreiadler *(Clanga pomarina)* **Lesser Spotted Eagle** *(66 cm)*
Wintergast. Bis zu den gelben Krallen hat er ein dunkel- und hellbraunes Gefieder. Er ist etwas schlanker als der Silberadler. Im Flug ist auf der Oberseite der Flügel ein längliches weißes Band zu sehen, das beim Silberadler fehlt. Auch das weiße Band auf den Oberschwanzdecken fehlt beim Silberadler. Der gelbe Schnabelwinkel zieht sich beim Schreiadler bis weit unter die Augen, beim Silberadler nur bis zum Auge. Der Bürzel ist weiß. Der Aufenthalt in Ostafrika ist, wenn sie auf der Durchreise in südlichere Länder sind.

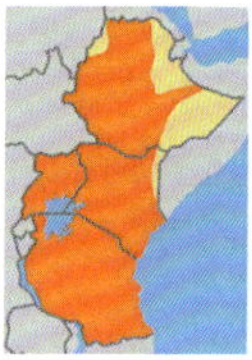

140 cm | 800 gr | 1,4 kg

SA

LC | NT | VU | EN | CE

J F M A M J J A S O N D

Silberadler
(Hieraaetus wahlbergi)
Wahlberg's Eagle *(60 cm)*
Der gelbe Schnabelwinkel endet an den Augen. Das Gefieder ist braun, an den Flügelenden etwas dunkler. Er hat eine kleine Haube. Seltene Varianten sind dunkelgrau und weiß, eine davon hat einen dunkelbraunen Kopf. Er meidet allzu trockene Gebiete und dichte Wälder. Er ernährt sich hauptsächlich von Eidechsen und manchmal von Schlangen und Vögeln. Er hat befiederte Läufe und gelbe Krallen.

FALCONIFORMES *Falconiformes - Falconidae*

Falken *Falken gehören zu einer separaten Ordnung. Taxonomische Untersuchungen zeigen, dass Falken eher mit Papageienartigen als mit Greifvögeln verwandt sind. Diese Luftakrobaten haben lange spitze Flügel, um ihre Beute blitzschnell jagen zu können. Viele Arten „schlagen" ihr Opfer in der Luft. Manche Falken „rütteln" über dem Boden während sie dort nach kleinen Nagetieren suchen. Einige Arten zeigen geschlechtsspezifische Unterschiede. Die Weibchen sind in der Regel größer. Falken sind üblicherweise monogam und territorial, manchmal wird jedoch einer der Partner von einem Rivalen verjagt.*

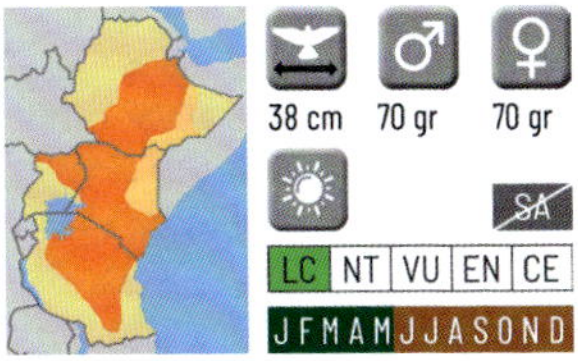

Halsband-Zwergfalke

(Polihierax semitorquatus)

Pygmy Falcon *(20 cm)*

Er ist einer der kleinsten Falken. Der Kopf hat eine graue Stirn, die Zügel und Augenränder sind rot. Von den Wangen bis zum Unterkörper sind sie weiß. Bei ihm sind Rücken und Vorderrücken grau, bei ihr sind sie rostbraun. Die Flügel sind grau und schwarz. Die Beine sind rosa. Sie bevorzugen halbtrockene Savannen mit einzelnen hohen Bäumen, sind aber auch in feuchteren Gebieten anzutreffen. Sie ernähren sich von Eidechsen und größeren Insekten.

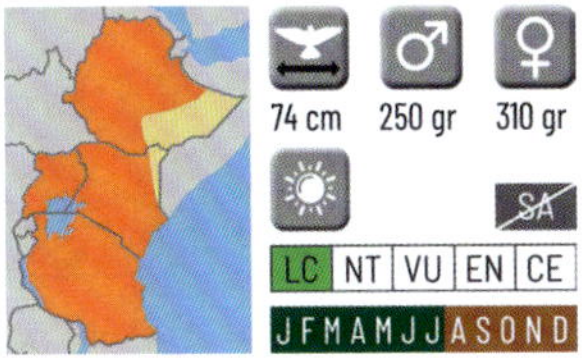

Turmfalke *(Falco tinnunculus)*

Common Kestrel *(35 cm)*

Geschlechtsspezifische Unterschiede zeigen sich am Kopf. Der Terzel ist dort grau. Beide Geschlechter haben gefleckte Flügel und einen rotbraunen Vorderrücken. Die helle Brust und der Bauch sind ebenfalls dunkelbraun gefleckt. Der dunkle Bartstreif ist besser sichtbar als beim Rötelfalken. Sie erbeuten hauptsächlich kleinere Nagetiere. Die *F. t. rufescens* bewohnen diesen Teil Afrikas dauerhaft, die *F.t. tinnunculus* dahingegen brüten in Gegenden von Europa bis nach Sibirien. Sie erbeuten Vögel, Nagetiere und Insekten. Sie bevorzugen Savannen mit spärlicher Vegetation.

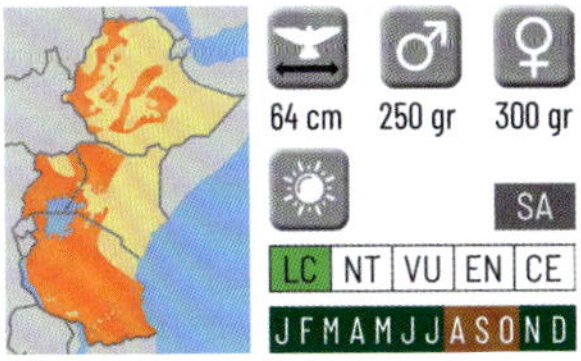

Graufalke

(Falco ardosiaceus)

Grey Kestrel

(33 cm)

Mit Ausnahme von Wachshaut, Augenringen und Krallen, die gelb sind, ist dieser Turmfalke grau, Hand- und Armschwingen sind dunkelgrau. Auf der Schwanzunterseite sind graue und weiße Bänder sichtbar. Sie leben in halboffenen Waldgebieten, feuchten Savannen und dicht aneinander stehenden, großen Bäumen wie Palmen, sofern sie an offenes Gelände grenzen. Erbeutet werden größere Insekten, kleine Nagetiere, Eidechsen und Vögel.

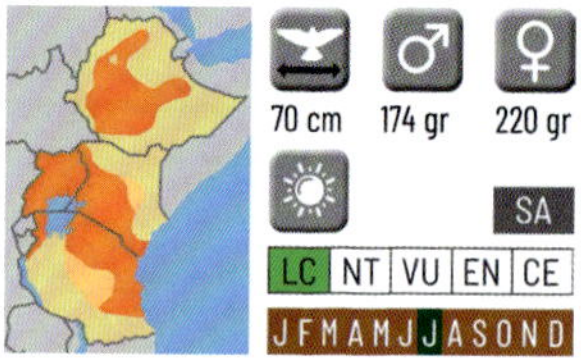

Afrikanischer Baumfalke

(Falco cuvierii) **African Hobby** *(30 cm)*

Beim Afrikanischen Baumfalken sind die Flügel und der Vorderrücken schieferfarben. Der Kopf mit Bartstreif ist ebenfalls grau. Die Kehle kann rotbraun, beigefarben oder weiß sein. Die Brust ist bis zum Unterschwanz rotbraun und meist dunkel gefleckt. Die Beine sind gelb. Dieser Baumfalke migriert innerhalb Afrikas. Er bevorzugt wasserreiche Waldgebiete, Savannen mit Bäumen und Waldränder. Seine Nah rung besteht hauptsächlich aus Insekten, während der Brutzeit erbeutet er jedoch auch kleinere Vögel.

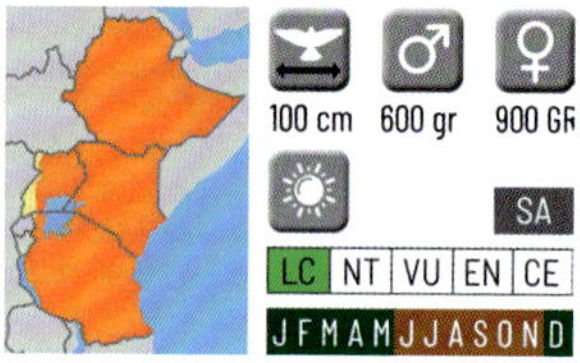

Lannerfalke

(Falco biarmicus) **Lanner Falcon** *(48 cm)*

Er gehört zu den größten Falken. Flügel und Vorderrücken sind schiefergrau. Der Schwanz ist hell und dunkel gebändert. Der Scheitel ist teilweise grau und teilweise rostbraun. Von der Kehle bis zum Unterschwanz ist er meist leicht braun, oft mit Sprenkeln an den Flanken und zum Teil auch auf dem Bauch. Krallen, Wachshaut und Augenringe sind gelb. Die Flügelunterseite ist hellbraun und grau. Ihr Lebensraum ist sehr unterschiedlich: von leicht bewaldeten Berglandschaften bis zu Wüsten und Savannen. Sie ernähren sich von Vögeln, Nagetieren, Fledermäusen und Reptilien.

Wanderfalke *(Falco peregrinus)* **Peregrine Falcon** *(50 cm)*

Wintergast. Er gehört mit 19 Unterarten zu den größten Falken und kann verschiedene Farbtöne aufweisen. Gewöhnlich sind Kopf, Flügel, Hals und Vorderrücken schiefergrau. Die Kehle ist weiß, manchmal hellbraun, die Brust weiß mit gelegentlichen dunklen Flecken, zum Bauch hin und an den Flanken können die Flecken in schmale Streifen übergehen. Schwarze Bartstreifen, manchmal mit einem ebenso dunklen Kopf. Augenrand, Wachshaut und Zehen sind gelb. Er erbeutet Vögel und Fledermäuse und ab und zu Nagetiere. Im Sturzflug erreicht er Geschwindigkeiten von bis zu 300 km pro Stunde. Vielfältiger Lebensraum.

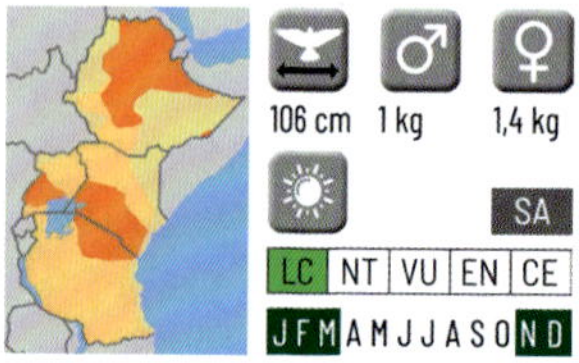

Hühnervögel *Hühnervögel bilden eine Vogelordnung. Sie picken ihre Nahrung vom Boden auf. Bei Gefahr fliegen sie auf oder verstecken sie sich im Gebüsch. Sie brüten auf dem Boden und schlafen in Bäumen. Trotz ihres Tarngefieders sind sie eine wichtige Beute für Greifvögel und kleinere Katzenartige. Alle Hühnervögel sind Nestflüchter (Junge verlassen das Nest früh).*
Die Hennen der Frankoline haben keine oder kleinere Sporen.

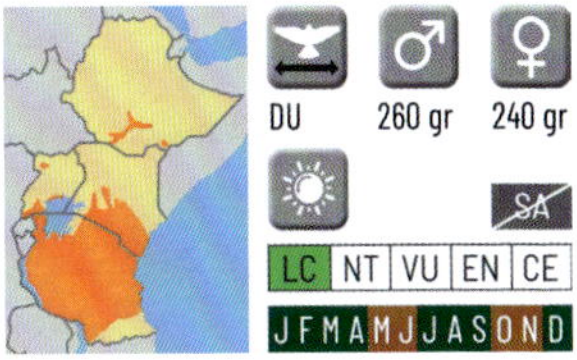

Coquifrankolin
(Peliperdix coqui)
Coqui Francolin *(25 cm)*
Auf Hals und Brust hat er ein Zebramuster (manchmal in Weiß übergehend). Charakteristisch für diesen Frankolin ist die schöne Zeichnung auf dem Kopf der Henne, bis zum Hals laufende dunkle Streifen über und unter dem Auge. Beim Hahn fehlen sie und das Zebramunster reicht bis zum gelben Kopf. Der Coquifrankolin lebt in Graslandschaften die von Sträuchern gesäumt werden.

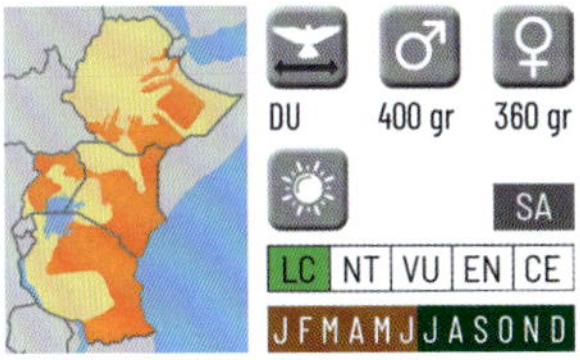

Schopffrankolin *(Dendroperdix sephaena)* **Crested Francolin** *(34 cm)*
Ein etwas eintönig aussehender Scharrvogel, Brust und Bauch sind hellbraun. Er hat braun melierte Flügel, einen dunklen Schnabel, weiße Streifen über den Augen sowie rote Füße. Er lebt in dichter Vegetation, sowohl in trockenen als auch in feuchten Gegenden bis 2400 m Höhe.

Braunnackenfrankolin *(Pternistis castaneicollis)* **Chestnut-naped Francolin** *(40 cm)*
Die rostbraune Farbe dieses Frankolins beschränkt sich am Kopf auf die Wangen und ist auf den Flügeln stärker ausgeprägt. Die Kehle ist weiß. Das Rückengefieder, der Nacken und ein Teil der Brust sind in mehreren Brauntönen gesprenkelt. Der Unterkörper ist weiß. Die roten Beine des Hahns haben jeweils zwei Sporne. Auch das Weibchen hat Sporne, die allerdings viel kleiner sind. Vor allem am frühen Morgen und am Abend suchen sie mitten im Grasland nach Samen und Termiten, z. B. in den Bale-Bergen in Äthiopien.

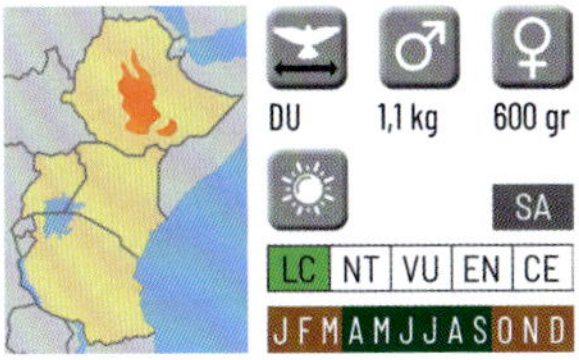

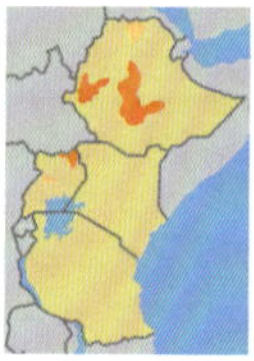

DU 600 gr 530 gr
SA
LC NT VU EN CE
J F M A M J J A S O N D

Clappertonfrankolin
(Pternistis clappertoni)
Clapperton's Francolin *(34 cm)*

Die rote Augenpartie mit weißen Augenbrauen, die roten Beine mit Spornen und der rote Schnabelrand sind auffällige Merkmale dieses Frankolins. Das Gefieder besteht aus weiß umrandeten braunen Federn. In den trockeneren Savannen und Halbwüsten suchen sie oft paarweise nach Samen, Beeren, Schnecken und Insekten. Besonders zahlreich sind sie in der Nähe der Seen in Äthiopien.

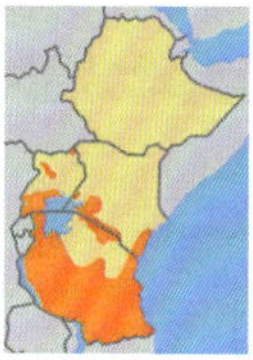

DU 900 gr 650 gr
SA
LC NT VU EN CE
J F M A M J J A S O N D

Rotkehlfrankolin
(Pternistis afer)
Red-necked Francolin *(34 cm)*

Dieser Frankolin ist an Kehle, Augenrändern, Schnabel und Beinen rot. Das Rückengefieder ist in der Regel dunkelbraun. Das scheue Tier scharrt gern in Gelände, das viel Schutz bietet. Das Weibchen hat kürzere Sporne. In den Ländern dieses Buches gibt es vier Unterarten, die sich in der Färbung, insbesondere am Kopf und an der Unterseite, unterscheiden. Bei der Unterart P. a. cranchii sind die Flanken über dem Bauch manchmal leicht gerötet.

Gelbkehlfrankolin *(Pternistis leucoscepus)* **Yellow-necked Spurfowl** *(34 cm)*

Durch seine rote Maske und den gelben Hals ist er leicht von anderen Frankolinen zu unterscheiden. Er wuselt im Grasland herum und ernährt sich hauptsächlich von Nussgras *(Cyperus rotundus)*. Daneben ergänzt er seinen Speiseplan mit Früchten, Samen, Kräutern und anderen Gräsern. Sie folgen auch Elefanten und Nashörnern, um in deren Kot nach Samen zu suchen.

DU 800 gr 600 gr
SA
LC NT VU EN CE
J F M A M J J A S O N D

Helmperlhuhn

(Numida meleagris)

Helmeted Guineafowl

(61 cm)

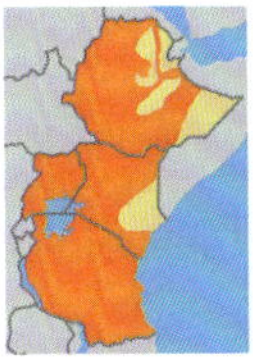

96 cm 1,8 kg 1,8 kg

SA

LC NT VU EN CE

J F M A M J J A S O N D

Es gibt es neun Unterarten, die sich nur wenig voneinander unterscheiden. Vier leben in den Ländern dieses Buches. In der englischen Sprache gibt es für einige Unterarten eigene Namen (Reichenow's, Tufted und Helmeted). Auf Deutsch werden sie Helm- oder Pinselperlhuhn genannt. Charakteristisch ist der Helm - ein gelbbraunes Horn auf dem Kopf. Die Unterarten unterscheiden sich in der Größe der blauen und roten Stellen am Hals beziehungsweise am Kopf. Das Gefieder ist schwarzgrau mit kleinen weißen, runden Sprenkeln. Sie leben in großen Gruppen und sind nicht wählerisch hinsichtlich des Lebensraums. Die Größe der Gruppe hängt vom Nahrungsangebot ab, wie Samen, junge Triebe, Wurzeln, Blüten und Früchte. Sie sind nie weit von Süßwasser entfernt.

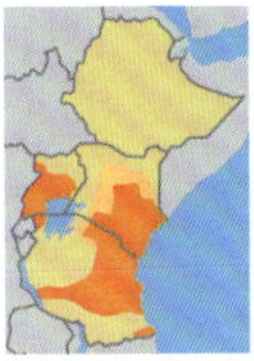

84 cm 1,3 kg 1,1 kg

SA

LC NT VU EN CE

J F M A M J J A S O N D

Kenia-Haubenperlhuhn *(Guttera pucherani)*

Kenya Crested Guineafowl *(54 cm)*

Es gibt mehrere Unterarten dieser Art. Das vollständig anthrazitfarbene bis schwarze Federkleid weist hellblaue, kleine, runde Sprenkel auf. Typisch sind die schwarzen, haarigen Federn auf dem Kopf. Bei der Unterart *G. p. pucherani* im östlichen Afrika ist der unbefiederte Kopf rund um die Augen rot und im Bereich des Halses blau. Besonders aktiv sind sie am Rand von Waldgebieten. Dort suchen sie nach Nahrung wie Wurzeln, Blättern und jungen Trieben, aber auch nach Insekten.

Geierperlhuhn *(Acryllium vulturinum)* **Vulturine Guineafowl** *(70 cm)*

Dieses Huhn hat einen blauen bis graublauen kahlen Kopf mit feinen roten oder braunen Federn am Hinterkopf und rote Augen. Es gehört zu den größten Perlhühnern der afrikanischen Savannen. Vom Hals reichen schwarzweiße Federn über einen Teil des blauen Oberkörpers hinab. Geierperlhühner leben in Gruppen inmitten von trockenerem Grasland mit vereinzelten Büschen und Bäumen und an den Rändern von Flusswäldern.

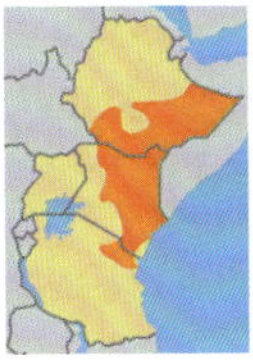

106 cm 1,6 kg 1,5 kg

SA

LC NT VU EN CE

J F M A M J J A S O N D

Rallen, Bläss- und Teichhühner *Diese Arten sind eine Familie von Vögeln in der Ordnung der Kraniche (Gruiformes). Zu dieser Familie (Rallidae) allesfressender Sumpf- und Wasservögel gehören 131 Arten. Die Nahrung besteht aus Wasserinsekten sowie aus Früchten und jungen Blatttrieben.*

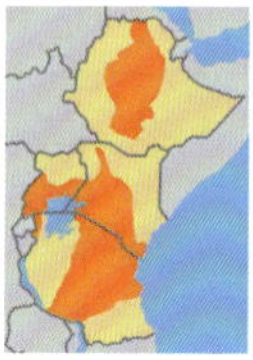

80 cm 900 gr 800 gr

SA

LC NT VU EN CE

J F M A M J J A S O N D

Kammblässhuhn

(Fulica cristata)

Red-knobbed Coot *(42 cm)*

Das Huhn hat ein dunkles, schieferfarbenes bis schwarzes Gefieder, einen weißen Schnabel mit weißer Blesse und (in der Brutzeit) auf der Stirn zwei dunkelrote Knubbel. Sein Lebensraum sind alle wasserreichen Gebiete mit Ausnahme schnell fließender Flüsse. Es ist ein Allesfresser, es pickt Pflanzenteile von der Wasseroberfläche oder taucht nach Muscheln und Schnecken.

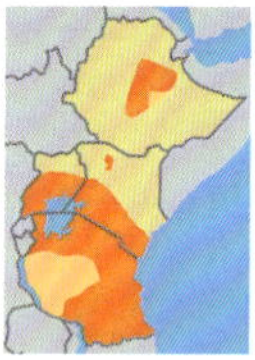

100 cm 900 gr 800 gr

~~SA~~

LC NT VU EN CE

J F M A M J J A S O N D

Smaragdhuhn

(Porphyrio madagascariensis)

Purple Swamphen *(46 cm)*

Das Smaragdhuhn ist mit seinem irisierenden Gefieder das schönste der vielen Blässhühner. Der Kopf ist bis zur Brust glänzend blau, Hinterkopf und Hals, Bauchpartie und Vorderrücken sind indigofarben, Rücken und Flügel sind bronzegrün. Der rote Schnabel geht in den Scheitel über (beim Weibchen kleiner), die Beine sind rosafarben bis rot. Der Unterschwanz ist weiß und flauschig. Es hält sich gerne in Schilflandschaft und an dicht bewachsenen Ufern von Seen und Flüssen (Brack- und Süßwasser) auf. Ein Allesfresser, der sich jedoch vorrangig vegetarisch ernährt von Pflanzentrieben, Wurzeln, Blüten, Insekten, Fischen und Fröschen.

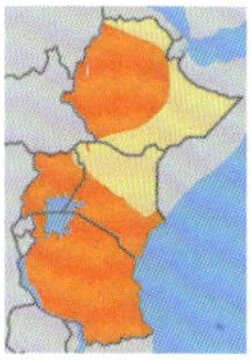

42 cm | 110 gr | 100 gr

SA

LC | NT | VU | EN | CE

JFMAMJJASOND

Schwarzkielralle

(Zapornia flavirostra)

Black Crake *(23 cm)*

Die Schwarzkielralle hat ein schwarzes Gefieder und einen markanten gelben Schnabel, rote Augen und lange rote Beine. Sie hält sich im Schilf, Sumpf und an Ufern von Wassertümpeln auf. Auf ihrem Speiseplan stehen Würmer, Schnecken, Garnelenähnliche, Insektenlarven, kleinere Fische, Kröten und Frösche. Dazu fressen sie Pflanzliches wie Samen und Jungtriebe von Wasserpflanzen. Gelegentlich stehlen sie Vogeleier. In der Dämmerung hört man gut, wie beide Partner miteinander kommunizieren. Während der Brutzeit sind beide Geschlechter sehr aggressiv.

Teichhuhn *(Gallinula chloropus)* **Common Moorhen** *(36 cm)*

In Afrika ist das Teichhuhn eine sehr verbreitete Art, insbesondere, wenn sich dort auch die Wintergäste niederlassen. Sie halten sich häufig in großer Anzahl in Feuchtgebieten auf. Ihr überwiegend braunes bis dunkelgraues Gefieder hat einige weiße Akzente an den Flanken. Die Flügel sind braun, der Unterschwanz weiß und die Beine gelb. Das Rot des Schnabels (mit gelber Spitze) verläuft bis zum Kopf. Sie ernähren sich von pflanzlicher Nahrung, aber auch Amphibien, Insekten, Fische, Würmer und Vogeleier stehen auf ihrem Speiseplan.

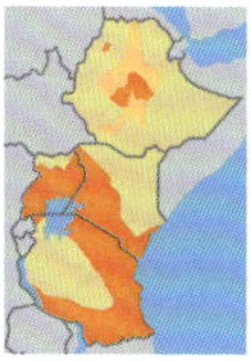

55 cm | 490 gr | 340 gr

SA

LC | NT | VU | EN | CE

JFMAMJJASOND

Kranichvögel *Zur Familie der Kraniche (Gruidae) gehören 15 Arten, von denen zwei in Ostafrika leben. Diese beiden, der Kronenkranich und der Südafrikanische Kronenkranich, leben nicht zusammen. Kraniche sieht man oft paarweise und in Gruppen. Beide genannten Arten sind vom Aussterben bedroht. Aus Studien geht hervor, dass die Verlangsamung der Entwässerung von überschwemmtem Grasland in bestimmten Gebieten den Kranichen ihre Nahrungssuche erleichtern könnte.*

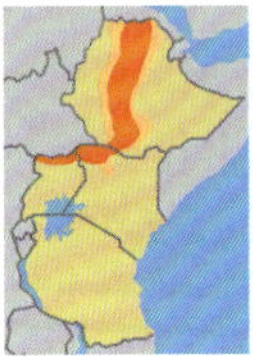

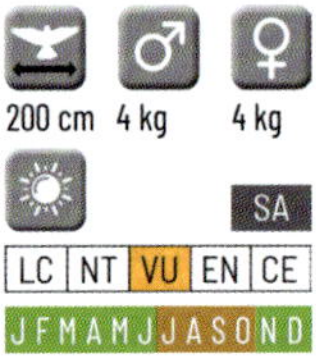

Schwarzhals-Kronenkranich

(Balearica pavonina)

Black Crowned-crane *(105 cm)*

Ein stattlicher Kranich, gekrönt mit einem goldenen Fächer. Er hat eine flauschige schwarze Kopfbedeckung, ist weiß hinter den Augen, hat rote Wangen und rote Kehlklunker. Er bevorzugt feuchte Gebiete wie sumpfiges Grasland. Die Nahrung besteht vorrangig aus Krustentieren, Fisch, Insekten und Amphibien. Durch lange Trockenperioden, zunehmende Kultivierung ihres Lebensraums, Anwendung von Pestiziden und Entwässerung ist die Population bedroht und die Bestände sind stark rückgängig. Gelegentlich findet man diesen Kranich rund um die Seen des Great African Rift Valley in Äthiopien. Wie alle Kraniche sind auch Kronenkraniche monogam.

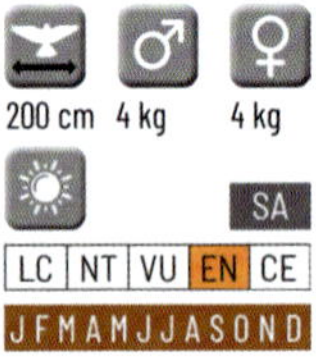

Grauhals-Kronenkranich

(Balearica regulorum) **Grey Crowned Crane** *(112 cm)*

Der Hauptunterschied zum Kronenkranich besteht darin, dass sein Hals nicht schwarz, sondern grau ist. Sie bevorzugen sumpfiges Grasland, wo sie auf der Suche nach Nahrung wie Sämereien, jungem Grasschnitt und verschiedenen Insekten- und Amphibienarten sind. Auch die Population dieses Kranichs ist stark rückläufig.

Trappen *Zur Ordnung der Otidiformes gehört nur eine einzige Familie, bestehend aus 26 Trappenarten. Die meisten Arten leben in Afrika, zwei davon auch in Europa. Manche Arten leben vorzugsweise in Savannen, andere in bewaldeten Gebieten. Sie haben kräftige Beine, einen langen Hals und breite Flügel. Es sind Bodenbrüter, was ihre Brut und die Küken zu einer einfachen Beute für Raubtiere macht. Trappen sind Allesfresser. Die Mehrzahl der Arten hat ein polygynes Fortpflanzungssystem.*

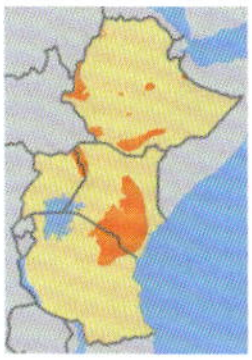

110 cm | ♂ 1,5 kg | ♀ 1,4 kg

SA

LC | NT | VU | EN | CE

J F M A M J J A S O N D

Hartlaubtrappe

(Lissotis hartlaubii)

Hartlaub's Bustard *(71 cm)*

Vom Hals läuft ein schwarzer Streifen bis zur schwarzen Brust. Der Vorderrücken, der Bürzel und der Schwanz sind schwarz. Sie hat weiße Wangen. Rücken und Flügel zeigen ein hell- und dunkelbraun meliertes Fleckenmuster. Der Hals ist gräulich und nicht braun wie bei den im selben Gebiet vorkommenden Schwarzbauchtrappen. Beim Weibchen sind Kopf und Hinternacken creme- bis lohfarben mit dunkleren braunen Markierungen. Die Hartlaubtrappe bewohnt offenes, hohes Grasland mit vereinzelten Akazien in Höhenlagen bis 1.600 Meter.

♀

♂

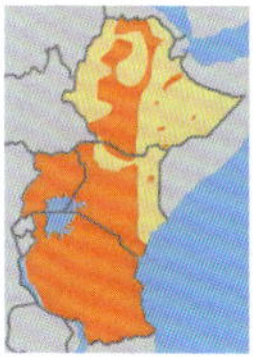

110 cm | ♂ 2,5 kg | ♀ 1,4 kg

SA

LC | NT | VU | EN | CE

J F M A M J J A S O N D

Schwarzbauchtrappe

(Lissotis melanogaster)

Black-bellied Bustard *(60 cm)*

Das Gesicht des Männchens ist grau und vom Scheitel bis zum Vorderrücken hellbraun. Der Hals ist schwarz und diese Farbe setzt sich bis zum Unterschwanz fort. Brauntöne und schwarze Flecken zeichnen die Flügel und Schwanzfedern. Die langen Beine sind gelb. Dem Weibchen fehlt das Grau und das Schwarz, außer auf den Flügeln, die wie beim Männchen schwarz gefleckt sind. Ihr Hals ist hellbraun und der Bauch weiß. Ihre Nahrung suchen sie auf großen Grasebenen und leicht bewaldeten Savannen.

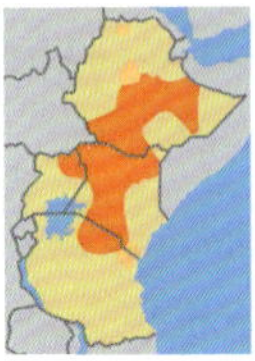

245 cm 16 kg 6 kg

SA

LC NT VU EN CE

J F M A M J J A S O N D

Riesentrappe *(Ardeotis kori)*
Kori Bustard *(120 cm)*
Kräftig gebaute Trappe mit schwerem Körper auf gelben Beinen, einem dicken, grauen Hals und einer kurzen, flachen Haube auf der Rückseite des Kopfes. Die Armschwingen sind weiß und schwarz gefleckt. Sie ist der schwerste flugfähige Vogel Afrikas. Männchen wiegen bis 19 kg, Weibchen meist die Hälfte. Neben Pflanzen und Wurzeln frisst sie auch Echsen, Schlangen und Nagetiere. Ihr Lebensraum sind vor allem trockenere, karg bewachsene Savannen. In der Brutzeit balzt das Männchen mit aufgeblasenem Kehlsack und mit fächer-förmig angeordneten Schwanzfedern.

90 cm 900 gr 750 gr

SA

LC NT VU EN CE

J F M A M J J A S O N D

Oustalettrappe
(Lophotis gindiana)
Buff-crested Bustard
(54 cm)
Das Männchen hat einen grauen Hals mit einem schwarzen Streifen vom Schnabel bis zur Brust, bei ihr ist der Hals komplett graubraun. Der Kopf ist rötlich-braun und die Haube befindet sich am Hinterkopf. Beide Geschlechter haben ein gemischtes braunes Fleckenmuster auf dem Obergefieder, einen schwarzen Unterkörper und ein weißes Band, das die Brust abgrenzt. Ihre Nahrung finden sie in trockenen Wäldern mit niedrigen Sträuchern.

Senegaltrappe
(Eupodotis senegalensis) **White-bellied Bustard** *(60 cm)*
Beim Hahn der Senegaltrappe *(E. s. canicollis & erlangeri)* fallen sofort seine schwarze Wangen- und Augenlinie auf. Diese reichen fast bis zum schwarzen Scheitel, ansonsten ist der Kopf leicht grau mit einem orangefarbenen Schnabel mit schwarzer Spitze. Der Hals ist gräulich. Brust und Bauch sind weiß, die Rückenpartie variiert von graubraun bis rotbraun. Dem kleineren Weibchen fehlen die schwarzen Streifen am Kopf. Ihre Nahrung finden sie auf großen Grasflächen und in dünn bewaldeten Savannen.

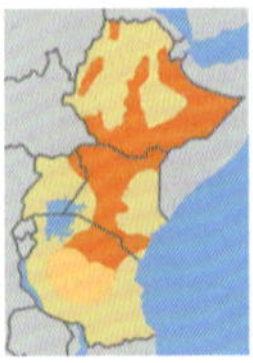

110 cm 1,5 kg 1,2 kg

SA

LC NT VU EN CE

J F M A M J J A S O N D

Säbelschnäbler *Zu dieser Familie gehören zehn Arten. Der Schnabel ist je nach Gattung entweder gerade geformt oder nach oben gekrümmt. Sie haben lange Beine, deren Vorderzehen teilweise gelappt sind. Die Hinterzehe ist schwach entwickelt oder fehlt. Ihre Nahrung besteht aus kleinen Krustentieren, Würmern und Insekten. Diese werden durch Hin- und Herbewegen des Schnabels im Schlamm erbeutet.*

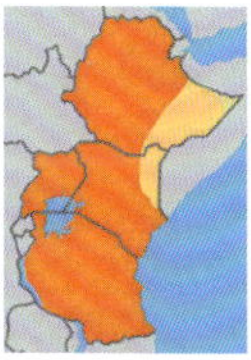

76 cm | 200 gr | 200 gr

SA

LC | NT | VU | EN | CE

J F M A M J J A S O N D

Stelzenläufer

(Himantopus himantopus)

Black-winged Stilt *(38 cm)*

Der Stelzenläufer ist ein eleganter Vogel mit langen roten Beinen, einem spitzen schwarzen Schnabel und einem weißen Kopf. Von der Brust bis zum Schwanz ist er weiß. Die Flügel sind schwarz. Beim Weibchen ist der Rücken meist eher braun als schwarz. Sie leben in der Nähe von Seen, Sümpfen und Schlickflächen, in tropischen Gebieten und auch in gemäßigten Zonen. Sie suchen sowohl in Salz- als auch in Süßwasser nach Nahrung.

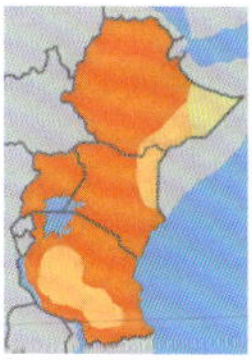

80 cm | 390 gr | 390 gr

SA

LC | NT | VU | EN | CE

J F M A M J J A S O N D

Säbelschnäbler

(Recurvirostra avosetta)

Pied Avocet *(43 cm)*

Den Säbelschnäbler trifft man sowohl in Soda- als auch in Süßwasserseen. Er ist überwiegend weiß, das Schwarz des Scheitels setzt sich auf dem Hinternacken fort. Die Flügel sind schwarz und weiß, die langen Beine grau. Auffällig ist der nach oben gebogene Schnabel. Beim Weibchen ist dieser kürzer und geschwungener. Junge Säbelschnäbler unter einem Jahr migrieren nicht immer nordwärts. Aufgrund der milderen Winter migrieren Säbelschnäbler heute kaum weiter als bis nach Spanien. Ein Teil der Population lebt dauerhaft in Afrika.

REGENPFEIFERARTIGE *Charadriiformes - Rostratulidae*

Goldschnepfen *Die Goldschnepfen sind eine Familie in der Ordnung der Regenpfeiferartigen. Goldschnepfen bilden eine eigene Familie mit nur drei Arten. Sie werden in einer anderen Familie als echte Schnepfen (Scolopacidae) eingeordnet. Die Goldschnepfe erbeutet mit ihrem gerillten Schnabel Würmer, Insekten sowie Krusten- und Weichtiere aus dem Schlamm.*

52 cm 200 gr 200 gr

SA

LC NT VU EN CE

JFMAMJJASOND

Goldschnepfe

(Rostratula benghalensis)

Greater Painted-snipe *(26cm)*

Bei beiden Geschlechtern läuft ein weißes Band über den Vorderrücken, das an der weißen Brust endet. Die Beine sind olivgrün. Sie leben in verschiedenen süßwasserreichen Gebieten. Das Weibchen hat mehrere Männchen (*„Polyandrie“*). Das Nest wird vom Männchen gebaut, es übernimmt auch das Brüten und kümmert sich um die Küken. Der Name Goldschnepfe bezieht sich auf die goldenen Akzente an den Flügeln.

REGENPFEIFERARTIGE *Charadriiformes - Jacanidae*

Blatthühnchen *Die Blatthühnchen gehören zur Ordnung der Regenpfeiferartigen (Charadriiformes). Zu dieser Familie zählen acht Arten. Ein typisches Merkmal sind die langen Zehen. Die Spannweite der Füße ist fast so groß wie der Vogel selbst. Das ermöglicht ihnen, über schwimmende Wasserpflanzen laufen. Die Weibchen sind größer als die Männchen. Wasserinsekten sind das Hauptnahrungsmittel.*

Blaustirn-Blatthühnchen *(Actophilornis africanus)* **African Jacana** *(31 cm)*

Das Blaugrau des Schnabels zieht sich weiter über einen Teil des Scheitels. Darunter liegt eine schwarze Maske, die im Nacken bis zum Vorderrücken verläuft. Kehle, Hals und Wangen sind weitgehend weiß und werden von einem gelben Kragen auf der Brust abgegrenzt, wo das rotbraune Gefieder beginnt. Die langen Beine sind grau. Ihr Lebensraum beschränkt sich auf süßwasserreiche Gebiete. Die Brutpflege liegt bei ihm.

54 cm 225 gr 290 gr

SA

LC NT VU EN CE

JFMAMJJASOND

Triele *In der Ordnung der Regenpfeiferartigen bildet die Familie der Triele (Burhinidae) eine einzige Gattung (Burhinus) mit acht Arten. Zu ihren Hauptmerkmalen gehören die großen Augen mit gelber Iris und lange gelbe Beine. Diese monogamen, bodenbewohnenden Vögel fressen Insekten, Wirbellose und kleine Krustentiere. Sie sind in der Dämmerung und vor allem nachts aktiv.*

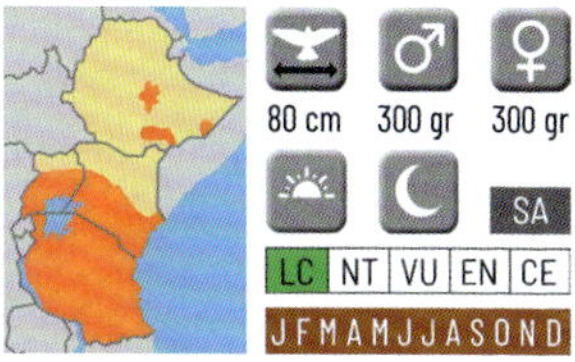

Wassertriel

(Burhinus vermiculatus)

Water Thick-knee *(41 cm)*

Obwohl der Triel nachts aktiv ist, kann man tagsüber oft Paare am Rand von Flüssen und Tümpeln finden. Ihr Körperbau wirkt etwas gedrungen, vor allem wenn sie auf ihren Laufgelenken sitzen. Der Kopf ist relativ groß, vom Schnabel gehen zwei weiße Linien aus. Die Iris sind gelb. Zwei dunkelbraune Streifen verlaufen über die braun gesprenkelten Flügel. Der Unterkörper ist weiß.

Senegaltriel

(Burhinus senegalensis)

Senegal Thick-knee *(36 cm)*

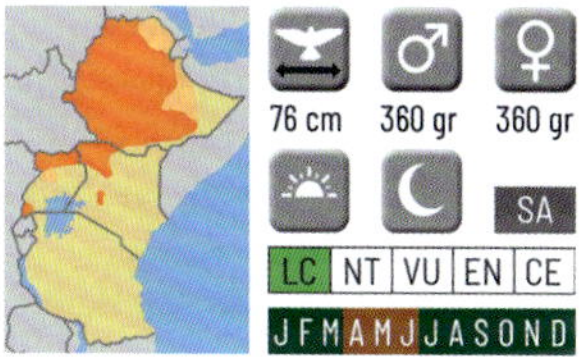

Der Senegaltriel ist an den beiden dunklen Längslinien über seinen Flügeln erkennbar, diese markieren ein beige-braunes Gefieder mit dunklen Streifen. Die Brust ist gefleckt und zum Unterschwanz hin weiß. Der Rücken ist von dunklerem Braun, die Beine sind gelb. Dieser Triel liebt schlammige Grasebenen, Flussufer, Lagunen und auch Mangroven

Kaptriel

(Burhinus capensis) **Spotted Thick-knee** *(42 cm)*

Die Rückenpartie und ein Teil der Bauchpartie des Kaptriels ist auf beigem Untergrund an Kehle, Flanken, Flügel und Rücken dunkelbraun gefleckt. Der Scheitel ist braun, die Beine sind gelb. Sie meiden Feuchtgebiete und halten sich gerne in offenen Waldgebieten, Grasland und Savannen auf. Die Brutzeit fällt meist in die Trockenzeit. Triele sieht man meistens paarweise.

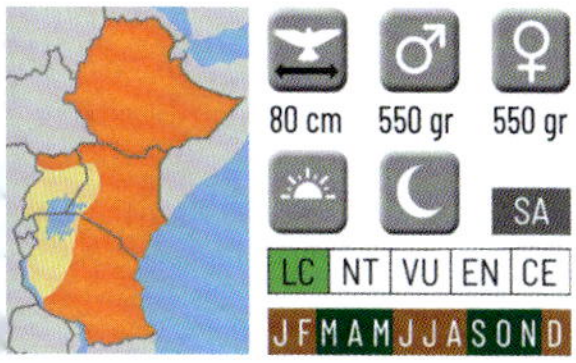

Brachschwalbenartigen *Die Brachschwalbenartigen (Glareolidae) sind eine Vogelfamilie in der Ordnung der Regenpfeiferartigen. Die Familie besteht aus 17 Arten. Sie bevorzugen trockene und warme Lebensräume. Rennvögel können schnell laufen, bei Gefahr stellen sie sich jedoch kerzengerade hin, meist mit dem Rücken zum Angreifer. Dank ihrer Tarnfarben sind sie dann fast unsichtbar. Im Notfall können sie auf diese Weise schnell von der Gefahr weg fliegen. Sie ernähren sich von Insekten (Larven, Käfer, Termiten usw.), die sie mit ruckelnden Bewegungen aus der Erde picken. Es gibt keine äußerlichen Unterschiede zwischen den Geschlechtern. Die Rotflügel-Brachschwalbe gehört zur gleichen Familie wie die Rennvögel, ist aber eine eigene Gattung (Glareola) mit sieben Arten. Ihr Verhalten ähnelt stark dem der Rennvögel.*

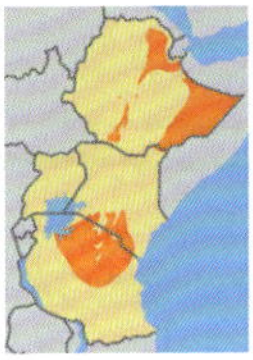

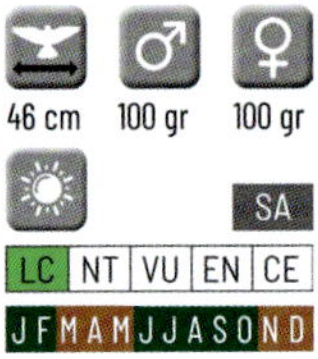

Doppelband-Rennvogel

(Rhinoptilus africanus)

Double-banded Courser *(24 cm)*

Dieser Rennvogel ähnelt stark dem Bindenrennvogel, hat aber zwei deutliche schwarze Streifen auf der beigen Brust. Er hat eine langgestreckte, blassschwarze Augenmaske und graue Beine. Während des Flugs sind die kastanienbraunen Federn auf der Unterseite seiner Flügel sichtbar. Die Farbintensität kann von Unterart zu Unterart leicht variieren. Rennvögel suchen ihre Nahrung immer am Boden.

Temminckrennvogel *(Cursorius temminckii)*

Temminck's Courser *(21 cm)*

Der Scheitel und teilweise auch die Wangen sind kastanienbraun. Oberhalb der Augen verlaufen lange weiße Augenbrauen über der schwarzen Maske. Von der Kehle bis zur rostbraunen Brust ist er beigefarben. Die darunterliegende schwarze Zeichnung verjüngt sich zu den Beinen hin. Die Flanken beim Bauch sind weiß, die Flügel gräulich braun. Er bevorzugt abwechslungsreiches Gelände mit kurzem Gras, Akazien und Palmen.

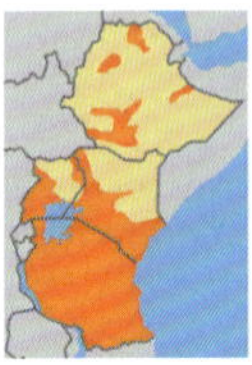

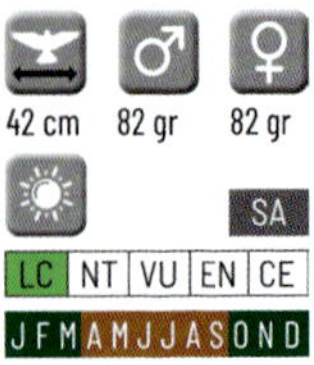

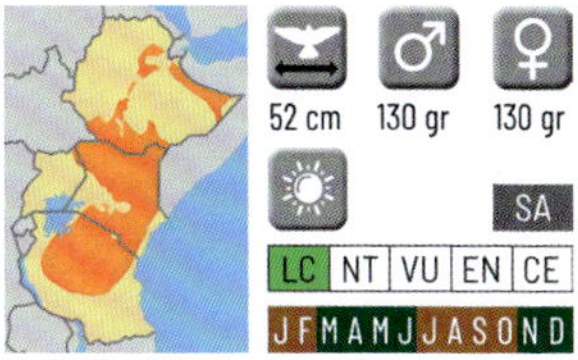

Bindenrennvogel

(Rhinoptilus cinctus)

Three banded Courser *(27 cm)*

Ein sehr schön gezeichneter Vogel. Die Flügel sind hell und dunkelbraun meliert. Über die ansonsten weiße Brust und den Bauch läuft ab den Schulterfedern ein rostbrauner Streifen. Ein schmaleres, schwarzes Band trennt Brust und Hals. Die großen, schwarzen Augen werden von beigen Wangen flankiert. Graugelbe Beine.

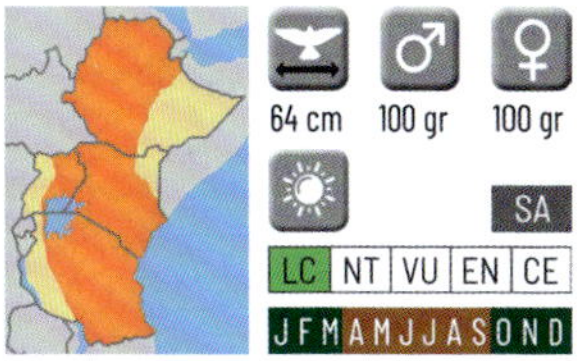

Rotflügel-Brachschwalbe

(Glareola pratincola) **Collared Pratincole** *(25 cm)*

Wintergast. Ein Teil der Population lebt dauerhaft in Afrika (wandert mit Kleinasien und dem Balkan). Diese Brachschwalbe hat ein überwiegend graubraunes Gefieder, einen dunkelbraunen Schwanz, einen weißen Bauch, eine graue oder cremefarbene Brust und graue Beine. Typische Merkmale dieser Art sind der rote Fleck auf dem Schnabel und die cremegelbe Kehle, die (während der Brutzeit) von einem schmalen schwarzen Streifen abgegrenzt wird. Im Flug sind die tiefe „Gabel" im Schwanz und das Rotbraun unter den Schulterflügeln sichtbar. Häufig in flacher Landschaft mit karger Vegetation in Wassernähe zu sehen.

Regenpfeifer und Kiebitze *„Plovers" und „Lapwings", im Englischen werden beide Benennungen verwendet, im Allgemeinen ist jedoch der Regenpfeifer (Plover) kleiner als der Kiebitz (Lapwing). Die Arten sind miteinander verwandt und gehören zur Ordnung der Regenpfeiferartigen. Einige Kiebitze bevorzugen Feuchtgebiete, andere wiederum Trockengebiete. Sowohl die Regenpfeifer als auch die Kiebitze ernähren sich hauptsächlich von Insekten, Würmern, Weichtieren, Krustentieren und Pflanzen. Einige Kiebitze haben Sporen auf ihrem Daumenfittich (Alula).*

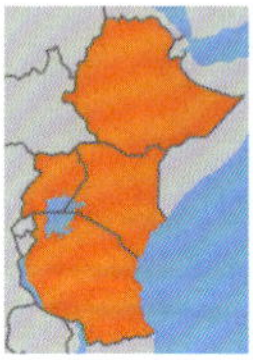

48 cm 70 gr 70 gr

SA

LC NT VU EN CE

J F M A M J J A S O N D

Sandregenpfeifer

(Charadrius hiaticula)

Common Ringed Plover *(20 cm)*

Wintergast. Das dunkelbraune bis schwarze Band umringt den weißen Hals und grenzt die weiße Brust ab. Die Beine sind orange-gelb, wie auch in der Brutzeit ein Teil des Schnabels (das Winterkleid ist blasser und der Schnabel ist schwarz). Der Scheitel hat die gleiche Farbe wie die hellbraunen Flügel und der Vorderrücken. Auf der Stirn hat er einen weißen Fleck. Insekten, Larven und Würmer dienen ihm als Nahrung. Im Flug ähnelt er einer großen Schwalbe. Sein Futter sucht er in Schlammpfützen und im Unterholz.

44 cm 50 gr 50 gr

SA

LC NT VU EN CE

J F M A M J J A S O N D

Flußregenpfeifer

(Charadrius dubius)

Little Ringed Plover *(16 cm)*

Wintergast. In vielerlei Hinsicht ähnelt er dem etwas größeren Sandregenpfeifer. Dieser kleine Regenpfeifer hat auffällige gelbe Augenringe. Im Winter fehlen der schwarze Kragen und das Schwarz am Kopf. Er ernährt sich von Insekten, Larven und Würmern, die er an Ufern mit Kies, im Unterwuchs und im Unterholz findet.

46 cm 45 gr 45 gr

SA

LC NT VU EN CE

J F M A M J J A S O N D

Dreibandregenpfeifer

(Charadrius tricollaris)

Three-banded Plover *(18 cm)*

Der Dreibandregenpfeifer hat zwei schwarze Bänder, unter der weißen Kehle und über der weißen Brust. Das 3. Band ist wahrscheinlich der weiße, langgezogene Augenstreif. Sie haben auffallend rote Augenlider und einen roten Schnabel mit einer schwarzen Spitze. Die Flügel sind hellbraun. Sie bevorzugen Schlammflächen und Lagunen.

Hirtenregenpfeifer

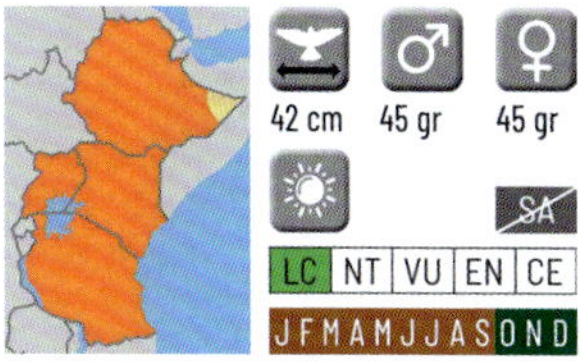

(Charadrius pecuarius)
Kittlitz's Plover
(14 cm)
Der braune Scheitel wird von einem weißen Rand gesäumt. Darunter sieht man eine rundum laufende schwarze Maske (nur in der Brutzeit - sonst dunkelbraun). Die weiße Kehle geht in eine bräunliche Brust über, der Bauch ist bis zum Schwanz weiß (in der Brutzeit leicht orangefarben). Der Schnabel ist schwarz, die Beine sind grau. Das Weibchen hat eine etwas schmalere Krone und hellere Körperunterseite. Als Lebensraum dienen flaches, mageres Grasland, Schlammtümpel und Lagunen. Das Nest wird mit einer Sandschicht bedeckt, wenn das Weibchen es verlässt.

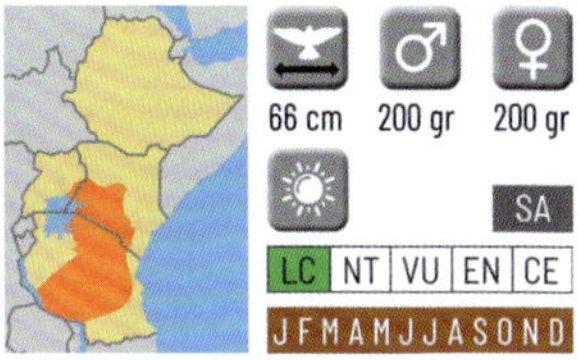

Schmiedekiebitz

(Vanellus armatus)
Blacksmith Lapwing *(31 cm)*
Ein erkennbarer Kiebitz mit schwarzem, weißem und grauem Gefieder auf hohen schwarzen Beinen. Die Augen sind dunkelrot und der Scheitel ist weiß. Sehr häufig, vor allem auf trockenem Boden in der Nähe von Seen und großen Teichen, sowohl in Soda- als auch in Süßwasserseen. Sie sind monogam und territorial. Beide Geschlechter haben lange Sporne am Daumenfittich.

Spornkiebitz *(Vanellus spinosus)* **Spur-winged Lapwing** *(28 cm)*

Das Schwarz auf dem Kopf und dem Schnabel bedeckt die Augen und läuft weiter bis in den Nacken. Unter den Augen ist er weiß. Kehle und Brust sind schwarz, Flügel und der Vorderrücken braun. Der Schwanz ist schwarz, die Beine sind dunkelgrau. Auf der Flügelunterseite sind die Schultern weiß und die Hand- und Armschwingen braun. Er findet seine Nahrung auf trockenem Boden, aber nie weit vom Wasser entfernt. Beide Geschlechter haben Sporen auf dem Daumenfittich.

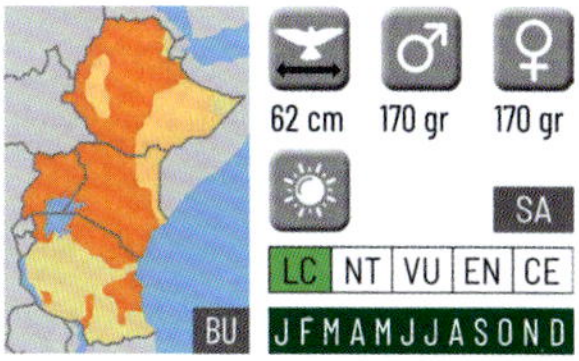

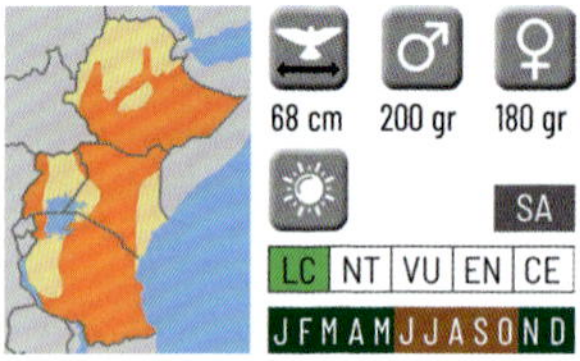

Kronenkiebitz

(Vanellus coronatus)

Crowned Lapwing *(31 cm)*

Durch den auffälligen um den Kopf herum laufenden weißen Streifen wird die schwarze Krone auf dem Kopf hervorgehoben. Hals, Brust und Flügel sind hellbraun. Der Bauch und die Flanken unter den Flügeln sind bis zum Schwanz weiß. Die Flügelenden sind schwarz. Lange, rosa Beine. Er sucht seine Nahrung auf dünn bewachsenem trockenem Boden.

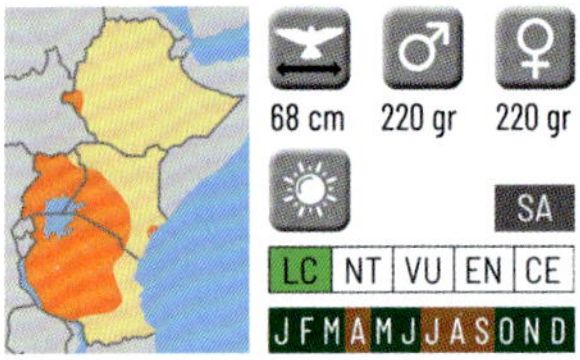

Langzehenkiebitz

(Vanellus crassirostris)

Long-toed Lapwing *(31 cm)*

Er ist vom Scheitel bis zum graubraunen Vorderrücken schwarz. Dort läuft diese Farbe weiter bis über die Brust. Kopf und Hals sind weiß. Die Augen sind rot, der Schnabel ist teilweise rosa. Der Bauch ist bis zum Schwanz weiß. Die Beine sind rot. Er lebt in Gebieten, in denen ständig Wasser vorhanden ist. Beide Geschlechter haben Sporen auf dem Daumenfittich und sind in Brutzeit aggressiv.

Trauerkiebitz *(Vanellus lugubris)* Senegal Lapwing *(24 cm)*

Auffällig an diesem Kiebitz sind die große, gelbe Iris, der graue Kopf mit weißer Blesse und die graue Brust, seinen weißen Unterkörper und die fast schwarzen Beine. Zu finden ist er in sumpfigen Graslandschaften, oft paarweise. Er folgt dem Regen, sucht aber auch verbrannte Flächen auf, um im frischen Gras zu brüten.

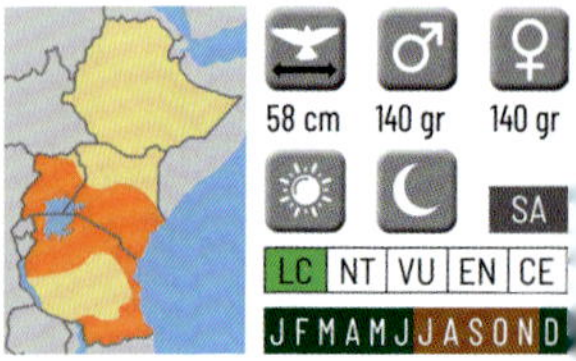

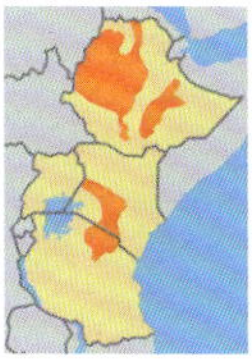

62 cm | 210 gr | 210 gr

SA

LC | NT | VU | EN | CE

JFMAMJJASOND

Schwarzflügelkiebitz

(Vanellus melanopterus)

Black-winged Lapwing *(27 cm)*

Er ist dem Trauerkiebitz sehr ähnlich. Ein schwarzes Band (breiter als beim Trauerkiebitz) quer über die Brust trennt den grauen Hals und Kopf vom weißen Untergefieder. Die Iris sind gelb. Die Flügel sind braun mit schwarzen Arm- und Handschwingen. Die langen Beine sind rosa. Sie suchen in offenen, trockenen Savannen mit Gräsern und an Berghängen nach Nahrung.

Senegalkiebitz *(Vanellus senegallus)* **Wattled Lapwing** *(34 cm)*

Der Senegalkiebitz gehört zu den größeren Kiebitzen. Ein typisches Merkmal sind die gelben Hautlappen neben dem Schnabel und seine rot-weiße Stirn. An Hals und Wangen sind die Federn bis zum braungrauen Scheitel dunkel auf hellem Untergrund. Der Vorderrücken und die Flügel sind gräulich bis leicht braun. Brust und Bauch sind etwas heller als die Flügel. Die großen Deckfedern sind weiß. Er hat gelbe Beine und kleine Sporen auf dem Daumenfittich. Er lebt meist in Sumpfgebieten, aber auch auf trockenen Böden, wo er Insekten jagt.

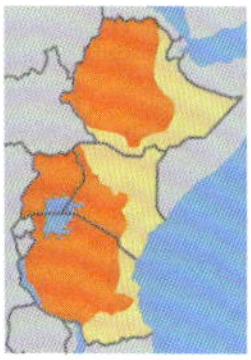

74 cm | 285 gr | 285 gr

SA

LC | NT | VU | EN | CE

JFMAMJJASOND

Schnepfen und Strandläufer *Die Familie der Schnepfenvögel (Scolopacidae) besteht aus 20 verschiedenen Gattungen und 92 Arten. Sie leben immer in Wassernähe, manche Arten auch am Salzwasser. Das Prachtkleid ist rotbraun gefärbt. Das Winterkleid ist während ihrer Zeit in Afrika meist braun und grau. Mit ihrem spitzen Schnabel stochern sie im weichen Boden nach Würmern, kleinen Wassertieren und Insekten. Außerhalb der Brutzeit unterscheiden sich die Geschlechter äußerlich nicht voneinander.*

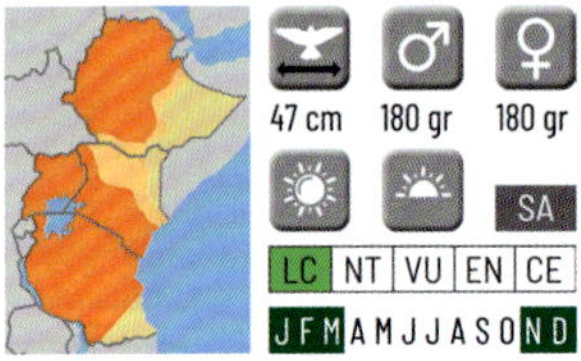

Bekassine *(Gallinago gallinago)*
Common Snipe *(27 cm)*
Ein unregelmäßiger Wintergast. Die Bekassine hat ein braunmeliertes Gefieder, die Flügel sind dunkler. Vor allem aber ist sie an ihrem langen Schnabel erkennbar. Diese Schnepfe ist auf den Flanken entlang des weißen Bauchs gefleckt. Die Spitzen der Hand- und Armschwingen sind weiß. Ihr kurzer Schwanz ist leicht rotbraun. Ihr Lebensraum ist variabel, sie bevorzugt jedoch sumpfiges Kulturland (Reisfelder, Plantagen), wo sie nach Würmern und verschiedenen Insektenarten sucht. Die **Afrikabekassine** *(Gallinago nigripennis)* **African Snipe** *(29 cm)* ist etwas größer als die Bekassine und an ihrem etwas dunkleren Ober- und Untergefieder zu erkennen (siehe Abb.).

Uferschnepfe *(Limosa limosa)* **Black-tailed Godwit** *(44 cm)*
Wintergast *(L. l. limosa)*. „Unsere" Uferschnepfe hält sich hauptsächlich in Westafrika an den großen Seen und in sumpfigen Gebieten auf. Die Uferschnepfe aus Osteuropa besucht unter anderem Ostafrika. Die Handschwingen sind schwarz, die Deckfedern weiß, wie auch der Schwanz mit seiner dunkelbraunen Endbinde. Außerhalb der Brutzeit unterscheidet sich das etwas größere Weibchen kaum vom Männchen.

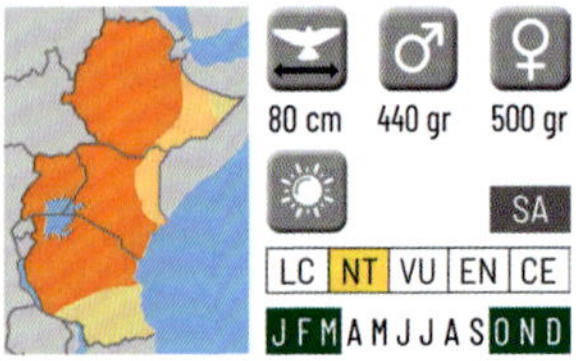

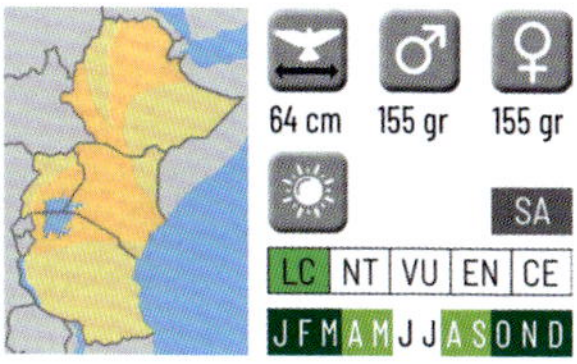

Rotschenkel *(Tringa totanus)*
Common Redshank *(29 cm)*
Wintergast. Die Wasserläufer der Gattung *Tringa* sind außerhalb der Brutzeit besonders schwer zu erkennen. Die Beine der Rotschenkel leuchten meist intensiver rot als diejenigen ihrer Artgenossen. Die Rückenpartie ist gräulich-braun, die Bauchpartie weiß bis grau mit dezenten dunklen Flecken an Hals und Brust. Sie gehen in Salz-, Brack- und Süßwasser, aber auch in Sümpfen, Mangroven und Lagunen auf Nahrungssuche.

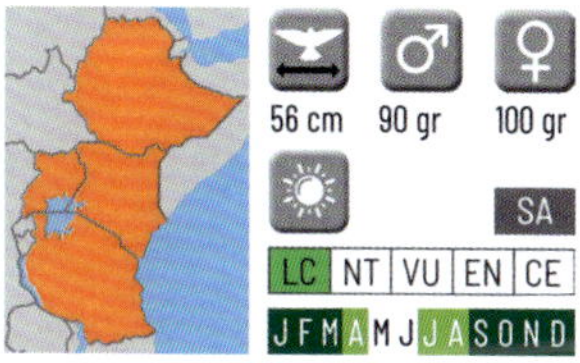

Bruchwasserläufer
(Tringa glareola)
Wood Sandpiper *(20 cm)*
Wintergast. In Ostafrika weit verbreitet, aber dann auf dem Weg in südlichere Regionen. Auf ihren gelben Beinen laufen sie auf der Suche nach Nahrung durch das Wasser. Scheitel und Gefieder sind braun und dunkelbraun sowie schmutzig weiß meliert. Der Bauch ist bis zu den Unterschwanzdecken weiß. Er schwenkt Kopf und Schnabel bei der Suche nach Nahrung in seichtem Wasser und in Schlammpfützen.

Grünschenkel *(Tringa nebularia)* **Common Greenshank** *(35 cm)*
Hauptsächlich Wintergast. Graubraun meliertes Gefieder, der Hals ist leicht gesprenkelt, Kehle, Brust und Bauch sind weiß. Der lange, spitze Schnabel ist grau und leicht nach oben gebogen. Er sieht dem Teichwasserläufer sehr ähnlich, dieser hier hat jedoch grüne und keine gelben Beine. Man trifft die beiden oft gemeinsam an. Sie bevorzugen sumpfiges Grasland, Lagunen und Gezeitenflächen.

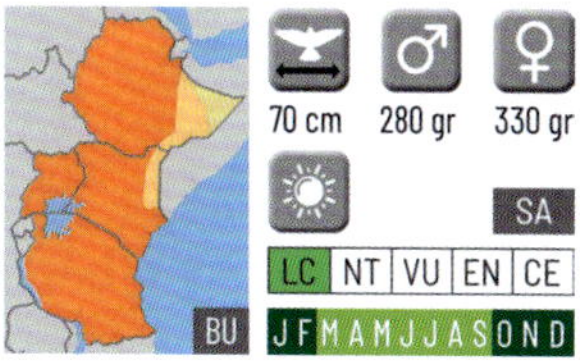

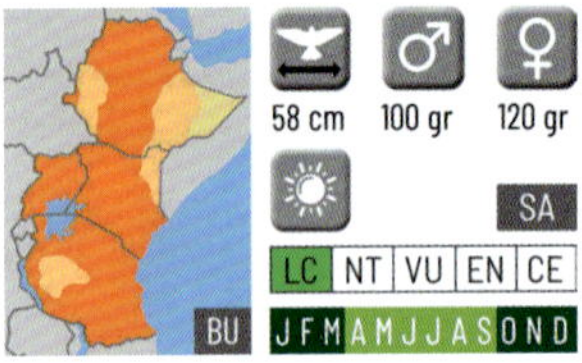

Teichwasserläufer *(Tringa stagnatilis)* **Marsh Sandpiper** *(26 cm)*
Wintergast. Das Migrationsverhalten nach Ostafrika ist schwer vorhersehbar. Manchmal lassen sie sich in großer Zahl nieder, in anderen Jahren, insbesondere bei milden Wintern in Südeuropa, sieht man sie hier nur selten. Außerhalb der Brutzeit ist die Rückenpartie überwiegend graubraun, die Federn haben weiße Ränder. Er sieht dem Grünschenkel sehr ähnlich, beim Teichwasserläufer ist der Schnabel jedoch gerade und nicht leicht nach oben gebogen. Sie bevorzugen sumpfiges Grasland, Lagunen und Gezeitenflächen.

Flußuferläufer *(Actitis hypoleucos)* **Common Sandpiper** *(20 cm)*
Wintergast. Der braune Kopf, die Kehle und ein Teil der Brust gehen bis zum Unterschwanz in Weiß über.

Die Kehle ist gesprenkelt. Das Weiß der Augenlider durchbricht die dunkelbraune Maske und die weißen Augenstreife. Die Beine sind gelbgrün. Rücken und Flügel sind braun. Man sieht ihn auf Weideflächen, in Tümpeln und an Flussufern.

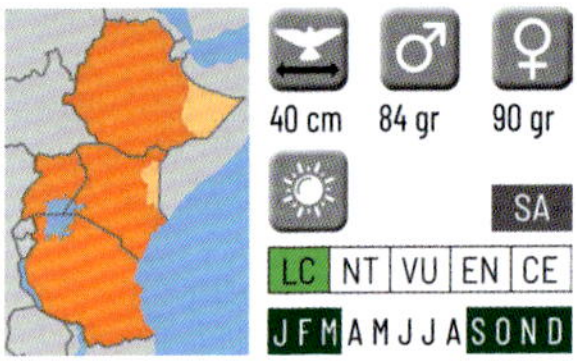

Zwergstrandläufer *(Calidris minuta)* **Little Stint** *(14 cm)*
Wintergast. Er unterscheidet sich im Winterkleid nur durch seine geringe Größe von anderen Strandläufern. Die Beine sind schwarz, Bauch und Brust sind weiß mit einem beigen Kragen entlang der weißen Kehle. Er hat einen kurzen schwarzen Schnabel, und sein Gefieder ist graubraun und cremefarben meliert. Weibchen sind etwas größer. Sie ernähren sich von Wasserinsekten und Pflanzenmaterial in Süß- und Salzwasser.

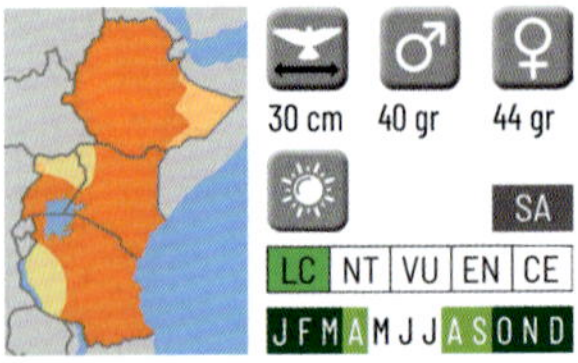

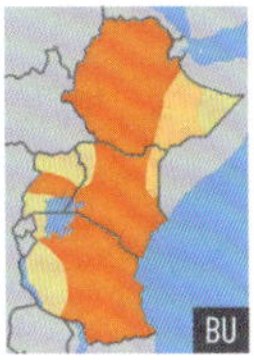

44 cm | 115 gr | 115 gr

SA

LC | NT | VU | EN | CE

J F M A M J J A S O N D

Sichelstrandläufer

(Calidris ferruginea) **Curlew Sandpiper** *(22 cm)*
Hauptsächlich Wintergast. Die Beine sind schwarz, Bauch und Brust weiß, der Kragen entlang der Kehle ist beigefarben. Der schwarze Schnabel ist nach unten gebogen. Im Winterkleid ist die Rückenpartie graubraun und cremefarben meliert. Das Weibchen hat einen etwas längeren Schnabel. Daumenfittiche, Arm- und Handschwingen sind viel dunkler als der Rest der Flügel. Sie ernähren sich von Wasserinsekten und Pflanzenmaterial in Süß- und Salzwasser.

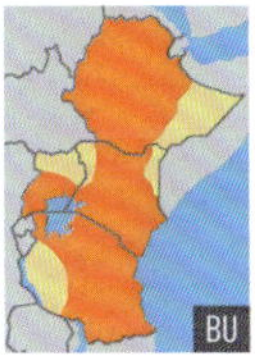

58 cm | 250 gr | 170 gr

SA

LC | NT | VU | EN | CE

J F M A M J J A S O N D

Kampfläufer

(Calidris pugnax) **Ruff** *(32 cm)*
Hauptsächlich Wintergast. Das Winterkleid unterscheidet sich von Vogel zu Vogel stark. Kopf, Hals, Brust und Bauch können weiß, aber auch überwiegend graubraun-beigefarben meliert sein. Die Beine kommen in Farben von Orange bis Grau vor, die Flügel von gefleckt Hellbraun bis Dunkelbraun. Die Männchen sind etwas größer. An schlammigen Ufern, in Sümpfen und auf Gezeitenflächen suchen sie nach Wasserinsekten, Würmern, Fröschen und kleinen Fischen.

Die Liste der Seevögel, die sich entweder ständig in diesem Teil Ostafrikas aufhalten oder gelegentlich beobachtet werden, ist sehr lang. In diesem Buch werden nur diejenigen Arten erwähnt, die außer an einem schmalen Küstenstreifen auch im Landesinneren zu finden sind.

REGENPFEIFERARTIGE *Charadriiformes - Laridae*

Möwenverwandten *Möwen sind Meeresvögel der Laridae-Familie und gehören zur Ordnung der Regenpfeiferartigen. Es gibt 102 Möwenarten. Diese mittelgroßen bis großen Vögel sind meist grau oder weiß und haben am Kopf oft schwarze Akzente. Der kräftige Schnabel ist lang und die Zehen sind durch Schwimmhäute verbunden. Möwen sind opportunistische Allesfresser. Seeschwalben haben meist ein grau-weißes Gefieder und oft einen schwarzen Scheitel. Auch die Zehen der Seeschwalben sind durch Schwimmhäute verbunden, obwohl sie nur selten schwimmen. Die meisten jagen Fische, indem sie tauchen. Dabei rütteln sie oft erst über der Wasseroberfläche, um ihre Beute ausfindig zu machen. Seeschwalben nisten in großen, dichten Kolonien. Je nach Art und Habitat nisten sie in kleinen Bodenmulden oder bauen mit Zweigen „unordentliche" Nester in Bäumen oder auf schwimmenden Wasserpflanzen.*

Graukopfmöwe *(Chroicocephalus cirrocephalus)* **Grey-headed Gull** *(45 cm)*

Kopf und Flügel sind gräulich, Schnabel und Beine rot. Der Schwanz ist schwarz. Während der Brutzeit wird der graue Kopf des Männchens dunkler und das Grau von einem schwarzen Rand eingefasst. Diese Möwe streift an Flüssen entlang, man sieht sie jedoch hauptsächlich in Küstennähe an Mangroven, Lagunen und Meeresarmen. Ein Teil der Population migriert nach Europa.

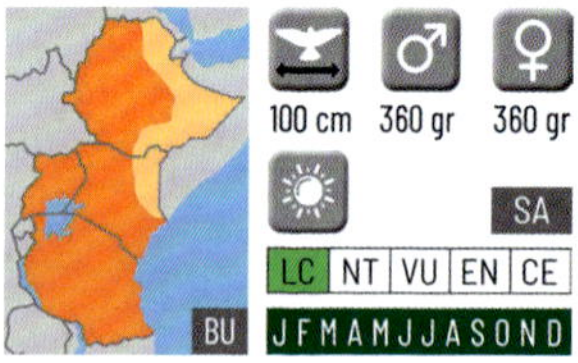

Lachseeschwalbe *(Gelochelidon nilotica)* **Gull-billed Tern** *(40 cm)*

Die Lachseeschwalbe ist im Ruhekleid kaum von der kleineren Weißflügelseeschwalbe zu unterscheiden, abgesehen von dem schwarzen Fleck hinter den Augen, der bei der Lachseeschwalbe kleiner ist oder fehlt. Außerdem sind ihre Flügelränder viel heller oder ganz weiß.

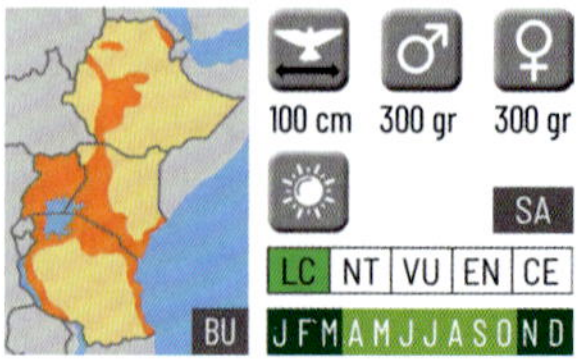

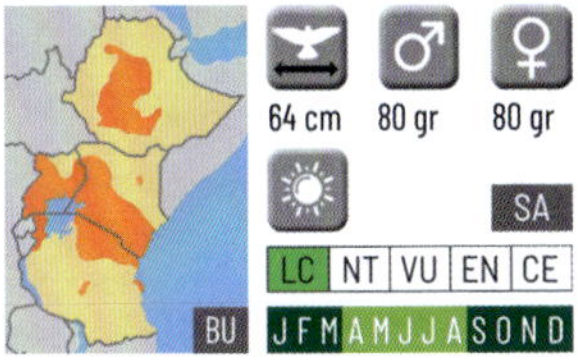

Weißflügelseeschwalbe

(Chlidonias leucopterus) **White-winged Tern** *(27 cm)*
Hauptsächlich Wintergast. Im Winterkleid (weiß und hellgrau, schwarzer Schnabel und schwarzer Fleck hinter dem Auge) sieht diese Seeschwalbe ganz anders aus als in ihrem schwarzgrauen Prachtkleid mit rotem Schnabel. Ihre Nahrung wie Insekten, Libellen und gelegentlich Kröten und kleine Fische, sucht sie in Mangroven und Flüssen. Das Brutgebiet reicht vom Fernen Osten bis nach Mitteleuropa.

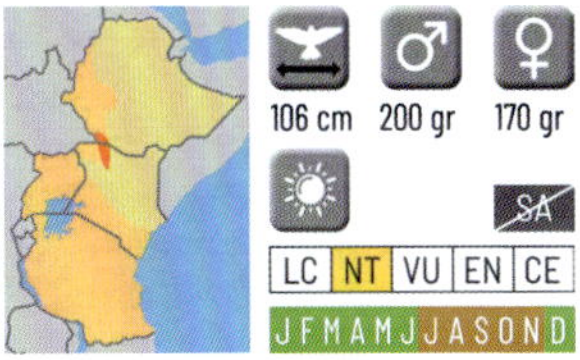

Afrikanischer Scherenschnabel

(Rynchops flavirostris)
African Skimmer *(40 cm)*
Stirn, Wangen, Kehle, Brust und Bauchpartie sind weiß. Vom Scheitel bis zu den Schwanzfedern ist das Gefieder dunkelbraun bis schwarz. Das auffälligste Detail ist der lange orangefarbene Schnabel mit dem verlängerten Unterschnabel. Beim Jagen fliegt er mit nach unten gerichtetem Unterschnabel tief über die Wasseroberfläche. So schöpft er kleine Fische aus dem flachen Wasser. Er hält sich in Feuchtgebieten und auch an der Küste auf. Die Population in Afrika geht zurück. Nur zwischen Sonnenunter- und Sonnenaufgang geht er auf Futtersuche.

Flughühner *Flughühner bilden eine Familie mit 16 Arten. Auch wenn sie Hühnern ähnlich sehen, bilden sie eine eigene Ordnung (Pterocliformes). Sie leben in trockenen Gebieten. Obwohl sie gut in trockenen Regionen leben können, müssen sie mindestens einmal am Tag trinken. Erwachsene Tiere fliegen mühelos zur nächsten Trinkstelle. Küken können dies jedoch nicht. Die Hähne tauchen ihre Brustfedern ins Wasser sodass sie durchtränkt werden. Anschließend fliegen sie zum Nest zurück (manchmal lange Strecken bis zu 80 km), um dort ihren Jungen „die Brust" zu geben. Flughühner fressen vor allem Samen.*

Braunbauch-Flughuhn *(Pterocles exustus)* **Chestnut-bellied Sandgrouse** *(33 cm)*

Ihr Bauch ist eher hellbraun. Der Hahn hat ein weiß-schwarzes Band von der Brust bis zum Vorderrücken. Der Kopf ist strohgelb mit einem kurzen grauen Schnabel, großen schwarzen Augen und hellgrauen Augenringen. Er ist überwiegend beigefarben. Die Ränder der Flügeldeckfedern sind schuppig schwarz. Der Bauch des Weibchens ist gleichmäßig beigefarben. Brust, Scheitel, Hals und Flügel sind bei ihr bis zu den Schwanzfedern braun gesprenkelt. Sie leben in Halbwüsten.

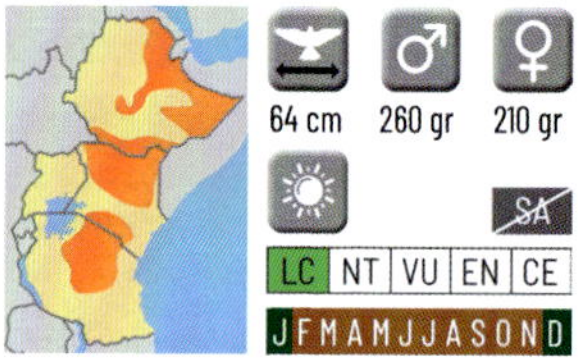

Schmuckflughuhn

(Pterocles decoratus) **Black-faced Sandgrouse** *(23 cm)*

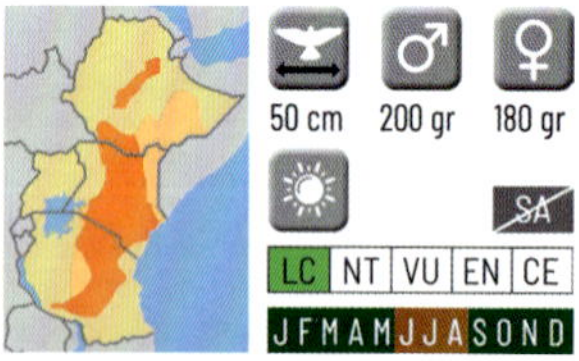

Beigefarbene Flughühner mit schwarzen Akzenten auf dem Kopf und einem breiten, weißen Streifen über der Brust und auf dem Scheitel. Rücken und Flügel sind schwarz gefleckt. Die großen schwarzen Augen sind gelb umrandet. Das Weibchen ist matter gefärbt. Sie leben in trockenen Busch-Savannen.

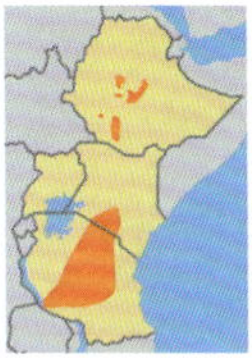

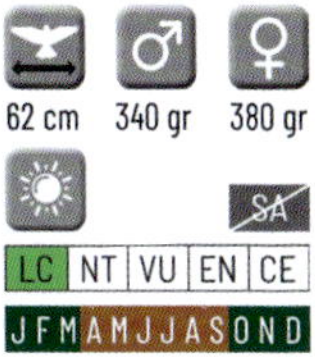

Gelbkehl-Flughuhn

(Pterocles gutturalis) **Yellow-throated Sandgrouse** *(30 cm)*
Beim Hahn ist die strohgelbe Kehle mit einem schwarzen Band gesäumt. Beim Weibchen fehlt es. Die Flügel des Hahns sind rostbraun und grau gesprenkelt. Das Federkleid der Henne ist beige mit dunkelbraunen Flecken. Sie suchen auf trockenem Boden in der Nähe von Flüssen und Sümpfen nach Samen.

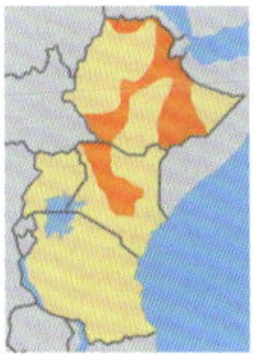

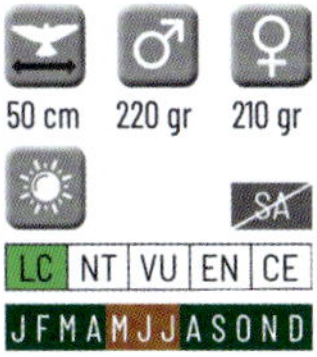

Wellenflughuhn

(Pterocles lichtensteinii)
Lichtenstein's Sandgrouse *(24 cm)*
Seine Stirn ist weiß, mit einem oder zwei schwarzen Streifen, je nach Unterart. Die Augenlider sind gelb und hinter den Augen befindet sich ein kleiner weißer Fleck. Unter dem rosa Schnabel ist die Kehle beige. Die Federn am Hals bilden braune und beige Schichten bis hin zur beigefarbenen Brust. Das Rückengefieder hat die gleichen Brauntöne wie der Hals und schwarzen und beigen Streifen. Die Beine sind weiß, die Zehen sind gelb. Das Weibchen hat ein schwarz-hellbraun gesprenkeltes Rückengefieder. Sie bevorzugen Halbwüsten mit felsigen Hügeln und Buschland.

Tauben *Zur Ordnung der Taubenvögel (Columbiformes) gehören über 300 Arten. Im Englischen wird zwischen „Dove" und „Pigeon" unterschieden. Wobei „Pigeon" die allgemeine Bezeichnung für Tauben ist und „Dove" eher im poetischen Sinne verwendet wird. Bei fast allen Arten sind kaum geschlechtsspezifische Unterschiede wahrnehmbar. Im Gegensatz zu den meisten Vögeln heben Tauben ihre Köpfe zum Trinken nicht an, sondern saugen das Wasser auf. Sie ernähren sich hauptsächlich von Samen und Früchten. Neugeborene Tauben wachsen schnell, viele Arten verlassen bereits nach zwei Wochen das Nest.*

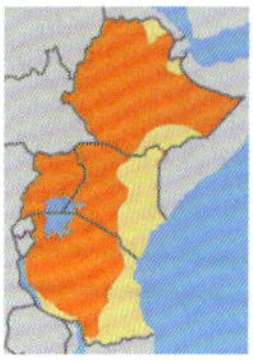

62 cm | 170 gr | 230 gr
SA
LC NT VU EN CE
JFMAMJJASOND

Guineataube

(Columba guinea)

Speckled Pigeon *(33 cm)*

Kräftige Taube mit einem grauen Kopf, rot umrandeten Augen und rostbraunen Flügeln mit weißen Punkten. Der Schwanz ist grau und schwarz gebändert. Der Kopf ist gesprenkelt, der Rest der Bauchpartie grau. Ihr Lebensraum ist sehr vielfältig. Man findet sie in Savannen, offenen Wäldern, aber auch in der Stadt fühlt sie sich wohl.

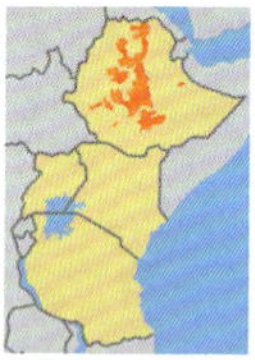

58 cm | 280 gr | 250 gr
SA
LC NT VU EN CE
JFMAMJJASOND

Weißringtaube

(Columba albitorques)

White-collared Pigeon *(30 cm)*

Sie sind in Äthiopien auf dem Hochplateau zu sehen, aber auch in der Hauptstadt. Sie sind an ihrem überwiegend grauen, manchmal blau-grauen Gefieder zu erkennen, das zum Vorderrücken hin braun wird. An den Flügeln sind braune Fleckchen. Hinter dem Kopf hat sie einen weißen Kragen. Das Untergefieder ist hellgrau, der Kropf leicht gesprenkelt. Sie leben in Wälder ab einer Höhe von 1800 m.

Gurrtaube *(Streptopelia capicola)* **Ring-necked Dove** *(25 cm)*

50 cm | 180 gr | 180 gr
SA
LC NT VU EN CE
JFMAMJJASOND

Sie ist die zahlenmäßig am weitesten verbreitete Taube Afrikas. Sie hat große Ähnlichkeit mit der Brillentaube, ist aber am Kopf heller und insgesamt blasser gefärbt. Zudem fehlt ihr der rote Augenring. Auch die Gurrtaube hat einen halben schwarzen Kragen im Nacken. Der Unterkörper variiert von grau bis lachsrosa. Drei der 6 Unterarten leben in diesen Ländern. Sie unterscheiden sich in der Farbintensität.

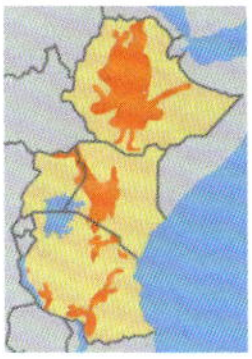

54 cm | 200 gr | 190 gr

SA

LC | NT | VU | EN | CE

J F M A M J J A S O N D

Trauer-turteltaube *(Streptopelia lugens)* **Dusky Turtle-Dove** *(28 cm)*

Sie hat einen zartgrauen Kopf, schwarze Flecken am Hals und rote Augenringen. Das helle Grau der Kehle verläuft etwas dunkler werdend bis zum rosa Bauch. Die Flügel variieren in der Farbe von grau mit rotbraunen Akzenten bis braun mit hellbraunen Akzenten. Sie bevorzugen Wälder an den Hängen von Bergen.

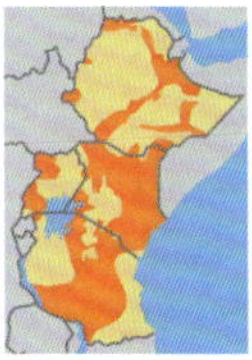

54 cm | 230 gr | 200 gr

SA

LC | NT | VU | EN | CE

J F M A M J J A S O N D

Brillentaube *(Streptopelia decipiens)* **Mourning Collared Dove** *(28 cm)*

Die Brillentaube ist mit sechs Untersorten in ganz Afrika verbreitet. Sie hat einen blaugrauen Kopf mit einem auffälligen roten Augenring und einem halben schwarzen Kragen. Sie hat graubraune Deckfedern, graue kleine Flügeldeckfedern und rote Beine. Arm- und Handschwingen sind fast schwarz. Von der Kehle bis zum Unterschwanz ist sie beigefarben oder auch blassrosa. Bevorzugt werden Wälder und Savannen in Wassernähe.

Halbmondtaube *(Streptopelia semitorquata)* **Red-eyed Dove** *(32 cm)*

Diese große Taube hat ein graubraunes Gefieder und wie die Brillentaube einen halben schwarzen Kragen und einen roten Augenring. Abgesehen vom dunklen Band über dem Schwanz und den grauen Unterschwanzdecken ähnelt sie stark der Brillentaube. Sie ist die größte Taubenart mit einem halben Kragen und hält sich gerne in Uferwäldern, Mangroven und dichten Wäldern in Wassernähe auf.

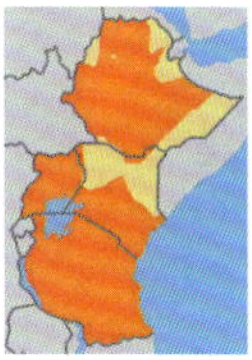

54 cm | 300 gr | 300 gr

SA

LC | NT | VU | EN | CE

J F M A M J J A S O N D

42 cm | 92 gr | 92 gr

SA

LC | NT | VU | EN | CE

JFMAMJJASOND

Palmtaube

(Streptopelia senegalensis)

Laughing Dove *(25 cm)*

Die Palmtaube kommt in Afrika mit vielen Unterarten häufig vor, in offenen Savannen und auch in Städten. Kopf und Brust sind rosafarben. Der Kropf ist gesprenkelt. Der Vorderrücken ist rostbraun, der Rücken grau bis zum Bürzel. Der Bauch ist weiß. Die kleinen und großen Flügeldeckfedern sind blaugrau und rostbraun und die Beine rot. Farblich ist das Weibchen etwas fahler. Sie bevorzugen dünn bewaldete Savannen und Trockengebiete (max. 10 km von Trinkwasser entfernt).

Stahlflecktaube

(Turtur afer) **Blue-spotted Wood-Dove** *(22 cm)*

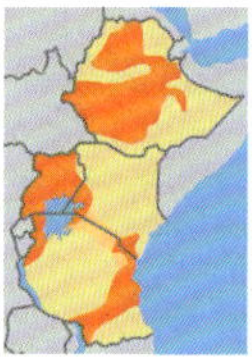

36 cm | 74 gr | 74 gr

SA

LC | NT | VU | EN | CE

JFMAMJJASOND

Die Stahlflecktaube hat blaue oder amethystfarbene Flecken auf den Flügeln. Der Schnabel ist rot mit einer gelben oder orangefarbenen Spitze. Der Scheitel ist sanftblau. Vom Hals bis zum Unterschwanz variiert die Farbe von Hellgrau bis Rosa. Die Rückenpartie kann grau bis graubraun sein. Am Schwanzansatz hat sie ein dunkles Band. Sie bevorzugt feuchte und waldreiche Gebiete und Akazien-Savannen.

28 cm | 65 gr | 55 gr

SA

LC | NT | VU | EN | CE

JFMAMJJASOND

Bronzeflecktaube

(Turtur chalcospilos) **Emerald-spotted Wood-Dove** *(20 cm)*

Sie wird im Englischen auch "green-spotted dove" genannt. Sie lebt gewöhnlich in trockenen Gebieten, aber auch in kultivierten Zonen bis 2100 m. Sie besitzt einen hellgrauen Scheitel, einen fast weißen Bauch und graubraune Flügel mit grünglänzenden Flecken, Hals und Brust sind violett. Die Unterseite der Flügel ist rötlich braun und dunkelbraun gesäumt. Der Bürzel ist dunkelbraun und weiß gestreift.

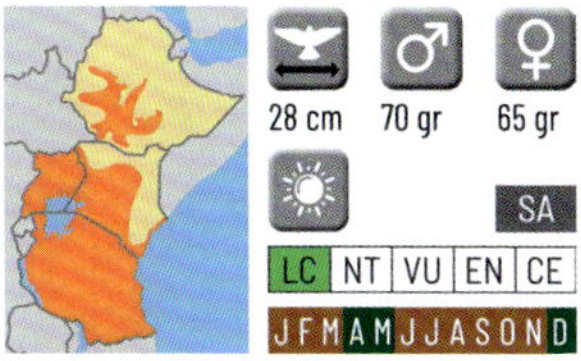

Tamburintaube

(Turtur tympanistria)

Tambourine Dove *(23 cm)*

Eine kleine schöne Taube. Der Kopf hat einen braunen Scheitel, darunter eine weiße Stirn und weiße Augenbrauen. Der Unterkörper ist weißlich. Die Flügel sind braun mit einigen dunklen Flecken, die Unterseite der Flügel ist rostbraun. Das Untergefieder und die Stirn der Täubin sind schmutzigweiß bis grau.

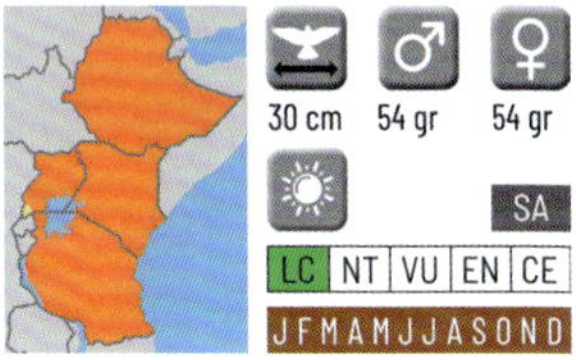

Kaptäubchen *(Oena capensis)* **Namaqua Dove** *(28 cm)*

Beim Täuber ist der Kopf auf der Vorderseite bis zur Brust schwarz, die Handschwingen sind rostbraun. Ansonsten ist das Gefieder überwiegend braun und grau. Das Weibchen hat keine Maske und ihr Gefieder ist hellbraun. Der Schnabel des Männchens ist orangefarben mit violettem Ansatz. Beide Geschlechter haben violette bis schwarze Flecken auf beiden Flügeln. Sie bevorzugen trockene Gebiete mit sandigem Boden.

Waaliataube *(Treron waalia)* **Bruce's Green-Pigeon** *(30 cm)*

Eine schöne Taube mit hellgrauem Kopf und Hals und einer gelben Brust und Bauch. Die Rückenpartie ist olivgrün, ein Teil des Vorderrückens grau. Auf den Daumenflügeln ist sie lila. Die Unterschwanzdecken sind gefleckt. Das Weibchen hat die gleiche Zeichnung, jedoch blasser. Sie bevorzugen dichte Wälder mit vielen Feigen. Die Waaliataube ist sehr auf Wasser angewiesen. Sie ist scheu und wegen ihres schnellen Flugs und ihres bunten Gefieders ein beliebtes Beutetier für Jäger.

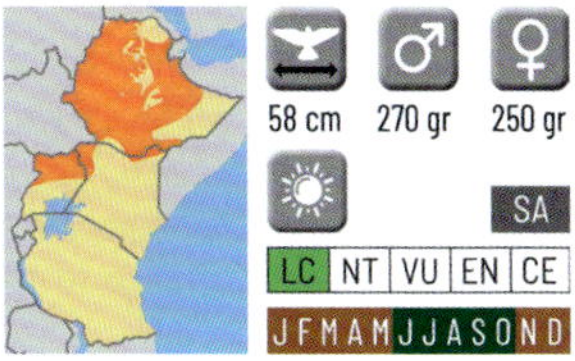

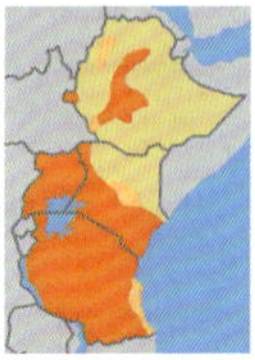

58 cm 285 gr 225 gr

SA

LC NT VU EN CE

J F M A M J J A S O N D

Rotnasen-Grüntaube
(Treron calvus)
African Green Pigeon *(30 cm)*
Es gibt 16 Unterarten dieser Grüntaube, die wegen ihres bunten Gefieders oft mit Papageien verwechselt wird, zumal sie auch mit dem Kopf nach unten an Ästen hängen kann. Sie gleicht stark der Waaliataube, Kopf und Bauchpartie dieser Taube sind jedoch grün. Die Unterschwanzdecken sind weiß-grün gestreift. Ihre Flügel haben dasselbe Olivgrün wie die Waaliataube. Der Schnabel ist grau mit roter Wachshaut. Ihr Lebensraum umfasst mehrere Waldsorten und bewaldete Savannen, sofern es dort Feigenbäume gibt. Die 6 Unterarten in Ostafrika unterscheiden sich durch eine gelbe, grüne oder graue Brust.

PAPAGEIEN *Psittaciformes: Psittacidae & Psittaculidae*

Papageien und Unzertrennliche *Zur Familie der Eigentlichen Papageien (Psittacidae) zählen alle Papageienarten, außer den Kakadus. Der Papagei hat keine Haube. Für ihn charakteristische Merkmale sind: kräftiger, krummer Schnabel, vier Zehen (zwei nach vorn und zwei nach hinten), durchwegs sehr bunte Färbung und Monogamie. Er klettert mit Hilfe des Schnabels. Die Geschlechter gleichen sich oft. Die wichtigste Nahrung sind Samen und Früchte. Die Unzertrennlichen gehören zu den kleinsten Papageien. Ihr Name rührt von ihrer starken Paarbindung her, die normalerweise ein Leben lang andauert.*

50 cm 180 gr 180 gr

SA

LC NT VU EN CE

J F M A M J J A S O N D

Schoapapagei
(Poicephalus flavifrons)
Yellow-fronted Parrot *(28 cm)*
Dieser grüne Papagei mit dem gelben Gesicht lebt nur in Äthiopien, insbesondere in den subtropischen Tälern des Hochlandplateaus, ist aber auch in Parks in Addis Abeba zu sehen. Er liebt feuchte Bedingungen wie Flusswälder und ernährt sich hauptsächlich von Feigen und Früchten einer endemischen Weidenart.

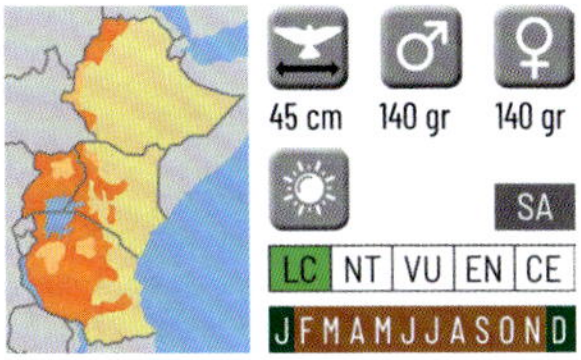

Goldbugpapagei

(Poicephalus meyeri)

Meyer's oder **Brown Parrot** *(23 cm)*

Es ist die zahlreichste und am weitesten verbreitete Papageienart in Afrika. Er ist größtenteils schmutzig braun mit gelben Flecken auf den Schulterfedern, manchmal auch auf der Stirn. Die Brust ist smaragdgrün. Der Schnabel ist grau. Der Goldbugpapagei ist ein regelmäßiger Besucher von Tümpeln in dichten Wäldern.

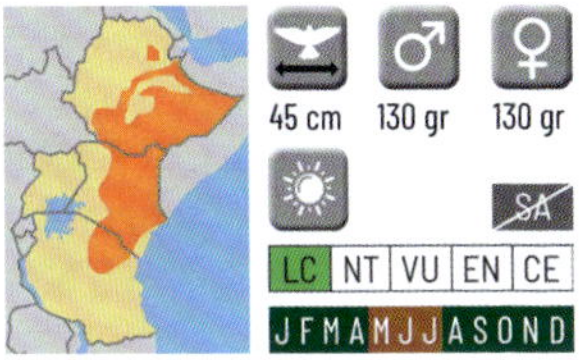

Rotbauch-Mohrenkopf

(Poicephalus rufiventris)

Red-bellied Parrot *(25 cm)*

Beide Geschlechter haben rote Augen und einen grauen Schnabel am grauen Kopf. Das Weibchen ist bis zum Bürzel grün, das Männchen hat einen orangeroten Bauch. Rücken und Flügel sind schiefergrau bis dunkelbraun. Sie suchen bevorzugt Ficus- und Akazienwälder auf, wo sie die Früchte bzw. Samen fressen. Bevorzugte Nahrung sind die Früchte der Affenbrotbäume.

Graupapagei *(Psittacus erithacus)* African Grey Parrot *(38 cm)*

Dieser graue Papagei mit weißer Augenpartie und schwarzen Arm- und Handschwingen, hat einen roten Unterschwanz (manchmal bis zum Bauch). Die zunehmende Abholzung der Wälder bedroht das Überleben dieser Art. Sie sind auf Tieflandwälder in einer feuchten Umgebung angewiesen, wo sie sich von Früchten ernähren, insbesondere von Ölpalmen und Ficus.

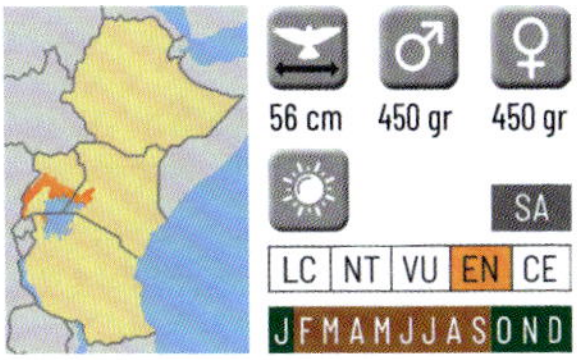

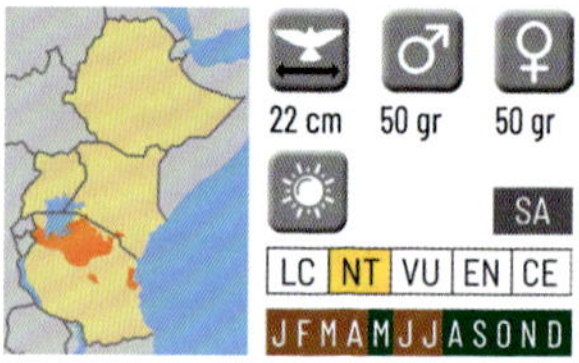

Pfirsichköpfchen *(Agapornis fischeri)* **Fischer's Lovebird** *(15 cm)*
Das Pfirsichköpfchen hat einen dunkelorangen bis braunen Kopf, gelbe Brustfedern und einen grünen Rücken und Bauch. Der Bürzel ist blau. Es gibt Hybriden zwischen dieser Art und den Schwarzköpfchen. Bei ihnen ist der Kopf zum Teil dunkelbraun. Vor allem die Hybriden halten sich häufiger in Städten auf, reinrassige Tiere leben dagegen in bewaldeten Savannen bis 2000 m Höhe und an der Küste. Sie ernähren sich hauptsächlich von Gras-, Akazien- und Getreidesamen.

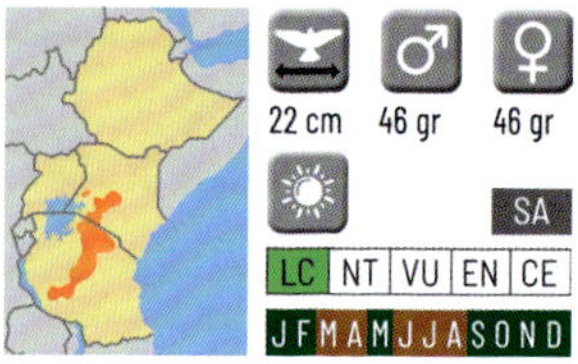

Schwarzköpfchen
(Agapornis personatus)
Yellow-collared Lovebird *(14 cm)*
Diese Unzertrennlichen mit rotem Schnabel und dunkelbraunem bis schwarzem Kopf haben einen gelben Nacken und Brustfedern, deren Farbe von Gelb in Grün übergeht. Wie die Pfirschköpfchen fressen sie vor allem Grassamen und Beeren. Sie nisten in hohlen Bäumen. Ihr Lebensraum ist dürres Grasland mit Bäumen und Sträuchern. Hybriden von Pfirsichköpfchen und Schwartzköpfchen leben unter anderem am Naivashasee in Kenia.

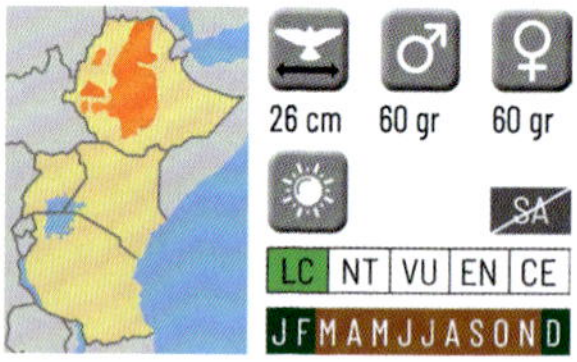

Tarantapapagei
(Agapornis taranta)
Black-winged Lovebird *(16 cm)*
Dieser Unzertrennliche lebt im Hochland von Äthiopien und Eritrea. Die Stirn des Männchens ist rot, dieses Rot fehlt dem Weibchen. Die Flügel sind dunkler grün als der Unterkörper. Die Schwanzspitze ist schwarz, genau wie die Arm- und Handschwingen. Er ernährt sich von Samen, Beeren und Früchten.

Turakos *Die Turakos (Musophagidae) gehören zur Ordnung der Musophagiformes (wörtlich: Bananenfresser). Im Englischen werden Turakos manchmal auch „Louries" und „Go-away-birds" genannt. Letztere sind nach ihrem Alarmruf benannt, den sie bei Gefahr von sich geben. Turakos und Lärmvogel leben in waldreichen Gebieten und ernähren sich hauptsächlich von Früchten und Blumen. Sie sind flinke Kletterer, die sich mit drei Zehen nach vorne und einer Zehe nach hinten gedreht an Äste klammern können.*

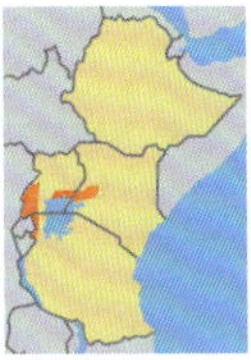

100 cm 900 gr 1,2 kg

SA

LC NT VU EN CE

J F M A M J J A S O N D

Riesenturako *(Corythaeola cristata)* **Great Blue Turaco** *(75 cm)*
Einzigartig. In Bezug auf das Farbschema unterscheidet er sich von anderen Turakos durch sein blaues Gefieder. In Gruppen von 6 oder 7 Vögeln, manchmal mehr, unterhalten sie ein Territorium. Sie haben ein großes Klangrepertoire, mit dem sie in Kontakt bleiben, um ihr Territorium zu bestätigen und vor Gefahren zu warnen. Sie sind besonders zahlreich in den Regenwäldern Ugandas bis 2700 m.

Weißbauch-Lärmvogel *(Criniferoides leucogaster)* **White-bellied Go-away-bird** *(50 cm)*

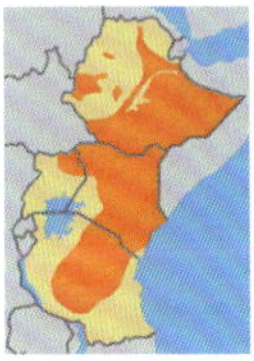

84 cm 220 gr 250 gr

SA

LC NT VU EN CE

J F M A M J J A S O N D

Die graue Brust, der weiße Bauch, der schwarzgraue Rücken und der hohe Schopf machen ihn zu einem vornehm wirkenden Vogel. Sie bevorzugen tief liegende Akaziensavannen mit vereinzelten Bäumen. Das Weibchen hat einen grünen Schnabel, der des Männchens ist grau.

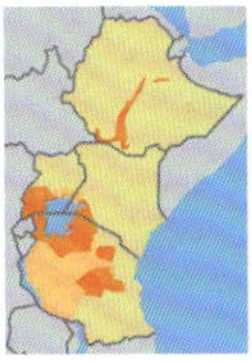

84 cm 220 gr 240 gr

SA

LC NT VU EN CE

J F M A M J J A S O N D

Braungesicht-Lärmvogel *(Corythaixoides personatus)* **Bare-faced Go-away-bird** *(48 cm)*
Er lebt in der Gegend des Großen Afrikanischen Grabenbruchs in Äthiopien. Der ähnlich aussehende **Nacktgesicht-Lärmvogel** *(C.p. leopoldi)* **Black-faced Go-away-bird wird** z.B. in der Masai Mara und in der Serengeti beobachtet. Er hat einen beigen Schopf und ein schwarzes Gesicht und ist bis zur Brust weiß und bis zum Schwanz sanft rotbraun.

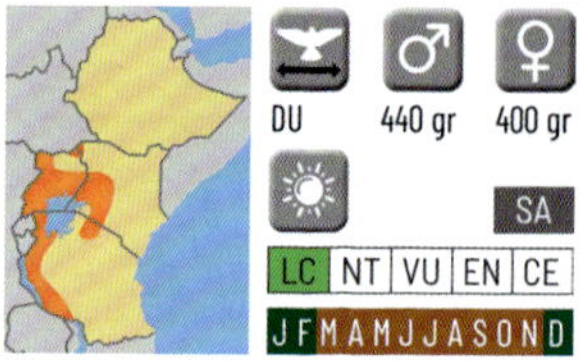

Rossturako

(Tauraco rossae)

Ross's Turaco *(52 cm)*

Ein dunkelviolett und blau gefärbter Turako mit prächtigen tomatenroten Flügelspitzen, breiten gelben Augenringen und einem roten Büschel auf dem Kopf. Sein Lebensraum sind Laubwälder und die dichte Vegetation an Flussufern. Die Vögel halten durch laute Schreie Kontakt. Ihre Nahrung besteht vor allem aus Früchten, Blüten und jungen Trieben. Vor allem in Uganda ist sie häufig anzutreffen.

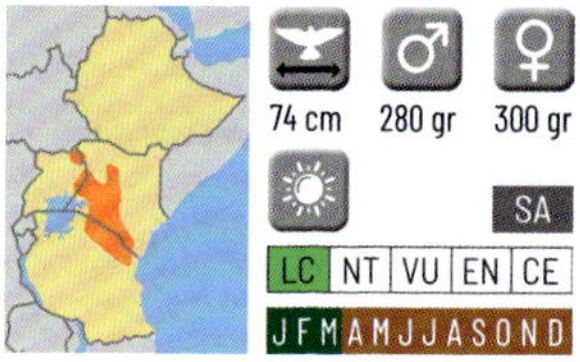

Seidenturako

(Tauraco hartlaubi)

Hartlaub's Turaco *(43 cm)*

Er hat einen dunkelblauen Kopf und einen orangefarbenen, kurzen Schnabel. Die Flügel sowie der Schwanz sind dunkelblau. Das "besondere Grün", das viele Turakos auszeichnet, zeigt er an Brust und Bauch. Er hat an den Augen weiße Flecken, zudem Flügel mit tomatenroten Unterseiten und blauen Schulterfedern. Seidenturakos sind an den Hängen der Berge Kenia und Kilimanjaro sowie in den Taita-Bergen in Tsavo anzutreffen.

Weißohrturako *(Tauraco leucotis)* **White-cheeked Turaco** *(42 cm)*

Dieser Turako ist ausschließlich in den Hochebenen Äthiopiens zu finden und insbesondere entlang des Großen Afrikanischen Grabenbruchs, im Bale-Gebirge und im benachbarten Harenna-Wald. Zwischen dem kurzen orangefarbenen Schnabel und den rot umrandeten Augen befindet sich ein weißer Fleck, ebenso hinter den Wangen. Vorderrücken, Schultern und Brust sind gelbgrün. Die Flügel sind überwiegend blau mit roten Flügelspitzen. Der lange Schwanz ist blau.

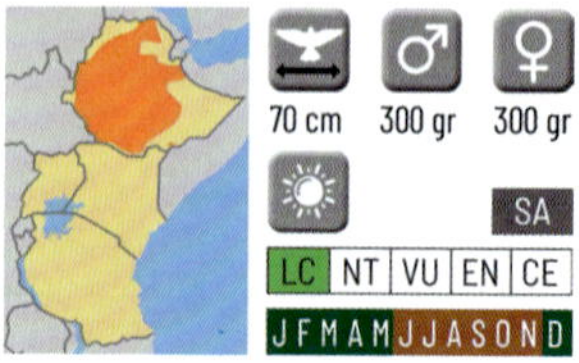

KUCKUCKSVÖGEL *Cuculiformes - Cuculidae*

Kuckucke und Spornkuckucke *Zur Familie (Cuculidae) zählen etwa 150 verschiedene Arten. Etwa 60 Arten der Unterfamilie Cuculinae sind Brutparasiten. Das Kuckucksjunge entfernt die Eier und Jungvögel der Wirtseltern und wächst allein im Nest heran. Es sind schlanke Vögel, die in allen gemäßigten und warmen Regionen der Welt vorkommen. Sie haben einen langen Schwanz, einen gebogenen Schnabel und spitze Flügel. Insekten sind ihre Hauptnahrung, einschließlich behaarter Raupen, die von anderen Vögeln gemieden werden. Bei einigen Arten gibt es äußerliche Unterschiede zwischen den Geschlechtern. Spornkuckucke sind robuster und haben alle rostbraune Flügel und einen schweren schwarzen Schnabel. Sie parasitieren nicht. Spornkuckucke suchen ihre Nahrung meist am Boden und sind in der Regel nicht allzu scheu. Bei fast allen Arten übt das Männchen den größeren Teil der Brutpflege aus.*

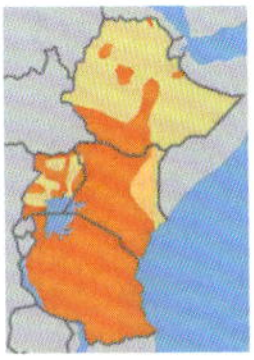

62 cm 110 gr 110 gr

SA

LC NT VU EN CE

JFMAMJJASOND

Afrikakuckuck

(Cuculus gularis)

African Cuckoo *(32 cm)*

Diese Art gehört so wie "unser" **Kuckuck** *(Cuculus canorus)* **Common Cuckoo** *(32 cm)* zu den sogenannten "grauen" Kuckucken. Sein Schnabel endet jedoch fleckig gelb und nicht schwarz wie beim afrikanischen Kuckuck. Kopf, Kehle, Vorderrücken und Flügel sind grau. Seine graue Brust hat schwarze, horizontale Streifen. Beim Weibchen ist die Kehle zum Teil rötlich braun. Sie ernähren sich hauptsächlich von haarigen Raupen, aber auch von anderen Insekten. Die beide Arten sind in offenen Waldgebieten und Savannen weit verbreitet und wandern innerhalb Afrikas. Sie legen ihre Eier in die Nester von Trauerdrongos und Gelbschnabelwürgern.

Einsiedlerkuckuck

(Cuculus solitarius)

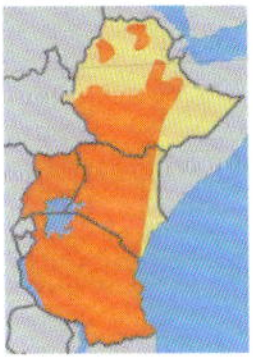

54 cm 75 gr 75 gr

SA

LC NT VU EN CE

JFMAMJJASOND

Red-chested Cuckoo *(30 cm)*

Er ist oft zu hören, aber schwer zu finden. Die Kehle ist rostbraun. Brust und Bauch haben "Zebrastreifen". Die gelben Flächen auf Flügeln und Unterschwanzdecken sind im Flug erkennbar. Er bewohnt Waldränder und vereinzelt bewaldete Savannen. Im Osten Afrikas sind die Zugbewegungen des Einsiedlerkuckucks von der Regenzeit bestimmt. Brutschmarotzer ist er vor allem bei bestimmten Fliegenschnäppern und Drosseln.

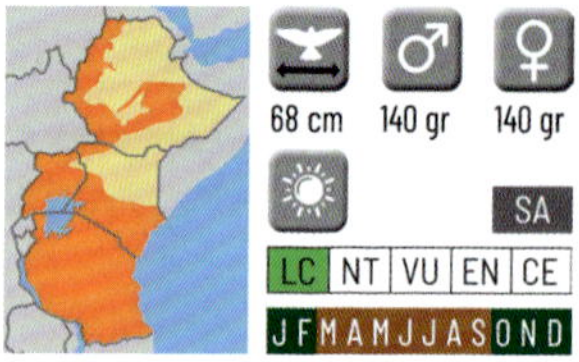

Kapkuckuck

(Clamator levaillantii)

Levaillant's Cuckoo *(40 cm)*

Die Kopffedern des Kuckucks aus der Clamator-Familie stehen leicht in die Höhe. Der Kapkuckuck ist groß, seine irisierende Rückenpartie ist grün bis tiefblau. Über der weißen Brust und Kehle hat er kleine schwarze Federn. Ein Teil der Handdeckfedern sowie Bauch, Beinfedern und der Rand des Schwanzes sind weiß. Er kann auch ganz schwarz sein. Seine Nahrung besteht hauptsächlich aus haarigen Raupen, Termiten, Käferlarven und Heuschrecken. Offene Waldgebiete und Savannen werden bevorzugt. Er legt seine Eier zu Beginn der Regenzeit gerne in Nester von Bülbüls und Drosslinge.

Häherkuckuck

(Clamator glandarius)

Great Spotted Cuckoo *(38 cm)*

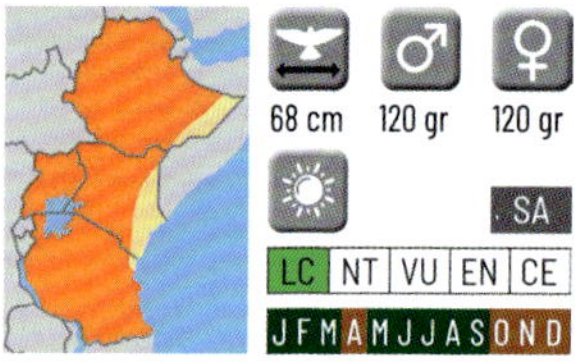

Ein schöner Kuckuck mit cremefarbener Kehle und blaugrauem Kopf. Von der Brust bis zum Schwanz ist er weiß, die braungrauen Flügel haben ein weißes Fleckenmuster. Er ist weit verbreitet und nicht auf einen bestimmten Lebensraum beschränkt, bevorzugt jedoch halbtrockene offene Waldgebiete und Savannen mit Felsformationen. Seine Nahrung besteht hauptsächlich aus haarigen Raupen, Heuschrecken und kleine Eidechsen. Seine Eier legt er in Nester von Rabenvögeln.

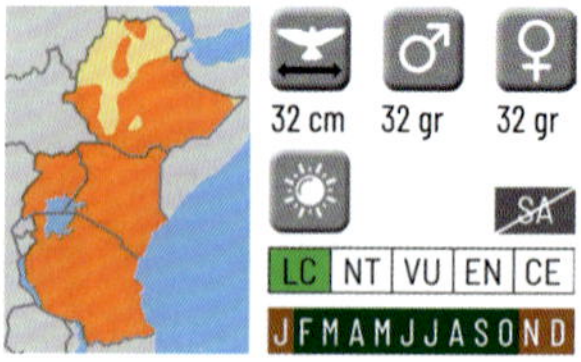

Goldkuckuck *(Chrysococcyx caprius)* **Dideric Cuckoo** *(19 cm)*

Sein Gefieder ist größtenteils gemischt glänzend bronzefarben und grün mit einer weißen Brust und Zebrastreifen an den Flanken. Die Augen des Männchens sind leuchtend rot mit einem weißen Streifen hinter dem Auge. Das Weibchen hat die gleiche Zeichnung, bei ihr ist jedoch das Helle von Kopf und Brust beigefarben bis hellbraun, auch die Flügel zeigen mehr Brauntöne. Hinsichtlich des Lebensraums sind sie nicht wählerisch. Ihre Eier legen sie in Nester von Webervögeln.

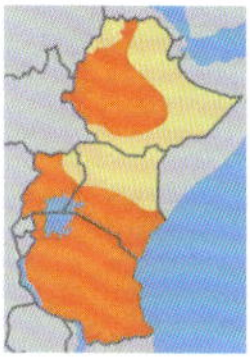

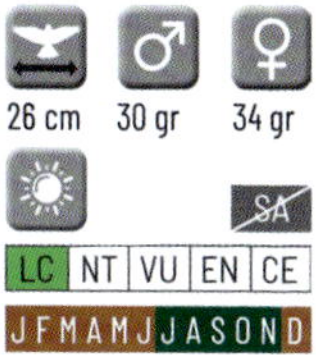

Klaaskuckuck *(Chrysococcyx klaas)* **Klaas's Cuckoo** *(18 cm)*
Er gehört zu den kleineren Kuckucken. Das Gefieder des Männchens ist überwiegend grün. Das Weibchen hat einen graubraunen Kopf und hellbraune Streifen von der Kehle über die Flanken bis zum Unterschwanz. Über ihre braunen und grünen Flügel laufen gelbbraune Linien. Beim Männchen sind Kehle, Brust und Bauch weiß. Es gibt Ähnlichkeiten mit dem Goldkuckuck, der Klaaskuckuck ist jedoch kleiner und hat grüne Wangen und eine überwiegend weiße Bauchpartie. Er ist stark verbreitet, jedoch schwer auszumachen. Raupen, Schmetterlinge, Termiten und anderen kleine Wirbellose dienen ihm als Nahrung. Seine Eier legt er in Nester von Nektarvögeln und Drosselrohrsängern. Nicht allzu dichte Wälder, Waldränder und Savannen mit Büschen bilden seinen Lebensraum.

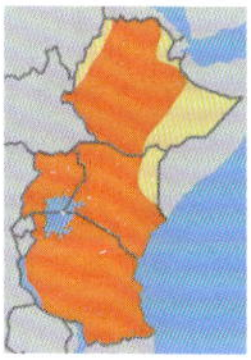

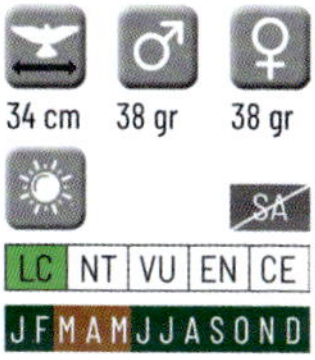

Smaragdkuckuck
(Chrysococcyx cupreus) **African Emerald Cuckoo** *(20 cm)*
Das Weibchen hat Zebrastreifen über Brust und Bauch, die Oberseite des Kopfes, der Vorderrücken und die Flügel sind rostbraun und grün. Das Männchen glänzt smaragdgrün. Kräftiges Gelb kennzeichnet seinen Bauch. Sie halten sich vor allem in tief gelegenen, wasserreichen Waldgebieten auf. Auf ihrem Speiseplan stehen vor allem haarige Raupen, Termiten, Heuschrecken, Schnecken, Vogeleier und manchmal auch Früchte. Als Brutparasit legt er seine Eier in Nester von Bülbüls, Nektarvögeln und Webervögeln.

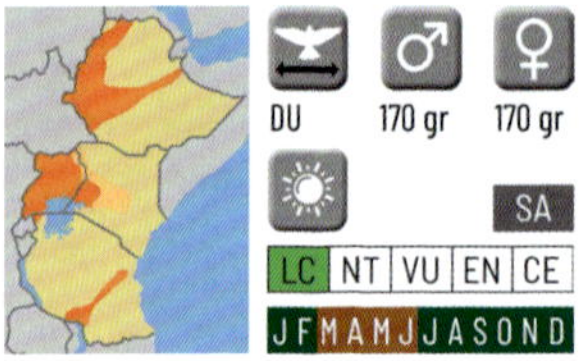

Senegal-Spornkuckuck

(Centropus senegalensis)

Senegal Coucal *(40 cm)*

Es gibt zwei Gefiedervarianten dieses Spornkuckucks: komplett schwarz bis auf Rücken, Flügel und Bauch, die rostbraun sind, oder von der Kehle bis zum Unterschwanz weiß. Auch diese zweite Variante hat rostbraune Flügel. Beide haben eine rote Iris. Sie suchen in hohem Gras und dichtem Gestrüpp nach Wirbellosen und kleinen Reptilien, jedoch nicht nur in Wassernähe, wie die meisten Spornkuckucke. Zahlreich im Murchison Nationalpark.

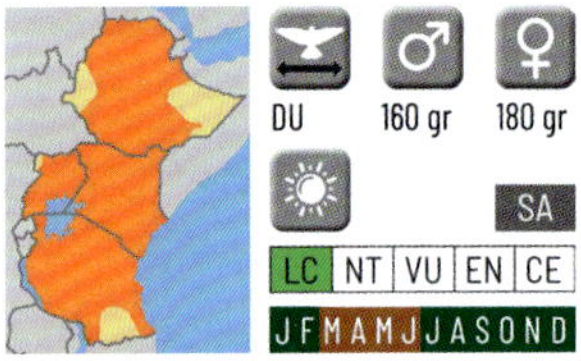

Weißbrauenkuckuck

(Centropus superciliosus)

White-browed Coucal *(40 cm)*

Er ist in Ostafrika weit verbreitet. Er hat eine weiße Brust mit schwarzen schmalen Federn über Brust und Nacken. Über den roten Augen befinden sich weiße Augenbrauen. Seine Nahrung besteht vor allem aus jungen Vögeln, Reptilien und Wirbellosen. Er treibt sich am liebsten in dichter Vegetation und hohem Gras entlang von Flüssen herum.

Mönchskuckuck *(Centropus monachus)* **Blue-headed Coucal** *(50 cm)*

Er ist größer und robuster als der Spornkuckuck, aber abgesehen von dem etwas blaueren Schimmer an Kopf, Wangen und Hinterkopf gibt es kaum Unterschiede. Sie bevorzugen sumpfige Umgebungen mit dichtem und niedrigem Gestrüpp. Er ist ein Fleischfresser und auf seinem Speiseplan stehen Heuschrecken, Schnecken, Küken und Eier, Reptilien, Mäuse und Ratten.

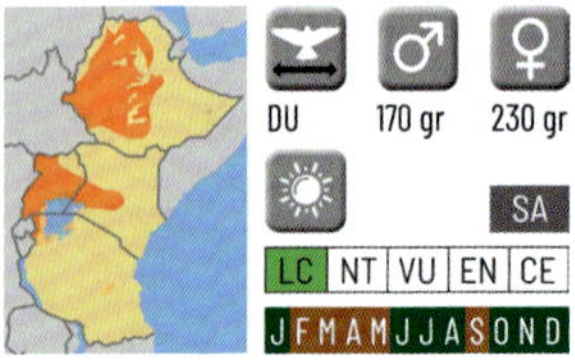

EULEN

Strigiformes: Tytonidae & Strigidae

Eulen *Auch wenn Eulen Greifvögel sind, bilden sie doch eine eigene Ordnung (Strigiformes). Sie haben ein rundes, abgeflachtes Gesicht mit großen, nach vorne gerichteten Augen. Da diese nicht beweglich sind, muss die Eule stets den Kopf drehen (max. 270°). Die großen Augen werden auch als „Fernglas" genutzt und helfen, den Abstand zur Beute zu messen. Der Schnabel hat an der Spitze einen Haken Eulen fliegen lautlos und erbeuten nachts oft von zwei oder drei festen Stellen aus ihre Beute. Tagsüber ruhen sie. Eulen nisten in hohlen Bäumen, auf dem Boden oder in Gebäuden. Aus der Nähe sehen sie sehr schlecht, deshalb können sie kaum selber Nester bauen und übernehmen oft Nester von anderen Vögeln. Es gibt keine äußerlichen Unterschiede zwischen den Geschlechtern, das Weibchen ist lediglich viel größer. Eulen sind ausschließlich Fleischfresser. Sie ernähren sich vor allem von Nagetieren, fressen aber auch Insekten, Reptilien und Vögel.*

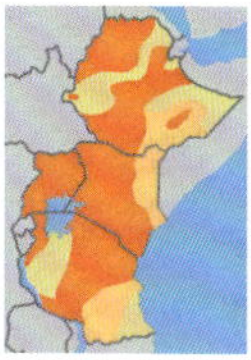

44 cm | 65 gr | 90 gr

SA

LC | NT | VU | EN | CE

J F M A M J J A S O N D

Afrika-Zwergohreule

(Otus senegalensis)

African Scops-Owl *(18 cm)*

Diese Art gehört zu den kleinsten Eulen. Wenn die Ohrbüschel nicht nach hinten anliegen, stehen sie hoch über den Kopf hinaus. Diese Eule ist überwiegend grau mit einigen dunklen Flecken. Es gibt auch eine rostbraune Farbvariante. Bei beiden ist das Gefieder eine gute Tarnung. Der Schnabel ist grau, die Augen sind gelb. Sie bevorzugt Waldränder entlang trockener Savannen. Man sieht sie gelegentlich auch tagsüber, manchmal wochenlang am selben Ort, dann insbesondere inmitten tief hängender Äste mit dichtem Laub oder in der Rindenöffnung eines Baums.

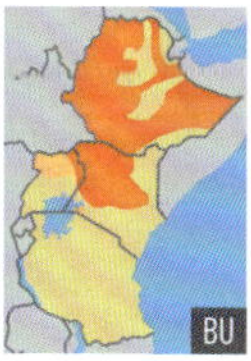

50 cm | 200 gr | 200 gr

SA

LC | NT | VU | EN | CE

J F M A M J J A S O N D

Nord-büscheleule

(Ptilopsis leucotis)

Northern White-faced Owl

(25 cm)

Diese mittelgroße Eule hat Ohrbüschel, orangefarbene Augen und einen gelblichen Schnabel. Der cremeweiße Kopf ist schwarz umrandet. Die Flügel sind dunkelgrau oder braun, Brust und Bauch sind weiß oder beigefarben mit schwarz melierten oder graubraunen Federchen. Über den Vorderrücken laufen diagonal weiße und schwarze Bänder. Sie bevorzugen Halbwüsten und Savannen mit Akazien.

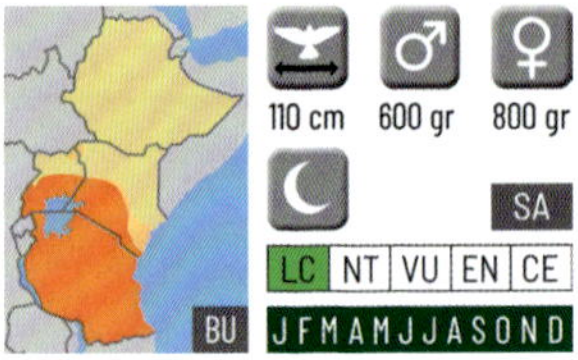

Fleckenuhu
(Bubo africanus)
Spotted Eagle-Owl
(48 cm)
Der Fleckenuhu kennt zwei Erscheinungsformen, eine mit braunem und eine mit grauem Federkleid. Beide haben weiße Flecken, die über die Flügel laufen. Sowohl das Rückengefieder und auch der Unterkörper sind eine Mischung aus hell- und dunkelbraunen Flecken. Dieser Uhu hat Federohren und gelbe Augen. Er jagt bevorzugt von Bäumen auf Hügeln, die an grasbewachsene Flächen angrenzen.

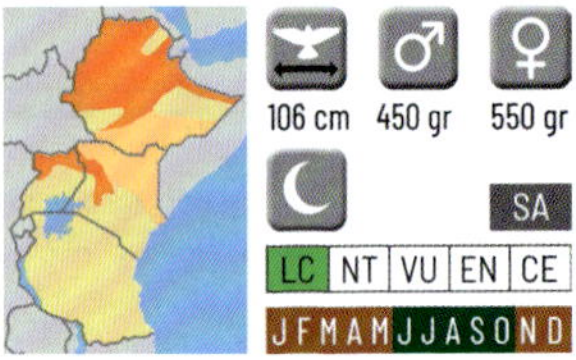

Grauuhu *(Bubo cinerascens)*
Greyish Eagle-Owl *(43 cm)*
Ein relativ kleiner Uhu. Sein Gefieder kann sowohl grau als auch braun sein (siehe beide Fotos). Die Ränder des Vorderrückens und die Bänder über den Flügeln sind weiß auf einem grau-braun melierten Federkleid. Beine und Zehen sind meist weiß und insbesondere an den Flanken des Bauchs sind blasse schmale Bänder sichtbar. Der Kopf ist weiß oder beigefarben, und die Wangen werden von den typischen dunklen Wangenrändern abgegrenzt. Auf dem dunkelgrauen oder beigefarbenen Kopf sieht man hohe Ohrbüschel. Er bevorzugt trockene Halbwüsten mit Felsformationen, bewaldete Hänge in hügeliger Landschaft, Savannen und Bäumen.

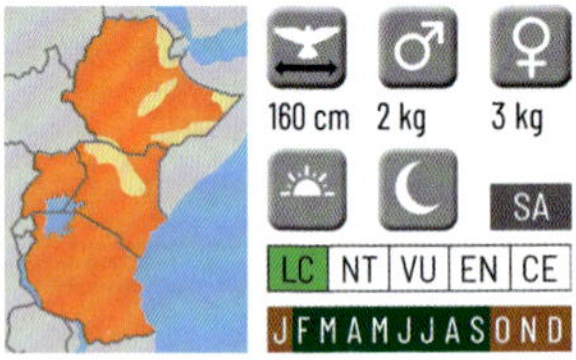

Blassuhu *(Bubo lacteus)*
Verreaux's Eagle-Owl *(65 cm)*
Die weitaus größte der afrikanischen Eulen, wuchtig und mit Ohrbüscheln. Auch tagsüber oft in Waldgebieten ar Rande von Savannen und Flussufern

zu sehen. Ihr Gefieder ist auf der Vorderseite leicht grau bis cremefarben. Die Flügel sind braun meliert. Der Kopf ist groß mit schwarzen Augen und rosa Augenlidern. Schwarze Ränder umranden die Wangen. Diese gefürchteten Räuber schrecken nicht davor zurück, mittelgroße Affen, Ferkel oder Ginsterkatzen vom Boden zu greifen und in Bäume hoch zu heben.

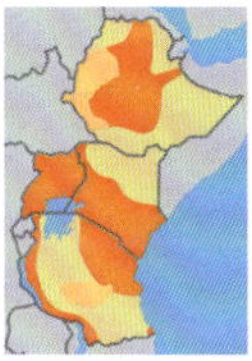

80 cm 270 gr 350 gr

SA

LC NT VU EN CE

J F M A M J J A S O N D

Afrikanischer Waldkauz

(Strix woodfordii)

African Wood Owl *(35 cm)*

Von den vier Unterarten dieses Waldkauzes sieht man drei in diesem Teil Afrikas. Diese mittelgroße Eule hat einen dunkelbraunen Kopf mit weißen, kleinen Sprenkeln. Die Augenränder sind weiß und die Brust ist rotbraun gebändert. Schnabel und Zehen sind gelb. Sie bevorzugen dicht bewaldete Hügel in Küstengebieten und tropischen Wäldern, wo sie kleinere Reptilien und Vögel jagen.

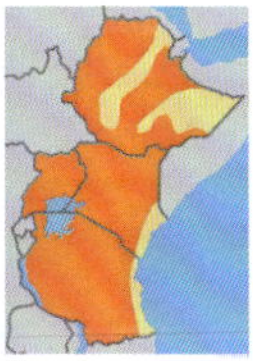

40 cm 85 gr 145 gr

SA

LC NT VU EN CE

J F M A M J J A S O N D

Perlzwergkauz

(Glaucidium perlatum)

Pearl-spotted Owlet *(19 cm)*

Eine kleine Eule mit braunem Gefieder mit weißen Akzenten. Brust und Bauch sind braun meliert und gebrochen weiß. In der Mitte der schwarzen Augenränder liegt die leuchtend gelbe Iris. Auch der kleine Schnabel ist gelb. Ihre „Perlen" sind weiße Flecken am rostbraunen Kopf. Sie sind auch häufig tagsüber zu beobachten, in geringer Höhe auf Ästen mit freier Sicht. Sie hält sich gerne in Savannen mit Akazien auf, ihre bevorzugte Beute sind Gliederfüßer, aber auch Mäuse oder Eidechsen.

SCHWALMARTIGE *Caprimulgiformes - Caprimulgidae*

Nachtschwalben *Tagsüber, wenn sie sich am Boden zwischen Blättern verstecken, bietet ihr Federkleid ihnen eine sehr gute Tarnung. Wenn sie bedroht werden, verlassen sie sich lange Zeit auf ihre Tarnung und schließen sogar die großen Augen. Sie ernähren sich nachts von Käfern, Nachtfaltern und anderen Nachtinsekten, die sie in ihrem Kehlsack verstauen. Nachtschwalben bauen kein Nest, sondern entfernen allenfalls etwas Gras. Wenn das Nest während dieser Zeit von einem Feind angegriffen wird, bleiben die Jungen still und reglos sitzen. Für Nachtschwalben ist das Gehen sehr mühsam. Die Männchen haben weiße oder beige Flecken auf ihrem Gefieder, diese sind bei den Weibchen weniger auffällig. Die meisten Arten sind sehr schwer voneinander zu unterscheiden. Sie sind nicht mit der Schwalbe oder dem Segler verwandt.*

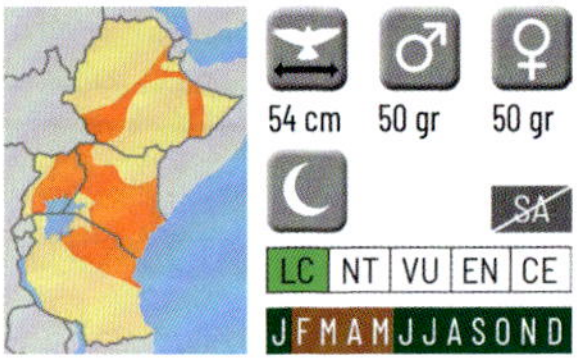

Kurzschleppen-Nachtschwalbe *(Caprimulgus clarus)*

Slender-tailed Nightjar *(28 cm)*
Kennzeichnend für diese Nachtschwalbe sind die vier weißen Federränder, die die Deckfedern auf den Flügeln abgrenzen (beim Weibchen sind diese schmaler). Auch sie hat einen weißen Streifen auf den Wangen. Im Übrigen ist ihr Gefieder eine Mischung aus zahlreichen Brauntönen, die von beige bis graubraun reichen. Ihr Lebensraum umfasst Gebiete mit dornigen Sträuchern und Bäumen, Akaziengestrüpp bis zu einer Höhe von 2000 m.

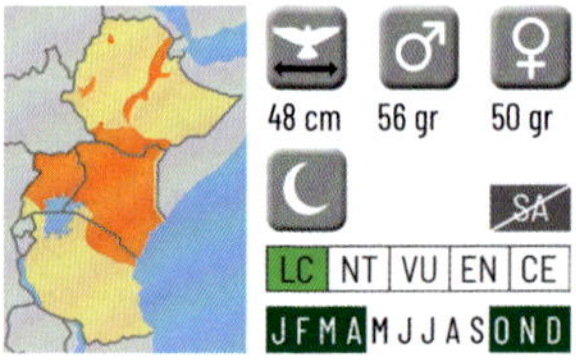

Marmornachtschwalbe *(Caprimulgus inornatus)*

Plain Nightjar *(23 cm)*
Wintergast. Die Marmornachtschwalbe kann sowohl rotbraun sein als auch überwiegend grau mit rotbraunen Akzenten. Dies gilt übrigens für verschiedene Nachtschwalbenarten. Beide Farbvarianten haben schmale Wangenstreifen und einen gebänderten Schwanz. Nur das Männchen hat weiße Flecken auf den Handschwingen und am Schwanz. Savannen mit Bäumen und Sträuchern sowie Halbwüsten sind ihr Lebensraum.

SEGLERVÖGEL *Apodiformes - Apodidae*

Segler *Segler (Apodidae) bilden eine Familie innerhalb der Ordnung der Seglervögel. Sie leben vor allem in der Luft und fangen fliegende Insekten. Obwohl sie gewöhnlichen Schwalben ähnlichsehen, sind sie nicht mit diesen verwandt. Die Beine des Seglers sind während des Fluges nicht oder kaum sichtbar (Altgriechisch: ápous - Lateinisch: a poda = ohne Beine). Mit den scharfen Krallen können sie sich an vertikalen Objekten, z. B. Felswänden oder Wänden, festkrallen. Sie landen nie horizontal und fast ausschließlich während der Brutzeit. Sogar Schlaf und Paarung finden bei vielen Arten im Fliegen statt.*

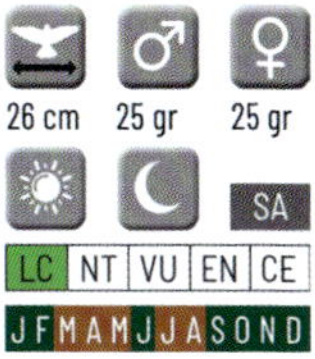

Haussegler
(Apus affinis) **Little Swift** *(12 cm)*
Ein kleiner Segler, stämmig und mit kurzem Schwanz. Überwiegend hellbraun, weiße Kehle und weißer Bürzel. Man sieht ihn über verschiedenen Gebieten, jedoch seltener dort, wo es sehr trocken ist. Fliegen, Ameisen, Termiten, Käfer und Heuschrecken fängt er, wie alle Segler, im Flug.

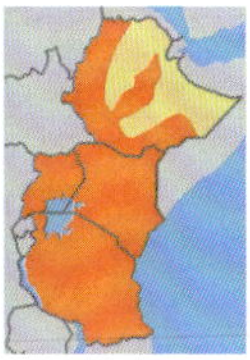

Palmensegler
(Cypsiurus parvus)
African Palm Swift *(16 cm)*
Der lange, tief gegabelte Schwanz lässt diesen Segler größer erscheinen. Er ist jedoch mit kaum 20 Gramm klein und schlank. Blasses Braungrau bestimmt sein Gefieder, die Flügel sind etwas dunkler und die Unterseite deutlich heller. Er lebt in Palmen, insbesondere Fächerpalmen in Regenwaldgebieten. Fliegende Termiten, Ameisen und Käfer sind seine Hauptnahrung.

MAUSVÖGEL *Coliiformes - Coliidae*

Mausvögel *Zur Ordnung der Mausvögel (Coliiformes) gehört eine Familie mit sechs Arten. Den Namen haben sie bekommen, weil sie an Mäuse erinnern, so, wie sie sich in den Bäumen bewegen. Alle Mausvögel haben eine Haube und leben in Gruppen. Sie bewohnen Wälder in Savannen und vorzugsweise Waldränder. In Stadtparks besuchen sie Obstbäume. Früchte, Blätter, Nektar und Insekten bilden ihre Nahrung. Sie leben in Gruppen.*

36 cm 55 gr 55 gr
SA
LC NT VU EN CE
J F M A M J J A S O N D

Blaunacken-Mausvogel
(Urocolius macrourus)

Blue-naped Mousebird *(11+24 cm)*
Vom Blaunacken-Mausvogel gibt es sieben Unterarten die sich kaum voneinander unterscheiden. Seine Rückenpartie ist überwiegend grau mit einem blauen Fleck im Nacken. Er hat einen rot-schwarzen Schnabel und rot umrandete Augen. Die Bauchpartie ist cremeweiß. Er ist schlank und hat einen langen, graublauen, dünnen Schwanz (ca. 24 cm). Die Beine sind rot. Der Lebensraum des Blaunacken-Mausvogel ist sehr vielfältig: offene Waldgebiete in halbtrockenen Zonen und Savannen, jedoch immer in Wassernähe.

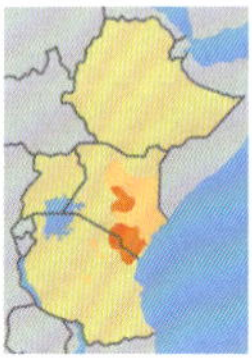

34 cm 38 gr 38 gr
SA
LC NT VU EN CE
J F M A M J J A S O N D

Weißkopf-Mausvogel
(Colius leucocephalus)

White-headed Mousebird *(11-20 cm)*
Er ist bei weitem nicht so zahlreich wie seine Artgenossen. Sein Lebens raum ist auf Kenia und Nordtansania beschränkt. Wie alle Mausvögel hat auch er einen langen Schwanz (20 cm), bei ihm ist er grau. Die Haube ist weiß und kontrastiert mit der schwarzen Maske. Der Unterkörper läuft von sanftem Grau über Beige bis hin zu Gelbbraun. Trockene Zonen mit Buschwerk und dichtem Unterholz entlang von Seen und Flüssen werden bevorzugt.

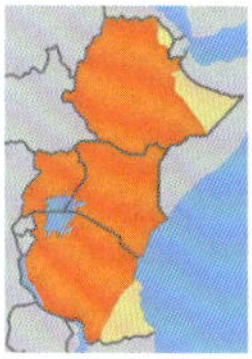

36 cm | 55 gr | 55 gr

SA

LC | NT | VU | EN | CE

J F M A M J J A S O N D

Braunflügel-Mausvogel *(Colius striatus)* **Speckled Mousebird** *(11-22 cm)* Dieser Mausvogel hat wieder 17 Unterarten. Sechs oder sieben davon kommen in den Ländern dieses Reiseführers vor. Es gibt kleine Farbnuancen, aber was ihnen allen gemeinsam ist, sind die beige Haube, der lange braune Schwanz, die graubraunen Flügel und der beige Unterkörper. Einige Unterarten haben weiße Wangen. Sie sind territorial und leben in Gruppen in allen Arten von Wäldern, solange es dort Obstbäume gibt.

TROGONE

Trogoniformes - Trogonidae

Trogone *Die Ordnung der Trogoniformes umfasst nur eine Familie mit 39 Arten. Fossile Überreste datieren die Trogone auf ein Alter von ca. 49 Millionen Jahren. Trogon bedeutet im Altgriechischen "nagend" und bezieht sich auf das Nagen an Baumstämmen, um ein Nest zu bauen, und das Picken in der Rinde, um Insekten zu fangen. Feuchte tropische Wälder an Berghängen bis zu 3000 m sind ihr bevorzugter Lebensraum. Sie ernähren sich von Insekten, insbesondere von glatten Raupen, Motten und Käfern.*

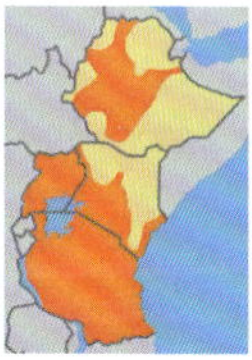

32 cm | 80 gr | 80 gr

SA

LC | NT | VU | EN | CE

J F M A M J J A S O N D

Narinatrogon *(Apaloderma narina)* **Narina Trogon** *(30 cm)*
Von den 4 Unterarten dieses Trogons leben 2 in den Ländern dieses Reiseführers. Die Unterschiede zwischen den Unterarten sind vor allem bei den Weibchen sichtbar. Der grünlich blaue Kopf mit gelbem Schnabel und gelbem Schnabelstreifen hat einen gelben Fleck unter den Augen. Sein Rücken ist hell blaugrün. Die Brust und der Bauch sind rot. Die Arm- und Handschwingen sind dunkelbraun und einige der Flügelfedern sind grau. Der Schwanz tendiert eher zu Blau als zu Grün.
Beim Weibchen sind das Gesicht und die Kehle grau. Die Brust ist schmutzig weiß. Das Grün des Rückengefieders beginnt bei ihr am Hinterkopf und das Rot an der Brust oder am Bauch (je nach Unterart).

Eisvögel *Die meisten Eisvögel lieben das Wasser. Sie gehören zur Ordnung der Rackenvögel (Coraciiformes). Mit seinem bunten Gefieder und dem langen, spitzen Schnabel ist der Eisvogel eine markante Erscheinung. Die meisten Arten leben in den Tropen. Der Name stammt aus dem Altdeutschen: „Eisan" bedeutet „Glanz". Und das von „Eisan" abgeleitete „Eis" bezieht sich auf den schimmernden metallischen Glanz des Gefieders. Seine Beute fischt der Eisvogel im Tauchflug aus dem Wasser. Manche Arten fressen ausschließlich Landinsekten. Die Geschlechter sind äußerlich identisch oder unterscheiden sich nur sehr wenig. Viele Arten stehen in ständigem Kontakt miteinander, sie jagen solitär und brüten mehrmals im Jahr.*

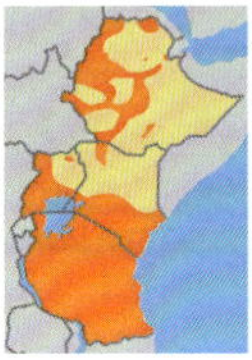

22 cm | ♂ 20 gr | ♀ 20 gr

SA

LC | NT | VU | EN | CE

J F M A M J J A S O N D

Haubenzwergfischer

(Corythornis cristatus)

Malachite Kingfisher *(13 cm)*

Haubenzwergfischer gehören zu den kleinsten Eisvögeln. Brust, Bauch und Wangen sind orangefarben. Die Flügel sind stahlblau, die Beine und der lange Schnabel rot und die Kehle sowie die Wangenstreifen sind weiß. Das Blau des Scheitels reicht bis zu den Augen. Lagunen, Schilfgelände, Sümpfe und langsam strömende Gewässer bilden seinen Lebensraum. Er frisst hauptsächlich Fische und Wasserinsekten. Ihre Nester sind in der Regel gegrabene Tunnel in Flussufern oder Böschungen.

18 cm | ♂ 16 gr | ♀ 15 gr

SA

LC | NT | VU | EN | CE

J F M A M J J A S O N D

Natalzwergfischer

(Ispidina picta)

African Pygmy Kingfisher *(12 cm)*

Dieser Eisvogel sieht dem Haubenzwergfischer sehr ähnlich. Ins Auge stechen die schöne orangefarbene Brust und der Bauch sowie die stahlblauen Flügel. Beide Arten haben eine weiße Kehle. Beim Natalzwergfischer reicht der blaue Scheitel nicht bis zu den Augen, sondern wird von einem orangefarbenen Augenstreifen unterbrochen. Der rote oder violett-rosafarbene Fleck hinter den Augen fehlt beim Haubenzwergfischer. Sie jagen hauptsächlich Insekten. Ihre Nester bauen sie in 30 bis 60 cm langen Tunneln in Uferböschungen an Flüssen oder in Erdwällen.

26 cm | 42 gr | 42 gr

SA

LC | NT | VU | EN | CE

J F M A M J J A S O N D

Graukopfliest

(Halcyon leucocephala)

Grey-headed Kingfisher *(22 cm)*

Er hat einen orangefarbenen Schnabel und eine schwarze Rückenpartie. Der Kopf ist grau, der Bauch rostbraun. Der Schwanz und die Armschwingen sind cyanfarben. Die Weibchen sind etwas blasser. Ihre Nahrung besteht vor allem aus Heuschrecken und anderen großen Insekten, manchmal auch kleinen Reptilien und Fischen. Sie leben in Wäldern in Wassernähe und graben zum Nisten meist kleine Tunnels in Uferböschungen an Flüssen und in Erdwälle, gelegentlich nisten sie auch in Baumhöhlen.

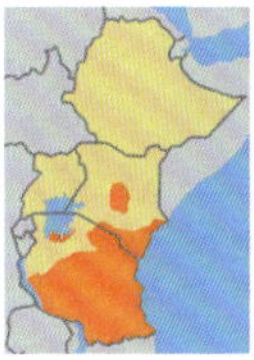

28 cm | 55 gr | 55 gr

SA

LC | NT | VU | EN | CE

J F M A M J J A S O N D

Braunkopfliest

(Halcyon albiventris)

Kingfisher, Brown-hooded *(22 cm)*

Er ist leicht zu verwechseln mit dem Graukopfliest. Wie dieser hat er einen orangen Schnabel, jedoch ist dessen Spitze schwarz. Beide haben türkis-schwarzes Gefieder. Doch der Braunkopfliest hat einen dunkleren Kopf, einen weißen Kragen und auf der Brust ist er meist weiß oder sehr hellorange mit dunklen Flecken. Die Flügel sind auf der Unterseite orange. Er frisst große Insekten, kleine Reptilien und manchmal Fische.

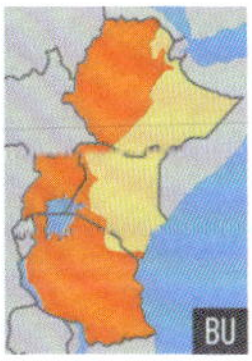

34 cm | 60 gr | 64 gr

SA

LC | NT | VU | EN | CE

J F M A M J J A S O N D

Senegalliest

(Halcyon senegalensis)

Woodland Kingfisher *(23 cm)*

Das Federkleid des Senegalliesten ist türkis und cyanfarben. Hand- und Armschwingen sowie der Unterschnabel sind schwarz, der Oberschnabel orange oder rot. Kehle, Brust und Bauch sind weiß, der Scheitel ist hellgrau. Sie fressen große Insekten, Fische, Reptilien und kleine Vögel. Sie sind sehr gut hörbar, insbesondere in der Brutzeit, und leben in verschiedenartigen Wäldern in Wassernähe. Baumhöhlen dienen ihnen als Nistplätze.

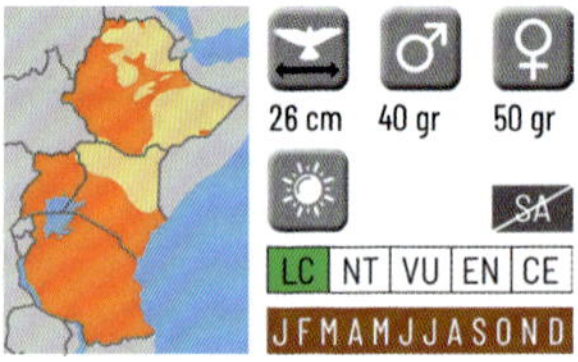

Streifenliest

(Halcyon chelicuti)

Striped Kingfisher

(17 cm)

Der rote Schnabel endet in einer schwarzen Spitze, oder nur der Unterschnabel ist rot. Eine schmale braune Maske führt bis zum Hinterkopf. Der Scheitel ist graulich braun, ebenso der Vorderrücken und ein Teil der Flügel. Wangen und Kehle sind weiß, die Brust ist gedeckt weiß mit braunen Streifen. Das Weibchen hat weniger Streifen und die Flanken sind leicht rotbraun. Schwanz und Handschwingen sind cyanfarben. Als Lebensraum bevorzugen sie Savannen mit Wäldern in See- oder Flussnähe. Sie fressen vor allem Heuschrecken und andere große Insekten. Ihre Nester bauen sie in Baumhöhlen.

♂

♀

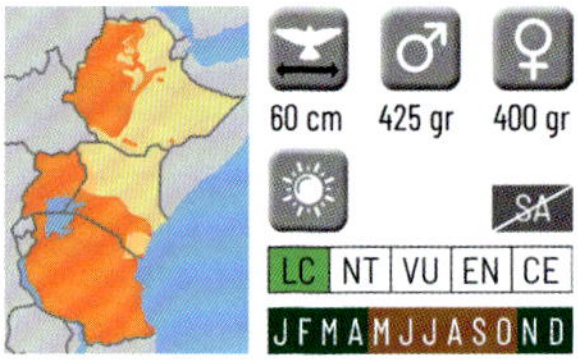

Riesenfischer

(Megaceryle maxima)

Giant Kingfisher *(44 cm)*

Sein Kopf ist dunkelgrau, die Flügel sind wie der Bauch grauweiß gesprenkelt, die Brust ist rotbraun. Die Brust und Kehle des Weibchens sind grau gefleckt, der Bauch ist bis zum Schwanz rotbraun. Sie sind die größten Eisvögel Afrikas. Fische, Frösche und Krabben sind ihre Hauptnahrung. Sie halten sich häufig in wasser- und waldreichen Gebieten auf, am liebsten an stark strömenden Flüssen. Gräbt zum Nisten oft kleine Tunnels in Uferböschungen an Flüssen.

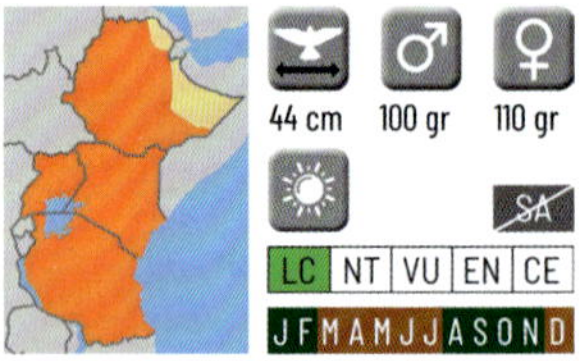

Graufischer *(Ceryle rudis)*

Pied Kingfisher *(28 cm)*

Das Federkleid des Graufischers ist komplett schwarz-weiß. Er rüttelt oft über der Wasseroberfläche, bevor er im Sturzflug seine Beute fängt. Bei den Männchen führen zwei schwarze Bänder über die Brust, bei

♀

♂

den Weibchen und Jungtieren ist es nur eines und nicht durchgehend. Sie halten sich gerne in wasserreichen Gebieten, Mangroven, Sümpfen und bei Flüssen auf. Graufischer nisten in kleinen Tunneln, die sie in Flussböschungen oder Erdwälle etwas abseits des Wassers graben.

RACKENVÖGEL *Coraciiformes - Meropidae*

Bienenfresser *Bienenfresser (Meropidae) gehören zu den Rackenvögeln (Coraciiformes). Diese Familie umfasst 26 Arten, eingeteilt in drei Gattungen. Es sind sehr farbenprächtige Vögel bei denen grüne, blaue und gelbe Tönungen dominieren. Man sieht sie fast immer paarweise oder in Gruppen. Im Flug fangen sie Bienen und Wespen als Hauptnahrung. Um deren Stachel zu entfernen, schlagen sie diese gegen etwas Hartes. Bienenfresser haben einen relativ langen, nach unten gebogenen Schnabel und eine ähnliche Flugtechnik wie Schwalben. Die Geschlechter unterscheiden sich äußerlich nicht (einige Arten haben verlängerte Steuerfedern, die bei den Weibchen kürzer sind). Sie rufen ständig und halten so Kontakt zueinander. Sie nisten in Gruppen in selbstgegrabenen Tunneln in Flussböschungen oder Erdwällen.*

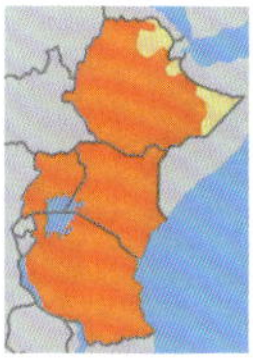

28 cm | 18 gr | 18 gr

SA

LC | NT | VU | EN | CE

JFMAMJJASOND

Zwergspint *(Merops pusillus)*

Little Bee-eater *(16 cm)*

Vom Scheitel bis über die Flügel und den Schwanz ist dieser kleinste Bienenfresser grün (die Ränder der Arm- und Handschwingen sind braun). Vom Schnabel verläuft eine schwarze Maske bis weit hinter die roten Augen mit schmalen, blauen Augenbrauen. Die Kehle ist gelb mit einem dunkelbraunen Fleck. Die Brust leuchtet gelb und orangefarben. Am häufigsten halten sie sich in Wassernähe auf.

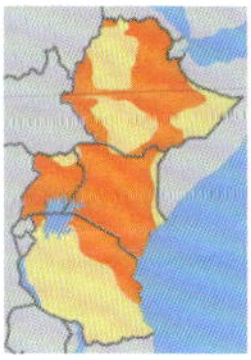

38 cm | 38 gr | 38 gr

~~SA~~

LC | NT | VU | EN | CE

JFMAMJJASOND

Weißkehlspint *(Merops albicollis)*

White-throated Bee-eater *(20 cm)*

Er hat einen schwarzen und das Weibchen einen dunkelbraunen Scheitel. Beide haben breite weiße Augenbrauen und eine schwarze Maske mit roten Augen. Die weiße Kehle wird von einem schwarzen Band begrenzt. Darunter folgt zartes Hellblau, das zum Schwanz hin in Weiß übergeht. Hinterkopf und Vorderrücken sind rotbraun, die Flügel blau, grün und rotbraun. Der blaue Schwanz hat 10 cm lange Steuerfedern, die beim Weibchen kürzer sind. Der Weißkehlspint bevorzugt Savannen und Mangroven und frisst vor allem Ameisen.

Weißstirnspint

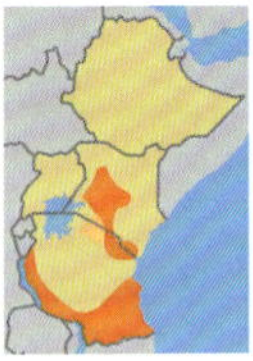

42 cm 36 gr 36 gr

SA

LC NT VU EN CE

JFMAMJJASOND

(Merops bullockoides)

White-fronted Bee-eater *(23 cm)*

Dieser Spint hat eine weiße Stirn, Hinterkopf, Brust und Bauch sind orange-braun. Die Kehle ist rot. Unter der Maske ist ein Teil des Halses weiß. Die Unterschwanzdecken sind blau. Der Vorderrücken ist heller grün als die Flügel. Die Unterseite der Schwanzfedern ist dunkelblau bis schwarz. Sein Lebensraum umfasst abwechslungsreiche Wälder entlang von Flüssen oder Bächen und felsige Hügel mit Buschland.

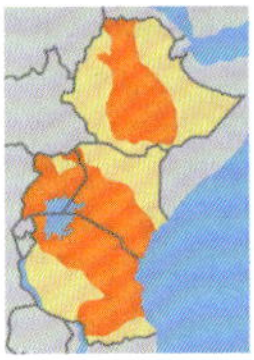

46 cm 70 gr 70 gr

SA

LC NT VU EN CE

JFMAMJJASOND

Bienenfresser *(Merops apiaster)*

European Bee-eater *(28 cm)*

Wintergast. Ihr Gefieder ist auffallend vielfarbig: ab dem Bauch blau bis zu einem schwarzen Band unter der gelben Kehle. Über den roten Augen hat er blaue Augenbrauen und eine schwarze Maske. Sie sind vom Scheitel bis zu ihrem gelben Rücken rostbraun, Flügel und Schwanz rostbraun und blau. Ihr Lebensraum ist vielfältig, bevorzugt werden jedoch Savannen mit blattbehaltenden Bäumen. Die Farbe des Weibchens kann etwas blasser sein. Die Jungvögel sind immer blasser.

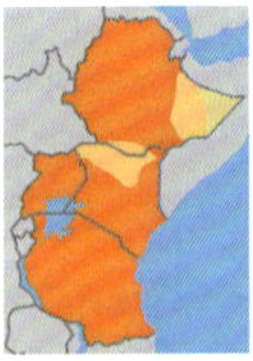

46 cm 55 gr 55 gr

SA

LC NT VU EN CE

JFMAMJJASOND

Blauwangenspint

(Merops persicus)

Blue-cheeked Bee-eater *(24 cm)*

Wintergast. Über und unter der für Bienenfresser typischen schwarzen Maske sind die Federn bis zum grünen Scheitel hellblau. Die Kehle ist gelb und unten orangefarben. Die Rücken- und Bauchpartie ist überwiegend grün, ebenso wie der Schwanz mit den 7 cm langen Steuerfedern. Die Iris des Weibchens ist eher orangefarben als rot, die Schwanzfedern sind etwas kürzer. Diese Art migriert über große Distanzen hinweg. Das Brutgebiet liegt hauptsächlich in Kleinasien.

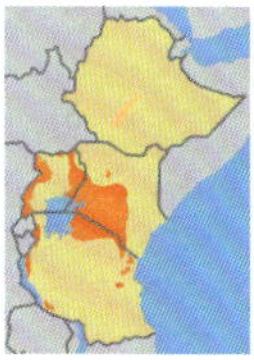

30 cm 28 gr 28 gr

SA

LC NT VU EN CE

J F M A M J J A S O N D

Bergspint *(Merops oreobates)*
Cinnamon-chested Bee-eater
(21 cm)

Der Bergspint besucht das Hochland in Kenia, Uganda und Tansania ab einer Höhe von 1300 bis 3000 m. Oberhalb der schwarzen Maske, die die rote Iris verdeckt, hat dieser Bienenfresser schmale blaue Augenbrauen. Der Scheitel ist grün mit einer braunen Tönung. Unterhalb der gelben Kehle befindet sich ein schwarzer Streifen und darunter ist er zimtfarben. Bis zum Unterschwanz ist der Unterkörper gelb. Das Rückengefieder und die Flügel sind grün. Er sieht dem kleineren Zwergspint sehr ähnlich.

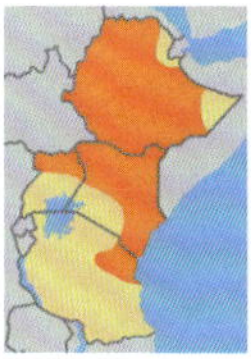

46 cm 55 gr 55 gr

SA

LC NT VU EN CE

J F M A M J J A S O N D

Nordischer Karminspint
(Merops nubicus)
Northern Carmine Bee-eater *(26 cm)*

Er ist karminrot, von der Brust bis zu den blauen Unterschwanzdecken. Der Kopf mit der schwarzen Maske und der roten Iris ist bis zum Hinterkopf blau. Von dort bis zum blauen Bürzel ist er rot. Vorderrücken und Flügel sind dunkler rot. Arm- und Handschwingen sind dunkelbraun. Der lange Schwanz mit den 8 cm langen Steuerfedern ist rotbraun. Sie suchen ihre Nahrung, vorzugsweise Heuschrecken und Bienen, in bewaldeten Gebieten in Savannen. Für ihre Nester machen sie Löcher in Flussböschungen.

30 cm 25 gr 25 gr

SA

LC NT VU EN CE

J F M A M J J A S O N D

Paars = Ethiopian Bee-eater

Blaubrustspint
(Merops variegatus)
Blue-breasted Bee-eater *(20 cm)*

Die gelbe Kehle ist mit einem blauen Streifen gesäumt, dann kommt ein schwarzer Streifen und bis zu den Unterschwanzdecken ist der Unterkörper orangegelb. Der Scheitel variiert von blau bis grünlich braun. Oberhalb der roten Iris befindet sich eine blaue Augenbraue und darunter die schwarze Maske. Die Rückenpartie ist grün, die Flügelspitzen sind braun. Sie bevorzugen Papyrusufer und grasbewachsene Hänge. Der sehr ähnliche, in Äthiopien vorkommende *(Merops lafresnayii)* **Ethiopian Bee-eater** *(20 cm)*, ist an Brust und Kehle etwas heller gefärbt.

RACKENVÖGEL *Coraciiformes - Coraciidae*

Racken *Racken (Coraciidae) sind bunte Vögel, die in zwei Gattungen und zwölf Arten unterteilt sind. Der englische Name „Roller" bezieht sich auf ihre Flugkapriolen in der Paarungszeit. Männchen und Weibchen sind äußerlich nicht zu unterscheiden. Rackenvögel ernähren sich hauptsächlich von Heuschrecken, Grillen und fliegenden Käfern. Zum Jagen suchen sie von einem Ast aus die Umgebung ab und stürzen sich dann blitzschnell auf ihre Beute. Sie leben monogam.*

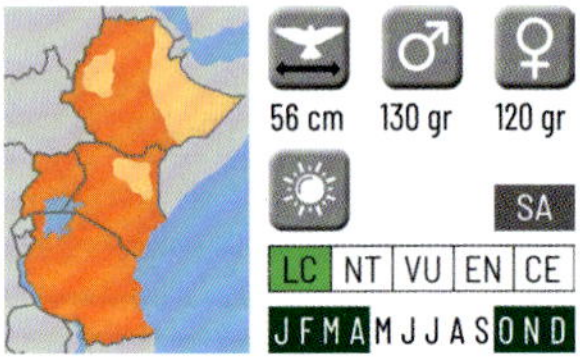

Blauracke

(Coracias garrulus)

European Roller

(31 cm)

Wintergast. Der rostbraune Rücken endet in einem blauen Bürzel. Kopf und unteres Gefieder sind hellblau. Die Flügel sind azurblau, hellblau und kobaltblau. Sie lebt in Savannen und ernährt sich von großen Insekten, die sie von einem Ansitz aus ausspäht und am Boden erbeutet. Nach dem afrikanischen Sommer migriert sie nach Süd- und Osteuropa. Ihr Gewicht ist dann 40 g leichter als während ihrer Anwesenheit in den Brutgebieten.

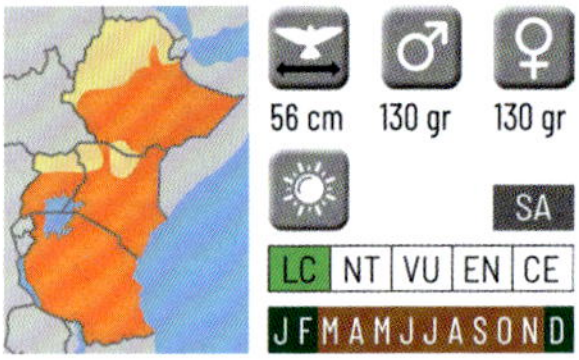

Gabelracke

(Coracias caudatus)

Lilac-breasted Roller *(30 cm)*

Eine weit verbreitete Racke, sehr bunt gefärbt: violetter Hals, weiß-blauer Scheitel, blauer Bauch, brauner Rücken und ein gegabelter Schwanz. Im Flug sind die kräftig blauen Flügel mit lilablauem Rand zu sehen. Savannenbewohner. Die Art, die Sie in Nordkenia und Äthiopien finden können, ist meist der **Blue-breasted Roller** *(C. c. lorti)*, bei ihm ist nur der Hals violett (nicht die Brust). Beide Arten haben 8 cm lange Schwanzfedern.

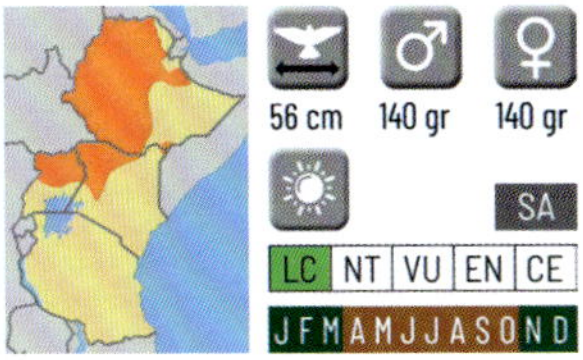

Senegalracke

(Coracias abyssinicus)

Abyssinian Roller *(31 cm)*

Der blassbraune Rücken mündet in einen blauen Bürzel. Kopf und Bauchpartie sind hellblau. Die Flügel sind dreifarbig: blau, hellblau und violett. Die Senegalracke gleicht sehr der Blauracke, hat jedoch längere, 12 cm lange, Steuerfedern mit verbreiterten Enden (Löffel) und ist vor allem in Äthiopuien anzutreffen. Am liebsten halten sie sich in trockenen Wäldern, dornigen Akaziensavannen, Getreide- und Maniokfeldern auf.

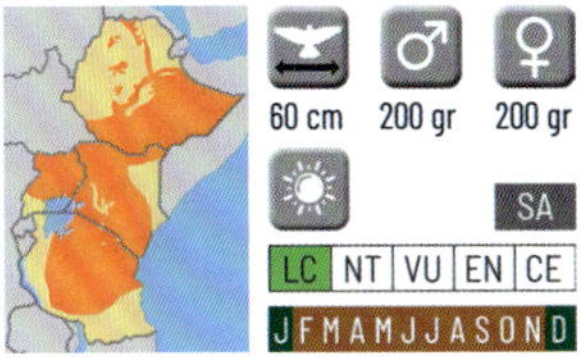

Strichelracke

(Coracias naevius)

Purple Roller

(38 cm)

Unter einem rostbraunen Scheitel verlaufen breite weiße Augenbrauen zum schweren, dunkelgrauen Schnabel hin. Brust und Bauch sind violett-braun mit weißen, zerzausten Federn. Die Schultern sind oft blau. Der Vorderrücken ist leicht graubraun. Die Enden der Arm- und Handschwingen sind blau und grau, die großen Flügeldeckfedern rostbraun. Sie leben in kleinen Gruppen in Savannen mit felsigem Gelände. Man sieht sie nur selten paarweise, obwohl sie monogam sind. Sie nisten in natürlichen Höhlungen in Bäumen.

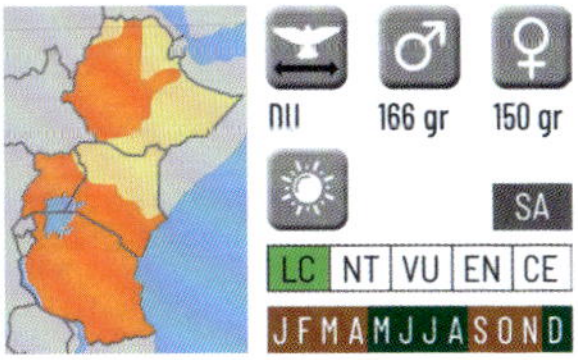

Zimtracke

(Eurystomus glaucurus)

Broad-billed oder **Cinnamon Roller**

(28 cm)

Die Zimtracke kommt mit vier Unterarten im subsaharischen Afrika vor. Sie hat einen kurzen Schwanz, einen gelben Schnabel und hellviolette Wangen. Scheitel, Vorderrücken und Deckfedern sind rostbraun, der Rest der Flügel blau. Kehle, Brust und Bauch sind purpurrot oder lila. Unterschwanzdecken und Schwanzunterseite sind hellblau. Sie hält sich gerne in Wassernähe in waldreichen Gebieten und Savannen auf. Dort erbeutet sie Ameisen, Termiten, Grillen und Heuschrecken.

HORNVÖGEL & HOPFE *Bucerotiformes - Upupidae*

Wiedehopfe *Wiedehopfe (Upupidae) sind eine Familie, die zur Ordnung der Bucerotiformes gehört. Die drei Arten dieser Familie haben wiederum verschiedene Unterarten, die sich jedoch nur wenig voneinander unterscheiden. Es besteht kein Konsens darüber, ob es sich bei allen um Unterarten von Upupa epops handelt. Sie ernähren sich von größeren Insekten, Larven, Insektenpuppen, Grillen und verschiedenen Käferarten. Obwohl das Federkleid des Weibchens etwas blasser ist, gibt es keine äußeren Unterschiede.*

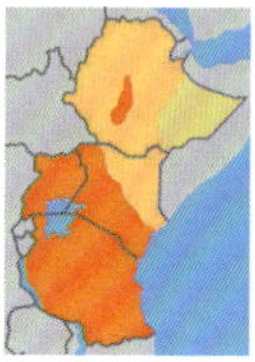

46 cm 75 gr 75 gr
SA
LC NT VU EN CE
J F M A M J J A S O N D

Afrikanischer Hopf

(Upupa africana)
African Hoopoe
(28 cm)

Er ist rötlich braun, hat eine schwarz gefleckten Haube und helle Bänder, die über die schwarzen Flügel laufen. Sein Lebensraum ist sehr vielfältig, er bevorzugt aber trockenere bewaldete Savannen. Er frisst hauptsächlich Insekten und Larven. Mit ihren langen Schnäbeln stochern sie im Boden und in Baumstämmen. Der Wiedehopf *(U.epops)* **Eurasian Hoopoe** besucht Afrika nur während der Winter.

HORNVÖGEL & HOPFE *Bucerotiformes – Phoeniculidae*

Baumhopfe *Zur Ordnung der Bucerotiformen gehört die Familie der Baumhopfe (Phoeniculidae). In Afrika kommen neun verschiedene Arten von Baumhopfen vor. Bis auf die Größe und den kürzeren Schnabel des Weibchens, gibt es nur kleine äußerliche Unterschiede zwischen den Geschlechtern. Sie fressen Insekten, Termiten, Grillen, Larven und Spinnen, aber auch Früchte und Samen. Sie sind monogam und man sieht sie meist in lauten Gruppen. Einige Baumhopfe werden auch als „Kakelaare" bezeichnet.*

Baumhopf *(Phoeniculus purpureus)* **Green Woodhoopoe** *(38 cm)*

Dieser Baumhopf wird am häufigsten gesehen. Der Scheitel und ein Teil des Rückens sind blau oder blaugrün und haben oft einen violetten Schimmer. Sie haben einen roten gekrümmten Schnabel und der Schwanz ist auf der Unterseite weiß gebändert. Über die Flügel verlaufen ebenfalls weiße parallele Bänder. Baumhopfe machen viel Lärm und leben in Familien von etwa zehn Vögeln in waldreichen Gebieten, sie vermeiden jedoch zu trockene Zonen. Wenn das Essen knapp ist, nistet nur das dominante Paar, der Rest der Familie kümmert sich um die Nahrungsbeschaffung.

44 cm 95 gr 75 gr
SA
LC NT VU EN CE
J F M A M J J A S O N D

Schwarzschnabel-Baumhopf

(Phoeniculus somaliensis)

Black-billed Wood Hoopoe *(38 cm)*

44 cm | 90 gr | 75 gr

SA

LC | NT | VU | EN | CE

J F M A M J J A S O N D

Schwarzschnabel-Baumhopfe leben hauptsächlich in Äthiopien. Diese Baumhopfe zeichnen sich durch ihren ganz oder fast ganz schwarzen Schnabel aus. Das übrige Gefieder (eine Mischung aus Blau, Bronze und Violett) ähnelt dem des Sichelhopfs, der normalerweise weiter südlich lebt. Ihr Lebensraum sind vorzugsweise Wälder in der Nähe von Gewässern oder Wälder mit Tümpeln, Teichen oder Bächen.

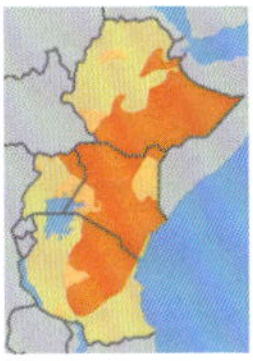

28 cm | 30 gr | 28 gr

SA

LC | NT | VU | EN | CE

J F M A M J J A S O N D

Goldschnabelhopf

(Rhinopomastus minor)

Abyssinian Scimitar-bill *(23 cm)*

In diesen vier Ländern kommen zwei verschiedene Unterarten vor. Der *R. m. minor* hat einen einzelnen weißen Fleck auf den Armschwingen (östliches Äthiopien und nordöstliches Kenia), dem *R. m. cabanisi* fehlt das Weiß. Beide Unterarten haben einen langen orangefarbenen Schnabel. Oft hat das Weibchen (inkl. Jungvögel) einen braunen Hals oder auch eine braune Brust und einen braunen Bauch.

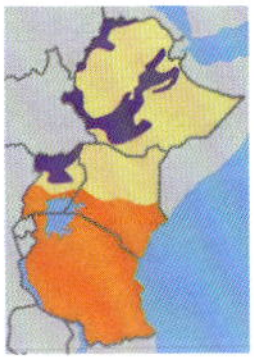

36 cm | 38 gr | 35 gr

SA

LC | NT | VU | EN | CE

J F M A M J J A S O N D

Orange = Sichelhopf
Violett = Mohrensichelhopf
Zuchtdaten Mohrensichelhopf unbekannt

Sichelhopf

(Rhinopomastus cyanomelas)

Common Scimitar-bill *(30 cm)*

Es handelt sich um die Unterart *R. c. schalowi*, die in diesen Ländern vorkommt. Er ähnelt dem Schwarzschnabel-Baumhopf, aber sein Schnabel ist stärker gekrümmt (scimitar-bill). Wie die anderen hat er weiße Flecke auf den Armschwingen und auf den Federn des Unterschwanzes. Das kleinere Weibchen ist blasser gefärbt und der Glanz auf dem Bauch ist braun statt blau. Im Hochland von Äthiopien und Norduganda gibt es auch einen kleineren **Mohrensichelhopf** *(Rhinopomastus aterrimus)* **Black Scimitar-bill** *(23 cm)*, der dem Sichelhopf sehr ähnlich ist, aber sein Schnabel ist kürzer und weniger gebogen.

♀

♂

Nashornvögel *Diese Vögel gehören zur Ordnung der Hornvögel und Hopfe (bucerotiformes). Sie alle haben einen auffallend schweren Schnabel. Die Geschlechter unterscheiden sich nur geringfügig. Sie fressen Insekten, Beeren, Früchte, Larven und auch Frösche und andere kleine Reptilien. Man sieht sie oft in Gruppen. Besonders die Hornvögel leben meist monogam. Die meisten Arten suchen ihre Nahrung auf dem Boden. Den meisten Arten ist gemein, dass sich das Weibchen in der Bruthöhle bis auf einen schmalen Spalt „einmauert". Das Männchen bringt dann über lange Zeit das Futter.*

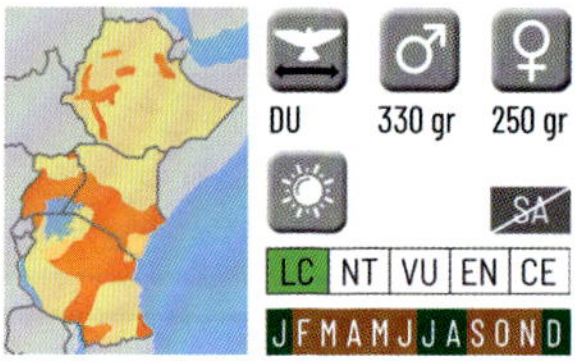

Kronentoko
(Tockus alboterminatus)

Crowned Hornbill *(50 cm)*

Der Kronentoko ist in Bezug auf den Lebensraum wählerischer als die übrigen Tokos. Er ist auch seltener und bevorzugt Küstengebiete sowie wasserreiche Gegenden bis 2600 m Höhe. Trockene Savannen meidet er. Er hat einen roten oder orangen Schnabel und weiße Brustfedern. Rücken und Flügel sind braun. Die kurze Haube ist schwarz-weiß gesprenkelt. Ein weiteres Merkmal ist der gelbe Rand an der Schnabelwurzel.

Von-der-Decken-Toko *(Tockus deckeni)* **Von der Decken's Hornbill** *(43 cm)*

Das Männchen hat einen roten Schnabel mit einer gelblich weißen Spitze, während der Schnabel des Weibchens komplett schwarz und kleiner ist. Bei beiden sind die Flügel (mit Ausnahme von teilweise weißen Armschwingen) und der Schwanz fast vollständig schwarz. Der Kopf ist bis auf die schwarze Augenregion und den Scheitel weiß, an der Kehle gibt es eine Stelle mit kahler (rosafarbener) Haut. Der Unterkörper ist weiß. Offene Savannen mit vereinzelten Waldgebieten sind ihr bevorzugter Lebensraum.

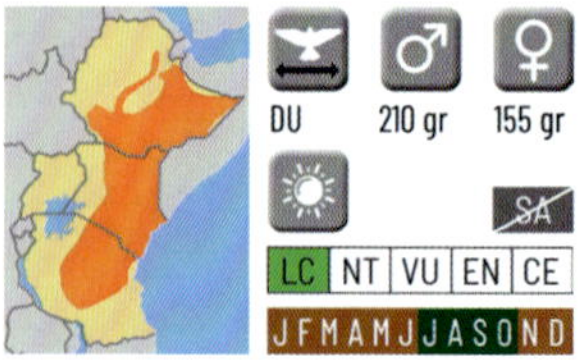

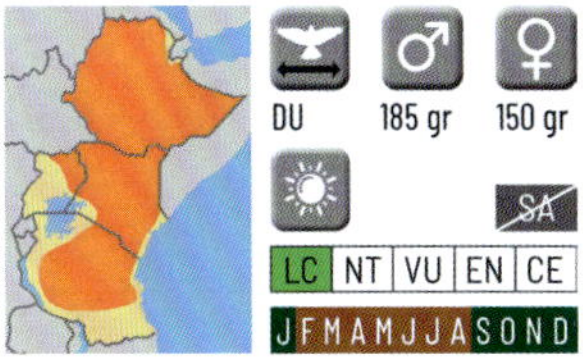

Rotschnabeltoko

(Tockus erythrorhynchus)

Red-billed Hornbill *(35 cm)*

Er ist der kleinste Toko. Sein gebogener Schnabel ist rot, an der Unterseite teilweise schwarz (beim Weibchen viel weniger). Die geschuppten Flügelfedern sind schwarz und weiß. Seine Federn sind am Hals und an der Brust gräulich und über dem Bauch bis zum Schwanz weiß. Er bevorzugt niedrig bewachsene Gebiete wie Savannen mit trockenen dornigen Sträuchern bis 2000 m Höhe. In Ruaha (Tansania) findet man eine der Unterarten, die man an ihrem breiten schwarzen Augenrand erkennen kann.

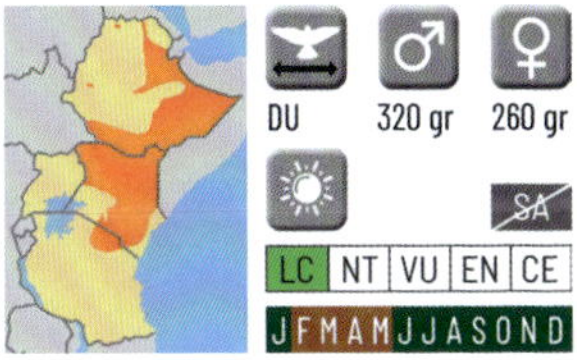

Östlicher Gelbschnabeltoko

(Tockus flavirostris)

Eastern Yellow-billed Hornbill *(40 cm)*

Er ist sehr weit verbreitet und bevorzugt trockenere Gebiete bis 1400 m Höhe. Der schwere Schnabel ist bei beiden Geschlechtern überwiegend gelb. Ein Teil des Halses zeigt die nackte rosa Haut. Auf den dunklen Flügel gibt es weiße Flecken. Die Tokos sind relativ zahm und echte "Krachmacher". Beim kleineren Weibchen ist der Schnabel kürzer und weniger hoch.

Hemprichtoko

(Lophoceros hemprichii)

Hemprich's Hornbill *(54 cm)*

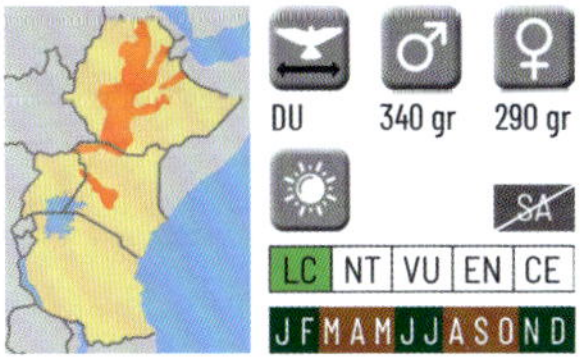

Dieser Toko weist einige Ähnlichkeiten mit dem Kronentoko auf. Der Hemprichtoko ist schlanker. In vielen Fällen ist sein Unterschnabel rot, der des Weibchens ist meist fast schwarz. Sie hat einen gelben Kehlfleck, bei den Männchen ist er schwarz. Zudem haben sie wie andere Tokos weiße Akzente auf braunen Flügeln. Sie sind vor allem im Hochland Äthiopiens bis zu einer Höhe von 4300 m zu finden.

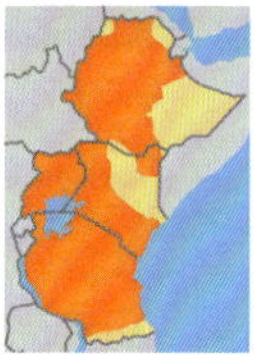

DU | 250 gr | 210 gr

SA

LC | NT | VU | EN | CE

JFMAMJJASOND

Grautoko *(Lophoceros nasutus)* **African Grey Hornbill** *(48 cm)*
Der einzige Toko mit hellbraunem Gefieder, nur an Hals und Kopf ist er grau. Der Schnabel des Männchens ist überwiegend schwarz, beim Weibchen rot und gelb. Die Flügel sind hell- und dunkelbraun geschuppt. Beide Geschlechter haben lange weiße Augenbrauen. Von der Brust bis zum Unterschwanz sind sie beigefarben. Spärlich bewachsene Savannen und Laubwälder, Halbwüsten und Weidefelder bilden ihren Lebensraum. Blattverlust ist ihr Auftakt zur Migration, und er bestimmt auch ihr Vorkommen und die Brutzeit. Bei der Unterart *(L. n. epirhinus)*, die hauptsächlich südlich des Äquators vorkommt, unterscheidet sich das Männchen von *L. n. nasutus* durch den beigen statt des weißen Flecks auf dem Oberschnabel.

Trompeterhornvogel
(Bycanistes bucinator)
Trumpeter Hornbill *(55 cm)*
Er ist kleiner als der Silberwangenhornvogel. Die weiße Brust und der weiße Bauch sind auffälliger. Das Gefieder ist dunkelblau bis schwarz. Das Horn ist eckiger und das Rot um die Augen ist deutlicher zu sehen als bei den Silberwangenhornvögeln, mit denen er oft zusammenlebt. Sie kommen in Gruppen in waldreichen Gegenden von der Küste bis zu den Berghängen vor.

DU | 900 gr | 650 gr

SA

LC | NT | VU | EN | CE

JFMAMJJASOND

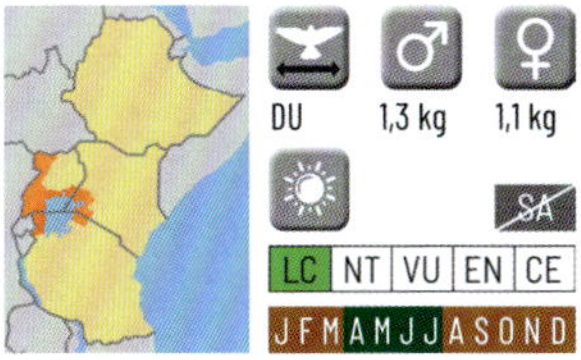

Grauwangen-Hornvogel

(Bycanistes subcylindricus)

Black-and-white-casqued Hornbill

(66 cm)

Besonders in Westuganda ist dieser laute Nashornvogel häufig anzutreffen. Die Farbe des Schnabels und des Horns variiert von grau bis schmutzig gelb oder hat beide Farben. Der Schnabel des Weibchens ist kürzer. In beiden Fällen ist die Haut um die Augen rot (bei ihm stärker ausgeprägt). Der Bauch und die zweite Hälfte der Flügel sind weiß. Diese Art hat eine Präferenz für Zonen, in denen permanente grüne Wälder an andere Waldarten grenzen.

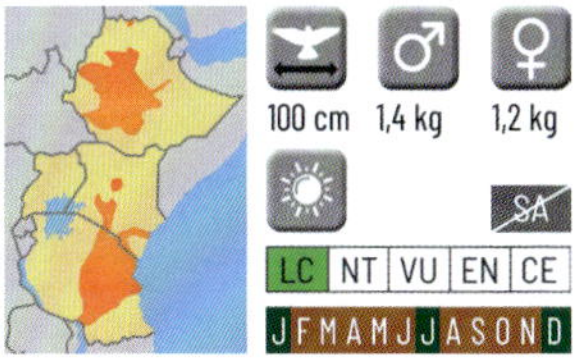

Silberwangenhornvogel

(Bycanistes brevis)

Silvery-cheeked Hornbill *(70 cm)*

Beim Männchen sind die Augen schwarz umrandet, beim Weibchen rot. Ihr Horn ist kürzer. Die fast vollständig schwarzen Körperfedern sind auf den Unterschwanzdecken weiß, ebenso wie der Rücken und das Ende des Schwanzes. Man sieht sie oft in Gruppen mit verwandten Artgenossen. Die Brutzeiten sind die erste Jahreshälfte in Äthiopien, später im Jahr in Kenia und Tansania. Es ist keine Ausnahme, während der Brutzeit mehr als 100 Paare zusammen zu sehen. Sie bevorzugen Wälder auf Hügeln und entlang Flüssen.

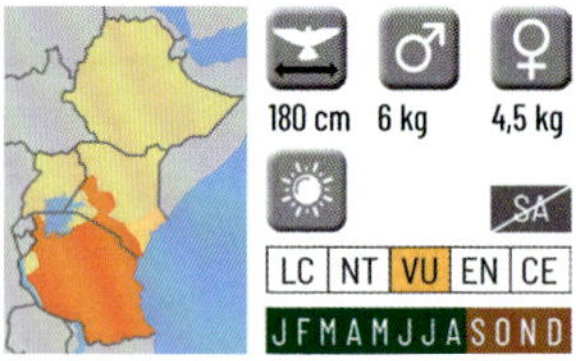

Südlicher Hornrabe

(Bycanistes brevis)

Southern Ground-Hornbill *(100 cm)*

Der Südliche Hornrabe hat einen roten Kehlsack und einen roten Ring um die Augen. Bei den Weibchen ist der Kehlsack zum Teil blau. Ihr Gefieder ist dunkelbraun, die Beine sind grau. Ein Teil der Arm- und Handschwingen ist weiß. Sie scharren in Gruppen von etwa 5 bis 8 Familienmitgliedern in etwas feuchterem Grasland bis 3000 m hoch. Ihre Nahrung besteht aus Samen und Insekten bis hin zu Reptilien und Hasen.

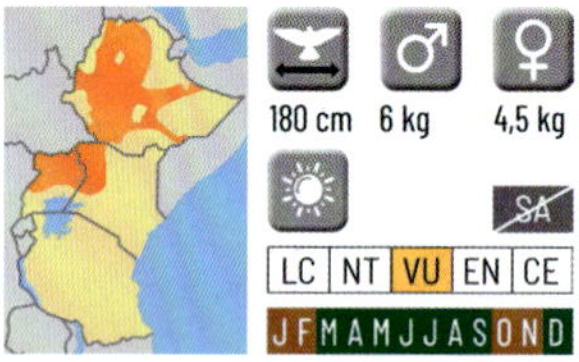

Sudanhornrabe *(Bucorvus abyssinicus)*

Northern oder **Abyssinian Ground-Hornbill** *(100 cm)*

Ein schwerfälliger, bodenlebender Hornrabe mit fast schwarzem Gefieder. Der schwere Schnabel hat ein kurzes hohes Horn (der Schnabelansatz ist bei beiden Geschlechtern rosa). Um die Augen herum sind sie blau. Der Kehlsack des Weibchens ist blau, der des Männchens rot-blau gefleckt. Sie leben in Familienformationen in Savannen und Halbwüsten mit Gras. Als Fleischfresser erbeuten sie Wirbellose, Eidechsen und Schlangen, fressen aber auch Baumfrüchte wie Nüsse. Die Bestände sind stark rückläufig.

Bartvögel *Diese Vogelfamilie (Lybiidae) bilden mit 42 Arten eine Familie der Spechtvögel. Sie sind eher stämmig gebaut und haben einen relativ großen Kopf und einen schweren Schnabel. Bei manchen Arten sind die Schnabelkanten gezackt. Nur wenige von ihnen haben einen „Bart" (Federn unter dem Schnabel). Die meisten Arten findet man oft in Feigenbäumen und in anderen fruchttragenden Bäumen. Aber auch Insekten, Wirbellose und Samen gehören zu ihrer Nahrung. Die meisten Bartvögel hacken ein Nest aus altem Holz. Die kleineren Arten wie die Zwergbärtlinge ernähren sich hauptsächlich von Mistelbeeren, Früchten, Nektar und Insekten. Manche Paare singen im Duett. Dieses Verhalten dient nicht dazu, sich gegenseitig zu erfreuen, sondern andere Paare von ihrem Territorium fernzuhalten. Die Geschlechter sind äußerlich identisch oder unterscheiden sich nur wenig.*

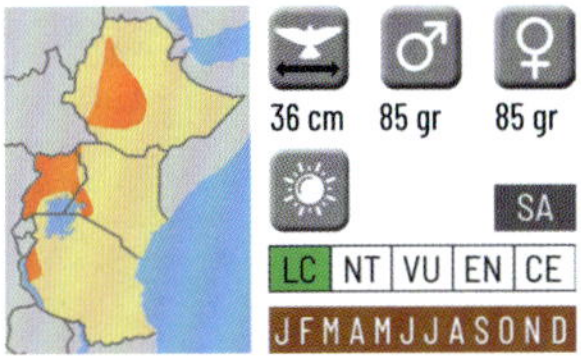

Doppelzahn-Bartvogel

(Lybius bidentatus)

Double-toothed Barbet *(23 cm)*

Der schwarze Kopf hat eine rote Krone und eine breite gelbe Augenpartie. Der schwere Schnabel mit gezahntem Schnabel ist blass. Er ist rot von den Wangen bis zur Unterschwanzdecken. Das Rückengefieder und die Flügel sind schwarz. Neben dem Bürzel sind die Flanken weiß. Ein roter Streifen verläuft quer über die Handschwingen. An den Rändern dichter Waldvegetation, mitten im dichten Unterholz, sucht er nach Insekten, vor allem aber nach reifen Früchten.

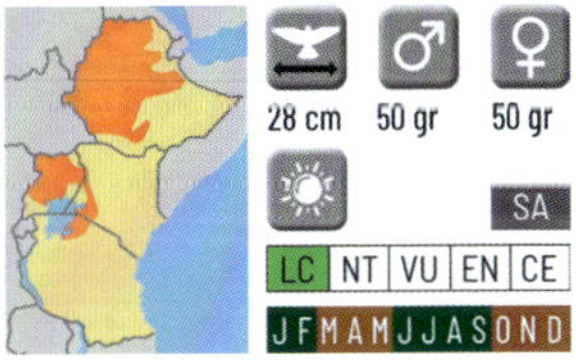

Purpurmasken-Bartvogel

(Lybius guifsobalito)

Black-billed Barbet *(18 cm)*

Ein etwas stämmiger ungezahnter Bartvogel mit roter Stirn, roten Wangen und rotem Hals. Der Rest des Unterkörpers ist dunkelgrau, die gleiche Farbe haben auch Vorderrücken, Rücken und Hinterkopf. Die Deckfedern des Daumenfittichs haben weiße Akzente. Die Flügel sind eine Mischung aus Grau und Gelb. Kleinere Insekten, vor allem aber Früchte, suchen sie in offenen Waldgebieten, an Waldrändern, auf Plantagen sowie entlang von Flüssen.

Weißkopf-Bartvogel

(Lybius leucocephalus)

White-headed Barbet

(19 cm)

28 cm | ♂ 70 gr | ♀ 70 gr | SA

LC NT VU EN CE

J F M A M J J A S O N D

Das Grau des schweren grauen gezähnten Schnabels setzt sich als schmale Maske über den Augen fort. Kopf, Wangen, Hals und Brust sind weiß. Der Bauch tendiert eher zu Braun und ist weiß gesprenkelt. Der Vorderrücken hat den gleichen Farbton. Rücken und Bürzel sind weiß. Die braungrauen Flügel haben weiße Akzente. Kleinere Insekten, vor allem aber Früchte, suchen sie in offenen Waldgebieten, an Waldränder und entlang von Flüssen.

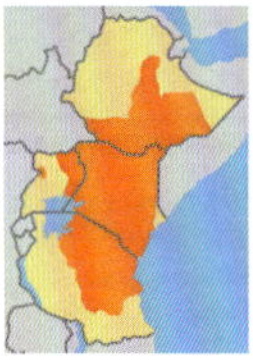

28 cm | ♂ 36 gr | ♀ 36 gr | SA

LC NT VU EN CE

J F M A M J J A S O N D

Ohrfleck-Bartvogel

(Trachyphonus darnaudii)

D'Arnaud's Barbet *(18 cm)*

Er hat sowohl auf dem Kopf als auch auf den braunen Flügeln kleine und größere Flecken. Unter der Kehle gibt es einen schwarzen Fleck und ein schwarzes Band. Brust und Bauch sind gelblich. Kloake und Bürzel sind rot. Inmitten offener Wälder und Wiesen finden sie ihre Nahrung, wie kleine Insekten und Früchte. In den Parks der Serengeti und der Masai Mara kann man auch den **Usambirobartvogel** *(Trachyphonus usambiro)* **Usambiro Barbet** *(19 cm)* finden. Er zeichnet sich vom Ohrfleck-Bartvogel vor allem durch seinen schwarzen Schnabel aus.

34 cm | ♂ 60 gr | ♀ 60 gr | SA

LC NT VU EN CE

J F M A M J J A S O N D

Flammenkopf-Bartvogel

(Trachyphonus erythrocephalus)

Red & Yellow Barbet *(22 cm)*

Flammenkopf-Bartvogel hat am Hals einen zarten, roten Farbschleier. Darunter verläuft eine schmale, schwarz-weiße Borte. Das Gefieder ist unten gelb, an der Oberseite schwarz mit weißen Punkten, am Ohr rot mit einem weißen Fleck. Der ungezahnte Schnabel ist rosa. Roter Bürzel. Der Schwanz ist schwarz mit gelb-weißen Streifen. Inmitten von unebenem Gelände mit Büschen und entlang von Flüssen suchen sie ihre Nahrung wie kleinen Insekten und Früchten.

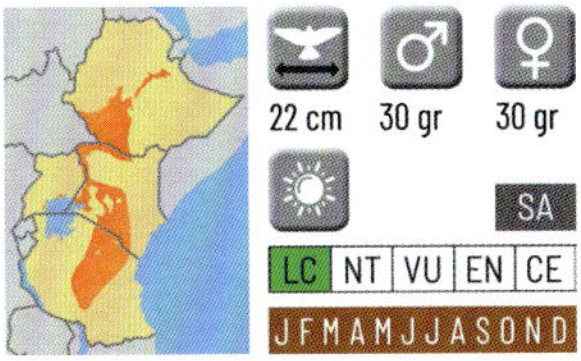

Diadembartvogel

(Tricholaema diademata)

Red-fronted Barbet *(17 cm)*

Dieser Bartvogel ähnelt dem Feuerstirn-Bartvogel, aber beim Diadembartvogel fehlen die Kopfstreife. Er hat nur eine schwarze Maske über den Augen und eine weiße oder gelbe Augenbraue darüber. Der Scheitel ist schwarz. Wo die Flügelspitzen des Feuerstirn-Bartvogels meist gelb sind, sind die des Diadembartvogels eine Mischung aus überwiegend grau bis schwarz und etwas gelb. Der Bauch und die Unterschwanzdecken haben kleine dunkle Flecken. Er ist Allesfresser, bevorzugt aber Früchte und distelähnliche Samen.

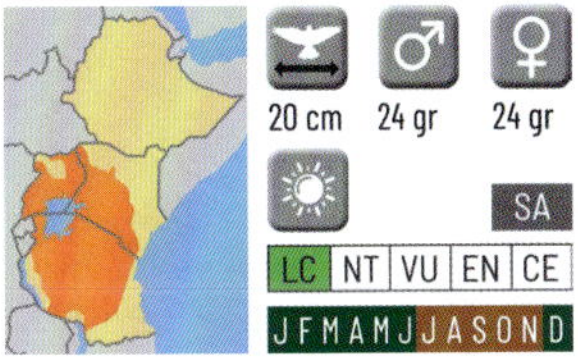

Tränenbartvogel

(Tricholaema lacrymosa)

Spot-flanked Barbet *(14 cm)*

Am schwarzen Kopf hat er langgestreckte weiße Augenbraue, bis zu den schwarzen Vorderrücken. Die Kehle ist schwarz und rautenförmig. Die weiße Brust und Bauch ist an den Flanken schwarz gepunktet. Die Spitzen der Armschwingen haben einen blassgelben Rand. Er hat einen gezahnten Schnabel und lebt in waldreichen Zonen.

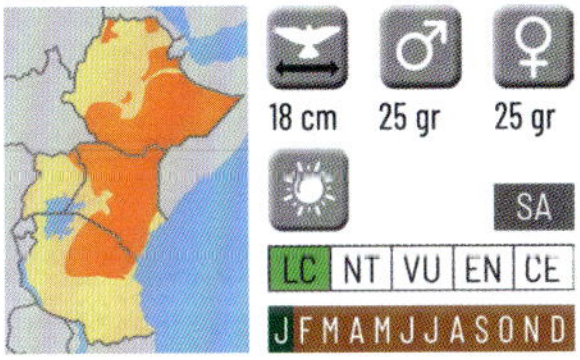

Schwarzkopf-Bartvogel

(Tricholaema melanocephala)

Black-throated Barbet *(13 cm)*

Dieser Bartvogel mit seinem gezahnten Schnabel hat eine verlängerte weiße Augenbraue auf einem ansonsten schwarzen Kopf, wobei ein Teil der Wangen weiß ist. Die Kehle ist schwarz. Die Brust ist bis zum Unterschwanz weiß. Die Körperfedern sind eine Mischung von gelb, weiß und schwarz. Die Unterart *T. m. flavibuccalis*, die in der Seronera-Region (Serengeti) vorkommt und gelbe Wangen hat, wird in der englischen Sprache als Yellow-cheeked Barbet bezeichnet.

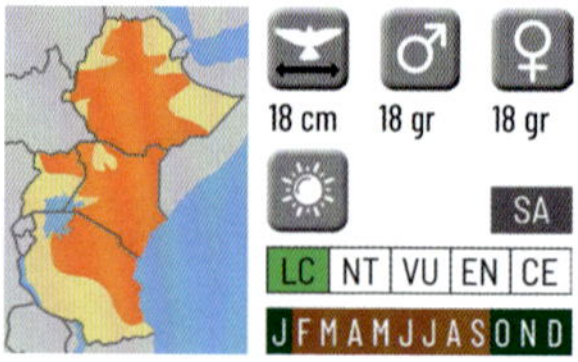

Feuerstirn-Bartvogel

(Pogoniulus pusillus)

Red-fronted Tinkerbird *(11 cm)*

Er sieht aus wie der Gelbstirn-Bartvogel, hat aber einen roten Fleck auf der Stirn. Ansonsten hat er das charakteristische Gefieder des Zwergbärtlings: kurzer Schwanz, breite schwarze Streifen quer über den Kopf und in diesem Fall ein weißen bis zartgelben Unterkörper. Sie ernähren sich von Früchten und kleinen Insekten, die sie vor allem in trockenen Waldgebieten und entlang der Flussvegetation suchen.

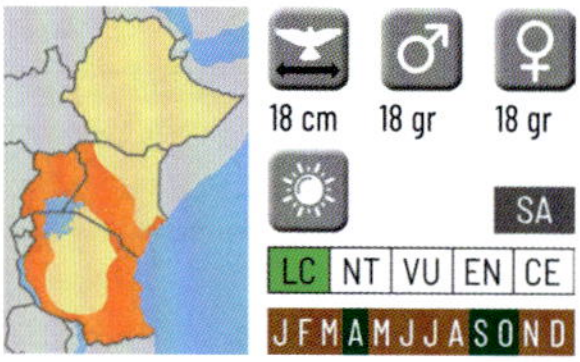

Goldbürzel-Bartvogel

(Pogoniulus bilineatus)

Yellow-rumped Tinkerbird *(11 cm)*

Dieser Zwergbärtling hat mehrere Unterarten, die in der englischen Sprache auch als "lemon und "golden-rumped" bekannt sind. Sie alle haben einen gelben Bürzel. Die Rückenpartie ist fast schwarz mit gelben Akzenten auf den großen und kleinen Flügeldeckfedern. Die Kehle ist weiß, die Brust hellgrau und wird zum Bauch hin bis zum Unterschwanz cremig gelb. Besonders Waldränder sowie Ufer mit Wäldern und Sträuchern bilden ihren Lebensraum. Sie ernähren sich hauptsächlich von Früchten.

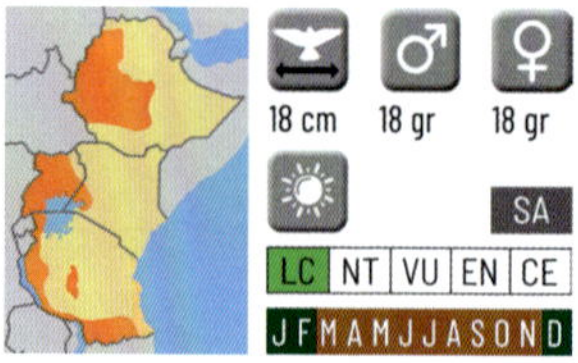

Gelbstirn-Bartvogel

(Pogoniulus chrysoconus)

Yellow-fronted Tinkerbird *(11 cm)*

Auch dieser Zwergbartvogel gleicht seinen Artgenossen, unterscheidet sich jedoch durch seine gelbe Stirn. Im Übrigen hat er das typische Gefieder des Zwergbärtlings: kurzer Schwanz, breite schwarze Streifen über den Kopf und der Unterkörper ist gelb. Sie bewohnen Trockengebiete mit Sträuchern, spärlich bewachsene Waldgebiete und bewaldetes Grasland. Sie ernähren sich hauptsächlich von Obst.

Honiganzeiger *Sie gehören zur Ordnung der Spechtvögel. Die meisten Arten lassen sich nur durch ihren Gesang und ihre Größe voneinander unterscheiden. Seine Strategie zur Beschaffung von Bienenwachs und Bienenlarven ist einzigartig. Mit seinen lauten Rufen und kurzen Flugmanövern führt er Menschen, Paviane, Honigdachse oder Mangusten zu Bienennestern, wartet, bis diese die Nester öffnen, und frisst danach das Wachs und die Larven. Wissenschaftliche Belege für dieses Verhalten stehen noch aus, weil dies lokal auftritt und nicht auf die Art im allgemeinen Sinne zurückgeführt werden kann. Sie ziehen ihre Jungen nicht selbst auf, sondern legen die Eier in das Nest anderer insektenfressender Vogelarten.*

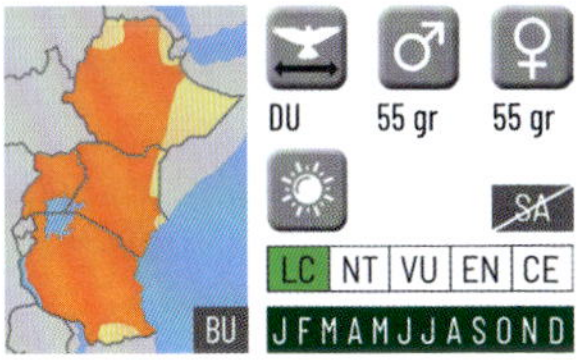

Schwarzkehl-Honiganzeiger
(Indicator indicator) **Greater Honeyguide** *(20 cm)*
Der einzige Honiganzeiger, bei dem das erwachsene Männchen einen hellrosafarbenen Schnabel hat. Die Wangen sind weiß und die Kehle schwarz und er hat ein kleiner gelber Fleck auf der Schulter. Von der Brust bis zum Schwanz ist er gebrochen weiß. Die Beine sind schwarz. Das Weibchen hat einen schwarzen Schnabel, Kopf, Rücken und Flügel sind überwiegend graubraun. Von der Kehle bis zum Unterschwanz ist sie gebrochen weiß. Ihr Lebensraum umfasst Wälder, Auwälder, Trockengebiete mit Sträuchern und Plantagen. Die Brutzeit hängt von ihren Vogelwirten ab, wählerisch sind sie diesbezüglich nicht.

Nasenstreif-Honiganzeiger *(Indicator minor)* **Lesser Honeyguide** *(15 cm)*
Es kommen acht Unterarten des Honiganzeigers über ganz Afrika verteilt vor. Wie alle anderen Honigsucher hat auch dieser *(I. m. conirostris und I.m. riggenbachi)* eine cremefarbene Brust und ein olivgrün-gelbliches Gefieder bis zum Unterschwanz. Kopf und Vorderrücken sind überwiegend grau. Der Schnabel ist schwarz mit einem dunklen Schnabelstreifen bis zu den Wangen. Sie halten sich meist in der Nähe von Grasland und an Waldrändern auf, wo die Bäume nicht zu dicht stehen. Der etwas größere **Strichelstirn-Honiganzeiger** *(Indicator variegatus)* **Scaly-throated Honeyguide** *(18 cm)* bewohnt etwa das gleiche Gebiet. Er unterscheidet sich durch die gefleckte Kehle vom Nasenstreif-Honiganzeiger.

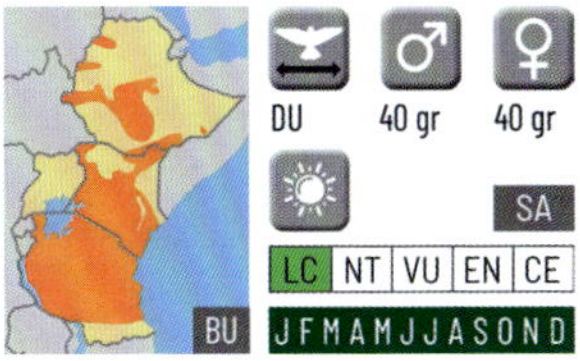

Spechte *Spechte sind eine Familie von kleinen bis mittelgroßen Vögeln mit scharfen Schnäbeln. Ihre beiden mittleren Zehen zeigen nach vorne, die beiden äußeren nach hinten. Sie leben meist in Bäumen und benutzen ihren scharfen Schnabel und ihre lange, klebrige Zunge zur Erbeutung von Insekten aus Baumrinden. Ihr steifer Schwanz dient dabei als Stütze. Sie leben meist paarweise und hacken ihr Nest aus einem Baumstamm. Zu dieser Familie gehören drei Unterfamilien: der Wendehals, der Zwergspecht und der Echte Specht. Es werden derzeit circa 225 Arten zur Familie der Spechtvögel gerechnet. Geschlechtsspezifische Merkmale gibt es kaum. Bei den Weibchen fehlt die rote Markierung am Kopf oft ganz oder teilweise.*

Nubierspecht

(Campethera nubica) **Nubian Woodpecker** *(23 cm)* Das Gefieder des Nubierspechts lässt sich leicht mit dem vieler anderer afrikanischer Spechte vergleichen. Bei ihm ist der Scheitel ganz rot, bei ihr ist die vordere Hälfte schwarz-weiß gesprenkelt und die hintere rot. Der weiße Unterkörper ist gesprenkelt und die Flügel haben in diesem Fall weiße Flecken anstelle von länglichen Streifen. Sie bevorzugen trockene Wälder (Euphorbien und Akazien) und Grasland mit hohem Lampenputzergras *(Pennisetum)*. Sie ernähren sich hauptsächlich von Ameisen, Termiten und Spinnen.

38 cm | ♂ 70 gr | ♀ 70 gr

SA

LC NT VU EN CE

J F M A M J J A S O N D

Kardinalspecht

(Dendropicos fuscescens) **Cardinal Woodpecker** *(15 cm)* Es gibt neun Untersorten des Kardinalspechts. Mehrere dieser Spechte findet man in diesem Teil Afrikas. Er gehört zu den kleinsten Spechten und ist der meistvorkommende Specht Afrikas. Das Männchen hat einen halben roten Scheitel bis zum Nacken. Die Vorderseite des Scheitels ist, wie größtenteils der Vorderrücken, gelblichbraun. Flügel und Rücken haben cremefarbene Flecken. Auf den Flügeln sind die Flecken gelber. Ab der Kehle bis zu den Unterschwanzdecken sind sie cremeweiß mit dunkleren Flecken. Der Bürzel ist rotbraun. Das Weibchen hat einen dunkelbraunen Scheitel. Sie ernähren sich vor allem von Käferlarven, Raupen und Termiten.

30 cm | ♂ 31 gr | ♀ 31 gr

SA

LC NT VU EN CE

J F M A M J J A S O N D

32 cm 50 gr 50 gr

SA

LC NT VU EN CE

J F M A M J J A S O N D

Graubrustspecht

(Dendropicos goertae)

Grey Woodpecker *(20 cm)*

Mit seinem hellgrauen Kopf und Schnabel, dem roten Scheitel, den hellen Brustfedern und dem roten Bürzel ist der graugrüne Specht leicht von anderen Arten zu unterscheiden. Der gleichmäßig goldbraune bis olivgrüne Vorderrücken endet bei den gestreiften Flügeln. Sie halten sich oft in waldreichen Gebieten auf, wo sie Ameisen, Termiten und Käferlarven suchen. Der Kopf des Weibchens ist vollständig grau.

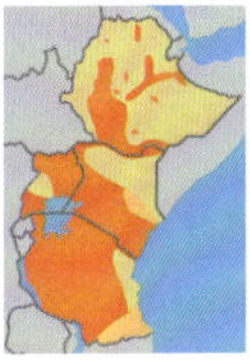

40 cm 80 gr 80 gr

SA

LC NT VU EN CE

J F M A M J J A S O N D

Namaspecht

(Chloropicus namaquus)

Bearded Woodpecker *(23 cm)*

Dieser Specht ist an seinem schwarzen Wangenstreifen, der Maske über den leuchtend roten Augen und dem roten Scheitel zu erkennen, den aber nur das Männchen besitzt. Das Gefieder ist dunkel olivgrün mit beigen Akzenten. Die Stirn ist schwarz und weiß gesprenkelt. Beim Weibchen ist die gesamte Krone schwarz und weiß gesprenkelt. Er ist weit verbreitet und in vielen Waldgebieten zu finden. Das Futter besteht aus Insekten und ihren Larven, insbesondere Holzkäfern.

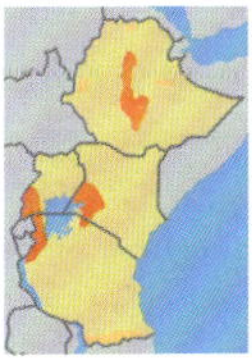

34 cm 59 gr 52 gr

SA

LC NT VU EN CE

J F M A M J J A S O N D

Braunkehl-Wendehals

(Jynx ruficollis)

Red-throated oder **Rufous-necked Wryneck** *(19 cm)*

Der typische Spechtkopf mit dem auffälligen Schnabel fehlt bei diesem Wendehals. Hals und Unterschwanzdecken sind rotbraun. Brust und Bauch sind weiß mit kleinen schwarzen Flecken. Kopf, Rücken und Flügel sind braun. Die Flügel sind zudem mit dunklen Flecken versehen. Er ernährt sich vor allem von Ameisen. Diese sucht er am liebsten inmitten trockener Savannen mit Baumwuchs.

Lerchen *Aufgrund ihres erdfarbenen Federkleides, das bei beiden Geschlechtern oft gleich ist, sind viele Arten schwer voneinander zu unterscheiden. Man kann sie besser an ihrem Gesang als an ihren äußeren Merkmalen erkennen. Oft tragen sie eine Haube, die sie während des Balzens und Singens aufrichten. Lerchen haben relativ lange Flügel. Die Familie umfasst 98 Arten, die alle auf dem Boden nisten. Sie rennen oder gehen, hüpfen jedoch nicht. Der Speiseplan wird von Insekten und Samen bestimmt.*

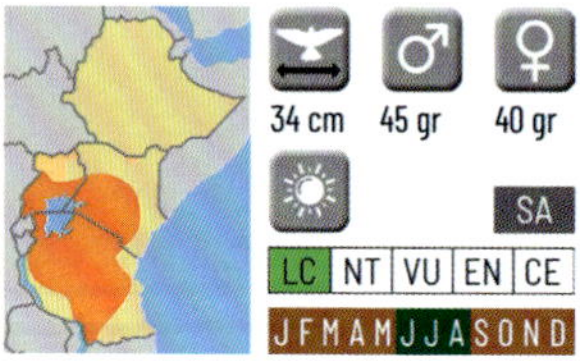

Rotnackenlerche

(Mirafra africana)

Rufous-naped Lark

(18 cm)

Eine weit verbreitete Lerche. Es gibt 22 afrikanische Unterarten, die sich in Farbschema und Farbintensität stark unterscheiden. Sie haben einige Aspekte gemeinsam: eine braune bis rötlich-braune Haube und einen weißlichen oder beigen Kopf und Hals. Das Gefieder ist hellbraun bis dunkel- oder rotbraun, wobei die Flügel in Brauntönen meliert sind und Brust und Bauch einfarbig beige bis rotbraun sind. Einige Unterarten haben braune Flecken auf der Brust.

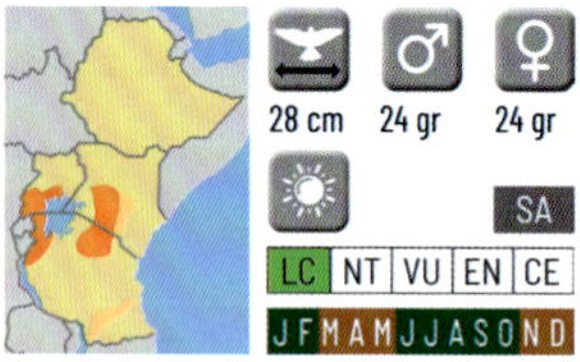

Rotkappenlerche *(Calandrella cinerea)* **Red-capped Lark** *(15 cm)*

Auffallend an dieser Lerche sind das rotbraune Kopfgefieder sowie rote Flecken an beiden Seiten der Brust. Über den Augen hat sie breite, weiße Augenstreife. Vom Hals bis zum Schwanz ist sie weiß (die Rotnackenlerche ist etwas rötlich). Das Braun der Flügel und des Rückens wirkt als Tarnfarbe. Sie ist weit verbreitet. Die Unterart östlich des Viktoriasees ist etwas blasser und grauer *(C. c. williamsi)*.

Fuchslerche *(Calendulauda alopex)* **Abyssinian** of **Foxy Lark** *(15 cm)*

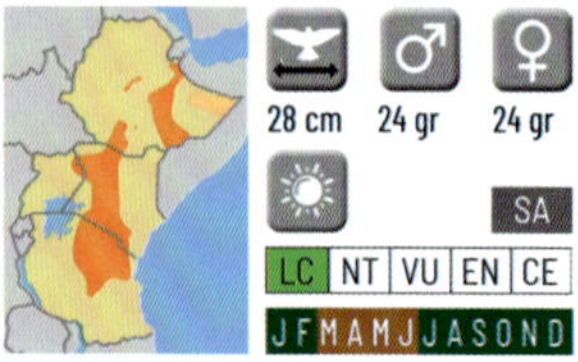

Von der Krone bis zum Schwanz hat die Fuchslerche ein rotbraun geflecktes Gefieder. Es ist weiß vom Hals bis zu den Unterschwanzdecken. Der Hals und ein Teil der Brust sind normalerweise gesprenkelt. Die Unterart in Ostäthiopien ist viel röter *(C. a. Alopex)*.

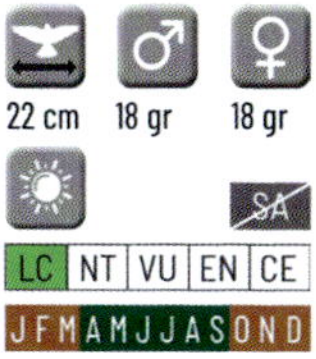

Braunscheitellerche

(Eremopterix leucopareia)

Fischer's Sparrow-Lark *(12 cm)*

Die weißen Wangen sind schwarz umrandet. Der Hals und ein Teil seines Bauches sind ebenfalls schwarz. Krone und Nacken sind rotbraun. Die Körperfedern des Weibchens sind hellbraun und dunkelbraun meliert. Bei beiden Geschlechtern ist der Unterkörper an den Flanken weiß. Sie sind zahlreich in Südkenia und Nordtansania, wo sie hauptsächlich nach Grassamen inmitten von Grasflächen suchen.

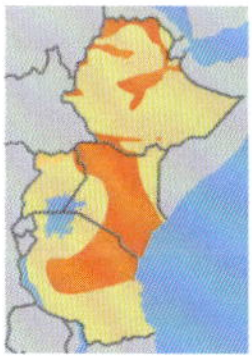

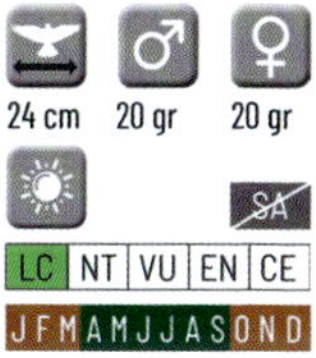

Weißwangenlerche

(Eremopterix leucotis) **Chestnut-backed Sparrow-lark** *(14 cm)*

Das Männchen ist am schwarzen Kopf mit den weißen Wangen, an den rostbraunen Körperfedern und am schwarzen Unterkörper zu erkennen. Die Kloake ist weiß. Das Weibchen hat um den Hals einen weißen Kragen, der die rotbraune Krone vom Vorderrücken trennt. Ihre Brust ist gesprenkelt. Ihre Anwesenheit hängt stark mit den Regenzeiten zusammen. Sie suchen Samen und kleine Insekten in Grasland.

Schwalben *Sie bilden eine Familie mit 88 Arten. Sie sind schnelle Flieger, die im Flug Insekten jagen. Die ähnlichen Segler gehören nicht zu dieser Familie und auch nicht zur gleichen Ordnung. Sie sehen Schwalben ähnlich, haben aber längere Flügel, die sie im Flug steifer halten. Schwalben und Segler sind gute Beispiele für eine konvergente Evolution (gleiche Eigenschaften in nicht verwandten Gruppen). Schwalben haben keine äußerlich unterscheidbaren Geschlechtsmerkmale, nur der Schwanz ist bei den Weibchen etwas kürzer. Ihre Lebensräume sind in der Regel Feuchtgebiete, aber sie sind dabei nicht wählerisch.*

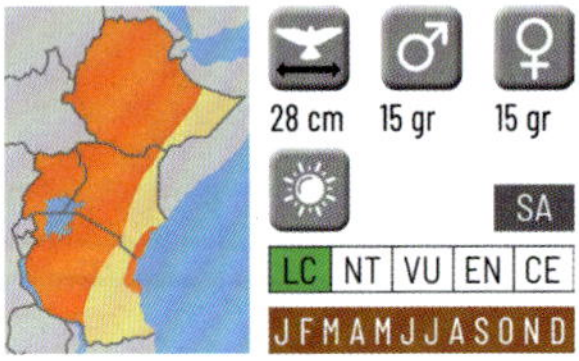

Uferschwalbe

(Riparia riparia)

Sand Martin *(12 cm)* Uferschwalben sind in Afrika zahlreich. Sie haben alle hellbraune Körperfedern und einen weißen Unterkörper. Einige Unterarten haben einen weißen Kragen und weißen Hals. Die Unterarten sind schwer voneinander zu unterscheiden. Sie legen die Eier in Mulden, die sie in hohe Ufer oder Erdmauern graben. Die abgebildete Uferschwalbe hat ein breites braunes Band über der Brust und ist Wintergast (Okt. bis März). Bei der **Braunkehl-Uferschwalbe** *(Riparia paludicola)* **Plain Martin** *(12 cm)* und der **Steinschwalbe** *(Ptyonoprogne fuligula)* **Rock Martin** *(13 cm)* fehlt der braune Gürtel. Die etwas größere **Weißbrauen-Uferschwalbe** *(Riparia cincta)* **Banded Martin** *(17 cm)* hingegen hat dieses Band wiederum schon. Diese letzten drei Schwalben bleiben das ganze Jahr über in Ostafrika. Die Brutzeiten variieren je nach Region.

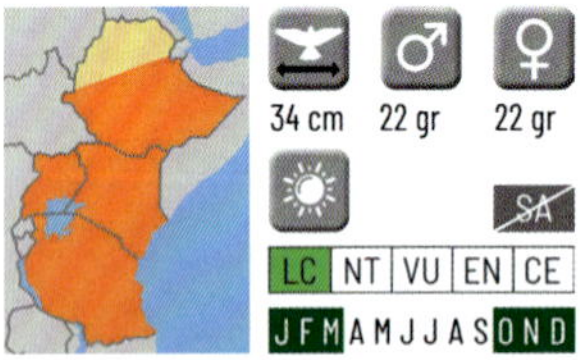

Rauchschwalbe

(Hirundo rustica)

Barn Swallow *(18+10 cm)* Wintergast. Diese kleine Weltreisende fliegt 10.000 km, um einen Teil des Jahres in Afrika zu verbringen. Messungen anhand von implantierten Chips zeigen, dass manche dieser Vögel über 200.000 km pro Jahr fliegen (550 km pro Tag). Der tief gegabelte Schwanz ist typisch für diese metallisch blaue Schwalbe. Scheitel und Kehle des Männchens sind rotbraun, mit einem blauen Band unter der Kehle. Es hat eine weiße Brust (manchmal sanft rotbraun) und eine weiße Bauchpartie. Außerhalb der Brutzeit ist das Männchen viel wie das Weibchen. Ihr Futter besteht aus Insekten, Spinnen und auch Akaziensamen.

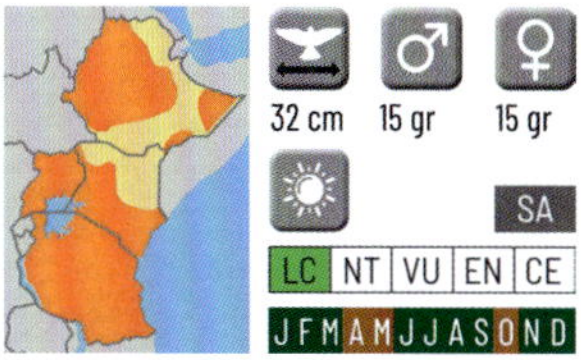

Rotkappenschwalbe *(Hirundo smithii)* **Wire-tailed Swallow** *(18 cm)*
Eine mittelgroße und zahlreich vorkommende Schwalbe mit einem stahlblauen Rückengefieder und rotbraunem Scheitel. Der Unterkörper ist weiß. Das Männchen hat zwei dünne, relativ lange äußere Schwanzfedern, beim Weibchen sind sie kürzer. Man findet sie oft in der Nähe von Gewässern, vor allem mitten in der Savanne. Sie ist eine der am schnellsten fliegenden Schwalben.

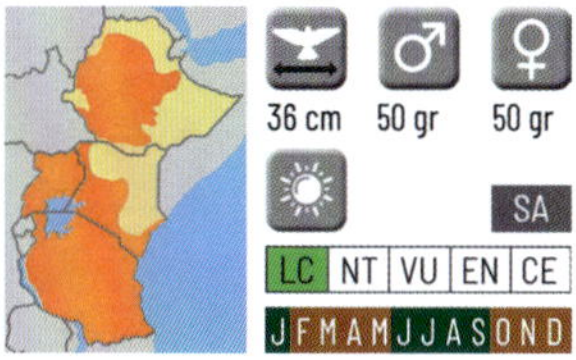

Senegalschwalbe
(Cecropis senegalensis)
Mosque Swallow *(24 cm)*
Eine große Schwalbe mit einer rotbraunen Brust und weißer Kehle. Die Schulterfedern sind an der Unterseite weiß. Vom Kopf bis zu den Armschwingen ist sie blau, die Handschwingen sind graubraun. Der Schwanz ist gegabelt. Sie leben in kleinen Gruppen und legen ihre Eier in Nester aus getrocknetem Schlamm, Gras und Federn. Ihr Lebensraum umfasst Grasland und Savannen, insbesondere dort, wo die Mopane wächst (der Baum mit den schmetterlingsförmigen Blättern).

Rötelschwalbe *(Cecropis daurica)* **Red-rumped Swallow** *(16 cm)*
Ein großer Teil der Rötelschwalben-Population ist Wintergast. Die Kehle und manchmal auch die Wangen sind weiß. Der Hinterkopf ist rotbraun, der Bürzel ist rot. Der Unterkörper ist weißlich bis zartbraun, oft schwach gesprenkelt (nicht rotbraun wie Artgenossen). Krone und Vorderrücken sind hellblau, die Flügel graublau. Der Schwanz ist gegabelt. Das Nest ist aus getrocknetem Schlamm mit einem Tunneleingang. Ihr Lebensraum ist vielfältig.

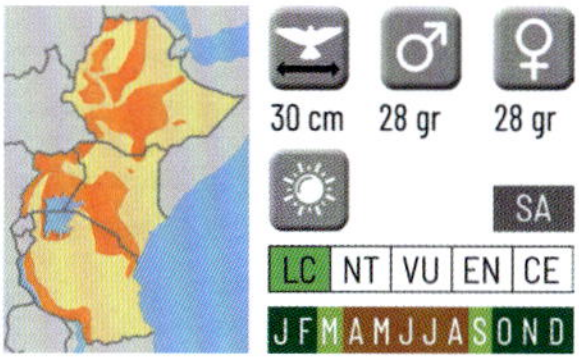

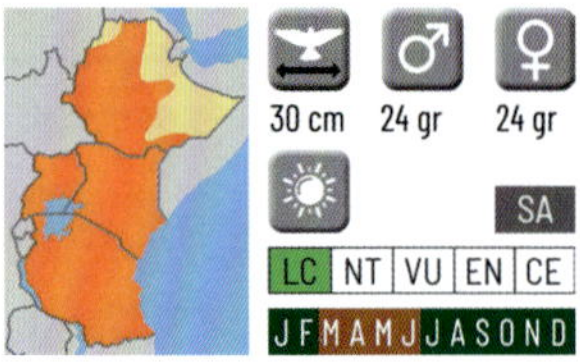

Maidschwalbe
(Cecropis abyssinica)
Lesser Striped Swallow *(18 cm)*
Eine schöne Schwalbe: Brust und Hals sind auffällig gesprenkelt, Kopf, Nacken und Bürzel sind rotbraun. Sie sind häufig in großer Zahl in der Nähe von Wasser anzutreffen. Sie suchen ihre Nahrung wie Insekten, aber manchmal auch Früchte und Samen, vor allem inmitten der Grassavanne. Sie bauen ein schüsselförmiges Nest aus getrocknetem Schlamm.

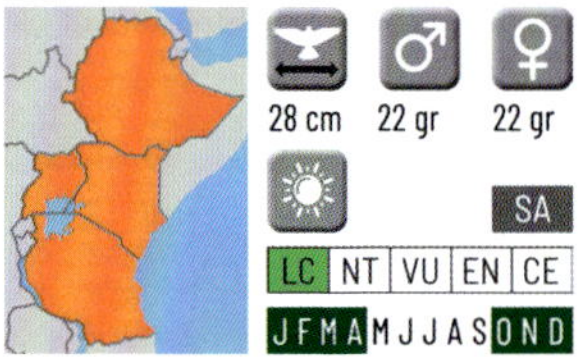

Mehlschwalbe *(Delichon urbicum)*
Northern House-Martin *(14 cm)*
Wintergast. Eine der wenigen Schwalben mit einem komplett weißen Unterkörper. Rücken und Scheitel sind metallisch blau, Flügel und Schwanz graubraun. Der Schwanz ist kurz und gegabelt. Sie fressen ausschließlich kleine Insekten, und man kann sie gut frühmorgens in Gruppen beobachten.

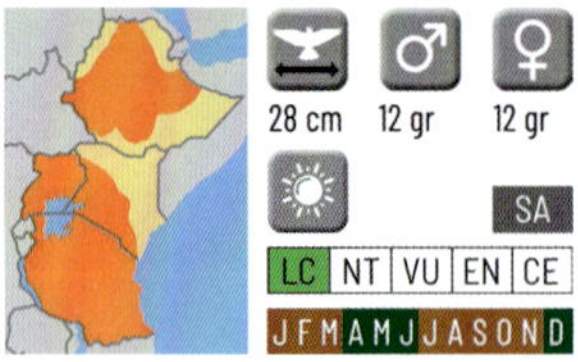

Erz-Schwalbe
(Psalidoprocne pristoptera)
Black Sawwing
(13 cm)
Es gibt mehrere Unterarten, Die meisten Erz-Schwalben dieser Familie haben teilweise weiße Schulterfedern. Die Körperfedern und der Unterkörper variieren von dunkelbraun oder blau bis dunkelbronzegrün. Sie jagen im langsamen Flug nach fliegenden Insekten über Savannen, hohen Bergen, Flusswäldern und Sümpfen.

Stelzen und Pieper *Stelzen sind an ihrem relativ langen Schwanz zu erkennen, der ständig auf und ab wippt. Ihre Nahrung besteht vor allem aus Insekten, vorzugsweise Fliegen. Sie sind monogam, territorial, und die Geschlechter sind äußerlich identisch. Ihr Lebensraum umfasst vorzugsweise sumpfige Grasflächen, Sümpfe und Schilfbetten, in denen sie am Boden nach Insekten suchen. Pieper sind sowohl auf offenem Grasland als auch in bewaldeten Gebieten zu finden. Sie sehen aus wie Drosseln, sind jedoch etwas schlanker und haben längere Beine. Geschlechtsspezifische Merkmale gibt es kaum. Pieper der Gattung Macronyx sind auffällige Vögel und haben den gleichen schlanken Körperbau. Sie finden ihr Futter hauptsächlich auf dem Boden, setzen sich jedoch auf Äste, um Insekten besser ausmachen zu können. Sie sind monogam und territorial. Das Weibchen ist etwas blasser.*

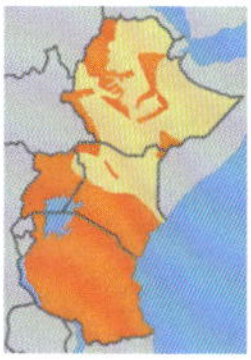

30 cm 30 gr 30 gr
SA
LC NT VU EN CE
J F M A M J J A S O N D

Witwenstelze *(Motacilla aguimp)* **African Pied Wagtail** *(20 cm)* Die einzige völlig schwarzweiße Stelze, alle anderen Arten haben auch Grau in ihrem Gefieder (außerhalb der Brutzeit verblasst das Gefieder). Sie sind in feucht-tropischen Gebieten bis zu einer Höhe von 3000 m weit verbreitet. Neben Insekten fressen sie auch Fische und Samen. Ihre Nester werden manchmal von einigen Kuckucksarten parasitiert. Die **Bachstelze** *(Motacilla alba)* **White Wagtail** *(18 cm)* überwintert vor allem in Äthiopien. Die Körperfedern sind grau, der Unterkörper ist weiß. Die Arm- und Handschwingen sind braun. Ihr Lebensraum umfasst auch trockenere Umgebungen. Bevorzugt werden arme Waldflächen, Sandbänke und Küstengebiete.

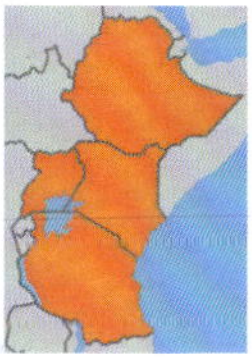

26 cm 25 gr 25 gr
SA
LC NT VU EN CE
J F M A M J J A S O N D

Schafstelze *(Motacilla flava)* **Yellow Wagtail** *(16 cm)* Wintergast. In den europäischen Wintermonaten sind 3 bis 5 Unterarten der Schafstelze in Ostafrika anzutreffen. Die äußerlichen Unterschiede sind vor allem am Kopf sichtbar, die Farbskala reicht von Olivgrün bis Blaugrau. Außerhalb der Brutzeit haben die Männchen mehr oder weniger das gleiche Gefieder wie die Weibchen während der Brutzeit. Dann ist nur der Bauch gelb. Der Kopf wird dann grau und die Brust schmutzig weiß. Die Nahrung besteht aus allen Arten von Insekten und Wasserlebewesen. Sie fressen auch Samen und Pflanzenmaterial.

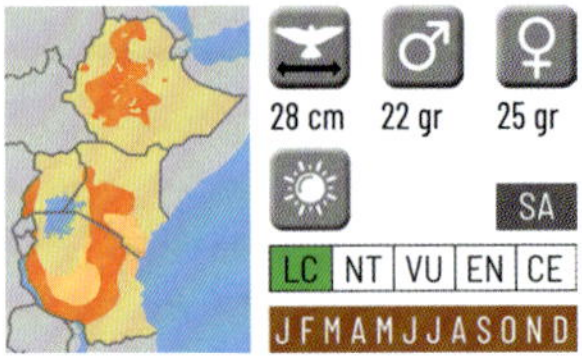

Langschwanzstelze *(Motacilla clara)* **Wagtail, Mountain** *(18 cm)*
Diese Stelze hat einen grauen Kopf. Auch Vorderrücken und Rücken sind grau. Die Flügeldecken sind braun, fast schwarz mit weißen Akzenten. Der Unterkörper und die Schwanzfedern sind weiß und schwarz. Das dunkle Band über der Brust ist schmal. Ihr Lebensraum besteht hauptsächlich aus bewaldeten Bergregionen mit Bächen.

Braunrückenpieper *(Anthus leucophrys)* **Plain-backed Pipit** *(16 cm)*

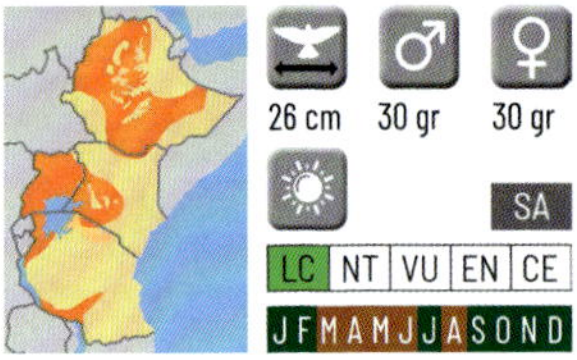

Vier der 9 Unterarten, die sich in der Farbintensität unterscheiden, leben die in diesem Teil Afrikas. Ein breiter hellbrauner Überaugenstreif unterbricht das Braun des Scheitels. Die Kehle ist weiß, die Brust hell- und dunkelbraun gestreift, der Bauch beigefarben und der Unterschwanz etwas dunkler. Der Vorderrücken ist fast gleichmäßig braun. Die Nahrung besteht aus Insekten, Larven, Schmetterlingen und Heuschrecken. Sie bevorzugen Savannen mit einzelnen Bäumen und offenes Grasland.

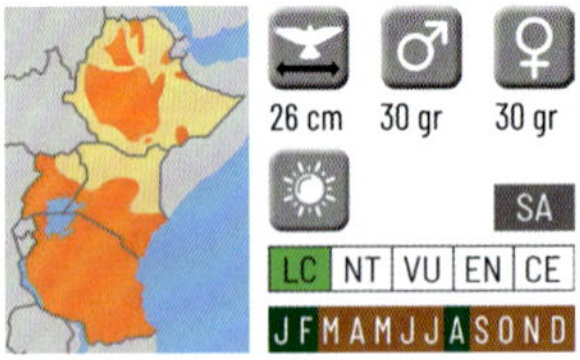

Zimtspornpieper *(Anthus cinnamomeus)* **African Pipit** *(17 cm)*
Mit 15 Unterarten ist der Zimtspornpieper wahrscheinlich der häufigste Pieper in Afrika. Die Unterarten unterscheiden sich vor allem in der Farbintensität des Bauches. Die Farbe variiert von fast weiß bis dunkel zimtfarben. Wenn das Untergefieder dunkler ist, ist auch der Rücken dunkler. Auf der Brust befinden sich blasse braune Sprenkel. Schwarz karierte Flecken liegen über dem Daumenfittich. Sein Lebensraum ist sehr vielfältig, ausgenommen sind nur Wüstengebiete. Er wird oft mit dem **Langschnabelpieper** *(Anthus similis)* **Long-billed Pipit** *(19 cm)* verwechselt, zumal sich beide Arten in der Farbintensität unterscheiden können und weitgehend im selben Gebiet vorkommen (mit Ausnahme von Südtansania). Der Schnabel des letzteren ist ein wenig größer.

32 cm | 55 gr | 50 gr
SA
LC | NT | VU | EN | CE
J F M A M J J A S O N D

Orange = Gelbkehlpieper
Violett = Goldhalspieper

Gelbkehlpieper
(Macronyx croceus)
Yellow-throated Longclaw *(22 cm)*

Erkennbar ist er an der gelben Kehle und der gelben Brust, die durch ein schwarzes „V" voneinander abgegrenzt sind. Die Flügelfarbe besteht aus Gelb-, Braun- und Olivgrüntönen. Die Zeichnung des Weibchens ist identisch, nur blasser. Sie bevorzugen offene Graslandschaften. Als Nahrung dienen Heuschrecken, Nymphen, Käfer und deren Larven. In Äthiopien lebt der **Goldhalspieper** *(Macronyx flavicollis)* **Abyssinian Longclaw** *(22 cm)*. Sein Hals tendiert eher zu zartem Orange, das Schwarz an der Kehle ist nicht V-förmig, der Unterkörper ist zart rötlich braun.

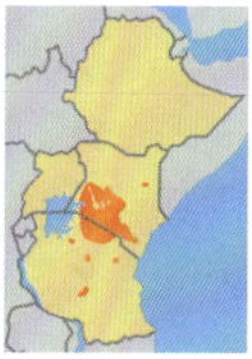

30 cm | 40 gr | 32 gr
SA
LC | NT | VU | EN | CE
J F M A M J J A S O N D

Rubinkehlpieper
(Macronyx ameliae)
Rosy-throated Longclaw *(20 cm)*

Er hat eine rubinrote Kehle, Brust und Bauch sind hellorange. Der Hals ist beim Weibchen nur ein wenig, beim Männchen ganz schwarz. Die Flügel sind dunkel- und hellbraun meliert. Bevorzugt offenes Grasland. Die Gattung *Macronyx* zeichnet sich durch eine sehr lange und gebogene Hinterzehe aus.

Panganipieper *(Macronyx aurantiigula)* **Pangani Longclaw** *(20 cm)*

Dieser Pieper ist dem Gelbkehlpieper sehr ähnlich. Allerdings ist der Pangani an den Flanken, am Hals und am Bauch "weißer". Die Farbe der Kehle variiert von rötlich gelb bis leuchtend orange. Der Panganipiper bevorzugt Grünland mit Akazienbäumen in Kenia und feuchtere Zonen im Nordosten Tansanias. Man sieht ihn während der Regenzeit oft in Tsavo und Amboseli.

30 cm | 42 gr | 38 gr
SA
LC | NT | VU | EN | CE
J F M A M J J A S O N D

SPERLINGSVÖGEL *Passeriformes - Campephagidae*

Raupenfänger *Die Gattung Campephaginae besteht aus vier Arten von Raupenfängern. Diese Vögel ernähren sich hauptsächlich von Raupen. Die Art lebt nur in Afrika.*

30 cm | ♂ 35 gr | ♀ 35 gr | SA | LC NT VU EN CE | J F M A M J J A S O N D

Rotschulter-Raupenfänger
(Campephaga phoenicea)
Red-shouldered Cuckoo-shrike
(20 cm)

Das Männchen ist überwiegend dunkelblau bis schwarz, mit teilweise roten Schultern und einem gelben Schnabelstreif. Bei einer Variante dieser Art hat das Männchen gelbe Schulterfedern. Das Weibchen hat eine grün-olivfarbene Rückenpartie und eine weiß-schwarz gestreifte Körperunterseite. Ihre Nahrung besteht vor allem Raupen, die sie im dichten Unterholz über feuchten Böden in bewaldeten Teilen der Savanne finden.

SPERLINGSVÖGEL *Passeriformes - Pycnonotidae*

Bülbüls *Die Familie (Pycnonotidae) besteht aus 148 Arten, von denen 50 in Afrika leben. Sie ernähren sich von allen Arten von Insekten, Früchten, Nektar, Blumen und manchmal Samen. Aufgrund der enormen Artenzahl, der vielen Unterarten und weil diese oft kaum voneinander zu unterscheiden sind und manchmal sehr lokal vorkommen, beschränkt sich dieses Buch auf ein Beispiel. Wenn Sie einen braunen Vogel, manchmal mit etwas Gelb und Weiß auf dem Untergefieder und oft mit einem etwas dunklen Kopf, zwischen den belaubten Büschen herumwuseln sehen, handelt es sich meist um eine der vielen Bülbül-Arten.*

24 cm | ♂ 42 gr | ♀ 36 gr | SA | LC NT VU EN CE | J F M A M J J A S O N D

Graubülbül
(Pycnonotus tricolor)
Dark-capped Bulbul *(18 cm)*

Der Graubülbül kommt am häufigsten vor. Von diesen Bülbül gibt es 10 Unterarten. Der Kopf ist dunkelbraun, die Kehle beigefarben und

die übrige Bauchpartie ist gebrochen weiß. Die Flügel sind hellbraun. Bei den Unterarten *P. b. tricolor* und *P. b. layardi* ist der Bürzel leuchtend gelb (bei den nördlichen Arten ist er weiß). Sein Lebensraum umfasst alle Waldtypen. Neben Gliederfüßern (äußeres Skelett) essen sie Früchte, Nektar, Blüten, manchmal Samen und Wirbeltiere (inneres Skelett). Ihr Lebensraum umfasst alle Arten von Wäldern.

SPERLINGSVÖGEL *Passeriformes - Turdidae*

Drosseln *Die Drosseln bilden eine Familie mittelgroßer Vögel mit überschwänglichem Gesang. Weibchen und Männchen haben das gleiche Gefieder. Sie suchen am Boden nach Nahrung und picken an der Oberfläche Insekten, Schnecken und andere Wirbellose auf. Sie graben auch Regenwürmer und Larven aus. Ferner fressen sie Beeren und Früchte. Sie sind monogam und territorial. Es gibt einige Vogelarten, die im Deutschen als Drosseln bezeichnet werden, aber nicht zur Familie Turdidae gezählt werden.*

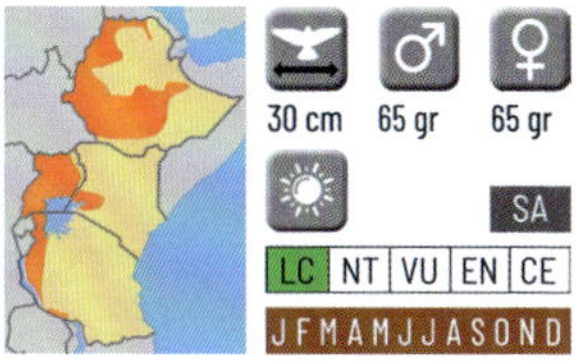

Afrikadrossel *(Turdus pelios)*

African Thrush *(23 cm)*
In diesem Teil Afrikas findet man zwei Unterarten (*T. p. centralis* und *T. p. pelios*). Unter dem braungrauen Kopf ist die Kehle weiß, Brust und Bauch sind gebrochen weiß oder grau. Der Schnabel leuchtet gelb, die Iris ist rotbraun. Die Flanken entlang des Bauches sind zart orangefarben. Die Rückenpartie ist schiefergrau (bei *T. p. centralis* braun). Die Beine sind grau bis gelblich. Sie suchen ihr Futter in offenen Waldgebieten in Wassernähe.

Gmelindrossel *(Turdus abyssinicus)* **Abyssinian Thrush** *(22 cm)*

Der Kopf und die Brust sind grau. Ein schmaler orangefarbener Augenring umrahmt die dunkle Iris. Die Körperfedern sind graubraun. Der Bauch ist orange und die Kloake ist grau. Die Beine und der Schnabel sind orange. Ihr Lebensraum umfasst Waldgebiete in Höhenlagen von 1600 bis 4200 m. Die Brutzeit hängt stark vom Lebensraum ab.

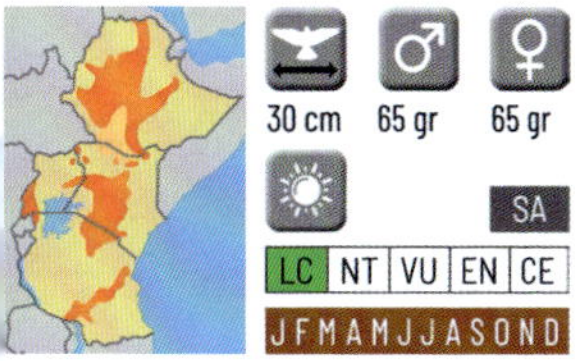

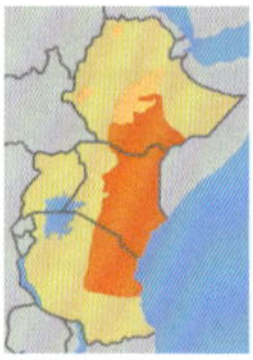

28 cm | ♂ 55 gr | ♀ 55 gr | SA

LC | NT | VU | EN | CE

J F M A M J J A S O N D

Brillendrossel

(Turdus tephronotus)

Bare-eyed Thrush *(20 cm)*
Sie ist an den weißen und schwarzen Streifen am Hals und der orangefarbenen nackten Haut hinter dem orangefarbenen Augenring zu erkennen. Die Brust und die Flügel sind graubraun. Der Bauch sowie der Schnabel und die Beine sind orange. Das natürliche Habitat dieser Drossel ist die Savanne.

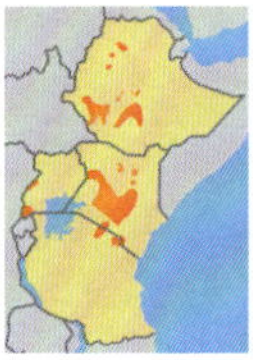

28 cm | ♂ 65 gr | ♀ 65 gr | SA

LC | NT | VU | EN | CE

J F M A M J J A S O N D

(piaggiae)

30 cm | ♂ 75 gr | ♀ 75 gr | SA

LC | NT | VU | EN | CE

J F M A M J J A S O N D

(gurneyi)

Orangedrossel

Gurneydrossel

Orangedrossel

(Geokichla piaggiae)

Die Orangedrossel und die **Gurneydrossel** *(Geokichla gurneyi)* **Orange Ground-Thrush** *(22 cm)* unterscheiden sich nur in wenigen Details voneinander. Die Orangedrossel hat einen braunen Kopf und einen weißen Augenring, die andere einen gräulichen Kopf und einen weißen Augenring, der durch einen schwarzen Streifen unterbrochen ist. Beide sind in den Bambus- und Heidelandschaften des Hochlandes zu finden.

Halmsängerartige *Halmsängerartige (Cisticolidae), zu denen unter anderem Prinien und Eremomelas gehören, sind kleine Insektenfresser mit abgerundeten Flügeln und langen, oft runden und kurzen Schwänzen. Sie haben dünne Beine und einen scharfen Schnabel. Viele dieser Halmsänger sind nur schwer zu unterscheiden. Aus diesem Grund werden in diesem Buch nur die häufigsten erwähnt. Sie leben in Wäldern, Savannen, Grasland, Sümpfen und Büschen in trockenen und semi-ariden Gebieten. Das Gefieder ist hell bei Arten, die im Wald leben, und dunkler bei Arten in eher offenen Gebieten. Während der Brutzeit werden die Farben dieser Sänger bei einigen blasser, bei anderen intensiver.*

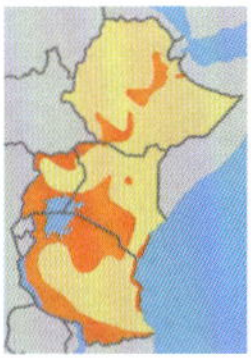

14 cm | ♂ 10 gr | ♀ 8 gr

SA

LC | NT | VU | EN | CE

J F M A M J J A S O N D

Zistensänger *(Cisticola juncidis)*

Zitting Cisticola *(13 cm)*

Von diesem Zistensänger gibt es 18 Unterarten, drei davon in Ostafrika. Beim Weibchen ist der rotbraune Scheitel dünn gestreift, bei ihm zartbraun. Die Flügel haben Beige-, Braun- und Schwarztöne. Die Kehle ist weiß, ebenso wie Brust und Bauch. Die Flügel sind hellbraun. Sie bevorzugen Grasebenen, einschließlich sumpfiger Umgebungen. Hier suchen sie vor allem nach Insektenlarven, Libellen, Motten und Schmetterlingen. Während der Brutzeit sind die Farben des Grassängers etwas kräftiger.

Rotscheitel-Zistensänger *(Cisticola chiniana)* Rattling Cisticola *(14 cm)*

Auch der Rotscheitel-Zistensänger hat viele Unterarten, 10 der 17 kommen in einem oder mehreren der vier Länder dieses Buches vor. Die am häufigsten anzutreffenden Unterarten haben einen rötlich-braunen Scheitel und Hinterkopf (meist dunkler als der zuvor beschriebene Zistensänger). Der Vorderrücken ist weiß mit dunkelbraunen Linien. Die dunkelbraunen Flügel haben weiße Federkanten. Die Beine sind orange. Der Unterkörper ist weiß.

Hinweis: *In den vier Ländern dieses Buches gibt es elf Zistensängerarten, die diesem Rotscheitel-Zistensänger sehr ähnlich sind - diese sind in diesem Buch nicht enthalten.*

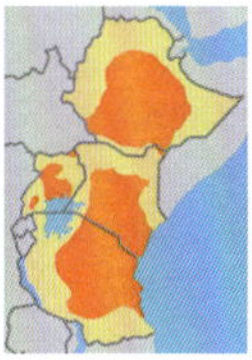

16 cm | ♂ 18 gr | ♀ 15 gr

SA

LC | NT | VU | EN | CE

J F M A M J J A S O N D

15 cm | 15 gr | 13 gr
SA
LC | NT | VU | EN | CE
J F M A M J J A S O N D

Heuglinzistensänger

(Cisticola marginatus)

Winding Cisticola *(13 cm)*

Viele Zistensänger haben einen orange-braunen Scheitel und am Hinterkopf ein schwarz-weiß-braun gemischtes Oberkleid. Beim Heuglinzistensänger ist nur der Scheitel orange oder rotbraun und der Vorderrücken ist beige und schwarz gestreift. Die Flügel sind teilweise rotbraun. Sein Unterkörper ist weiß, manchmal mit einem orangefarbenen Schimmer an den Flanken.

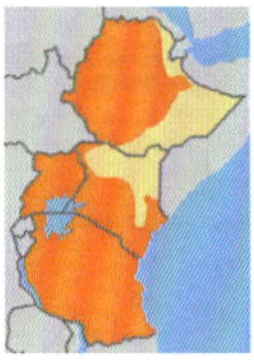

12 cm | 10 gr | 10 gr
SA
LC | NT | VU | EN | CE
J F M A M J J A S O N D

Rahmbrustprinie

(Prinia subflava)

Tawny-flanked Prinia *(11 cm)*

Sechs der 10 Unterarten dieses Prinie kommen in diesen Ländern vor. Prinien sind schlanke Sänger, die häufig den Schwanz heben. Ihre Beine sind relativ lang, ebenso der Schnabel. Die Iris ist auffällig rotbraun. Die Rahmbrustprinie ist erkennbar an ihrem weißen Überaugenstreif und der weißen Kehle, Brust und Bauchpartie. Die Flanken sind oft zart rotbraun. Die Rückenpartie ist graubraun. Im hohen Gras sowie in Sträuchern und Sümpfen suchen sie nach Insekten.

Grünmatel-Bogenflügel

(Camaroptera brachyura)

Green-backed Camaroptera *(11 cm)*

12 cm | 11 gr | 10 gr
SA
LC | NT | VU | EN | CE
J F M A M J J A S O N D

Bogenflügel sind an ihrem kurzen, häufig hochstehenden Schwanz zu erkennen. Es sind kleine, unruhige Sänger, die von Ast zu Ast hüpfen. Sie sind überwiegend grau, nur die Flügel sind olivgrün. Im dichten Unterholz von Wäldern und an Bächen und Flüssen suchen sie nach kleinen Insekten. Es gibt 15 sehr ähnliche Unterarten, von denen elf in einem oder mehreren dieser Länder vorkommen.

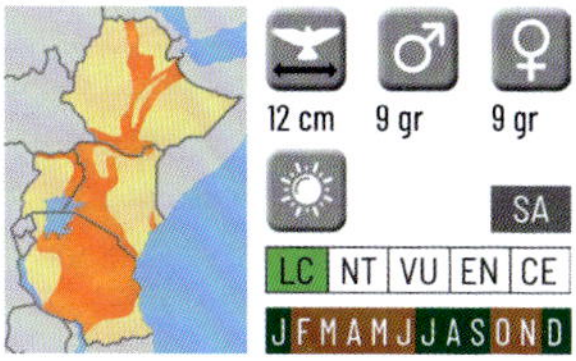

Gelbbauch-Eremomela *(Eremomela icteropygialis)* **Yellow-bellied Eremomela** *(10 cm)*
Bei dieser Eremomela ist nur der Bauch gelb. Kopf, Flügel und Rücken sind graubraun (manchmal hellgrau), Hals und Brust sind weiß. Ihre Beine sind fast schwarz. Drei der 10 Unterarten leben in einem oder mehreren der in diesem Reiseführer aufgeführten Länder. Die **Rotstirnprinie** *(Prinia rufifrons)* **Red-faced Apalis** *(10 cm)* hat denselben Lebensraum mit Ausnahme von Uganda. Sie unterscheidet sich von der Gelbbauch-Eremomela durch ihren rötlich-braunen Scheitel und einen sanft rötlich-braunen Bauch. Beide Arten jagen Insekten in Buschsavannen an Waldrändern, entlang von Bächen und kleineren Flüssen.

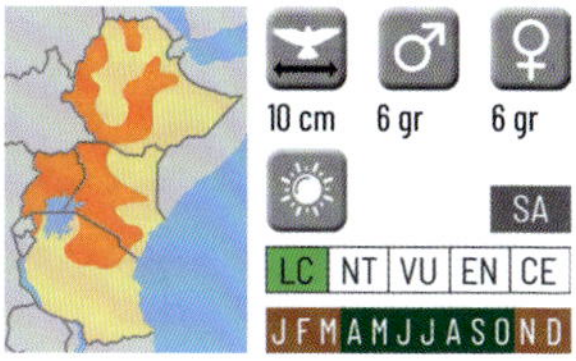

Akaziensänger
(Phyllolais pulchella)
Buff-bellied Warbler *(10 cm)*
Im Gegensatz zu anderen ähnlichen kleinen Singvögeln, wie den Eremomelas und Laubsängern, hat dieser Sänger einen etwas längeren Schwanz. Die Körperfedern sind vom Scheitel bis zum Schwanz hellbraun, der Unterkörper ist sanft gelb. Die Beine sind rosa. Der Augenring des Akaziensängers ist rotbraun. Er sucht hauptsächlich in feuchten Waldgebieten nach Insekten.

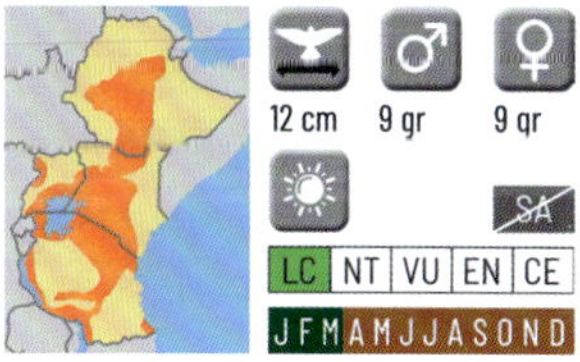

Gelbbrust-Feinsänger
(Apalis flavida)
Yellow-breasted Apalis *(12 cm)*
Vom Gelbbrust-Feinsänger leben acht Unterarten in Afrika. Der Kopf ist grau, Kehle und Bauch sind weiß, die Brust ist gelb und die Rückenpartie olivgrün. Die Iris leuchtet rotbraun. Manchmal hat das Männchen einen schwarzen Fleck auf der Brust, der beim Weibchen jedoch fehlt. Sie bevorzugen Wälder mit dichtem Laub und Mangrovenwälder. Ihre Nahrung besteht aus zahlreichen Insektenarten.

Rohrsängerartige *Die meisten Singvögel dieser Familie werden im Englischen „Warblers" genannt. Die Familie (Acrocephalidae) ist mit anderen Arten der Überfamilie Sylvioidea verwandt. Es sind meist unscheinbare kleine Singvögel, die leichter zu hören als zu sehen sind. Viele Arten ähneln sich sehr stark, nur an ihrem Ruf und Gesang kann man sie unterscheiden. Sie bevorzugen Feuchtgebiete.*

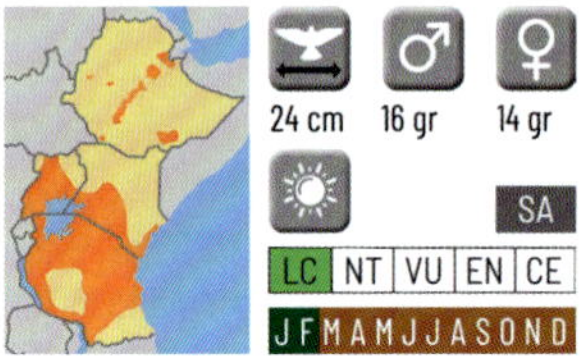

Kaprohrsänger

(Acrocephalus gracilirostris)

Lesser Swamp Warbler *(18 cm)*

Vier der acht Unterarten leben in den Ländern dieses Buches. Jede der Unterarten hat schmale helle Augenbrauen. Die Farbe des Kopfes und der Körperfedern variiert von braun über graubraun bis hin zu weichem Olivgrün. Der Unterkörper ist ab der Kehle und manchmal auch ab den Wangen meist weiß bis beige.

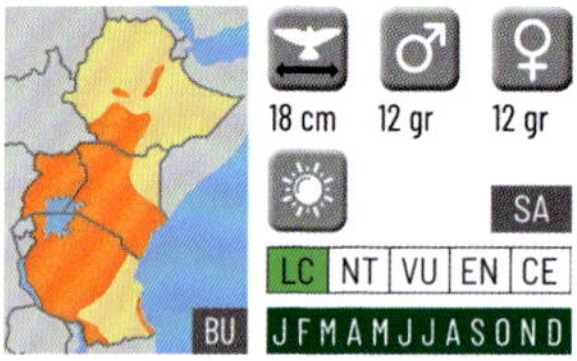

Teichrohrsänger

(Acrocephalus scirpaceus)

Common Reed-Warbler *(13 cm)*

Ein Teil der Population ist Wintergast. Auf dem braungrauen Kopf verläuft ein hellbrauner, dünner Überaugenstreif. Die Kehle ist weiß, die Ränder der weißen Brust und des weißen Bauchs sind beigefarben. Rückenpartie und Schwanz sind hellbraun. Das Braun der Arm- und Handschwingen ist dunkler. In Schilfbetten und am Ufer von Flüssen suchen sie nach Insekten, Samen, Blüten und Früchten.

SPERLINGSVÖGEL *Passeriformes - Phylloscopidae*

Laubsänger *Laubsängerartige sind kleine insektenfressende Vögel mit unauffälligem Gefieder. Die Anzahl der Gattungen in dieser Familie ist gegenwärtig umstritten. Diese Sänger haben eher kurze Schwänze. Sie bewohnen Wälder und Dickichte. Ihre hauptsächlich aus Insekten bestehende Nahrung fangen sie im Flug.*

14 cm 12 gr 12 gr

SA

LC NT VU EN CE

J F M A M J J A S O N D

Fitis *(Phylloscopus trochilus)*
Willow Warbler *(12 cm)*
Wintergast. Es handelt sich hier um eine Unterart *(P. t trochilus)*, die auch in Deutschland brütet. Scheitel und Vorderrücken sind olivgrün, Überaugenstreif, Kehle und ein Teil der Brust gelb. Die Bauchpartie ist bis zum Schwanz weiß. Arm- und Handschwingen sind graugrün. In Afrika lebt er bevorzugt in Sumpfgebieten, Flusswäldern und Mangroven. Ihre Nahrung besteht vor allem aus Insekten und Larven sowie Pflanzenmaterial.

SPERLINGSVÖGEL *Passeriformes: Muscicapidae & Platysteiridae*

Fliegenschnäpper *Dieser Name wird hauptsächlich für Arten aus der Überfamilie Muscicapidae verwendet. Hier handelt es sich nicht um eine exklusive Eigenschaft, denn es gibt viele Arten, die entweder im Flug oder im Gebüsch Fliegen fangen. „Muscicapidae" ist ein Sammelbegriff diverser Vögel, deren Zusammenstellung nicht eindeutig ist, was zu permanenten Studien bzgl. des tatsächlichen Stammbaums führt. Vögel aus der Familie der Platysteiridae gehören nicht zu dieser Überfamilie, werden aber trotzdem den Schnäppern zugerechnet. Auch im Gefieder unterscheiden sich diese Arten deutlich vom „echten" Fliegenschnäpper. Übrigens ernähren sich die sogenannten Schnäpper nicht nur von Fliegen. Viele Insektenarten, Würmer, Larven und gelegentlich auch Früchte stehen ebenfalls auf dem Speiseplan.*

20 cm 20 gr 20 gr

SA

LC NT VU EN CE

J F M A M J J A S O N D

Strichelkopfschnäpper
(Bradornis microrhynchus)
African Grey Flycatcher *(14 cm)*
Der Strichelkopfschnäpper hat zarte, dunklere Strichelchen auf dem beigen Kopf. Das obere Gefieder ist graubraun, das untere schmutzig weiß. Der Schnabel und die Beine sind schwarz. Die Flügel haben schwache weiße Streifen. Diese Art ist nur schwer vom Fahlschnäpper zu unterscheiden.

24 cm 24 gr 24 gr
SA
LC NT VU EN CE
J F M A M J J A S O N D

Fahlschnäpper

(Bradornis pallidus)

Pale Flycatcher *(16 cm)*
Es gibt 13 Unterarten dieses Fliegenschnäppers, die in weiten Teilen Afrikas in einer Vielzahl von Umgebungen vorkommen. Er hat viele Ähnlichkeiten mit dem kleineren Strichelkopfschnäpper, zumal beide Arten wiederum viele Unterarten haben, die sich in der Farbintensität unterscheiden.

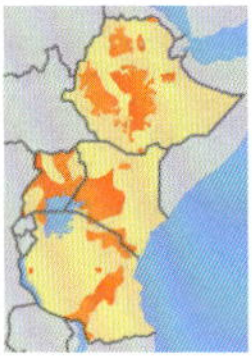

20 cm 12 gr 12 gr
SA
LC NT VU EN CE
J F M A M J J A S O N D

Dunkelschnäpper

(Muscicapa adusta)

African Dusky Flycatcher *(13 cm)*
Von den 10 Unterarten leben 5 in einem oder mehreren Ländern dieses Reiseführers. Sie unterscheiden sich voneinander, indem sie das Grau des Rückengefieders gegen ein einheitliches Braun austauschen. Sie sind eine Nuance dunkler als der Fahl- und Strichelkopfschnäpper. Der Unterkörper ist schmutzig weiß oder beige. Der **Grauschnäpper** *(Muscicapa-striata)* **Spotted Flycatcher** *(15 cm)* lebt in allen vier Ländern und ist kaum vom Fahlschnäpper zu unterscheiden. Der **Sumpfschnäpper** *(Muscicapa aquatica)* **Swamp Flycatcher** *(13 cm)* hat das gleiche Gefieder, aber die Flanken bei der Brust sind graubraun. Er lebt hauptsächlich in Uganda.

26 cm 22 gr 22 gr
SA
LC NT VU EN CE
J F M A M J J A S O N D

Silberschnäpper

(Empidornis semipartitus)

Silverbird *(18 cm)*
Kopf, Wangen, Rückengefieder, Flügel und Schwanzfedern sind alle silbergrau. Der Unterkörper ist bis zum Unterschwanz orange. Seine schwarzen Knopfaugen sind auffallend groß. Inmitten von Akaziengrasland und halbbewaldeten Savannen mit hohen Bäumen sucht er nach Insekten, insbesondere Ameisen.

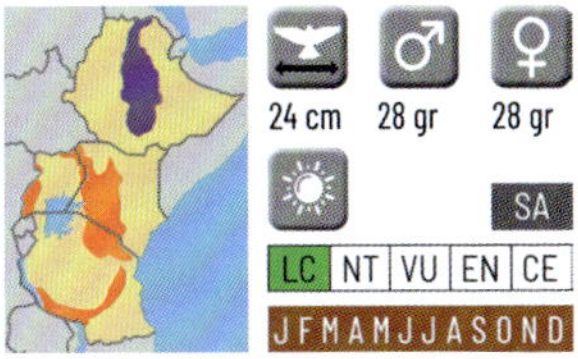

Bergdrongoschnäpper

(Melaenornis fischeri) **White-eyed Slaty-flycatcher** *(15 cm)*
Bei diesem blaugrauen Schnäpper, der dichte Wälder in hügeliger Landschaft bevorzugt, fallen besonders seine breiten weißen Augenringe auf. Der Unterkörper ist hellgrau bis weiß. Manchmal sind die Körperfedern graubraun. Bei einer Unterart im Südwesten Ugandas sind die weißen Augenringe sehr schmal. Der **Braundrongoschnäpper** *(Melaenornis chocolatinus)* **Abyssinian Slaty Flycatcher** *(15 cm)*, hat dieselben schmalen weißen Augenringe, ein graues Gefieder, aber gelbe Iris. Er lebt im Hochland Äthiopiens.

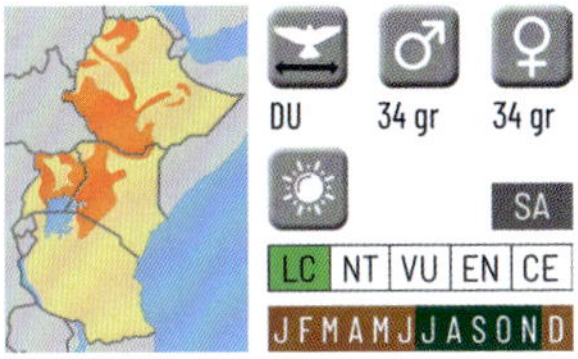

Senegal-Drongoschnäpper

(Melaenornis edolioides)
Northern Black-Flycatcher *(20 cm)*
Die Iris ist dunkelbraun, die des echten Drongos dagegen leuchtend rot. Das Gefieder ist komplett schwarz, die Beine sind dunkelgrau. Eine der beiden Unterarten *(M.e. schistaceus)* ist deutlich fahler. Die Weibchen sind blasser. Sie bevorzugen feuchte Waldlandschaften und Flusswälder. Die Nahrung, die sie im Flug oder am Boden fangen, besteht hauptsächlich aus Käfern, Zikaden und Schmetterlingen. Am häufigsten kommt der Vogel zur Regenzeit vor.

Tropfenrötel *(Cichladusa guttata)* **Spotted Morning-Thrush** *(16 cm)*

Bis auf den Hals ist der beige Unterkörper weitgehend fleckig, die Beine sind grau oder schwarz. Vorderrücken und Scheitel sind hellbraun, Die Arm- und Handschwingen und der Schwanz sind rotbraun. Über den Augen hat er weiße Augenbrauen. Mitten in den Auwäldern sucht er im Unterholz nach Insekten.

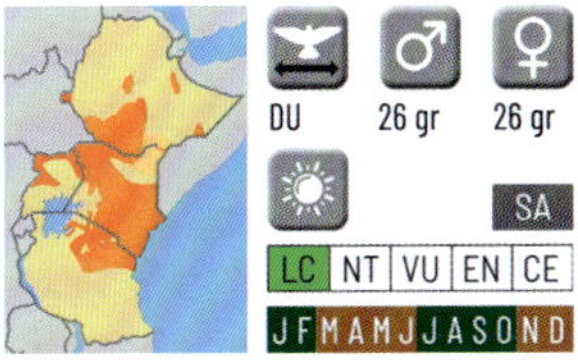

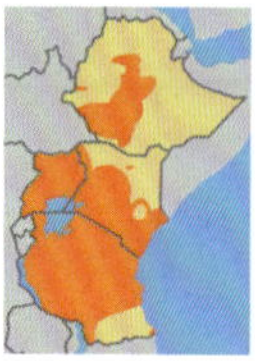

36 cm 40 gr 40 gr

SA

LC NT VU EN CE

J F M A M J J A S O N D

Weißbrauenrötel

(Cossypha heuglini)

White-browed Robin-chat *(19 cm)*

Der Weißbrauenrötel hat lange, breite, weiße Augenstreifen, die vom Schnabel bis zum Hals reichen. Die Wangen und der Scheitel sind schwarz, der Vorderrücken ist grau-orange. Der Unterkörper und die Flügel sind blaugrau. Er bevorzugt dichtes Unterholz in dichten Wäldern mit Wasserquellen (Flüsse, Bäche). Ein ähnlicher Rötel, der **Braunrückenrötel** *(Cossypha semirufa)* **Rüppell's Robin-chat** *(19 cm)*, der eher das Hochland von Kenia und Äthiopien besucht, hat dunkelgraue mittlere Schwanzfedern.

Natalrötel

(Cossypha natalensis)

Red-capped Robin-chat *(16 cm)*

30 cm 36 gr 36 gr

SA

LC NT VU EN CE

J F M A M J J A S O N D

Dieser schöne Rötel ist eher scheu und es wird daher nicht leicht sein, ihn in bewaldeten Gebieten in dichtem Laub und Gebüsch zu finden. Sein Scheitel ist dunkler als der orangefarbene Kopf und der Unterkörper. Der Vorderrücken hat die gleiche Farbe wie der Scheitel, die Flügel sind blaugrau, ebenso die oberen Schwanzfedern, die Unterseite ist orange.

32 cm 30 gr 30 gr

SA

LC NT VU EN CE

J F M A M J J A S O N D

Kaprötel

(Cossypha caffra)

Cape Robin-Chat *(17 cm)*

Der Kaprötel hat weiße Augenstreifen und einen blass braungrauen Kopf. Der Hals und ein Teil der Brust sind orange. Das übrige Gefieder ist bis zu den orangen Unterschwanzdecken grau, die Flügel sind graubraun. Zu finden an Waldrändern, in Gärten und in dichten Strauchgewächsen in 1600-3400 m. Höhe, in Tansania auch in viel geringeren Höhen. Lautstarker Sänger.

Weißbrauen-Heckensänger *(Cercotrichas leucophrys)* **White-browed Scrub-Robin** *(15 cm)*

Heckensänger mit dem englischen Namen Scrub-Robin weisen viele Ähnlichkeiten auf. Charakteristisch sind die weißen Augenbrauen, Bartstreifen und der rötlich-braune Bürzel. Die häufigste Art ist der Weißbrauen-Heckensänger. Sein Lebensraum überschneidet sich mit dem des etwas dunkleren **Hartlaubheckensänger** *(Cercotrichas hartlaubi)* **Brown-backed Scrub-Robin** *(15cm)*, vor allem in Uganda. Bevorzugt

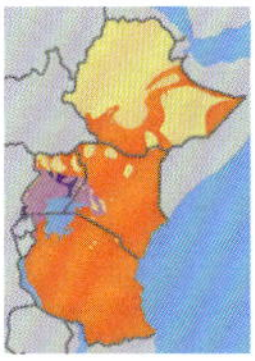

28 cm | 20 gr | 22 gr
SA
LC NT VU EN CE
J F M A M J J A S O N D

werden bewaldete Gebiete, in denen blühende Pflanzen wachsen, die duftendes Harz (Myrrhe und Weihrauch) produzieren. Beide zeigen gerne ihren schönen Fächerschwanz.

Orange = Hartlaubheckensänger
Violett = Weißbrauen-Heckensänger
Rosa = Überlappungsbereich

36 cm | 60 gr | 60 gr
SA
LC NT VU EN CE
J F M A M J J A S O N D

Steinrötel

(Monticola saxatilis)

Rufous-tailed Rock-thrush *(18 cm)*

Wintergast. Vor allem die Männchen haben ein auffälliges Federkleid. Der blaugraue Kopf bildet einen schönen Kontrast zum orange-gesprenkelten Unterkörper. Weiße Federn bedecken den dunkelgrauen Vorderrücken. Die Flügel sind braun und fleckig, die Beine sind grau. Das Weibchen hat einen graubraunen Kopf und der Unterkörper ist viel weniger orange. Sie bevorzugen Berghänge mit Strauchbewuchs, wo sie hauptsächlich nach Insekten suchen. Der **Schluchtenrötel** *(Monticola rufocinereus)* **Little Rock Thrush** *(16 cm)* bewohnt dauerhaft mehr oder weniger das gleiche Gebiet wie der Steinrötel im Winter. Das Männchen ähnelt dem größeren Steinrötel. Das Weibchen ähnelt dem Männchen, ist aber viel blasser grau.

Hadesschmätzer

(Myrmecocichla nigra)

Sooty Chat *(17 cm)*

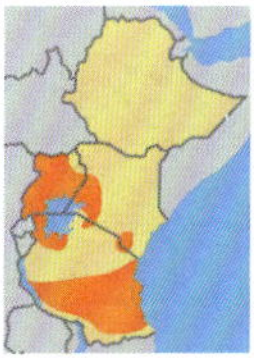

34 cm | 42 gr | 42 gr
SA
LC NT VU EN CE
J F M A M J J A S O N D

Ein fast vollständig schwarzer Schmätzer mit einem weißen Fleck auf den Schulterfedern des Männchens. Wenn sie stillstehen, fällt die typische Schmätzer-Haltung auf: aufrecht und die Beine zusammen. Das Weibchen sieht etwas grauer aus, und es fehlen die weißen Akzente auf den Schultern. Ihre Nahrung besteht hauptsächlich aus Beeren und Samen sowie aus allen Arten von Insekten.

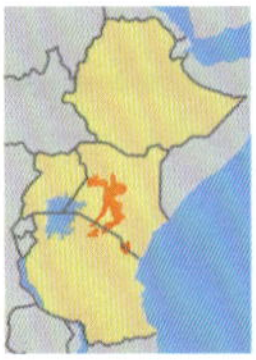

36 cm | 60 gr | 60 gr | SA

LC NT VU EN CE

J F M A M J J A S O N D

Rußschmätzer

(Myrmecocichla aethiops) **Northern Anteater Chat** *(18 cm)*

Sein Gefieder variiert von Hell- bis Dunkelbraun. An der Unterseite der Flügel haben beide Geschlechter weiße Flecken. Ihre Nahrung, bestehend aus Motten, Termiten, Käfern, Heuschrecken und Spinnen, suchen sie vorzugsweise in Gebieten mit kurzem Gras, Sträuchern und Termitenhügeln.

Braunkehlchen

(Saxicola rubetra) **Whinchat** *(13 cm)*

24 cm | 20 gr | 20 gr | SA

LC NT VU EN CE

J F M A M J J A S O N D

Wintergast. Das Männchen zeichnet sich nur durch seine intensivere Färbung aus. Es ist erkennbar am weißen Überaugenstreif, der orangefarbenen Kehle, dem dunklen Scheitel und den dunklen Wangen und dem weißen Bauch. Die Flügel zeigen Brauntöne und Weiß. Sie ernähren sich von Insekten und deren Larven. Diese finden sie vor allem in trockeneren Gebieten, in Flussvegetation und Grasland und in leicht bewaldeten Gebieten mit viel Unterholz.

36 cm | 48 gr | 48 gr | SA

LC NT VU EN CE

J F M A M J J A S O N D

Rotbauchschmätzer

(Thamnolaea cinnamomeiventris) **Mocking Cliff Chat** *(20 cm)*

Das Männchen hat eine schwarze Rückenpartie und bei einigen Unterarten einen weißen Fleck auf den Schultern. Der Bürzel und der Bauch sind orange. Das Weibchen ist grauer, hat aber auch einen orangefarbenen Bauch und Bürzel. Ihr Lebensraum umfasst Felsen, Klippen und halbhohe, mit Feigenbäumen bewachsene Felshügel. Neben Feigen fressen sie alle Arten von Insekten. Auf dem Hochland von Äthiopien lebt der **Spiegelschmätzer** *(Monticola semirufus)* **White-winged Cliff Chat** *(20 cm)*. Er unterscheidet sich vom Rotbauchschmätzer nur dadurch, dass er mehr Orange auf der Brust und weiße Armschwingen hat.

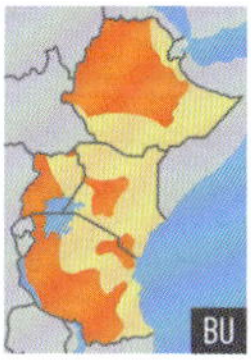

19 cm | ♂ 15 gr | ♀ 15 gr

SA

LC NT VU EN CE

J F M A M J J A S O N D

Afrikanisches Schwarzkehlchen

(Saxicola torquatus) **African Stonechat** *(12 cm)*

Das Männchen hat einen schwarzen Kopf und einen weißen Kragen. Die Flügel sind schwarz, Brust und Bauch rostfarben, jeweils mit weißen Farbakzenten. In Ostafrika gibt es eine Unterart mit einem rostbraunen v-förmigen Fleck auf einen weißen Unterkörper. Bei den Weibchen beider Varianten sind Kopf, Rücken und Flügel braun, Brust und Bauch sind heller rostbraun. In Äthiopien gibt es eine Unterart mit einer schwarzen Brust mit rotbraunen Flecken. Sie leben in großer Zahl in Graslandschaften im Hügelland.

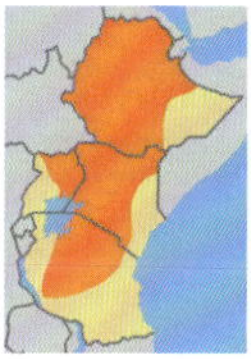

22 cm | ♂ 20 gr | ♀ 20 gr

SA

LC NT VU EN CE

J F M A M J J A S O N D

Nonnensteinschmätzer

(Oenanthe pleschanka)

Pied Wheatear *(15 cm)*

Wintergast. So sieht der Nonnensteinschmätzer in Afrika aus, wenn sich sein schwarzes Rückengefieder außerhalb der Brutzeit grau färbt. Der Scheitel und der Hinterkopf bleiben weiß und das Gesicht schwarz. Das Weibchen hat einen weich rotbraunen Unterkörper und die Körperfedern sind in Brauntönen gemischt. Sie bevorzugen karge, trockene Zonen mit felsigem Gelände.

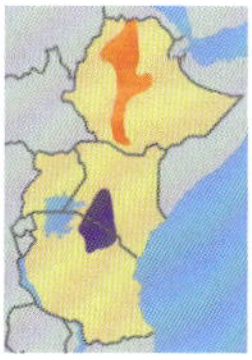

22 cm | ♂ 24 gr | ♀ 24 gr

SA

LC NT VU EN CE

J F M A M J J A S O N D

Rüppel-Steinschmätzer

(Oenanthe lugubris) **Abyssinian Wheatear** *(15 cm)*

Beide Unterarten haben einen beigen oder weißen Scheitel und dunkles Rückengefieder. Die Unterart *O. l. Schalowi* hat einen weißen Unterkörper und lebt in Äthiopien. Der *O. l. lugubris* lebt in der Grenzregion von Kenia und Tansania, sein Unterkörper ist fast schwarz. Die Weibchen ähneln dem Weibchen des Nonnensteinschmätzers. Wie die meisten Steinschmätzer lieben sie trockene Gebiete mit Felsen, wo sie sich von Insekten ernähren.

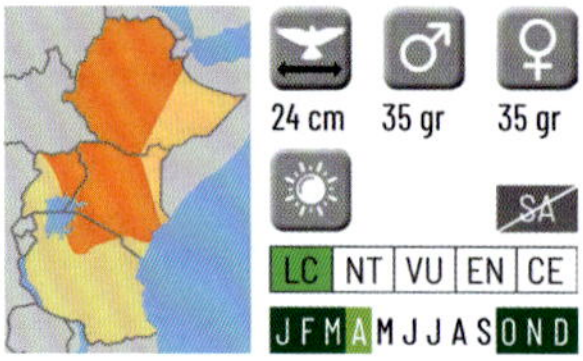

Isabellsteinschmätzer

(Oenanthe isabellina)

Isabelline Wheatear *(16 cm)*

Wintergast. Sein Gefieder hat blasse erdige Farben. Er hat weiße Augenbrauen unter einem hellgrauen Scheitel. Die Wangen sind hell rotbraun. Der Vorderrücken ist hellgrau, die Flügel sind beige, grau und schwarz. der Unterkörper ist auf der Brust rötlich, weiter zum Bauch und unter dem Schwanz ändert sich die Farbe zu Weiß. Die Beine sind schwarz. Das blassere Weibchen hat graue Beine und einen grau-hellbraunen Schnabel. Trockene offene Zonen sowohl im Tiefland als auch im Hochland werden bevorzugt.

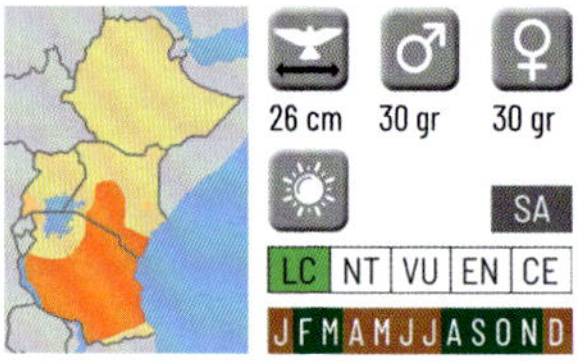

Erdsteinschmätzer

(Oenanthe pileata)

Capped Wheatear *(17 cm)*

Die weißen Augenstreifen unterbrechen das Schwarz des Scheitels und Wangen. Die Brust ist fast schwarz, der Rest des Unterkörpers hell rotbraun bis weiß. Die Flügel sind graubraun. Der Schnabel ist, entsprechend der insektivoren Ernährungsweise, zierlich und schlank. In Afrika ab 1400 m Höhe ein recht verbreiteter Schmätzer. Die Geschlechter gleichen sich äußerlich.

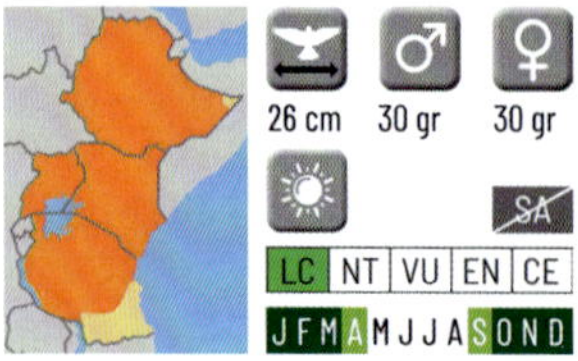

Steinschmätzer

(Oenanthe oenanthe) **Northern Wheatear** *(15 cm)*

Wintergast. In Afrika sind die Farben außerhalb der Brutzeit viel blasser. Die Maske wird schmaler und der Rücken sowie der Scheitel und der Vorderrücken werden hellgrau. Unter den Wangen und am Hals bleibt er vage rötlich braun. Das Weibchen hat eine helle Brust und einen hellen Bauch. Ihr Vorderrücken ist hellbraun. Sie sehen aus wie der Isabellsteinschmätzer.

22 cm | ♂ 16 gr | ♀ 16 gr | SA

LC | NT | VU | EN | CE

J F M A M J J A S O N D

Bindenlappenschnäpper

(Platysteira cyanea) **Brown-throated Wattle-eye** *(13 cm)*
Der Name bezieht sich auf die braune Kehle des Weibchens. Die Kehle des Männchens ist weiß. Beide Geschlechter sind durch die roten Hautlappen über den Augen und das schwarz-weiße Gefieder (sie ist etwas grauer) auffällige Erscheinungen. Ihre Nahrung besteht aus Insekten. Diese fangen sie in dicht belaubten Bäumen, in denen sie von Ast zu Ast hüpfen. Ihr Lebensraum sind Wälder mit Laubbäumen.

18 cm | ♂ 14 gr | ♀ 14 gr | SA

LC | NT | VU | EN | CE

J F M A M J J A S O N D

Weißflankenbatis *(Batis molitor)*

Chin-spot Batis *(12 cm)*
Zur Familie der Afrikaschnäpper *(Platysteiridae)* gehören 19 verschiedene Wollschnäpper. Es sind kleine, gedrungene Vögel, die sich ähneln. Der Weißflankenbatis ist am stärksten verbreitet. Das Männchen hat ein schwarzes Band quer über der Brust, beim Weibchen ist es ebenso wie auch der Hals braun. Beide Geschlechter haben eine hellgelbe Iris. Weißflankenbatis suchen vor allem im dichten Blattwerk nach Nahrung.

14 cm | ♂ 8 gr | ♀ 8 gr | SA

LC | NT | VU | EN | CE

J F M A M J J A S O N D

Däumlingsschnäpper *(Batis perkeo)* **Pygmy Batis** *(8 cm)*

Das Männchen ist die kleinere Version des Weißflankenbatis. Das Weibchen hat keine rötlich braune Kehle, sondern nur eine rötlich braune Brust. Der **Heuglinschnäpper** *(Batis orientalis)* **Grey-headed Batis** *(10 cm)* ist etwas größer und bei beiden Geschlechtern ist der Vorderrücken manchmal gesprenkelt und dunkler grau als der des Däumlingsschnäppers. Sein Lebensraum ist Äthiopien. Beide Arten bevorzugen trockene Gebiete mit viel Gestrüpp und Grasflächen mit Bäumen.

Elfenschnäpper *Zur Gattung Elminia gehören fünf Arten, die in Afrika verbreitet sind. Eine davon findet sich in diesem Teil Afrikas. Die kleine Haube steht nicht so hoch wie die einiger Lerchen.*

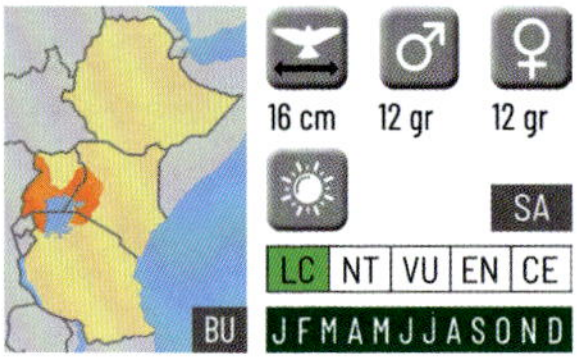

Blauhaubenschnäpper

(Elminia longicauda)

African Blue-Flycatcher *(17 cm)*

Dieser besonders schöne Schnäpper besticht durch eine hellblaue Rücken- und eine weitgehend weiße Bauchpartie. Genauso wie die Iris sind auch Zügel und Schnabel schwarz. Das Gefieder des Weibchens ist etwas blasser. Dieser Schnäpper ist mit keinem anderen Vogel in Afrika vergleichbar. In verschiedensten Wäldern an der Küste, aber auch im Landesinneren, finden sie ihre Nahrung, hauptsächlich kleinere Insekten wie Bienen, Ameisen, Fliegen, Termiten und Käfer. Im dichten Laub, oft im Schatten, hüpfen sie von Ast zu Ast.

SPERLINGSVÖGEL *Passeriformes - Monarchidae*

Monarchen *Monarchen der Gattung Terpsiphone sind auffällige Singvögel, bei denen beide Geschlechter einen Kopfhaube tragen. Die Männchen entwickeln während der Brutzeit einen langen Schwanz. Sie ernähren sich von Gliederfüßern und Beeren. Die Arten in Ostafrika sind überwiegend rotbraun.*

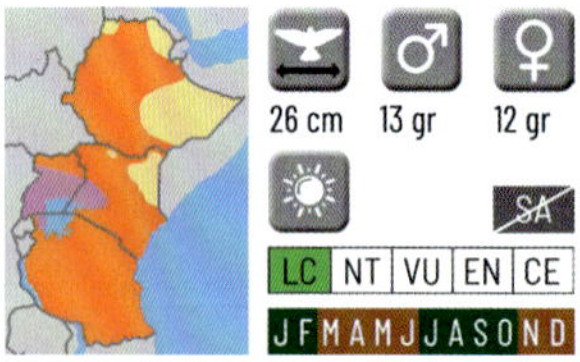

Orange = Graubrust-Paradiesschnäpper
Rosa = beide Typen

Graubrust-Paradiesschnäpper

(Terpsiphone viridis) **African Paradise-Flycatcher** *(18 cm)*

Zwei der 10 Unterarten *(T. v. somereni* und *T.v. emini)* sind in diesem Teil Afrikas zu finden. Beide Geschlechter haben einen blauschwarzen Kopf mit Haube (bei den Weibchen kleiner) und eine graublaue Brust. Rückengefieder und Schwanz sind orangebraun. Bei einer Unterart *(T.v. ferreti)* hat das Männchen teilweise weiß-schwarze Arm- und Handschwingen. In einem Teil von Uganda lebt der **Senegal-Paradiesschnäpper** *(Terpsiphone rufiventer)* **Black-headed Paradise-Flycatcher** *(19 cm)*. Sein Unterkörper ist orangebraun. Die weißen Akzente auf den Flügeln fehlen bei beiden Geschlechtern. Bevorzugt werden bewaldete Savannen und offene Wälder.

Drosselhäherling *Im Jahr 2018 wurde eine umfassende Studie veröffentlicht, in der der Stammbaum überarbeitet wurde. Die Gattung Turdoides wurde aufgeteilt und mehr als die Hälfte der Arten der Gattung Argya zugeordnet. Drosselhäherlinge haben einen langen Schwanz und ein eher langweiliges graues oder braunes Gefieder. Diese soziale Art ist sehr ruffreudig und sucht in Gruppen nach Nahrung.*

Weißstrichel-Drosselhäherling *(Turdoides jardineii)* **Arrow-marked Babbler** *(22 cm)*

Die leuchtenden klaren Farben der Iris sind das bunteste an diesem Drosselhäherling. Die Körperfedern sind graubraun. Der Unterkörper mit zerzausten weißen Federn ist schmutziggrau. Diese Federn hat er auch auf dem Kopf. Die Beine sind grau, der Schnabel ist schwarz. Diese lauten Vögel suchen ihre Nahrung am liebsten in Büschen und am Boden.

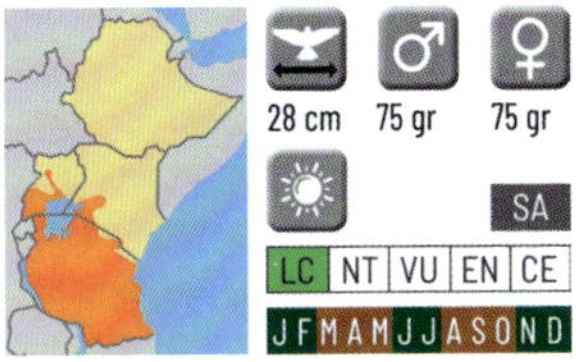

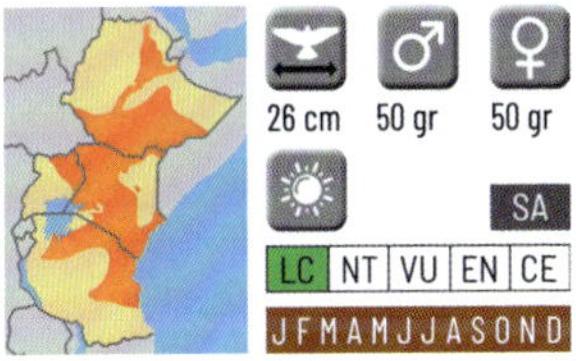

Heuglindrossling *(Argya rubiginosa)* **Rufous Chatterer** *(21 cm)*

Zwei Farben dominieren das Gefieder dieses Drosslings. Das Weibchen ist vom Kopf bis zu den Schwanzfedern einheitlich braun. Das Untergefieder ist überwiegend orange. Die Iris sind bei ihm hellgelb, bei ihr grungelb. Der Schnabel ist gelb.

Sudandrossling *(Turdoides plebejus)* **Brown Babbler** *(25 cm)*

Die dunklen Kopf- und Halsfedern scheinen aufgrund der weißen Ränder wie Schuppen über dem Unterkörper zu liegen. Die Iris ist entweder gelb oder (häufiger) orangefarben. Die Rückenpartie ist braun, die Beine sind grau. Der Bereich um die Augen ist beigefarben. In trockeneren Waldgebieten und offenen Savannen mit Sträuchern und Bäumen suchen sie vor allem nach Ameisen, Käfern, Termiten, Bienenwachs und Larven. Eine der drei Unterarten *(T. p. cinerea)* lebt in Ostafrika.

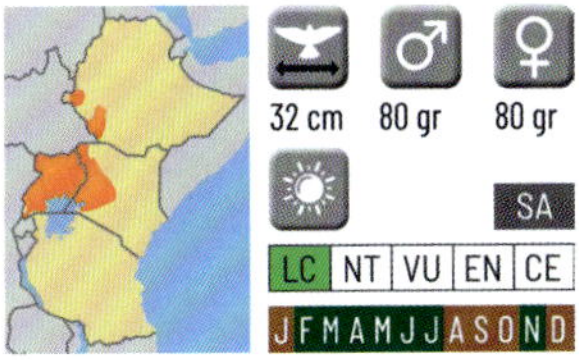

Brillenvögel *Brillenvögel (Zosteropidae) gehören zu einer großen Familie. Die Familie hat 125 Arten, die in Südasien, Afrika und Australien vorkommen. Ihren Namen verdanken sie dem markanten Ring aus weißen Federn rund um das Auge. Sie fressen Früchte, trinken Nektar und suchen in Bäumen nach Insekten. Es sind kleine, sehr bewegliche Vögel, die ihr kompaktes Nest in Astgabeln bauen.*

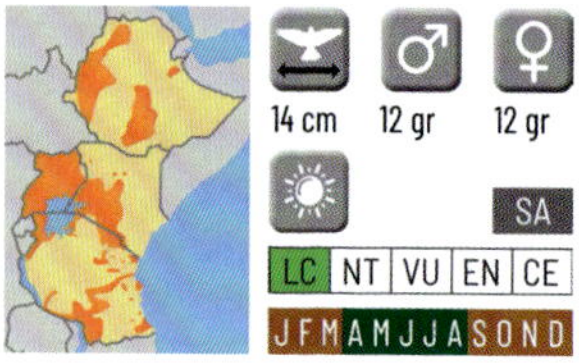

Senegalbrillenvogel
(Zosterops senegalensis)
African Yellow White-eye *(11 cm)*
Es gibt etwa zehn Unterarten der Senegalbrillenvögel, fünf davon in den Ländern dieses Reiseführers. Die meisten Unterarten sind endemisch. Die Bauchpartie ist gelb, die Farbe von Kopf und Vorderrücken tendiert zu Olivgrün. Die Flügel sind olivgrün mit dunklen Federkanten. Sie sind nicht an bestimmte Lebensräume gebunden, vermeiden aber übermäßig feuchte und sehr trockene Zonen.

Somalibrillenvogel *(Zosterops abyssinicus)* **Abyssinian White-eye** *(11 cm)*
Er ist viel weniger gelb als der Senegalbrillenvogel. Beim Somalibrillenvogel sind die Kehle und die Unterschwanzdecken gelb. Der Kopf ist olivgrün, der Vorderrücken tendiert zu grau und das Rückengefieder ist eher olivgrün. Auch dieser Brillenvogel hat breite weiße Augenränder. Er bevorzugt dichte Wälder an Berghängen mit vielen verschiedenen Baum- und Pflanzenarten. Der **Keniabrillenvogel** *(Zosterops flavilateralis)* **Kenya White-eye** *(11 cm)* ähnelt dem Senegalbrillenvogel, aber sein Rücken und Unterkörper sind blasser und seine Flügel und Schwanzfedern sind eher grau als gelb wie beim Senegalbrillenvogel.

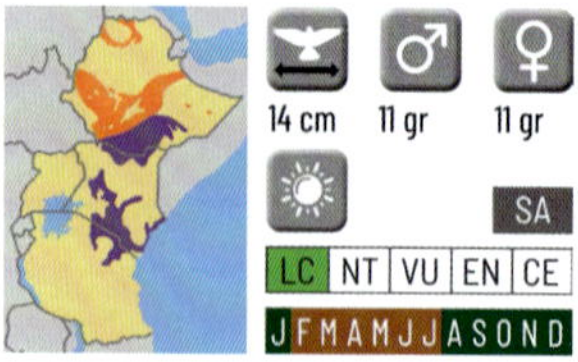

Orange = Somalibrillenvogel
Violett = Keniabrillenvogel

SPERLINGSVÖGEL *Passeriformes - Nectariniidae*

Nektarvögel *Die meisten Nektarvögel ernähren sich von Nektar, fangen aber auch Insekten, vor allem, um ihre Jungen zu füttern. Beeren sind bei einigen Arten ebenfalls ein fester Bestandteil der Nahrung. Ihr Flug ist schnell und direkt; im Rüttelflug saugen sie mit ihren Zungen den Nektar aus den Blütenkelchen. Der lange Schnabel ist abwärts gebogen. Das Keratin in den Federn enthält Luftblasen. In Kombination* *mit der blauen Strukturfarbe und dem gelben Pigment sowie dem Licht, das sich in den Luftblasen bricht, schillern die Farben vieler Arten bis hin zum Smaragd. Die äußeren Unterschiede zwischen Männchen und Weibchen sind groß, den Weibchen fehlt meist das Farbmuster, welches das Männchen das ganze Jahr über ziert. Ihr Gefieder leuchtet in der Regel beige, gelb und braun. Gepflegte Gebiete wie Parks oder Gärten mit vielen blühenden Pflanzen sind in der Regel die besten Orte, um Nektarvögel zu finden.*

16 cm 11 gr 10 gr

SA

LC NT VU EN CE

J F M A M J J A S O N D

Waldnektarvogel

(Hedydipna collaris) **Collared Sunbird** *(10 cm)*

Der smaragdgrüne Kopf des Männchens ist durch ein blauviolettes Band auf der Brust mit der gelben Bauchpartie verbunden. Das Weibchen hat eine gelbe Kehle, ein Kragen fehlt. Ihr kurzer Schwanz leuchtet grün. Im Gegensatz zu den meisten Nektarvögeln frisst dieser Nektarvogel hauptsächlich Insekten, Schnecken, Samen und Kleinfrüchte. Wenn sie jedoch den Duft von Feigensaft aus den Löchern der Feigenwespe einfangen, sind sie nicht mehr zu halten. Der Vogel lebt vornehmlich an Waldrändern.

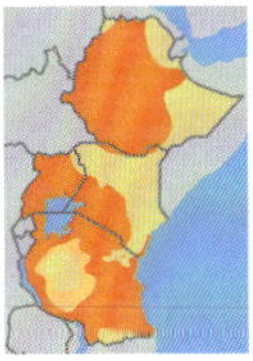

22 cm 17 gr 15 gr

SA

LC NT VU EN CE

J F M A M J J A S O N D

Rotbrust-Glanzköpfchen

(Chalcomitra senegalensis) **Scarlet-chested Sunbird** *(15 cm)*

Typisch für diesen Nektarvogel sind die feuerrote Brust und die grün schillernden Scheitel- und Kehlstreife. Kopf, Vorderrücken und Unterbauch sind dunkelbraun bis schwarz, Flügel und Schwanz hellbraun. Das Weibchen ist überwiegend braun mit Flecken auf Brust und Bauch. Sie sind oft an orangefarbenen Lippenblütlern *(Leonotis)* zu finden, deren Nektar sie trinken. Zudem fressen sie Insekten und Spinnen. Trockenere Waldgebiete mit Akazien und Sträuchern werden bevorzugt, solange es dort Nektar gibt.

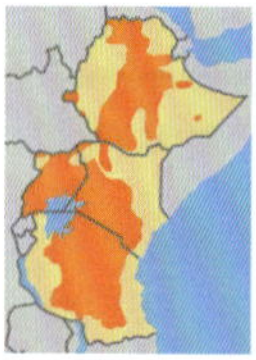

16 cm | 10 gr | 11 gr

SA

LC | NT | VU | EN | CE

J F M A M J J A S O N D

Elfennektarvogel

(Cinnyris pulchellus)

Beautiful Sunbird *(10+6 cm)*

Vom Kopf abwärts ist er smaragdgrün bis zu einem schmalen blauen Band, das die rote Brust begrenzt. Auf beiden Seiten der roten Brust befinden sich gelbe Flecken. Der Bauch leuchtet bis zum Unterschwanz smaragdgrün. Die Flügel sind teilweise dunkelbraun. Das Männchen hat zwei 6 cm lange äußere Schwanzfedern. Das Weibchen ist überwiegend cremefarben und braun mit einer zartgelben Bauchpartie. Sie fressen hauptsächlich Nektar und Blumen und dazu sämtliche Insekten und Spinnen. Flussvegetation und andere feuchte Gebiete mit blühenden Pflanzen (Aloe, Eibisch) werden bevorzugt.

♂

♀

Preussnektarvogel *(Cinnyris reichenowi)* **Northern Double-collared Sunbird** *(11 cm)*
Beim Preussnektarvogel sind die gelben Flecke neben dem Rot schmal und manchmal ganz vom Daumenfittich verdeckt. Es gibt zwei Unterschiede zum **Füllebornnektarvogel** *(Cinnyris mediocris)* **Eastern Double-collared Sunbird** *(11 cm)*: sein rotes Band ist noch breiter, so dass das Gelb kaum sichtbar ist, und das rote Band ist an der Kehle mit einem violetten (statt blauen) Kragen eingefasst. Der Unterkörper von Preuss ist auch oft etwas dunkler. Die Weibchen haben ein gelbes bis cremeweißes Untergefieder und ein braunes Rückengefieder. Beide Arten bevorzugen hügeliges Gelände mit Blüten von Aloe, Korallenbäume und Eibisch.

18 cm | 8 gr | 8 gr

SA

LC | NT | VU | EN | CE

J F M A M J J A S O N D

Orange = Preussnektarvogel
Violett = Füllebornnektarvogel
Rosa = Überlappungsbereich

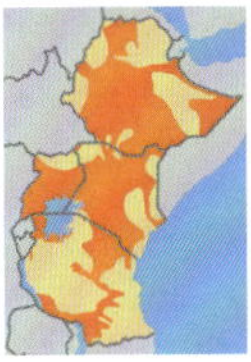

16 cm 10 gr 10 gr
SA
LC | NT | VU | EN | CE
JFMAMJJASOND

Ziernektarvogel *(Cinnyris venustus)* **Variable Sunbird** *(10 cm)*
An Scheitel, Wangen, Nacken und Mantel schimmert er blau oder smaragdgrün. Die Kehle ist bis zu der zartgelben Bauchpartie violett. Die Flügel sind dunkelbraun. Der Bürzel ist himmelblau. Kopf und Flügel des Weibchens sind gelb und hellbraun. Solange das Nahrungsangebot ausreicht (Nektar, Insekten, Spinnen, Blumen), bevorzugen sie keine bestimmte Umgebung. Die Unterart in Uganda wird im Englischen als **Orange-chested Sunbird** *(C. v. igneiventris)* bezeichnet, und zwar wegen des Orange, das auf dem Bauch in Gelb übergeht. In Teilen Äthiopiens und im nordöstlichen Kenia lebt die Unterart **White-bellied Sunbird** *(C. v. albiventris)*, die statt des gelben einen weißen Unterkörper hat.

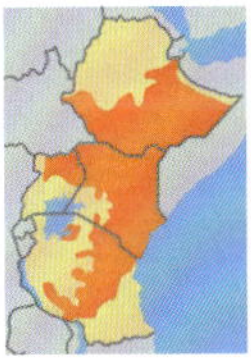

20 cm 12 gr 12 gr
SA
LC | NT | VU | EN | CE
JFMAMJJASOND

Schwalbennektarvogel
(Anthreptes orientalis) **Eastern Violet-backed Sunbird** *(12 cm)*
Sobald das Sonnenlicht den Vorderrücken, die Kopf- und die Schwanzfedern dieses Nektarvogels trifft, wird die schöne purpurne oder violette Farbe sichtbar. Das Gesicht ist schwarz, der Unterkörper schneeweiß und die Flügel sind braun. Ein Teil des Daumenfittichs ist blau oder türkis. Das Weibchen hat braune Körperfedern und einen weißen Unterkörper. Ihr Schwanz ist ebenfalls blau und sie hat weiße Augenbrauen. Sie bevorzugen trockene Wälder, in denen ostafrikanischer Wacholder wachst.

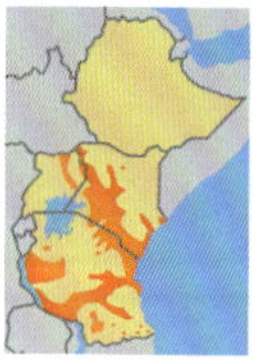

22 cm 18 gr 16 gr
SA
LC NT VU EN CE
J F M A M J J A S O N D

Amethystglanzköpfchen

(Chalcomitra amethystina) **Amethyst** oder **Black Sunbird** *(14 cm)*
Ein überwiegend purpurbrauner Nektarvogel mit smaragdgrünem Scheitel. Kehle und Schnabelstreife sind violett. Auch Daumenfittich und Bürzel sind manchmal violett. In hellem Sonnenlicht leuchtet das dunkle Gefieder violett. Das Weibchen hat das typische Federkleid, das fast alle Nektarvogel haben. Sie bevorzugen Waldränder in Savannen, Gärten und Hügeln, in denen Aloe und Zuckerbüsche blühen.

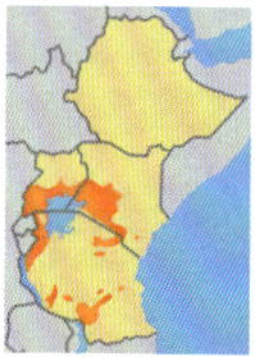

20 cm 18 gr 16 gr
SA
LC NT VU EN CE
J F M A M J J A S O N D

Bronzenektarvogel

(Nectarinia kilimensis) **Bronze Sunbird** *(12+8 cm)*
Vorderrücken, Bürzel und Schulterfedern sind bronzefarben. Der Kopf und ein Teil des Halses sind smaragdgrün, die Flügel sind fast schwarz, genauso wie das gesamte Unterkörper. Er hat besonders lange Schwanzfedern (ca. 8 cm). Das Weibchen hat einen gelben bis cremeweißen Unterkörper, eine weiße Kehle und weiße Augenbrauen. Das Rückengefieder ist hellbraun.

Bindennektarvogel

(Cinnyris mariquensis) **Marico Sunbird** *(13 cm)*
Es gibt mehrere Nektarvögel mit einem dunkelbraunen bis fast schwarzen Bauch und einem rot-blauen oder rot-violetten Band auf der Brust. Beim Bindennektarvogel hingegen sind die Schulterfedern smaragdgrün, ebenso wie der Vorderrücken und der Bürzel. Das Weibchen hat braune Körperfedern und einen weißen Unterkörper. Sie suchen nach Insekten und Nektar inmitten Akazien-savannen und an den Rändern von Flusswäldern und feuchten Waldgebieten.

20cm 14 gr 12 gr
SA
LC NT VU EN CE
J F M A M J J A S O N D

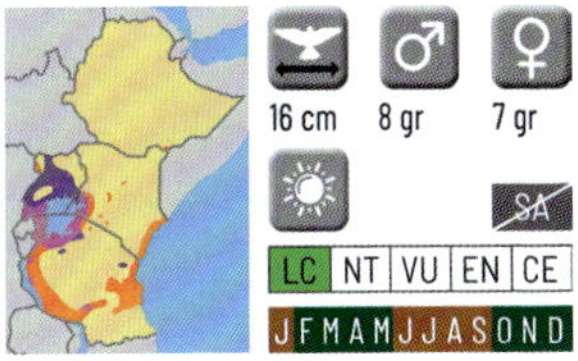

Orange = Porphyrnektarvogel
Violett = Schmucknektarvogel
Rosa = Überlappungsbereich

Porphyrnektarvogel *(Cinnyris bifasciatus)* **Purple-banded Sunbird** *(11 cm)*
Wie die meisten Artgenossen hat auch dieser Nektarvogel einen smaragdgrünen Kopf und Vorderrücken. Die Kehle ist mit einem blauen und darunter mit einem violetten Band von Brust und Bauch, die fast schwarz sind, abgesetzt. Die Flügel haben die gleiche Farbe wie der Unterkörper. Der Bürzel ist blau-grün. Das Weibchen hat einen gelben bis cremeweißen Unterkörper und hellbraunes Rückengefieder, wobei Kopf und Vorderrücken heller sind. Sie bevorzugen Flussufer und Miombo-Savannen. Der etwas größere **Schmucknektarvogel** *(Cinnyris erythrocercus)* **Red-chested Sunbird** *(15 cm)* hat statt einer violetten eine rötliche Brust. Das Weibchen hat dabei weiße Wangenstreife.

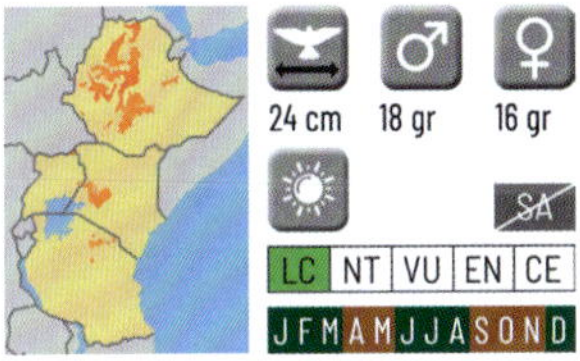

Tacazzenektarvogel
(Nectarinia tacazze)
Tacazze Sunbird *(16+6 cm)*
Sobald das Sonnenlicht auf Vorderrücken, Kopf- und Schwanzfedern fällt, wird die schöne lila oder violette Farbe sichtbar. Das Gesicht ist eine Mischung aus Grün, Orange und Lila. Der Unterkörper ist dunkelviolett, die Flügel sind blau-grau. Ein Teil des Daumenfittichs ist blau oder türkis. Das Weibchen hat helle olivgrüne Körperfedern und ein weißes Untergefieder. Ihr Schwanz ist ebenfalls blau und sie hat weiße Augenbrauen. Sie bevorzugen trockene Wälder, in denen Wacholder wächst.

Grünkopf-Nektarvogel *(Cyanomitra verticalis)* **Green-headed Sunbird** *(14 cm)*
Je nach Lichteinfall leuchten sein Kopf und ein Teil seiner Brust blau oder smaragdgrün. Die Flügel und der Schwanz sind bronze- und messingfarben. Der Unterkörper ist schmutzig weiß. Das Blau oder Grün des Weibchens ist auf Scheitel und Hinterkopf beschränkt. Sie bevorzugen tropische Wälder, sind aber auch in Baumzonen inmitten von Savannen zu finden.

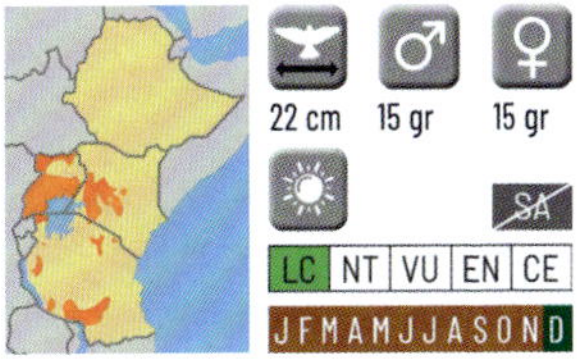

Würger *Der wissenschaftliche Name für den Echten Würger stammt vom lateinischen Wort Lanius ab, das so viel wie Metzger oder Fleischer bedeutet. Diese Vögel besitzen alle einen Hakenschnabel, kräftige Beine und scharfe Krallen. Obwohl die Echten Würger Singvögel sind, jagen sie genau wie Greifvögel Kleintiere. Die Beute sind Insekten, Eidechsen, Mäuse und kleine Vögel. Im Allgemeinen sitzen diese Würger auf einem Ast, und sobald sie eine Beute sehen, folgen sie ihr. Würger spießen ihre Beute oft lebendig an einem Dorn oder Zweig als Nahrungsvorrat auf, eine einzigartige Methode im Tierreich. Die Würger bevorzugen offene Landschaften mit zumindest einigen Bäumen oder Sträuchern, Savanne und tropisches Grasland.*

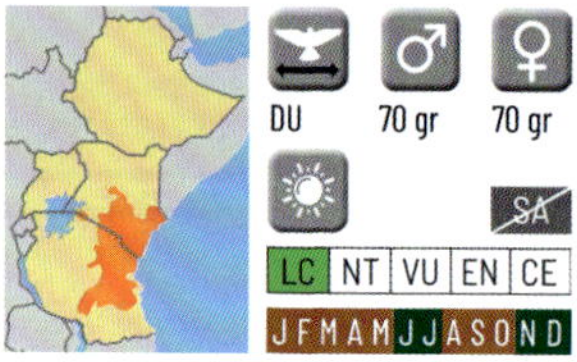

Langschwanzwürger
(Lanius cabanisi)

Long-tailed Fiscal *(31 cm)*
Vom Scheitel bis über die schwarzen Knopfaugen und einschließlich der Flügel, ist das Gefieder dunkelbraun bis schwarz. Auf dem Rücken hat er einen grauen Sattel, am Ansatz der Handschwingen einen weißen Fleck. Von der Kehle bis zum Schwanz ist er weiß. Er ist weit verbreitet und lebt in Gruppen in niedrigen, trockenen Gebieten bis 1600 m Höhe. Er ähnelt stark dem Fiskalwürger, aber es fehlen die weißen langgestreckten Linien auf den Flügeln.

Fiskalwürger *(Lanius collaris & humeralis)* **Common Southern** und **Northern** *(23 cm)*
Er ist vom Scheitel bis unter die schwarzen Knopfaugen und auf dem Rücken bis zur Schwanzspitze schwarz. Auf den Flügeln hat er ab den Schulterfedern eine weiße, langgestreckte Linie, die auf dem Vorderrücken ein V bildet. Hals, Brust und Bauch sind weiß, die Beine fast schwarz. Das etwas blassere Weibchen hat manchmal einen rötlich-braunen Schleier auf den Flanken. Sie bevorzugen trockenere, dünn bewachsene Grassavannen. Der **Taitawürger** *(Lanius dorsalis)* **Taita Fiscal** *(21cm)* und der **Somaliwürger** *(Lanius somalicus)* **Somali Fiscal** *(20 cm)* sind leicht mit dem Fiskalwürger zu verwechseln. Allerdings haben diese Würger einen grauen Vorderrücken, oft mit weißen Federn an der Unterseite. Der Somaliwürger hat zusätzlich weiße Flügelspitzen. Die Karte zeigt das Verbreitungsgebiet der drei Arten.

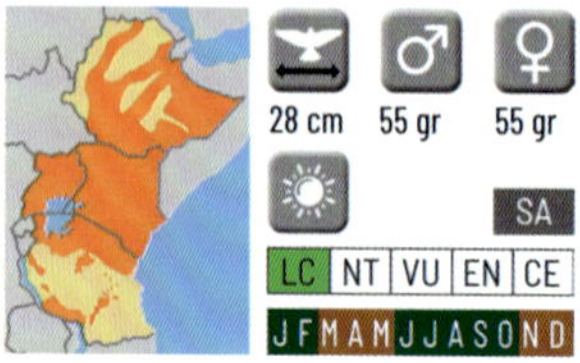

DU 85 gr 90 gr

SA

LC NT VU EN CE

J F M A M J J A S O N D

Elsterwürger

(Urolestes melanoleucus)

Magpie Shrike *(35 cm)*

Auffällig an diesem schwarz-weißen Elsterwürger ist sein langer Schwanz (15 cm). Bei ihm sind der Bürzel, die Schultern und die Handdecken weiß, bei ihr schwarz. Oberhalb des Bürzels hat er zwei weiße Akzente. In Ruhestellung formt das Weiß auf dem Rücken ein V. Die Art variiert im Grad des Weißanteils auf dem schwarzen Gefieder, manchmal sind sie fast ganz schwarz. Sie leben in Gruppen inmitten von waldarmen Savannen. Besonders laut sind sie während der Brutzeit.

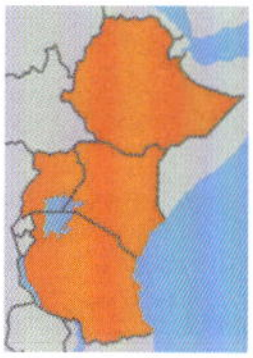

24 cm 30 gr 30 gr

SA

LC NT VU EN CE

J F M A M J J A S O N D

Neuntöter *(Lanius collurio)*

Red-backed Shrike *(18 cm)*

Wintergast. Unter dem hellgrauen Scheitel liegt eine breite schwarze Maske. Der Unterkörper ist creme-weiß bis hin zu den grauen Kloake. Der Vorderrücken beginnt grau, der Rücken und die Flügel sind rötlich braun, die Arm- und Handschwingen sind dunkelbraun. Der Bürzel ist grau. Die Schwanzfedern sind oben schwarz, unten weiß. Das Weibchen hat schwache Streifen über den weißen Unterkörper und ihr fehlt die schwarze Maske. Ihr Vorderrücken und ihre Flügel sind blassbraun.

Rüppellwürger *(Eurocephalus rueppelli)* **Northern White-crowned Shrike** *(22 cm)*

Der einzige Würger, der auf dem Kopf vollkommen weiß ist. Lediglich die Augenstreife und die Wangen sind braun oder fast schwarz. Die Flügel sind braun, ab dem Hals bis zu den Unterschwanzdecken weiß. Unterschiedliche Lebensräume, meistens in trockeneren Wäldern.

28 cm 50 gr 50 gr

SA

LC NT VU EN CE

J F M A M J J A S O N D

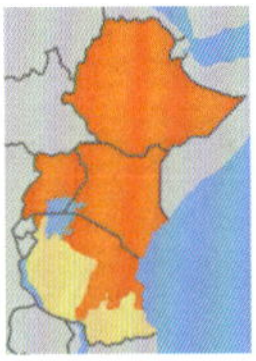

25 cm 30 gr 30 gr

SA

LC NT VU EN CE

J F M A M J J A S O N D

Isabellwürger *(Lanius isabellinus)* **Isabelline Shrike** *(17 cm)*
Wintergast. Beide Geschlechter zeigen sich in verschiedenen Farbnuancen. Scheitel-, Vorderrücken- und Schwanzfedern variieren von graubraun bis rötlich braun (der Vorderrücken ist immer etwas blasser). Die Maske des Männchens ist entweder tiefschwarz oder dunkelbraun. Der Unterkörper ist cremeweiß, manchmal von einem rotbraunen Schleier flankiert.

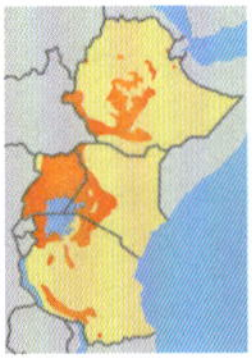

32 cm 60 gr 60 gr

SA

LC NT VU EN CE

J F M A M J J A S O N D

Graumantelwürger
(Lanius excubitoroides)
Grey-backed Fiscal *(25 cm)*
Die Scheitel und der Vorderrücken sind grau. Das Schwarz der Stirn verläuft über Augen und Wangen. Die Flügel sind schwarz, in der Mitte der Armschwingen gibt es einen weißen Fleck. Der Unterkörper ist weiß. Der Schwanz ist schwarz und weiß. Das Weibchen ist an den Flanken rötlich braun. Dies ist nur sichtbar, wenn die Flügel gespreizt sind. Savannen mit viel Buschwerk sind sein bevorzugter Lebensraum. Der **Schwarzstirnwürger** *(Lanius minor)* **Lesser Grey Shrike** *(20 cm)* ist ein Wintergast und nutzt Ostafrika auf der Durchreise in südlichere Regionen. Er hat viele Ähnlichkeiten mit dem Weibchen des Graumantelwürgers, sichtbar an den manchmal rötlich braunen Flanken.

Buschwürger *Die Buschwürger (Malaconotidae) bilden eine Familie aus der Ordnung der Singvögel. Diese exklusive Gruppe afrikanischer Vogelarten bevorzugt niedriges Unterholz und offene Wälder. Ihre Gewohnheiten ähneln denen der Echten Würger; sie jagen ihre Beute von einer festen Stelle in Büschen aus oder von halber Höhe aus Bäumen heraus. Ihre Nahrung besteht aus Insekten wie Käfern, Raupen, Grillen und Heuschrecken. Einige Arten haben aber auch Schlangen und Skorpione auf ihrem Speiseplan.*

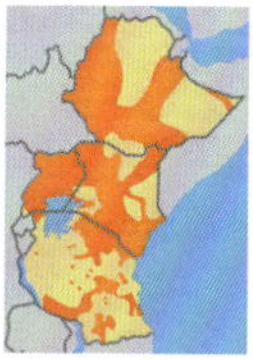

DU | ♂ 30 gr | ♀ 30 gr

SA

LC | NT | VU | EN | CE

J F M A M J J A S O N D

Brubruwürger

(Nilaus afer) **Brubru** *(14 cm)*

Das Männchen hat einen schwarzen Scheitel, darunter weiße Überaugenstreife und schwarze Augenstreife, die einen Teil der Wangen bedecken. Die Kehle ist bis zum Unterschwanz weiß, die Flanken sind rotbraun. Auf den Flügeln befinden sich beigefarbene Streifen. Das Weibchen ist meist etwas blasser. Ihr Lebensraum variiert je nach Jahreszeit, sie bevorzugen jedoch dichte Laubwälder, in denen sie nach Motten, Raupen, Termiten und Käfern suchen. Während der Brutzeit ist das Paar sehr territorial.

♀

♂

Gambia-Schneeballwürger

(Dryoscopus gambensis) **Northern Puffback** *(18 cm)*

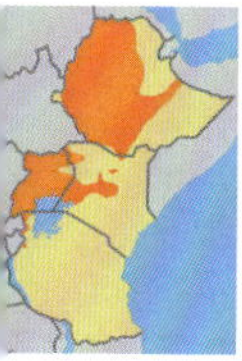

DU | ♂ 40 gr | ♀ 40 gr

~~SA~~

LC | NT | VU | EN | CE

J F M A M J J A S O N D

Aus dem schwarzen Kopf leuchtet die rote Iris hervor. Von der Kehle bis zum Unterschwanz ist dieser Vogel weiß. Die Rückenpartie ist schwarz mit weißen Flügelstreifen. Das Weibchen hat eine graue Rückenpartie, die Brust ist zartbraun und der Bauch weiß. Während der Brutzeit richtet das Männchen seine Brust- und Rückenfedern auf und fliegt wie ein weißer Ball von Ast zu Ast. Sie bewohnen Savannen mit Bäume und Buschwerk.

DU 35 gr 30 gr

SA

LC | NT | VU | EN | CE

J F M A M J J A S O N D

Schneeballwürger

(Dryoscopus cubla)

Black-backed Puffback *(17 cm)*

Auffällig sind die roten Iris dieser Würger. Er ist vom Scheitel bis zum Rücken schwarz. Bei der Balz richtet er die weißen Federn des Vorderrückens auf ("Schneeball"). Die Flügel sind schwarz-weiß gestreift, der Schwanz ist schwarz, weiß von unten. Waldränder, waldige Gebiete und Küstenregionen sind sein Lebensraum. Das Weibchen ist am Bauch grauer als das Männchen.

Dorntschagra

Senegaltschagra

Senegaltschagra *(Tchagra senegalus)* **Black-crowned Tchagra** *(22 cm)*

Zwischen dem schwarzen Scheitel und dem schwarzen Augenstreif liegt eine weiße Augenbraue. Kehle, Brust und Bauch sind weiß. Der Schwanz ist dunkelgrau. Der Vorderrücken ist beigefarben, die Flügel sind teilweise rotbraun mit dunkelbraunen Akzenten. Sie bevorzugen Grasflächen in bewaldeten Gebieten mit Sträuchern. Tschagras bekämpfen ihre Rivalen, indem sie versuchen, diese mit ihrem Gesang zu dominieren. Der **Dorntschagra** *(Tchagra australis)* **Brown-crowned Tchagra** *(20 cm)* unterscheidet sich nur durch seinen braunen Scheitel. In Äthiopien kommt er nicht vor; in den anderen Ländern teilen sie sich den Lebensraum.

26 cm 50 gr 50 gr

SA

LC | NT | VU | EN | CE

J F M A M J J A S O N D

Boubouwürger

(Laniarius aethiopicus) **Tropical Boubou** *(23 cm)*

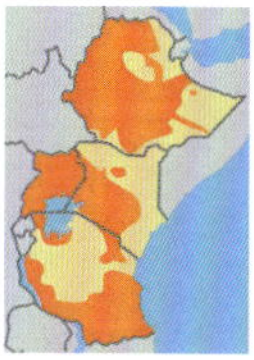

28 cm | ♂ 60 gr | ♀ 60 gr | SA

LC | NT | VU | EN | CE

J F M A M J J A S O N D

Er hat vom Hals bis zum Unterschwanz ein weißen Unterkörper. Der Kopf ist schwarz, die Iris dunkelbraun, Vorderrücken und Rücken sind schwarz. Der Vorderrücken ist teilweise mit weißen Federn gesäumt. Das Paar hält durch abwechselndes Singen, oft 2-3 Töne, manchmal mehr, Kontakt zueinander. Sie sind Waldbewohner und bevorzugen Flusswälder.

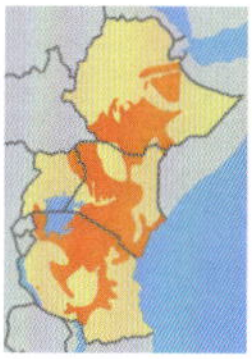

DU | ♂ 50 gr | ♀ 55 gr | SA

LC | NT | VU | EN | CE

J F M A M J J A S O N D

Trauerwürger

(Laniarius funebris) **Slate-colored Boubou** *(20 cm)*

Es ist schwierig, ihn von anderen schwarzen Vögeln ähnlicher Größe zu unterscheiden. Er hat den typischen Hakenschnabel der Würger. Die Flügel sind eine Nuance dunkler als der Rest des Gefieders. Die Iris sind dunkelbraun. Auch diese Würger halten durch gemeinsamem Gesang Kontakt miteinander. Beide Geschlechter haben ihre eigenen Laute, die Antwort erfolgt nicht mit denselben Tönen. Das Duett markiert auch ihr Territorium.

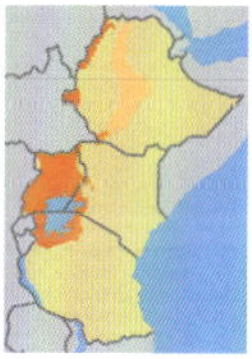

32 cm | ♂ 50 gr | ♀ 50 gr | SA

LC | NT | VU | EN | CE

J F M A M J J A S O N D

Scharlachwürger

(Laniarius erythrogaster) **Black-headed Gonolek** *(21 cm)*

Mit seinem rot-schwarzen Gefieder ist dieser Würger eine auffällige Erscheinung. Die Iris sind fast weiß, der Unterschwanz ist beige und die Kloake ist gelb. Er sucht seine Nahrung in bewaldeten Gebieten (vorzugsweise eine bestimmte Doum-Palme - *Hyphaene thebaica*), in Flusswäldern und auf überschwemmten Grasflächen. Auch der **Papyruswürger** *(Laniarius mufumbiri)* **Papyrus Gonolek** *(19 cm)* kommt in den zentralen und westlichen Teilen Ugandas vor. Dieser Würger hat einen gelben Scheitel und weiße Streifen entlang seines Vorderrückens.

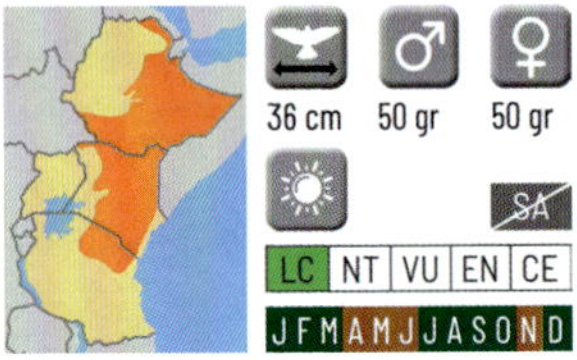

Rosenwürger

(Telophorus cruentus)

Rosy-patched Bushshrike *(22 cm)*

Es gibt Unterarten, die sich im Detail voneinander unterscheiden. Im Süden Kenias und im Nordosten Tansanias finden Sie normalerweise die *T.c cathemagmenus* (siehe 1. Bild), im Englischen auch als Tsavo Bushshrike bekannt. Im Norden und Osten Kenias und in Äthiopien lebt die Unterart *T.c. hilgerti*. Dem Weibchen fehlt das Rot an der Kehle, das das Männchen hat, und die weiße Kehle des Weibchens ist mit Schwarz gesäumt.

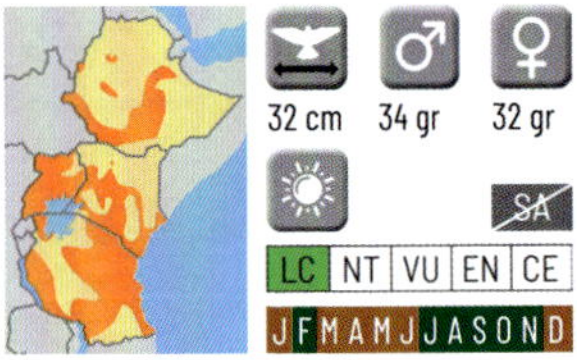

Orangebrustwürger

(Chlorophoneus sulfureopectus)

Sulphur-breasted Bushshrike

(18 cm)

Unterhalb des grauen Scheitels hat er einen schmalen gelben Streifen oberhalb der Augen und quer über die Stirn. Das Grau bedeckt auch die Wangen und den Vorderrücken. Die Flügel und der Schwanz sind olivgrün. Unter der gelben Kehle beginnt die orangefarbene Brust, und diese Farbe wird zum Bauch und zum Schwanz hin gelb. Die orange Brust des Weibchens ist blasser. Ihre Nahrung finden sie in dichtem Unterholz und in Sträuchern, aber auch in Baumkronen in bewaldeten Savannen.

Graukopfwürger *(Malaconotus blanchoti)* **Grey-headed Bushshrike** *(26 cm)*

Der robuste Graukopfwürger hat einen schweren Schnabel. Der Kopf ist grau, die Iris gelb, Vorderrücken und Flügel sind olivgrün. Vom schwarzen Schnabel weg verläuft ein weißer Zügel. Die Bauchpartie ist gelb, manchmal mit einer zart orangefarben schimmernden Brust. Ihre Nahrung, die aus größeren Insekten wie Heuschrecken, Käfern, Raupen und Schmetterlingen besteht, finden sie in dichtem Unterholz und im Gebüsch in offenen Savannenlandschaften.

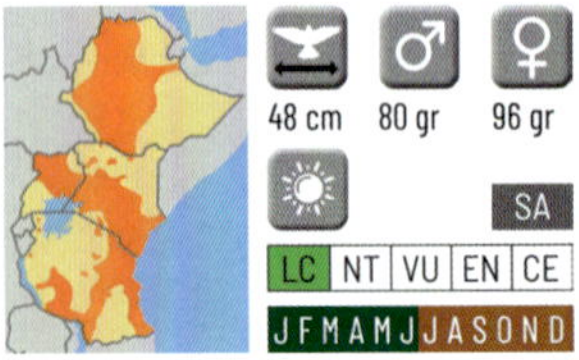

SPERLINGSVÖGEL *Passeriformes - Vangidae*

Brillenwürger *Die Brillenwürger (Prionops) waren lange Zeit den Echten Würgern zugeordnet. Spätere Studien zeigten jedoch, dass sie zur Familie der Vangawürger (Vangidae) gehören. Die Gattung ist in acht Arten unterteilt, die alle in Afrika leben. Brillenwürger sind immer in Gesellschaft ihrer Artgenossen und suchen gemeinsam in Büschen nach Raupen, Schmetterlingen, Motten, Früchten und kleinen Reptilien.*

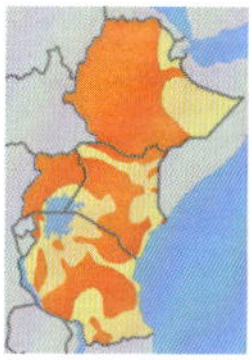

36 cm | 45 gr | 45 gr

SA

LC | NT | VU | EN | CE

J F M A M J J A S O N D

Brillenwürger

(Prionops plumatus)

White Helmetshrike

(23 cm)

Ein schön gezeichneter Brillenwürger. Der weiße Wuschelkopf, die aufgerichtete Haube und die gelben Augenringe fallen sofort auf. Über das ansonsten fast schwarze Gefieder laufen weiße Flügelstreife, die Bauchpartie ist weiß. Hinter den Wangen befindet sich ein schwarzer Wangenstreif. Diese lauten Vögel fliegen mit ihren Artgenossen von Busch zu Busch, wo sie nach Raupen, Motten, Früchten und kleinen Reptilien suchen. Trockenere Gebiete wie Savannen mit Akazien und Sträuchern werden bevorzugt.

SPERLINGSVÖGEL *Passeriformes - Dicruridae*

Drongo *Drongos fangen Insekten im Flug und am Boden. Sie leben in Wäldern und Gegenden mit spärlicher Vegetation. Wie viele Fliegenfänger sitzen sie aufrecht auf ihren kurzen Beinen und durchsuchen das Gebiet nach größeren Insekten wie Motten, Schmetterlingen, Heuschrecken, Zikaden und fliegenden Ameisen. Ihre roten Iris sind auffällig. Sie sind gute Imitatoren, insbesondere von Alarmsignalen ihrer Nahrungskonkurrenten, manchmal sogar von Säugetieren. Der Oberschnabel ist länger als der Unterschnabel und gekrümmt.*

Trauerdrongo *(Dicrurus adsimilis)* **Fork-tailed Drongo** *(25 cm)*
Der Trauerdrongo ist schwarz, nur die Hand- und Armschwingen sind braun. Der Schwanz ist gegabelt und die Iris leuchtet rot. Besonders in sehr dichten Waldgebieten lebt auch der kleinere **Geradschwanzdrongo** *(Dicrurus ludwigii)* **Square-tailed Drongo** *(19 cm)*. Dieser hat, im Gegensatz zum Trauerdrongo, einen geraden Schwanz, der nicht gegabelt ist. Meist sieht man Trauerdrongos. Sie bevorzugen trockene Gegenden.

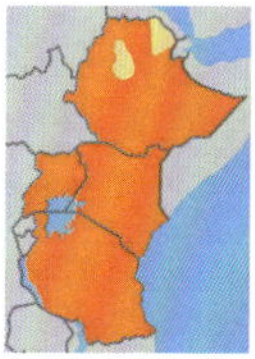

36 cm | 50 gr | 50 gr

SA

LC | NT | VU | EN | CE

J F M A M J J A S O N D

Rabenvögel *Rabenvögel sind keine melodischen Sänger, gehören aber dennoch zu den Singvögeln. Es sind Omnivoren, die sich an unterschiedliche Umstände anpassen können. Sie sind große Vögel und sind fast überall auf der Welt zu finden. Die Familie besteht aus 128 Arten. Es gibt keine äußerlich erkennbaren Unterschiede zwischen den Geschlechtern. In ihrer Ernährung sind Rabenvögel sehr vielseitig und fressen Früchte, Samen, Insekten aber auch Aas. Das Sozialverhalten der Rabenvögel ist sehr ausgeprägt. Alle Arten bilden kleinere oder größere Schwärme, die gemeinsam schlafen, fressen oder fliegen.*

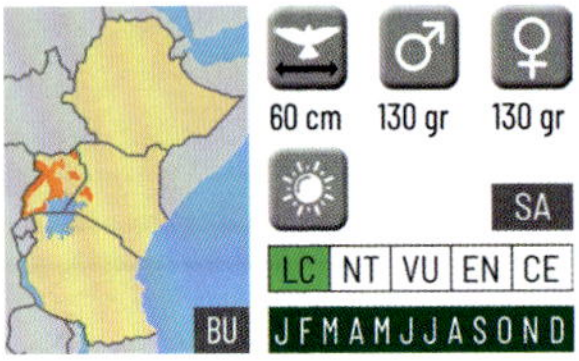

Spitzschwanzelster *(Ptilostomus afer)* **Piapiac** *(42 cm)*
Mit Ausnahme von Schwanz, Arm-und Handschwingen, die dunkelbraun sind, ist diese Elster (auch Piapiac genannt) schwarz mit einem violetten Glanz bei vollem Sonnenlicht. Sie sind Omnivoren und ernähren sich von Samen, Beeren, Früchten, Insekten und deren Larven sowie Termiten. Ihre Nahrung suchen auf dem Boden, vor allem in Savannen mit verstreuten Bäumen und in Weideland. Häufig sind sie auch auf dem Rücken grasender Tiere zu finden, wo sie wie Madenhacker Zecken und andere Parasiten aus der Haut picken. Jungvögel haben einen rosafarbenen Schnabel.

Schildrabe *(Corvus albus)* **Pied Crow** *(48 cm)*
Der Schildrabe ist in Afrika weit verbreitet. Er ist leicht an seiner Größe sowie seinem schwarz-weißen Gefieder zu erkennen. Dieser Omnivore frisst so ziemlich alles, was ihm vor den Schnabel kommt (Insekten, Frösche, Eidechsen, Vögel, Eier, Aas und Obst). Schildraben bevorzugen keinen bestimmten Lebensraum. Überall dort, wo es Nahrung gibt, fühlen sie sich zu Hause.

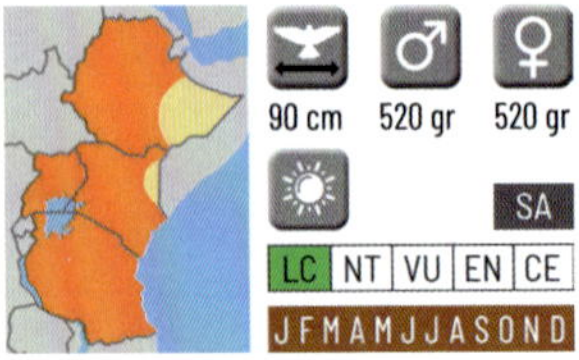

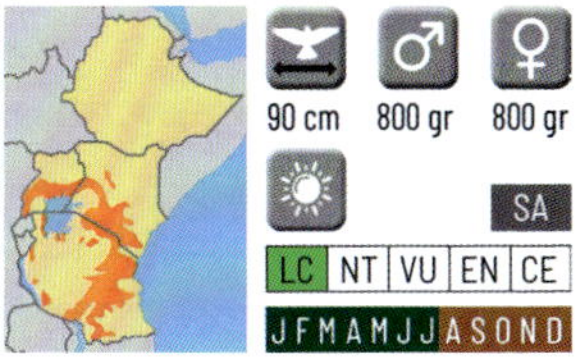

Geierrabe *(Corvus albicollis)*
White-necked Raven *(54 cm)*
Dieser große Rabe hat ein fast völlig schwarzes Gefieder, lediglich im Nacken hat er einen weißen Fleck. Der kräftige, schwarze Schnabel ist an der Spitze weiß. Sie leben vor allem in hügeligen Gebieten. Sie sind scheu und stets auf der Hut. Ihr Speiseplan umfasst Samen, Früchte, Insekten, Reptilien und Vögel. Raben sind monogam und intelligent. Sie suchen sich Werkzeuge, um an ihre Nahrung zu gelangen.

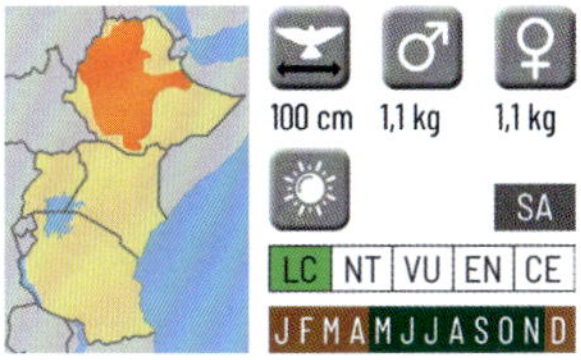

Erzrabe *(Corvus crassirostris)*
Thick-billed Raven *(62 cm)*
Es ist vor allem der Hornaufsatz auf dem Schnabel, der bei diesem Raben hervorsticht. Außerdem hat er einen weißen Fleck auf dem Hinterkopf. Sein Gefieder ist dunkelblau bis schwarz. Sein Lebensraum umfasst Berge mit steilen Klippen, manchmal auch in Städten.

Borstenrabe *(Corvus rhipidurus)* **Fan-tailed Raven** *(46 cm)*
Der Borstenrabe und Somalirabe sind schwer voneinander zu unterscheiden. Nur bei richtigem Licht kann man sehen, dass der **Somalirabe** *(Corvus edithae)* **Somali Raven** *(46 cm)* an Kopf, Hals und Untergefieder brauner ist als der blauschwarze Borstenrabe. Der Hinterkopf des Borstenraben ist grau, nicht braun wie der des Somaliraben. Letzterer bevorzugt unwirtliche Gebiete. Der Somalirabe lebt hauptsächlich inmitten von Halbwüsten.

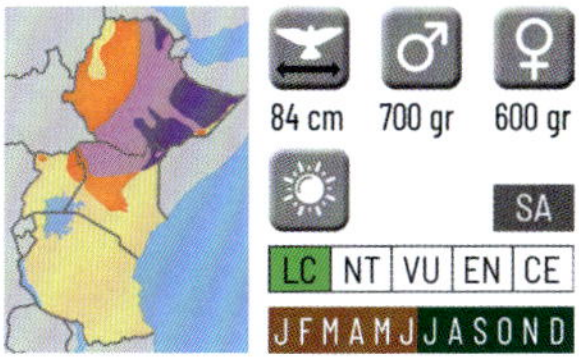

Orange = Borstenrabe
Violett = Somalirabe
Rosa = Überlappungsbereich

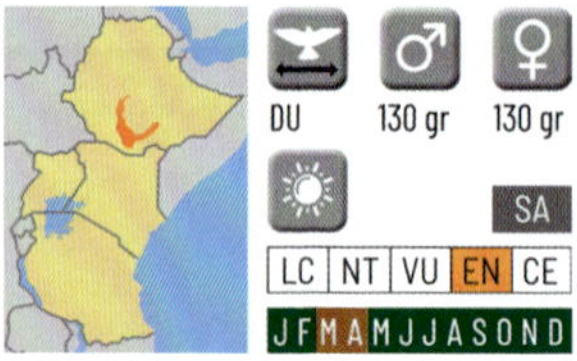

Akazienhäher

(Zavattariornis stresemanni)

Stresemann's Bush-crow *(28 cm)*
Eine Krähe oder ein Star. Sein Aussehen und Verhalten hat zum Beispiel viel Ähnlichkeit mit dem Lappenstar. Die Art ist in einem kleinen Lebensraum in Äthiopien endemisch. Auffällig ist die nackte blaue Haut um die Augen. Der Kopf ist hellgrau. Die Schwanz- und Flügelspitzen sind schwarz, der Vorderrücken ist grau, die Unterschwanzdecken sind weiß. Sie suchen in Savannen mit Akazien und Myrrhe *(Commiphora)*, nach Insekten.

Kapkrähe *(Corvus capensis)*

Cape Crow *(50 cm)*
Das Gefieder ist dunkelbraun bis fast schwarz. Der Schnabel ist lang und schmal, was nützlich ist, um kleinere Insekten vom Boden und Samen von den Pflanzen zu picken. Die nackten Beine sind grau. Sie bewohnt hauptsächlich offenes Grasland, Almen, Moore, Akaziensavannen und Anbauflächen.

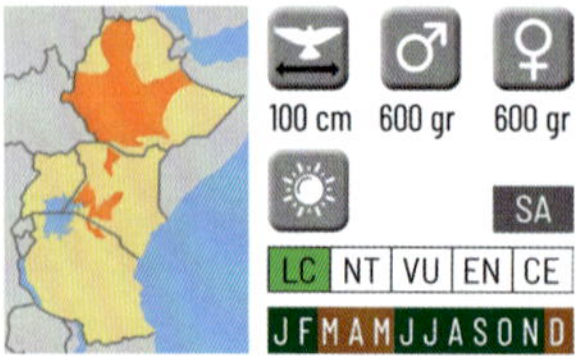

SPERLINGSVÖGEL *Passeriformes - Paridae*

Meisen *Meisen sind kleine, gedrungene Vögel mit einem relativ kräftigen Schnabel. Sie sind lebhafte Vögel und geschickte Kletterer. Meisen sind sehr flexibel in der Nahrungswahl, sie fressen sowohl Insekten als auch Samen. Die Meisen sind tagaktiv und monogam. Während der Brutzeit sind sie territorial.*

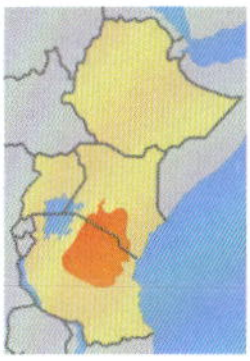

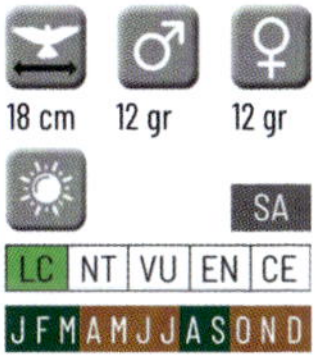

Rostkehlmeise

(Melaniparus fringillinus) **Red-throated Tit** *(12 cm)*
Nicht nur der Hals, sondern auch die Wangen und der Nacken sind bei der Rostkehlmeise rotbraun. Beide Geschlechter haben einen grauen bis dunkelgrauen Scheitel. Der Vorderrücken ist hellgrau und die Flügel sind dunkelgrau mit weißen Rändern an den Federn. Sie werden oft das ganze Jahr hindurch im Masai Mara, Serengeti und Arusha National Park gesehen. Das Weibchen ist etwas blasser am Kopf.

Melaniparus guineensis

Melaniparus leucomelas

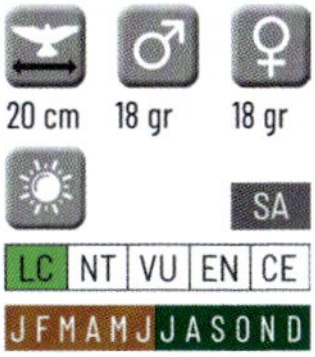

Guineameise

(Melaniparus guineensis) **White-shouldered Black Tit** *(14 cm)*
Die Guineameise hat viele Ähnlichkeiten mit der **Rüppellmeise** *(Melaniparus leucomelas)* **White-winged** Tit *(16 cm)*. Der auffälligste Unterschied ist die leuchtend gelbe Iris der Guineameise. Die Iris der anderen ist schwarz. Im Südwesten Ugandas teilen sie sich den Lebensraum. Ihre Lebensräume reichen von Savannen mit Akazienbäumen bis zu Flusswäldern und Bergwäldern mit Nadelbäumen.

22 cm 16 gr 16 gr

SA

LC NT VU EN CE

J F M A M J J A S O N D

Weißrückenmeise
(Melaniparus leuconotus)
White-backed Black Tit *(14 cm)*
Die Weißrückenmeise ist in Äthiopien endemisch. Sie ist leicht von allen schwarzköpfigen Meisen zu unterscheiden, da nur der Vorderrücken und der Hinterkopf weiß sind. Ihr Lebensraum umfasst hauptsächlich das Hochland von Äthiopien, wobei Zonen mit Nadelbäumen und Bambus bevorzugt werden.

Weißbauchmeise *(Melaniparus albiventris)* **White-bellied Tit** *(15 cm)*
Diese Meise ist eine von vielen Arten, deren Kopf komplett schwarz ist. Der Körper ist unter der schwarzen Brust bis zum Unterschwanz weiß. Die Schulterfedern sind ebenfalls weiß. Die Flügel sind schwarz mit Ausnahme der weißen Ränder der Federn. Sie bevorzugen leicht bewaldete Gebieten mit Akazienbäumen, sowie Berg- und Flusswälder in Höhen bis 3400 m.

23 cm 15 gr 15 gr

SA

LC NT VU EN CE

J F M A M J J A S O N D

Somalimeise *(Melaniparus thruppi)* **Somali Tit** *(12 cm)*
Sie hat einen schwarzen Kopf mit weißen Wangen. Der Hals ist schwarz und das Schwarz läuft über die Brust und verengt sich über dem Bauch. Die Flanken sind wie der Vorderrücken grau. Die Flügel sind schwarz und weiß, der Schwanz ist schwarz. Sie suchen ihre Nahrung inmitten trockener Akazienwälder, in Flusswäldern und im Grasland.

20 cm 12 gr 12 gr

SA

LC NT VU EN CE

J F M A M J J A S O N D

Pirole *Pirole leben monogam und sind häufig zu hörende Sänger. Die Männchen sind sehr bunt und kontrastreich gefärbt. Pirole in Afrika sind überwiegend gelb, einige Arten haben einen dunklen Kopf. Doch alle (mit Ausnahme der Jungen) haben einen roten Schnabel. Die Nahrung besteht überwiegend aus Insekten, insbesondere Schmetterlingsraupen, daneben werden von einigen Arten auch Früchte und Nektar genutzt. Sie halten sich vorzugsweise in Baumspitzen auf.*

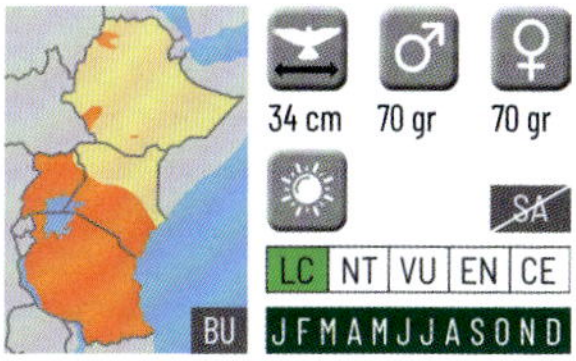

Schwarzohrpirol *(Oriolus auratus)*

African Golden-Oriole *(20 cm)*

Er sieht dem europäischen Pirol (Oriolus oriolus) Eurasian Golden Oriole (20 cm) sehr ähnlich. Die afrikanische Variante hat mehr Gelb an den Flügeln und einen längeren schwarzen Augenstreif über den Augen. Das Gelb des Weibchens ist etwas blasser. Der Vorderrücken ist eher olivgrün. Dieser Pirol migriert innerhalb Afrikas. Sein Lebensraum ist bewaldet und liegt vor allem an Flüssen. Er frisst hauptsächlich Insekten und Früchte wie Beeren und Feigen.

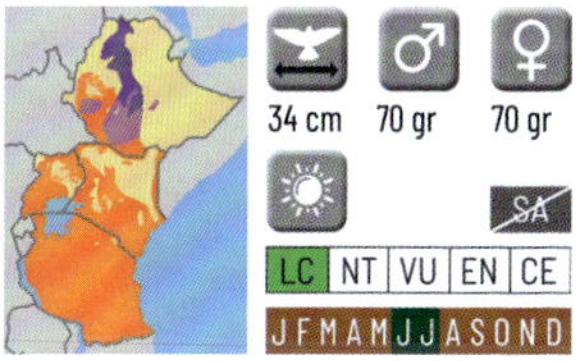

Orange = Maskenpirol
Violett – Mönchpirol
Rosa = Überlappungsbereich

Maskenpirol *(Oriolus larvatus)*

African Black-headed Oriole *(20 cm)*

Dieser Pirol hat einen schwarzen Kopf und rote Augen. Der Rücken und ein Teil der Flügel sind entweder olivgrün oder genauso gelb wie der Rest des Gefieders. Die Hand- und Armschwingen sind schwarz mit einem weißen Fleck auf Beinhöhe. Die Brust ist bis zu den Unterschwanzdecken gelb. Seine bevorzugte Nahrung sind Insekten, Samen, Früchte und Nektar. Der etwas größere **Mönchspirol** *(Oriolus monacha)* **Dark-headed Oriole** *(23 cm)* lebt in Äthiopien. Er unterscheidet sich vom Maskenpirol durch die etwas graueren Flügelspitzen. Außerdem geht bei ihm das Schwarz des Kopfes nur bis zur Brust, während es beim Maskenpirol teilweise weiter über die Brust verläuft.

Madenhacker *Madenhacker (Buphagus) leben in den Savannen südlich der Sahara. Gerne sitzen sie auf großen Säugetieren und picken Zecken, Mückenlarven und andere Parasiten aus deren Haut. Untersuchungen haben gezeigt, dass Madenhacker sich selbst ebenfalls parasitär verhalten und bewusst die Wunden der Säugetiere vergrößern, damit es für deren Parasiten attraktiv ist, Blut daraus zu saugen. Sie ernähren sich auch von Ohrenschmalz und Hautschuppen. Die Geschlechter unterscheiden sich im Aussehen nicht.*

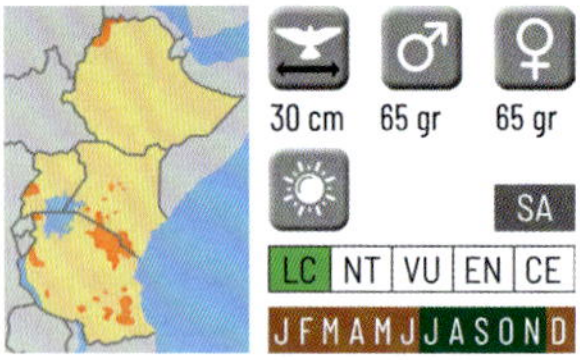

Gelbschnabel-Madenhacker

(Buphagus africanus) **Yellow-billed Oxpecker** *(20 cm)*
Der Schnabel dieses Madenhackers ist teilweise gelb und am Ende orangefarben. Im braunen Kopfgefieder leuchtet die rote Iris. Die Brust ist bis zum Schwanz hellbraun, Flügel und Schwanz sind dunkler braun. Sein Lebensraum umfasst Busch- und Grassavannen, wenn es dort größere Weidetiere gibt.

Rotschnabel-Madenhacker *(Buphagus erythrorhynchus)* Red-billed Oxpecker *(20 cm)*

Dieser Madenhacker hat auffällige gelbe Ringe um die roten Augen. Der Schnabel ist komplett orangerot. Sie sind zahlreicher als die Gelbschnabel-Madenhacker, vor allem in den Savannen in Kenia und Tansania. Auch dieser Madenhacker lebt in großen Gruppen.

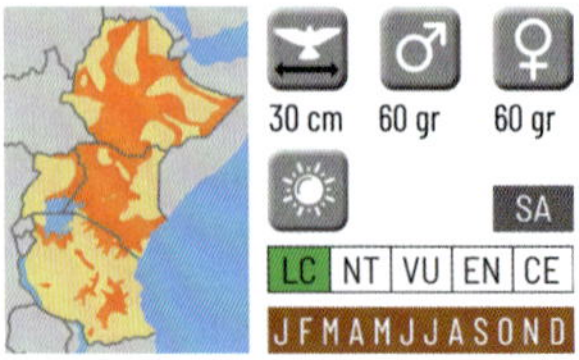

Stare *Stare (Sturnidae) kommen in Afrika in allen möglichen Farben vor. Insbesondere die Eigentlichen Glanzstare der Gattung Lamprotornis sind in großer Zahl vertreten. Im Keratin (einem unlöslichen Protein), aus dem Federn aufgebaut sind, befinden sich Luftblasen. Je nachdem, wie sich das Licht in diesen Blasen bricht, entsteht im Zusammenspiel der Federstruktur mit dem Licht ein metallischer blauer oder grüner Glanz. Stare sind Omnivore und nisten in Hohlräumen von Bäumen. Das Aussehen der Geschlechter ist in der Regel gleich. Glanzstare leben territorial und monogam. Sie ernähren sich von Obst und Insekten.*

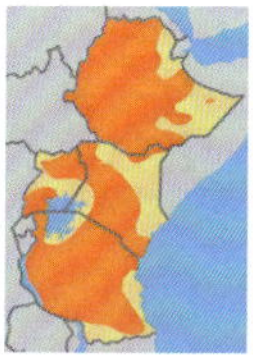

44 cm | 100 gr | 100 gr
SA
LC NT VU EN CE
J F M A M J J A S O N D

Grünschwanz-Glanzstar

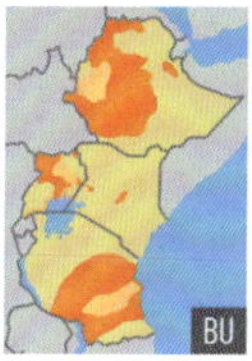

34 cm | 84 gr | 84 gr
SA
LC NT VU EN CE
J F M A M J J A S O N D

Messingglanzstar

Grünschwanz-Glanzstar

Messingglanzstar

Grünschwanz-Glanzstar *(Lamprotornis chalybaeus)* **Greater Blue-eared Starling** *(23 cm)* Der Grünschwanz-Glanzstar ist einer der vielen Glanzstare, die in diesem Teil Afrikas vorkommen. Man erkennt ihn vor allem an der etwas schmaleren schwarzen Maske sowie den blauen Bauch- und Beinfedern. Die Iris ist häufiger gelb als orangefarben. Die kurzen Schwanzfedern leuchten blau, während die Farbe der Rückenpartie von Smaragd bis Türkis variiert. Die Bauchpartie schimmert blauviolett. Der **Messingglanzstar** *(Lamprotornis chloropterus)* **Lesser Blue-eared Starling** *(18 cm)* ist kleiner als der Grünschwanz-Glanzstar. Sein Schwanz ist etwas kürzer, dabei oft teilweise violett, und der Augenstreif ist etwas breiter. Beide Arten suchen ihre Nahrung hauptsächlich in trockeneren Waldgebieten.

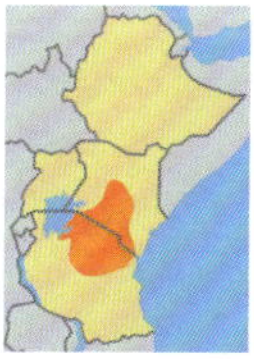

34 cm | 65 gr | 65 gr
SA
LC NT VU EN CE
J F M A M J J A S O N D

Hildebrandt-Glanzstar *(Lamprotornis hildebrandti)* **Hildebrandt's Starling** *(18 cm)* Er ist etwas heller orange als der Dreifarben-Glanzstar und hat wie dieser einen blauen Kragen, aber ohne weißen Rand. Sein Kopf ist blau, die Augen sind rot und die Wangen schwarz. Die Lebensräume überlappen einander. Der Schnabel und die Beine sind grau. Sie bevorzugen grasbewachsene Böden mit Buschland und offenen Waldgebieten.

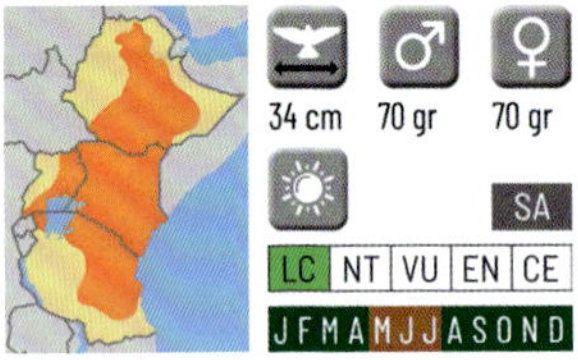

Dreifarben-Glanzstar

(Lamprotornis superbus)

Superb Starling *(18 cm)*

Dieser Star ähnelt dem Hildebrandt-Glanzstar, hat aber im Gegensatz zu diesem als Erkennungsmerkmal einen weißen Streifen auf der Brust und zudem eine weiße statt einer roten Iris. Auf der Suche nach Insekten, Früchten und Nektar verhalten sie sich wie echte Scharrvögel. Bevorzugt trockene, waldreiche Gebiete. Wo die Vögel in Schwärmen auftreten, können sie beträchtliche Ernteschäden anrichten.

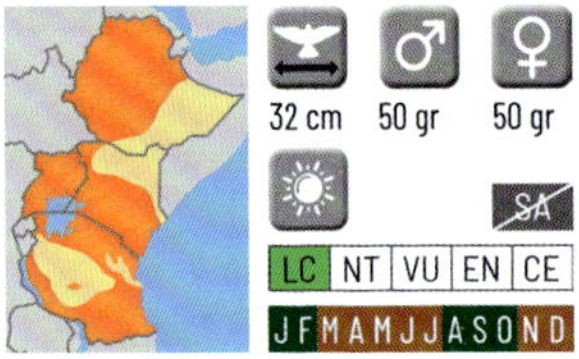

Amethystglanzstar

(Cinnyricinclus leucogaster)

Violet-backed Starling *(16 cm)*

Einer der schönsten Stare. Besonders auffällig ist der violette Glanz des Gefieders in Kombination mit der schneeweißen Bauchpartie. Das Weibchen hat eine weiße Brust und einen braun gepunkteten Bauch, vom Kopf bis zu den Flügeln ist auch die Rückenpartie mit weißen Streifen versehen. Diese Stare fressen hauptsächlich Früchte. Ihr Lebensraum sind offene Waldflächen und Flusswälder.

Königsglanzstar *(Lamprotornis regius)* **Golden-breasted Starling** *(35 cm)*

Eine ausgesprochen schöne Art, die nicht ohne Grund Königsglanzstar genannt wird. Brust und Bauch sind grellgelb und sehr auffällig, auch im Flug. Unter dem Hals ist er lila, der Kopf ist smaragdgrün oder blau, abhängig vom Lichteinfall. Die Augenmaske ist dunkelblau. Die Flügel sind blau mit einem lila Schimmer. Sie suchen in trockenen Wäldern und offenen Savannen mit Buschwerk nach Insekten, zum Beispiel in Kenias Tsavo.

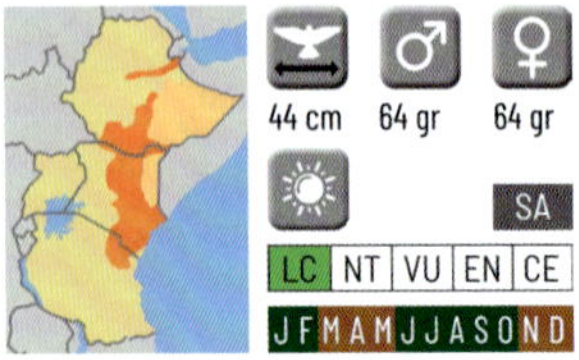

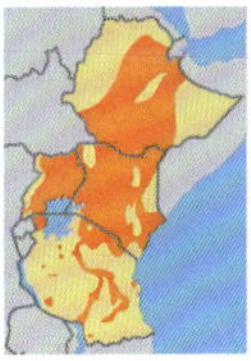

DU | 80 gr | 80 gr | SA

LC NT VU EN CE

J F M A M J J A S O N D

Lappenstar *(Creatophora cinerea)* **Wattled Starling** *(21 cm)*
Auf den ersten Blick hat diese Art wenig Ähnlichkeit mit anderen Staren. In der Brutzeit hängen an den Seiten des Schnabels schwarze Hautlappen herab, die gleichsam über den Kopf laufen und ist die Stirn des Männchens grellgelb. Außerhalb der Brutzeit ist das Gefieder grau bis anthrazitfarben und ähnelt dem des Weibchens. Sie sind oft in größeren Gruppen anzutreffen.

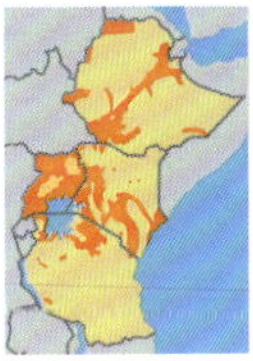

44 cm | 86 gr | 86 gr | SA

LC NT VU EN CE

J F M A M J J A S O N D

Schweifglanzstar
(Lamprotornis purpuroptera)
Rueppell's Glossy Starling *(35 cm)*
Das Gefieder dieses langschwänzigen Stars glänzt in Grün und Blau bis Lila. Er hat einen schwarzen Kopf mit grauem Scheitel. Der Schnabel und die Beine sind grau. Die Iris ist weiß. Nur im vollen Sonnenlicht kommen die vielen schillernden Farben seines dunklen Federkleids voll zur Geltung. Der Schnabelrand der Weibchen ist blasser. Er bevorzugt Grasland mit Gestrüpp und Bäumen. Sie ernähren sich von Obst und Insekten.

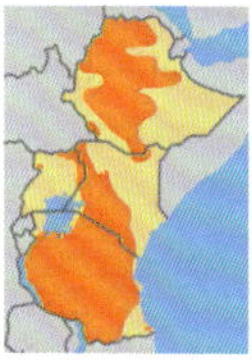

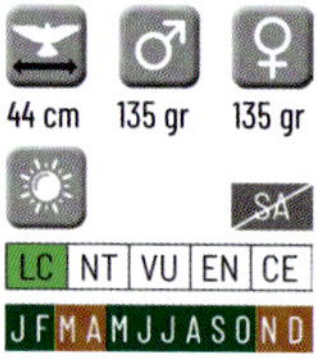

Rotschwingenstar

(Onychognathus morio) **Red-winged Starling** *(30 cm)*
Das Männchen hat ein fast schwarzes Gefieder mit einem leichten bläulichen Schimmer. Das Weibchen, hier auf dem Rücken eines Klippspringers, ist blasser und hat einen grauen Kopf. Im Flug sind die rotbraune Flügelspitzen gut sichtbar, auch teilweise bei geschlossenem Flügel. Im östlichen Afrika gibt es diverse Arten von Staren mit roten Flügelspitzen z. B. den **Wallerstar** *(Onychognathus walleri)*, **Waller's Starling** *(23 cm)* der in West-Uganda vorkommt und in Zentral-Kenia und Nord-Tansania lebt. Der **Zimtflügelstar** *(Onychognathus tenuirostris)* **Slender-billed Starling** *(28 cm)* mit seinem blauschwarzen Gefieder und dem schmalen langen Schnabel lebt hauptsächlich im Hochland von Äthiopien.
Die Verbreitungskarte zeigt den Lebensraum der drei Arten. Diese Stare bevorzugen Berglandschaften.

Fischerglanzstar

(Spreo fischeri) **Fischer's Starling** *(18 cm)*
Die Farben dieses Stars variieren auf dem Rücken von Brauntönen bis fast Grau. Der Unterkörper ab dem Bauch ist entweder cremeweiß oder weiß. Brust und Rachen sind oft hell- oder dunkelbraun, können aber auch fast grau sein. Der Kopf ist normalerweise beige. Die Iris ist immer weiß und die Schwanzfedern sind hellblau. Es sucht seine Nahrung in trockenen Savannen.

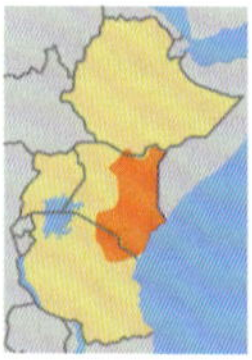

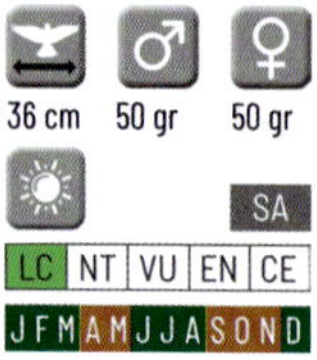

Sperlinge *Die Familie der Sperlinge besteht aus 49 Arten. Sie kommen auf allen bewohnten Kontinenten vor. Sperlinge besitzen einen ziemlich dicken Schnabel, der ihnen das Schälen von Samenkörnern erleichtert. Normalerweise sind Sperlinge leicht voneinander zu unterscheiden, denn die verschiedenen Arten haben deutliche Merkmale. Die Männchen sind kräftiger gefärbt als die Weibchen. Durchwegs sind sie monogam. Sperlinge bevorzugen als Lebensraum offene, trockene oder semi-aride Regionen.*

24 cm 30 gr 30 gr

SA

LC NT VU EN CE

J F M A M J J A S O N D

Keniasperling *(Passer rufocinctus)*

Kenya Rufous Sparrow *(14 cm)*
Er ähnelt dem Haussperling, der aber weiße Wangen und braune Wangenstreife hat. Der Keniasperling hat graue Wangen und orange Wangenstreife. Sein Vorderrücken ist teilweise grau. Beide Geschlechter haben einen orangefarbenen Bürzel. Der Unterkörper ist weiß. Beide sind im Gebiet des jeweils anderen zu finden. Sie finden ihre Nahrung sowohl in Akaziensavannen als auch auf Anbauflächen.

♀

♂

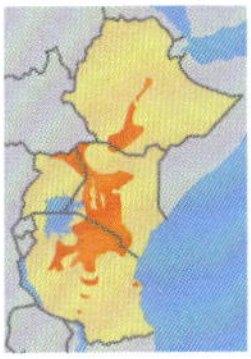

18 cm 15 gr 15 gr

SA

LC NT VU EN CE

J F M A M J J A S O N D

Maronensperling *(Passer eminibey)* Chestnut Sparrow *(11 cm)*

Das Männchen ist eine auffallende Erscheinung. Es sieht dem größeren Maronenweber sehr ähnlich, der Kopf des Maronensperlings ist jedoch braun und nicht schwarz. Der Unterkörper und der Vorderrücken sind etwas heller braun. Die Flügel sind wieder etwas heller und haben beige und dunkelbraune Akzente. Das Weibchen ist sehr hell rostbraun auf der Brust und sein Kopf ist beige. Seine Flügel sind braun meliert. Sie bevorzugen trockene Savannen mit Akazien in der Nähe von sumpfigen Böden. Sie versammeln sich außerhalb der Brutzeit in großen Gruppen.

Graukopfsperling

(Passer griseus)

Grey-headed Sparrow *(15 cm)*

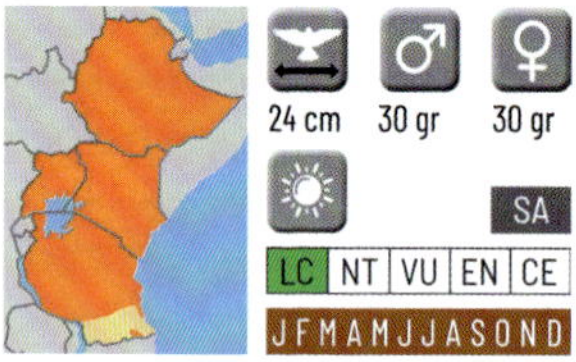

Es gibt viele Sperlinge mit grauen Köpfen. Der Graukopfsperling ist die häufigste Art in Afrika. Er hat einen grauen Vorderrücken und ein hellgraues bis beigen Unterkörper. Die Flügel sind leicht rötlich braun. Der Schwanz ist grau und braun. Eine weitere Art, die hauptsächlich in Tansania und Kenia vorkommt, ist der **Suahelisperling** *(Passer suahelicus)* **Swahili Sparrow** *(15 cm)*. Sein grauer Vorderrücken reicht etwas tiefer in den Rücken hinein. Der **Swainsonsperling** *(Passer swainsonii)* **Swainson's Sparrow** *(16 cm)* ist in Äthiopien weit verbreitet. Der Vorderrücken dieses Sperlings ist brauner. Die Karte zeigt das Verbreitungsgebiet aller Grausperlinge (einschließlich des Damara-Sperlings in Südtansania).

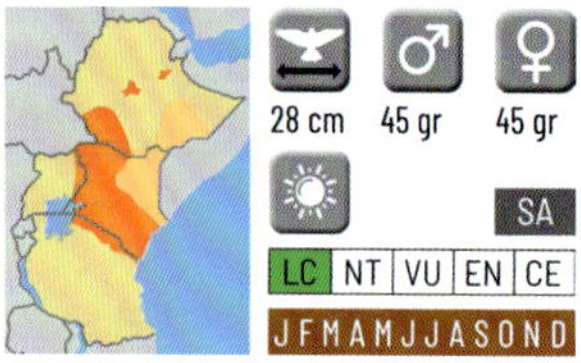

Papageischnabelsperling

(Passer gongonensis)

Parrot-billed Sparrow *(18 cm)*

Der Papageischnabelsperling hat nicht nur einen schweren Schnabel, er ist auch robust. Abgesehen von ihrer Größe ähnelt auch diese Art anderen Sperlingen mit grauem Kopf. Die Flügel sind rostbraun, die Arm- und Handschwingen sowie der Schwanz dunkelbraun. Der Bürzel ist rotbraun. Er bevorzugt spärlich bewachsene und trockene Savannen. Aber er wird auch manchmal in den Gärten der Lodges gesehen.

Haussperling *(Passer domesticus)* **House Sparrow** *(16 cm)*

Der Haussperling hat zwölf Unterarten, die alle bewohnten Kontinente bevölkern. „Unser" Haussperling kommt auch in Ostafrika vor. Sie fressen hauptsächlich Samen, aber wenn das Angebot groß ist auch Insekten. Sperlinge durchlaufen einmal im Jahr eine Vollmauser, sie beginnt nach der letzten Brut.

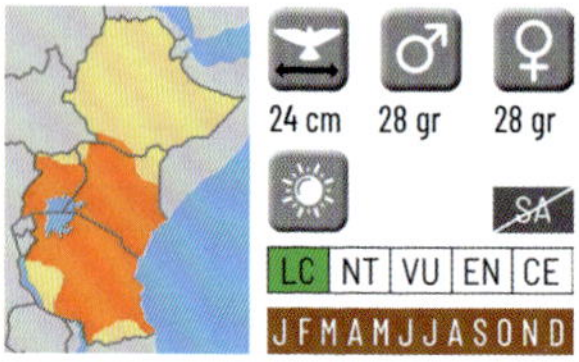

Weber *Die Farben der Männchen der meisten Weberarten sind während der Brutzeit leuchtender. Die meist blasser gefärbten Weibchen tragen das ganze Jahr über fast das gleiche Gefieder. Sie sind Samen- und Insektenfresser. Charakteristisch für Weber sind die markanten Nester. Die meisten Arten bauen die typischen kugelförmigen Hängenester, um es z.B. Schlangen und Eidechsen besonders schwer zu machen, die Küken oder die Eier zu stehlen. Andere bauen ein Gemeinschaftsnest mit vielen Nesteingängen.*

"Sperlingweber" Ursprünglich wurden einige Weberarten in die Familie der Sperlinge eingeteilt. Seitdem werden Weber der Gattung Plocepasser in englischer Sprache Sparrow Weaver genannt. Spätere Untersuchungen haben gezeigt, dass diese Arten auch als Weber eingestuft werden sollten. In bewaldeten Gebieten suchen sie auf dem Boden vor allem nach Samen und Insekten. Diese sogenannten Sperlingweber bauen ihre unordentlichen Nester in einer kleinen Kolonie.

Weißbrauenweber *(Plocepasser mahali)* **White-browed Sparrow-weaver** *(17 cm)*
Er hat weiße Augenbrauen und diese setzen sich bis zum Nacken fort. Er ist weiß vom Hals bis zum Unterschwanz. Die Wangen sind dunkelbraun, der Vorderrücken ist hellbraun. Auf den Arm- und Handschwingen befinden sich weiße und dunkelbraune Streifen. Der Bürzel ist weiß. Es ist ziemlich zahm und bevorzugt trockene bewaldete Savannen. Sie bauen schlampig gewebte Nester in einer Kolonie, hauptsächlich in Akazien und Mopanebäumen.

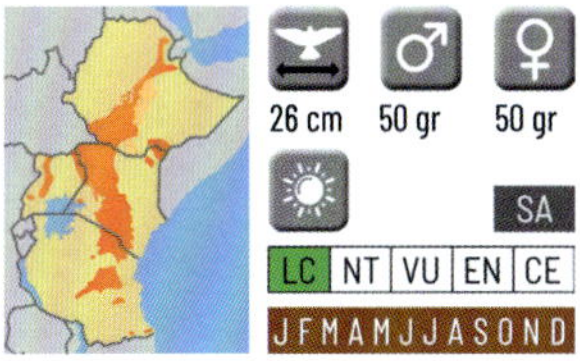

Kastanienscheitelweber *(Plocepasser superciliosus)*

Chestnut-crowned Sparrow-weaver *(17 cm)*

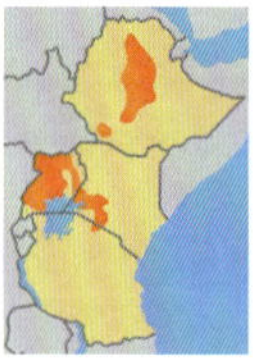

26 cm 40 gr 40 gr
SA
LC NT VU EN CE
J F M A M J J A S O N D

Der Kastanienscheitelweber baut sein Nest um Äste herum, oft zusammen mit Artgenossen. Abgesehen von einem beigen Überaugenstreif sind Scheitel und Wangen rostbraun. Der schwarze Bartstreif begrenzt die beigefarbene Kehle. Brust und Bauch sind cremefarben. Der Vorderrücken weist eine einheitlich braune Färbung auf. Die Enden der Flügeldecken sind weiß. Kastanienscheitelweber scharren auf dem Boden in waldreicher Umgebung. Er ähnelt dem Sperling.

Soziale Weber

Diese Webervogelarten bauen in der Krone eines abgestorbenen Baumes oder z. B. an der Spitze eines Telegrafenmastes ein Gemeinschaftsnest mit vielen Hunderten von separaten Nesteingängen. Sie brüten in einer Kolonie von manchmal Hunderten von Webern. Diese mächtige Behausung sorgt in den heißen Sommermonaten für Kühle und in den kalten Nächten für Wärme.

34 cm 90 gr 80 gr
SA
LC NT VU EN CE
J F M A M J J A S O N D

Orange = Büffelweber
Violett = Witsnavelbuffelwever
Rosa = Überlappungsbereich

Büffelweber

(Bubalornis niger) **Red-billed Buffalo Weaver** *(22 cm)*

Die Büffelweber sind die größten Weber. Der Name "Büffel" weist auf den kräftigen Schnabel hin, vielleicht auch auf ihre Größe. Das Männchen ist fast schwarz, der Schnabel rot. Neben den Schulterfedern und an den Handschwingen befinden sich weiße Flecken. Das Weibchen ist braun, sein Unterkörper ist fleckig und sein Schnabel orange. Man findet sie oft in der Nähe von Weidevieh, wo das Gras zertrampelt wurde. Der ebenso große **Alektoweber** *(Bubalornis albirostris)* **White-billed Buffalo Weaver** *(23 cm)* brütet auch in Kolonien. Das Männchen hat einen weißen und das Weibchen einen schwarzen Schnabel. Sie ernähren sich von Samen, Insekten und Früchten.

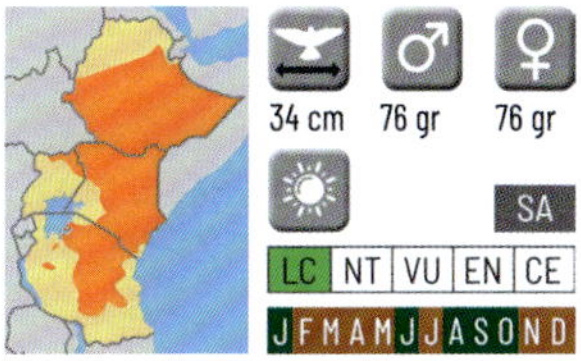

Starweber *(Dinemellia dinemelli)*
White-headed Buffalo-Weaver *(18 cm)*
Dieser Weber ist eine auffällige Erscheinung. Das Weiß des Kopfes reicht bis zum orangen Bürzel und zu den Unterschwanzdecken. Auch der Rücken unter den Flügeln ist orange. Die Oberseite der Flügel variiert zwischen dunkelbraun und anthrazit. Der Schnabel ist grau bis schwarz. Es gibt zwischen den Geschlechtern keine äußerlichen Unterschiede. Er bevorzugt trockenere Strauchsavannen.

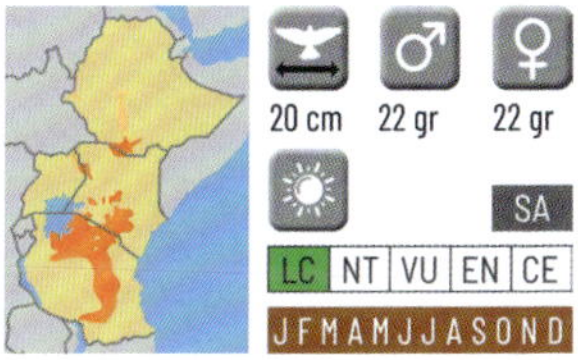

Marmorweber *(Pseudonigrita arnaudi)*
Grey-headed Social-Weaver *(12 cm)*
Es gibt zwei Unterarten, wobei der *P.a. dorsalis* mit dem grauen Vorderrücken am häufigsten vorkommt. Die andere *P.a. arnaudi* hat einen braunen Vorderrücken. Beide haben einen schwarzen Schnabel und grauen Scheitel. Flügel und Unterkörper sind hellbraun. Die Arm- und Handschwingen sind schwarz, die Beine rosa. Waldgebiet mit viel Unterholz wird bevorzugt.

Schwarzkappenweber *(Pseudonigrita cabanisi)* **Black-capped Social-Weaver** *(13 cm)*
Das Schwarz des Kopfes, das die rote Iris verdeckt, endet in einem braunen Nacken. Diese braune Farbe erstreckt sich auch auf die Flügel und den Schwanz. Der Unterkörper ist weiß, mit einem schwarzen Streifen auf dem Bauch und einem schwarzen Band an den Flanken. Der Schnabel ist fast weiß. Sie bevorzugen trockenen Böden mit dornigem Gesträuch. Sie sind oft in Gesellschaft von Schuppenkopfwebern.

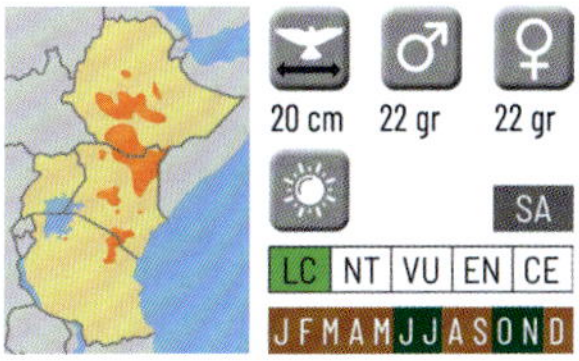

Echte Weber *Die meisten Weber stellen die kugelförmigen Nester aus frischen langen Grashalmen her. Die Form ist nicht immer gleich. Normalerweise befindet sich der Eingang unten, manchmal in Form eines Tunnels, um es Schlangen besonders schwer zu machen, die Küken zu stehlen. Die Nester hängen oft an einigen Grashalmen oder sind zwischen Schilfstielen befestigt. Viele Arten bauen ihre eigene Nestform. Sie können oft an dem Modell erkennen, welcher Weber es geflochten hat.*

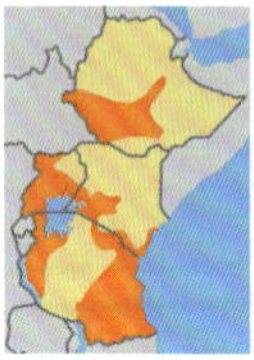

26 cm | ♂ 52 gr | ♀ 50 gr

SA

LC NT VU EN CE

JFMAMJJASOND

Weißstirnweber

(Amblyospiza albifrons)

Thick-billed Weaver

(18 cm)

Ein dunkelbrauner, kräftiger Weber mit einem anthrazitfarbenen Schnabel. Er hat je einen weißen Fleck auf der Stirn und am Ansatz der Handschwingen. Lebt in großen Gruppen am Waldrand und in wasserreichen Gebieten. Das Weibchen hat keine weißen Flecken, aber eine beige-braun gefleckte Brust. Sein Schnabel ist gelblich. Er "webt" kugelförmige Nester im Schilf, die das Weibchen später kontrolliert.

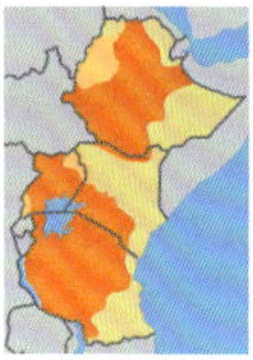

22 cm | ♂ 22 gr | ♀ 22 gr

SA

LC NT VU EN CE

JFMAMJJASOND

Scharlachweber

(Anaplectes rubriceps)

Red-headed Weaver

(14 cm)

Es gibt mehrere Weber mit einem roten Kopf. Der Name „Scharlachweber" wird sowohl für die nördliche als auch für die südliche Art verwendet. Die nördliche Art *(A.r. leuconotos)* zeichnet sich durch ein schwarzes Gesicht aus und die Körperfedern sind graubraun und rot. Das Weibchen hat einen grauen Kopf. Der Lebensraum des anderen *(A.r. rubiceps)* reicht vom zentral-südlichen Teil Tansanias bis nach Südafrika. Seine Flügel und sein Schwanz sind graubraun und gelb. Der Kopf des Weibchens ist gelb oder orange. Beide Arten bevorzugen bewaldete Savannen. Die Nester sind kugelförmig mit einem langen Tunneleingang.

Blutschnabelweber

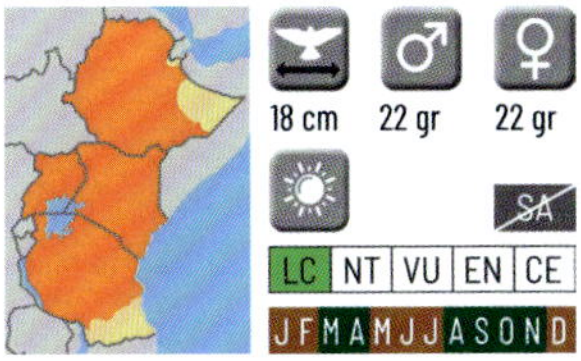

Blutschnabelweber *(Quelea quelea)* **Red-billed Quelea** *(12 cm)* Zusammen mit anderen „Queleas" wie dem Kardinalweber, leben diese Weber mit vielen tausenden von Artgenossen zusammen. In großen Vogelwolken bewegen sie sich auf der Suche nach keimendem Saatgut. Besonders in der Zeit kurz nach einer Regenzeit sind sie zahlreich anzutreffen. In der Saatzeit sind sie für Bauern eine Plage. Während der Brutzeit wechselt das Gefieder des Männchens an Kopf und Kehle von Blassbraun zu Orange. Das 2. Foto zeigt den **Kardinalweber** *(Quelea cardinalis)* **Cardinal Quelea** *(11 cm)* im Prachtkleid. Sein Gefieder ist außerhalb der Brutzeit dem des Weibchens sehr ähnlich (3. Abb.). Wie die Blutschnabelweber bevorzugen sie Grünland am Ende der Regenzeit.

2 Kardinalweber

3 Kardinalweber

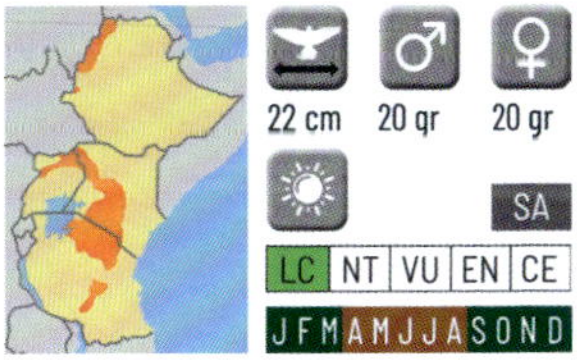

Schuppenkopfweber *(Sporopipes frontalis)* **Speckle-fronted Weaver** *(12 cm)* Ein kleiner hübscher Weber mit gesprenkeltem Scheitel und rotbraunem Nacken. Die Wangen sind weiß, ebenso wie die Brust bis zum Unterschwanz. Dieser Vogel wird gerne mit dem Sperling verwechselt. In kleinen Gruppen suchen sie in trockenen Buschgebieten auf dem Boden nach Samen und Insekten. Sein Nest ist ein unordentlich geflochtenes Kugelnest mit seitlichem Eingang.

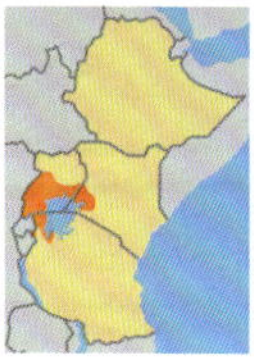

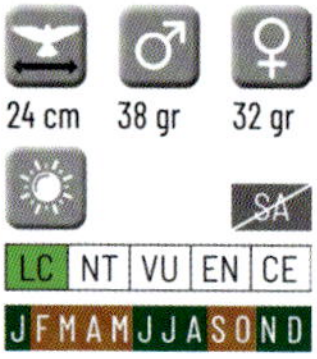

Mohrenweber

(Ploceus nigerrimus) **Vieillot's Black Weaver** *(16 cm)*
Der Mohrenweber in diesem Teil Afrikas ist völlig schwarz *(P.n. nigerrimus)* und hat leuchtend gelbe Iris. Das Weibchen hat einen gelben Unterkörper und eine Mischung aus gelben, olivgrünen und braunen Farbtönen auf dem Rückengefieder. Sie bevorzugen Feuchtgebiete entlang von Waldrändern und Savannen mit hohem Gras, wo sie nach Insekten suchen. Dieser Weber ist polygam und territorial.

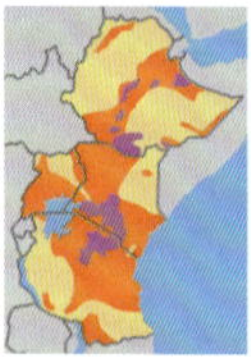

Orange: Cabanisweber
Rosa: beide Typen

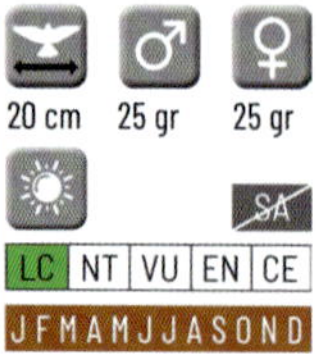

Cabanisweber

(Ploceus intermedius) **Lesser Masked Weaver** *(13 cm)*
Das Männchen hat ein schwarzes Gesicht. Besonders während der Brutzeit färben sich die Ränder von Gesicht und Hals rotbraun. Die hellgelben Iris machen es leicht, sie vom größeren Textor mit roten Iris zu unterscheiden. Der Vorderrücken und die Flügel sind olivfarben. Ihr Unterkörper ist überwiegend weiß. Das kugelförmige Nest hat unten einen kurzen Tunneleingang. Er bevorzugt eine grasbewachsene Landschaft mit Bäumen und Sträuchern mit Wasser in der Nähe. Der etwas größere **Somaliweber** *(Ploceus spekei)* **Speke's Weaver** *(15 cm)* hat gelbe Iris, die des Weibchens sind rotbraun. Der Scheitel ist komplett gelb und das Schwarz beschränkt sich auf Gesicht und Wangen. Auch dieses Weibchen hat einen weißen Bauch.

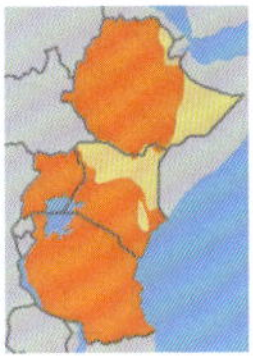

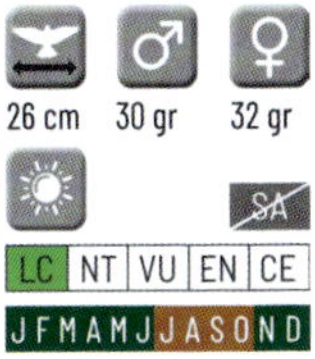

Textor *(Ploceus cucullatus)* **Village Weaver** *(17 cm)*
Von dieser Art gibt es mehrere Unterarten. Drei davon sind in Ostafrika weit verbreitet. Während der Brutzeit färbt sich sein Gefieder heller gelb und sein Gesicht und sein Scheitel schwarz. Auch das Weibchen leuchtet in der Brutzeit intensiver gelb. Das Nest ist kugelförmig und hat auf der Unterseite einen Tunnel als Verlängerung des Eingangs. Er ist vor allem an seinem schweren Schnabel zu erkennen.

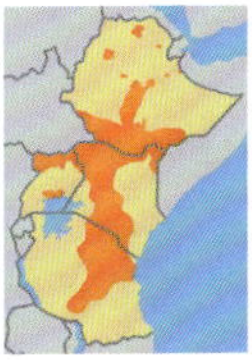

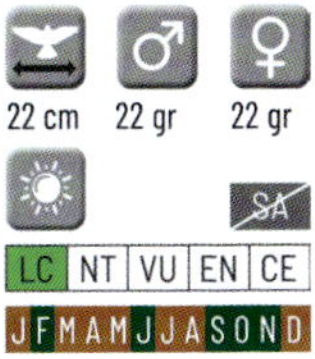

Dotterweber
(Ploceus vitellinus) **Vitelline Masked-Weaver** *(14 cm)*
Außerhalb der Brutzeit ähnelt das Männchen dem Weibchen. Brust und Bauch leuchten gelb und eine Mischung aus Olivgrün und Gelb ziert die Flügel. In der Brutzeit werden die Iris des Männchens leuchtend rot und es bekommt ein schwarzes Gesicht und rotbraune Federn an Stirn und Kehle. Der Eingang des kugelförmigen Nests befindet sich auf der Unterseite. Diese Art ist vor allem in trockenen Buschsavannen und Buschgebieten sehr verbreitet. Ihre Nahrung besteht aus Samen und Insekten und gelegentlich dem Nektar des Löwenohrs *(Leonotis nepetifolia)*. Er sieht aus wie der Somaliweber, aber er hat gelbe Iris.

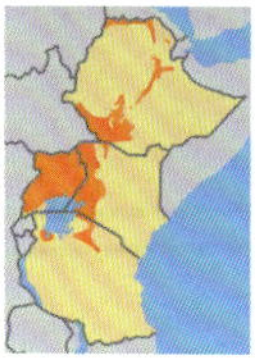

18 cm | 14 gr | 14 gr
SA
LC | NT | VU | EN | CE
J F M A M J J A S O N D

Zwergweber *(Ploceus luteolus)* **Little Weaver** *(12 cm)*
Während der Brutzeit sind Gesicht und Hals schwarz. Der Rest des Kopfes ist gelb, ebenso die Brust bis zum Unterschwanz. Außerhalb dieser Zeit hat er einen weißen Hals und der Kopf ist olivgrün, die Brust und der Bauch sind zart gelb bis weiß. Der Vorderrücken bleibt in gemischten Oliv- und Brauntönen, die Flügel sind eine Mischung aus Grau und Gelb. Außerhalb der Brutzeit sieht er dem blasseren Weibchen sehr ähnlich. Sie suchen ihre Nahrung in Savannen mit vielen Akazien. Das hängende Nest ist rund mit dem Eingang in der Mitte. Ein geschultes Auge kann den **Mönchsweber** *(Ploceus pelzelni)* **Slender-billed Weaver** *(11 cm)* vom Zwergweber unterscheiden. Sie bewohnen dasselbe Gebiet in Uganda, Tansania und Kenia. Der schmalere Schnabel und ein etwas gelberer Vorderrücken machen den Unterschied. Beim Weibchen sind die Brust und der Bauch gelb.

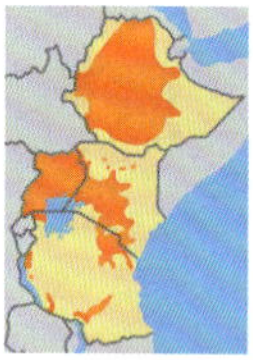

24 cm | 35 gr | 35 gr
SA
LC | NT | VU | EN | CE
J F M A M J J A S O N D

Baglafechtweber *(Ploceus baglafecht)* **Baglafecht Weaver** *(15 cm)*
Von dieser Art gibt es acht Unterarten. Gemeinsam sind ihnen das grellgelbe Gefieder, der schwarze Schnabel, gelbe Augen, olivgrüne bis schwarze Flügel mit gelben Rändern. Sie unterscheiden sich in der Zeichnung am Kopf. Mal ist der Kopf bis zum gelben Hals schwarz oder der Scheitel oliv, mal ist nur eine schwarze Maske vorhanden. Der abgebildete Weber ist ein Männchen der Variante *P.b. reichennowi*. Das Weibchen dieser Unterart hat zum Beispiel einen schwarzen Scheitel.

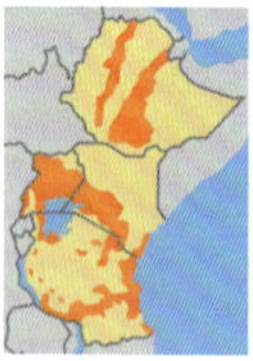

26 cm | 30 gr | 30 gr
SA
LC | NT | VU | EN | CE
J F M A M J J A S O N D

Brillenweber *(Ploceus ocularis)* **Spectacled Weaver** *(16 cm)*
Die Flügel dieses überwiegend gelben Webers sind olivgrün. Der Hals der Männchen bei der Unterart in Ostafrika ist rostbraun. Auf den Augen liegt eine schwarze Maske. Die Iris ist hellgelb. Manchmal sind die Wangen hellorange, Brust und Bauch sind gelb bis hellorange. Die Flügel des Weibchens sind olivgrün. Diverse Lebensräume in allen Waldtypen bis 2200 m Höhe. Das Nest ist kugelförmig mit einem Eingang an der Unterseite.

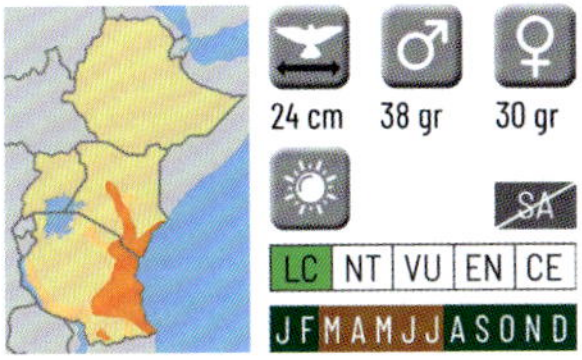

Goldweber *(Ploceus subaureus)*
Eastern Golden Weaver *(15 cm)*
Er ist einer der vielen gelben Weber. Sein Schnabel ist schwarz, die Flügel sind gelb bis olivgrün. Die Iris ist rot, im Prachtkleid ist das Männchen *(P. s. aureoflavus)* um den Schnabel herum hellorange. Das Weibchen hat einen weißen Unterkörper, einen grauen und weißen Vorderrücken und dunkelgrau-gelb gesprenkelte Flügel. Die Iris ist dunkelbraun und der Schnabel ist rosa. Das Nest ist kugelförmig. Sie füttern sich meist am Bodem.

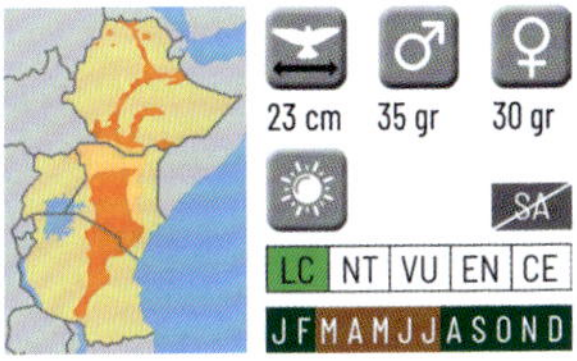

Maronenweber
(Ploceus rubiginosus)
Chestnut Weaver *(14 cm)*
Ein auffälliger Weber, der einzige mit rostbraunem Gefieder und schwarzem Kopf. Seine Arm- und Handschwingen sind dunkelbraun und haben weiße Spitzen. Außerhalb der Brutzeit ist er blasser. Das Weibchen hat während der Brutzeit eine braune Brust und einen weißen Bauch. Sie bauen ihr eigenes kugelförmiges Nest zusammen mit Hunderten ihrer Artgenossen. Sie bevorzugen trockene Savannen mit dornigem Strauchdickicht.

Jacksonweber *(Ploceus jacksoni)* **Golden-backed Weaver** *(15 cm)*
Es gibt zwei Arten, die sich sehr ähnlichsehen: den abgebildeten Jacksonweber und eine der 4 Unterarten des **Schwarzkopfwebers** *(Ploceus melanocephalus dimidiatus)* **Black-headed Weaver** *(14 cm)*. Beide haben während der Brutzeit eine braune Brust (dunkler und voller beim Jackson-Weber). Unterschiedlich bei den Männchen ist die Farbe der Iris: rot beim Jacksonweber und dunkelbraun beim anderen. Sie bewohnen dasselbe Gebiet in West-Uganda, insbesondere Feuchtgebiete mit viel Schilf und Papyrus.

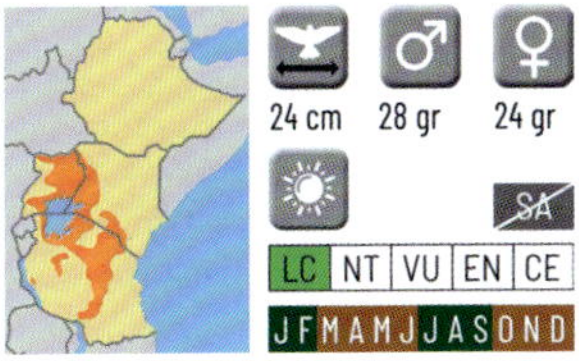

Widas *Mit den echten Webern verwandt sind die Widas, manchmal auch Weber genannt, aus der Familie der Euplectes. Diese farbenfrohen Widas sind polygam und haben einen Harem von 3 bis 4 Weibchen, im Gegensatz zu den echten Webern, die normalerweise monogam sind. Ihre Nahrung besteht hauptsächlich aus Grassamen, manchmal aus Würmern und kleinen Insekten. Die Männchen verteidigen ihr Revier erbittert. Alle Weibchen dieser Familie sind kaum voneinander zu unterscheiden. Sie haben grau-braune Rückengefieder und meist einen cremeweißen Unterkörper. Manchmal ist beim Weibchen ein auffälliger Akzent des Männchens in unscharfen Farben zu erkennen. Wie die echten Weber bauen auch sie kugelförmige Nester.*

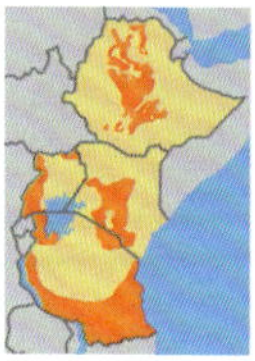

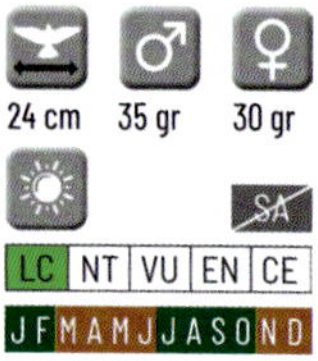

Samtwida

(Euplectes capensis) **Yellow** oder **Yellow-rumped Bishop** *(15 cm)*
Der Samtwida ist während der Brutzeit auf dem Rücken leuchtend gelb, aber nicht auf dem Kopf wie die Tahaweber. Außerhalb der Brutzeit ist er ein anonymer Weber, beide Geschlechter sehen dann gleich aus. Die Nester sind oval mit einem Seiteneingang. Besonders in Ostafrika sind sie häufiger inmitten von Graslandschaften im Vorgebirge zu finden.

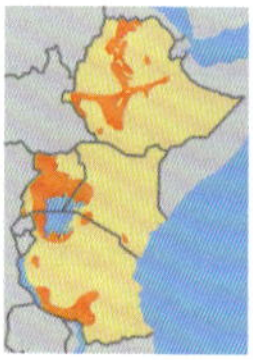

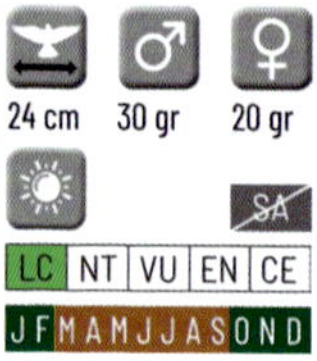

Gelbschulterwida

(Euplectes macroura)
Yellow-mantled Widowbird *(14 cm)*
Auch dieses Wida-Männchen erfährt eine Metamorphose, wenn es sein anonymes braun meliertes Wintergefieder gegen das Brutkleid austauscht. Nicht nur wird es tiefschwarz und wird sein Rücken gelb, es bekommt auch noch einen 5 cm längeren Schwanz. Bei der Unterart *E. m. macrocercus* färben sich nur die Schultern gelb. Das Weibchen unterscheidet sich kaum von anderen Widas. Sie suchen ihre Nahrung hauptsächlich in feuchten Gebieten.

Spiegelwida

(Euplectes albonotatus)

White-winged Widowbird *(15 cm)*

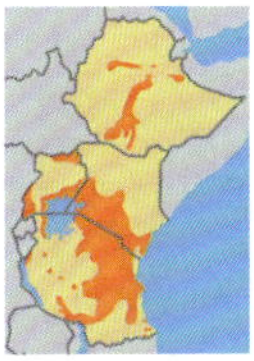

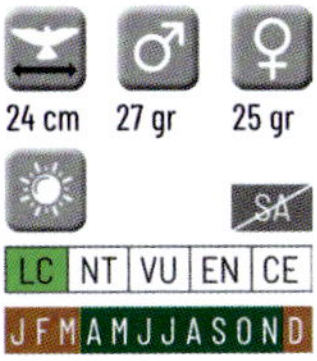

Die Schulterfedern des Spiegelwida *(E. a. eques)* in Ostafrika sind orange statt gelb und so ähnelt er dem Stummelwida, dem allerdings die weißen Akzente fehlen. Sie sind oft in feuchtem Grasland anzutreffen. Die Nester zwischen Schilf sind oval und haben einen Seiteneingang. In Kenia ist vor allem Tsavo ein beliebtes Brutgebiet. Außerhalb der Brutzeit sehen beide Geschlechter gleich aus.

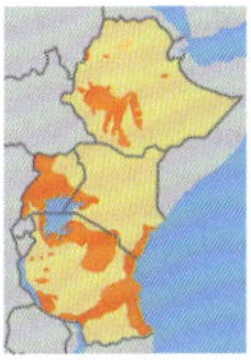

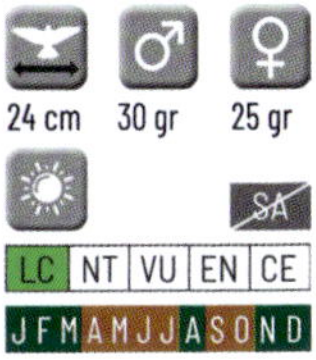

Stummelwida

(Euplectes axillaris)

Fan-tailed Widowbird *(15 cm)*

Starke Ähnlichkeit mit dem Spiegelwida. Im südlichen Afrika unterscheiden sie sich durch die Farbe der Schultern, aber im östlichen Afrika haben beide orangefarbene Schulterfedern. Dem Stummelwida fehlen jedoch die weißen Akzente auf den Flügeln. Der Schnabel ist silberfarben, die Beine sind schwarz. Sie fühlen sich in Grasland mit hohem Gras und feuchtem Klima (Sümpfe, Zuckerrohrfelder) zu Hause. Die Nester sind oval und haben einen Seiteneingang.

Tahaweber *(Euplectes afer)* **Yellow-crowned Bishop** *(11 cm)*

Ein kleiner Weber, doch wegen seines leuchtend gelb-tiefschwarzen Gefieders in der Brutzeit eine auffällige Erscheinung. Außerhalb der Brutzeit ist sein Gefieder unauffällig gefärbt, er ist das Weibchen dann sehr ähnlich. Ihre Nahrung wie Grassamen und kleinen Insekten, suchen sie am liebsten in feuchten Gebieten. Die kugelförmigen Nester sind zwischen Schilfhalmen versteckt.

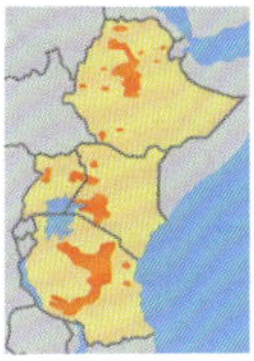

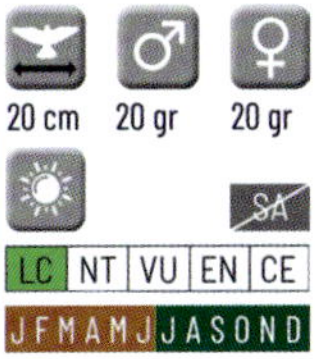

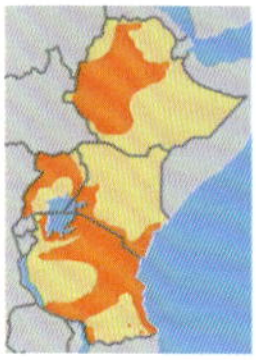

20 cm | 28 gr | 20 gr

~~SA~~

LC | NT | VU | EN | CE

J F M A M J J A S O N D

Flammenweber

(Euplectes hordeaceus) **Black-winged Bishop** *(12 cm)*
Dieser Weber ist vom Scheitel bis zum Schnabel komplett orangefarben. Der Vorderrücken ist blasser und eher rostbraun. Die Unterschwanzdecken des Flammenwebers sind fast weiß. Außerhalb der Brutzeit sehen beide Geschlechter ähnlich aus, das Männchen behält jedoch die dunklen Arm- und Handschwingen (siehe zweite Abb.). Ihre Nahrung besteht hauptsächlich aus Grassamen, manchmal auch Reis, jungem Mais und Termiten. Sie bevorzugen feuchtes Grasland und kultiviertes Ackerland.

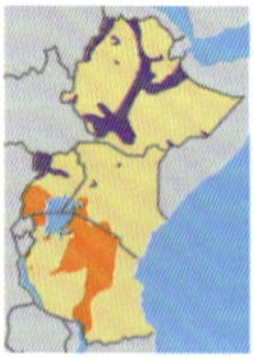

20 cm | 28 gr | 22 gr

~~SA~~

LC | NT | VU | EN | CE

J F M A M J J A S O N D

Feuerweber

(Euplectes franciscanus) **Northern Red Bishop** *(11 cm)*
In Bezug auf die Farbgebung ist der Feuerweber leicht mit dem Flammenweber und dem **Oryxweber** *(Euplectes orix)* **Southern Red Bishop** *(11 cm)* zu verwechseln. Der kleinere Oryxweber hat einen schmalen orangefarbenen Kragen anstelle einer orangefarbenen Kehle, außerdem sind Brust und Bauch schwarz. Der Ort, an dem Sie sie finden, liefert normalerweise die Antwort. Außerhalb der Brutzeit sind die beiden Geschlechter kaum voneinander zu unterscheiden. Ihre Nahrung besteht hauptsächlich aus Gras und Hirsesamen, manchmal auch Insekten. Sie bevorzugen feuchtes Grasland und kultiviertes Ackerland.

Oryxweber

Schildwida

(Euplectes ardens)
Red-collared Widowbird
(15+22 cm)

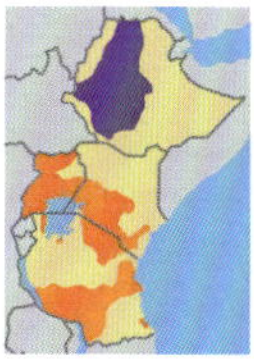

24 cm 25 gr 22 gr
SA
LC NT VU EN CE
J F M A M J J A S O N D

Orange: Schildwida
Rosa: E.a. lauticauda

Der Schildwida hat drei Unterarten, von denen zwei in den Parks dieses Buches vorkommen. Bei der Art in Ostafrika *(E.a. suahelicus)* sind sowohl die Kehle als auch der Scheitel rot. Der Rest des Gefieders ist in der Brutzeit schwarz, die Arm- und Handschwingen sind grau und schwarz gemischt. Den langen Schwanz haben sie nur während der Brutzeit. Die ähnliche Unterart *E.a. lauticauda* kommt nur in Äthiopien vor. Ihr Lebensraum ist vorzugsweise Grünland mit Gestrüpp. Die ovalen Nester haben einen Seiteneingang.

Hahnschweifwida *(Euplectes progne)* **Long-tailed Widowbird** *(20+40 cm)*

Das Bild links zeigt das Männchen außerhalb der Brutzeit. Bis auf das Weiß und Rot an den Schultern sieht es dann aus wie das Weibchen. Von allen Widas hat der Hahnschweifwida den längsten Schwanz. Sie bevorzugen Gebiete mit kurzem Gras. In Ostafrika bewohnen sie ein kleines Gebiet in geringer Zahl. Dieser Wida ist im südlichen Afrika besonders zahlreich. Der **Leierschwanzwida** *(Euplectes jacksoni)* **Jackson's Widowbird** *(14 cm)* lebt auch in der gleichen Gegend. Seine Flügel oder nur die Schulterdecken sind teilweise orangebraun und wie dem Hahnschweifwida wächst auch ihm zur Brutzeit ein langer, voller Schwanz. Während dieser Zeit sind beide Arten unbeholfene Flieger. Der Leierschwanzweber hat einen relativ kleinen Lebensraum und kommt nur in begrenzter Zahl vor.

Leierschwanzwida

DU 45 gr 40 gr
SA
LC NT VU EN CE
J F M A M J J A S O N D

Orange = Hahnschweifwida
Violett = Leierschwanzwida
Rosa = Überlappungsbereich

Prachtfinken *Diese Prachtfinken (Estrildidae), nicht zu verwechseln mit den Finken (Fringillidae), sind bunte Vögel. Sie fressen vornehmlich Grassamen und einige Insekten und sind monogam. Meist bauen sie ein kuppelförmiges Nest, das ab und an einen „falschen" Nesteingang hat. Prachtfinken sind in der Regel Standvögel (Überwinterung in ihren Brutgebieten). Die Männchen haben ein leuchtendes Gefieder. Die Weibchen haben nur einige sehr blasse Akzente, die beim Männchen bunter ausfallen.*

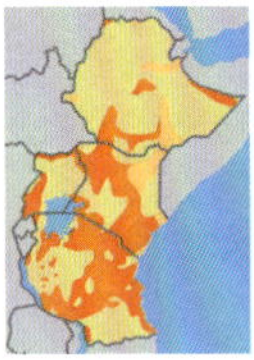

16 cm | ♂ 18 gr | ♀ 18 gr

SA

LC | NT | VU | EN | CE

J F M A M J J A S O N D

Buntastrild *(Pytilia melba)* **Green-winged Pytilia** *(14 cm)*

Ein besonders hübscher Prachtfink. Der Kopf des Männchens ist rot und grau. Unter der Kehle ist es gelb, Brust und Bauch sind schwarz-weiß gestreift. Die Flügel sind olivgrün, Schwanz und Bürzel sind leuchtend rot. Dem Weibchen fehlt das Rot auf dem Kopf. In Trocken- und Dornstrauchsavannen sowie an Waldrändern und an Flüssen finden sie ihre Nahrung, vor allem Grassamen und Termiten.

16 cm | ♂ 17 gr | ♀ 17 gr

SA

LC | NT | VU | EN | CE

J F M A M J J A S O N D

Veilchenastrild

(Granatina ianthinogaster) **Purple Grenadier** *(13 cm)*

Ein schön gefärbter Astrild. Roter Schnabel, rotbrauner Kopf, rund um die schwarzen Knopfaugen kobaltblau und rote Augenringe. Von der Brust bis zu den Unterschwanzdecken ist er blau. Die Flügel sind blassbraun. Dem Weibchen fehlt das Blau, abgesehen von den Bürzel- und Schwanzfedern und dem hellen Blau um die Augen. Ihre Flanken entlang des Bauches sind schwach gebändert. Die scheuen Vögel bewohnen aride Buschlandschaften, Savannen und lichte Wälder bis 2200 m Höhe.

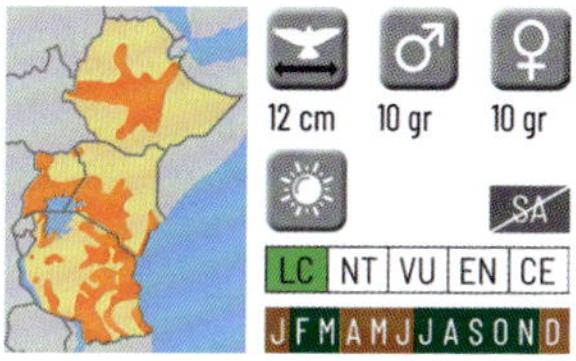

Wellenastrild *(Estrilda astrild)* **Common Waxbill** *(11 cm)*

Mit 15 Unterarten ist dieser Astrild in ganz Afrika verbreitet. Sechs davon kommen in einem oder mehreren dieser Länder vor. Die Farbe des Gefieders variiert von hellgrau bis hellbraun. Alle haben auffällige rote Masken über den Augen. Der Vorderrücken ist zart gestreift. Er hat einen hellroten Bauch, während ihr diese Farbe fehlt oder auf ein zartes Rosa beschränkt ist. Sie suchen in kleinen Gruppen in hohem Gras, nicht weit vom Wasser entfernt, nach Nahrung. Das Nest wird oft mit Eiern von der Dominikanerwitwe ergänzt.

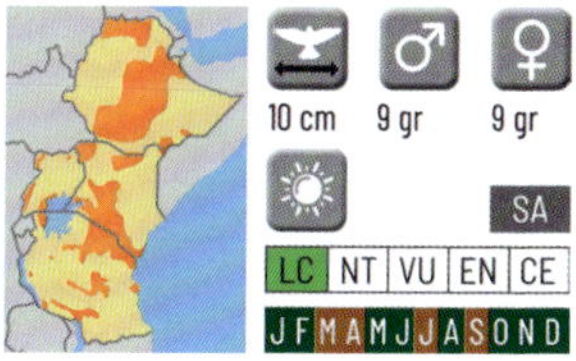

Zügelastrild *(Estrilda rhodopyga)* **Crimson-rumped Waxbill** *(10 cm)*

Der Zügelastrild hat einen roten Bürzel und rote Flügel. Die Maske ist rot, aber der Schnabel des Männchens ist, anders als beim Wellenastrild, grau. Das Gefieder ist überwiegend hellbräunlich. Der Rücken ist fein quergebändert. Das Weibchen ist normalerweise etwas blasser. In Gruppen suchen sie in trockenen, bewaldeten Savannen mit Weideflächen und feuchtem Grasland nach Nahrung.

Bandamadine *(Amadina fasciata)* **Cut-throat Finch** *(12 cm)*

Das Männchen unterscheidet sich vom Weibchen durch das rote Band über der Kehle. Bei beiden Geschlechtern ist der Bauch rotbraun und gefleckt. Die Bandamadine ist beigefarben, Kopf und Vorderrücken zeigen dunkelbraune Flecken. In halbtrockenen Zonen, Grasland und trockenen bewaldeten Savannen suchen sie nach Grassamen, Termiten und anderen kleinen Insekten. Sie brüten in verlassenen Webernestern.

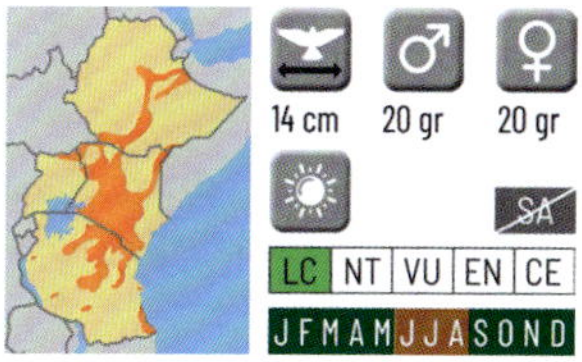

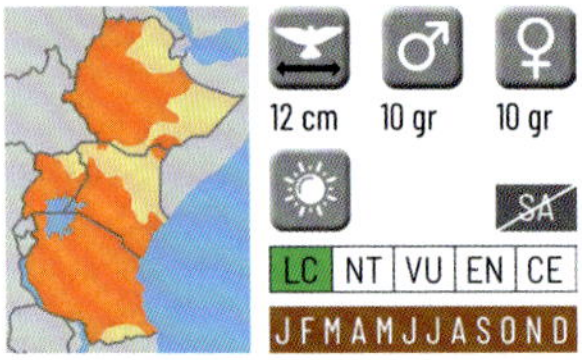

Senegalamarant

(Lagonosticta senegala) **Red-billed Firefinch** *(10 cm)*

Dieser rote Senegalamarant hat einen roten Schnabel, gelbe Augenringe und einen roten Bürzel. Die Flügel sind graubraun. Senegalamarante sind häufig in der Nähe von flachen Tümpeln zu finden, aus denen sie oft trinken. Die Weibchen sind hellbraun mit rotem Bürzel und vagen roten Augenlinien. Nur ihr Unterschnabel ist rot. Sie ernähren sich von Grassamen, vorzugsweise in Savannen mit Akazien.

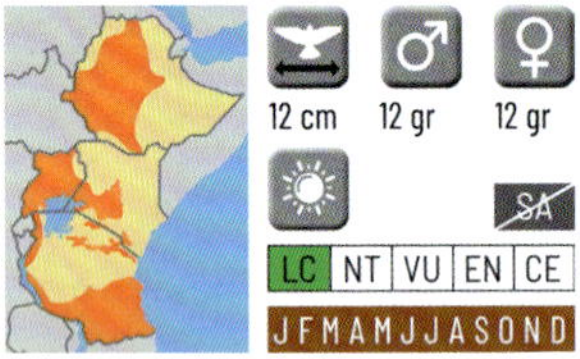

Dunkelamarant

(Lagonosticta rubricata) **African Firefinch** *(11 cm)*

Sie zeichnen sich durch ihren roten oder grauen Kopf mit roter Stirn, roter Brust und Bürzel aus. Die Farbintensität kann bei den Unterarten stark variieren. Seine Bauch- und Unterschwanzdecken sind schwarz und es gibt weiße Flecken an den Flanken. Das Weibchen ist überwiegend graubraun, nur der Bürzel und einige Schwanzfedern sind rot. Ihr Kopf und ihr Vorderrücken sind braun. Der Schnabel ist bei beiden silbergrau. Der Lebensraum ist sehr vielfältig, solange Grassamen verfügbar sind.

♂

♀

18 cm | ♂ 10 gr | ♀ 10 gr

SA

LC NT VU EN CE

JFMAMJJASOND

Schmetterlingsastrild

(Uraeginthus bengalus) **Red-cheeked Cordon-bleu** *(13 cm)*
Schöne hellblaue Prachtfinken mit hellbraunem Scheitel, Nacken und Flügeln sowie roten Wangen beim Männchen. Bauch und Unterschwanz schimmern zartbraun. Sie ernähren sich hauptsächlich von kleineren Grassamen, manchmal auch von Termiten und Mottenlarven, die sie auf dem Boden finden. Sie leben oft zusammen mit anderen Prachtfinken.

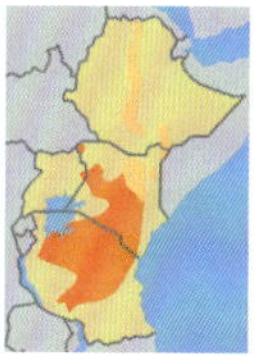

14 cm | ♂ 10 gr | ♀ 10 gr

SA

LC NT VU EN CE

JFMAMJJASOND

Blaukopfastrild

(Uraeginthus cyanocephalus) **Blue-capped Cordon-bleu** *(13 cm)*
Beim Männchen ist der gesamte Kopf blau. Beim Weibchen ist ein Teil des Scheitels und des Hinterkopfes von der gleichen hellbraunen Farbe wie der Vorderrücken und die Flügel. Das Blau ihres Gefieders ist normalerweise etwas blasser. Der blaue Unterkörper wird bei beiden Geschlechtern durch einen beigen Bauch und beige Unterschwanzdecken unterbrochen. Der Schnabel ist rot. Sie sind oft zusammen, vor allem bei der Suche nach Samen und Termiten in trockeneren grasbewachsenen Savannen.

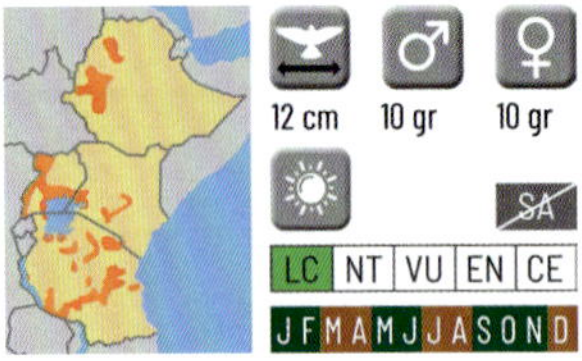

Goldbrustastrild *(Amandava subflava)* **Zebra Waxbill** *(9 cm)*
Die Rückenpartie ist hauptsächlich olivgrün, Kehle und Bauch sind gelb oder orangefarben, auch der Unterschwanz ist orangefarben. Der Bürzel leuchtet intensiver orange. Der Schnabel ist rot. Über dem Auge liegt ein orangeroter Überaugenstreif. Beide Geschlechter sind an den Flanken grün und gelb gestreift. Die Farben des Weibchens sind deutlich blasser und es fehlt der orangefarbene Überaugenstreif. Ihr Schnabel ist schwarz und rot. Sie fressen hauptsächlich Grassamen.

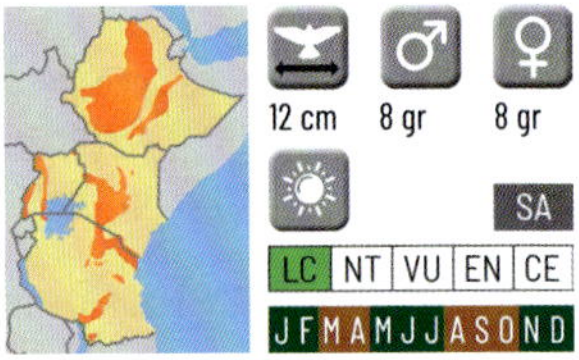

Gelbbauchastrild *(Coccopygia quartinia)* **Yellow-bellied Waxbill** *(9 cm)*
Auf dem grauen Kopf mit roter Iris und weißer Kehle hat er einen silberschwarzen Oberschnabel und einen orangefarbenen Unterschnabel. Die Brust ist grau und der Bauch gelb (beim Weibchen etwas blasser). Die Flügel sind olivgrün und der Bürzel orange. Der Schwanz ist fast schwarz. Dieser Astrild bevorzugt grasbewachsene Waldränder an Hängen bis zu 2700 m Höhe.

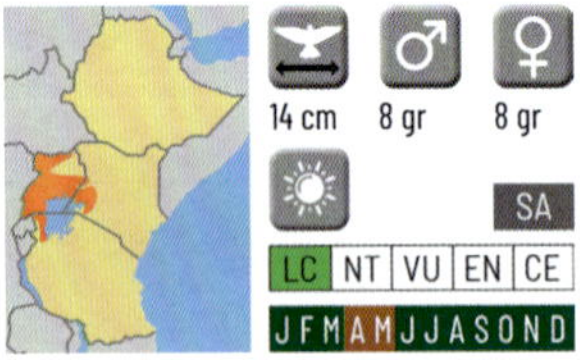

Nonnenastrild *(Estrilda nonnula)*
Black-crowned Waxbill *(10 cm)*
Der schwarzen Kopf erstreckt sich über die schwarzen Knopfaugen. Der Schnabel ist rosa und schwarz. Der Unterkörper ist hellgrau bis weiß. Der Vorderrücken ist hell- und dunkelgrau gestreift. Die Flügel sind dunkelgrau. Die Flanken und der Bürzel sind rot. Die Beine sind fast schwarz. Die Flügel des Weibchens sind etwas brauner. Grasstreifen entlang der Waldränder werden in großen Gruppen besucht.

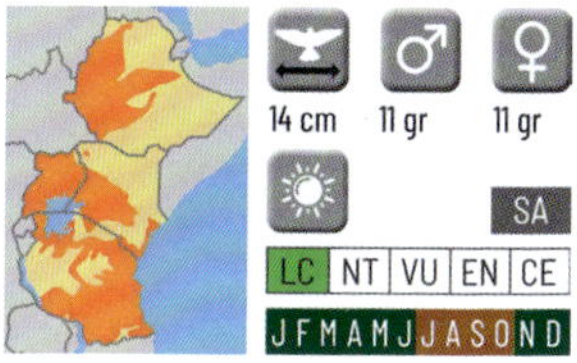

Kleinelsterchen

(Spermestes cucullata) **Bronze Mannikin** *(9 cm)*
Für dieses Bronzemännchen werden auch die englischen Namen Munia verwendet. Sein Kopf ist dunkelbraun, der Vorderrücken fast grau, und die Flügel sind in Brauntönen gefärbt. Sein Kopf leuchtet im Sonnenlicht leicht bronzegrün, ebenso wie ein Teil der kleinen Flügeldecken. Auf den Flanken zeigt sich ein Zebramuster. Das Weibchen ist überwiegend hell- und dunkelbraun. Bronzemännchen treten fast immer paarweise auf. Sie ernähren sich von Grassamen und kommen vor allem in offenen Waldgebieten und grasbewachsenen Halbwüsten vor. Das links abgebildete Elsterchen ist ein Jungvogel.

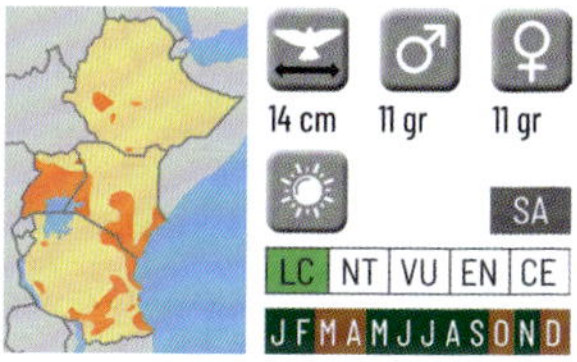

Braunrückenelsterchen

(Spermestes nigriceps nigriceps) **Red-backed Mannikin** *(9 cm)*
Beim Braunrückenelsterchen sind Kopf und Hals schwarz, Brust und Unterschwanzdecken sind weiß, die Flanken bis zum Bürzel schwarz gesprenkelt. Der Rücken ist rostbraun, der Schnabel ist blasser als beim Kleinelsterchen. Es gibt eine Unterart, bei der der Vorderrücken nicht rotbraun, sondern schwarz ist, das **Schwarz-Weiße Glanzelsterchen** *(S. bicolor poensis)*, **Black and White Mannikin** *(9 cm)*. Es lebt westlich des afrikanischen Grabenbruchs, das andere größtenteils östlich davon.

Braunrückenelsterchen

Schwarz-Weiße Glanzelsterchen

Witwenvögel *Witwenvögel sind Insekten- und Samenfresser. Mit dem kleinen kräftigen Schnabel schälen sie die Samen. Bei den Vögeln der Gattung Vidua hat das Männchen in der Brutzeit einen langen Schwanz. Im Schlichtkleid sind Männchen und Weibchen schwer voneinander zu unterscheiden. Sie sind alle braun, schwarz und beigefarben. Alle Witwenvogelarten sind Brutparasiten und nutzen als Brutwirte ausschließlich Prachtfinkenarten. Jede Art hat ihren jeweiligen Favoriten, den sie parasitiert. Anders als beim Kuckuck entfernt ein schlüpfender Witwenvogel nicht die Eier und Jungvögel seiner Wirtsfamilie.*

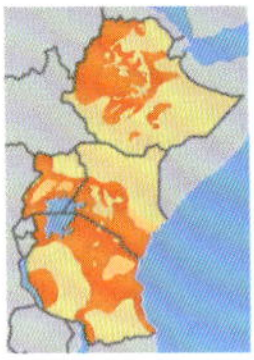

15 cm | ♂ 15 gr | ♀ 15 gr
SA
LC | NT | VU | EN | CE
J F M A M J J A S O N D

Rotfußwitwe *(Vidua chalybeata)* **Village Indigobird** *(11 cm)*
Das Männchen hat in der Brutzeit ein blauschwarzes Gefieder. Das Weibchen hat, wie die anderen Witwen, eine braungraue Rückenpartie und eine gebrochen weiße Unterpartie. Ein breiter weißer Überaugenstreif verläuft über ihren Augen. Beide Geschlechter haben einen blassen Schnabel *(V. c. centralis)* und rote Beine. Sie bevorzugen Savannen mit Sträuchern.

17 cm | ♂ 18 gr | ♀ 18 gr
SA
LC | NT | VU | EN | CE
J F M A M J J A S O N D

Strohwitwe *(Vidua fischeri)* **Straw-tailed Whydah** *(12+22 cm)*
Diese Witwe hat in der Brutzeit einen gelben Schwanz, bestehend aus 4 langen, schmalen Federn. Von den Unterschwanzdecken bis zur Brust und auf dem Scheitel ist sie blassgelb. Abgesehen vom pinkfarbenen Schnabel und der weiße Unterkörper ist sie dunkelbraun bis schwarz. Weit verbreitet, vor allem in trockenen Waldgebieten mit kürzen Gras. Ihre Eier legt sie in die Nester des Veilchenastrilds.

Männchen im Vorfeld der Brutzeit

17 cm ♂ 18 gr ♀ 18 gr
SA
LC | NT | VU | EN | CE
J F M A M J J A S O N D

Dominikaner-witwe

(Vidua macroura)
Pin-tailed Whydah
(12-20 cm)
Außerhalb der Brutzeit sind die beiden Geschlechter kaum voneinander zu unterscheiden. Doch zu Beginn der Brutzeit macht das Männchen optisch eine unglaubliche Verwandlung durch. Nicht nur der lange Schwanz (20 cm), auch das gesamte Gefieder wechselt von Brauntönen zu Schwarzweiß. Nur der rote Schnabel bleibt unverändert. Auch sie hat während der Brutzeit einen roten Schnabel (außerhalb dieser Zeit grau bis rosafarben). Ihre Gefiederfärbung besteht ebenfalls aus Brauntönen, dunkel und hell meliert auf dem Rücken. Sie sind zwar Samenfresser, jagen aber auch fliegende Termiten und kommen häufig in verschiedenen Lebensräumen vor. Ihre Eier legen sie in die Nester von Astrilden.

18 cm ♂ 24 gr ♀ 20 gr
SA
LC | NT | VU | EN | CE
J F M A M J J A S O N D

Schmalschwanzwitwe

(Vidua paradisaea) **Eastern Paradise-Whydah** *(13-24 cm)*
Während der Brutzeit bekommt das Männchen einen langen schwarzen Schwanz. Abgesehen vom gelben Nacken und den rötlich braunen Flecken auf der gelblichen Brust und dem cremeweißen Bauch ist er schwarz. Das Weibchen hat dunkle Wangenstreifen, zwei schwarze Streifen quer über den Kopf und ihr Körper ist in Brauntönen meliert. Außerhalb der Brutzeit sind die äußeren Unterschiede zwischen den Geschlechtern fast unsichtbar. Sie legen ihre Eier in die Nester des Buntastrilds. Ihr Lebensraum sind hauptsächlich Savannen mit vielen Akazienbäumen und Dickichten.

Ammern *Die Ammern sind an ihrer auffälligen Kopfzeichnung zu erkennen. Ihr Gefieder ist sehr unterschiedlich, und bei einigen Arten auffallend gefärbt. Der Schwanz ist eher lang und gelegentlich gegabelt. Die Flügel sind lang und meist spitz. Ammern haben kurze kugelförmige Schnäbel, die sich ideal zum Schälen von Samen eignen. Samen und Insekten sind ihre Hauptnahrung.*

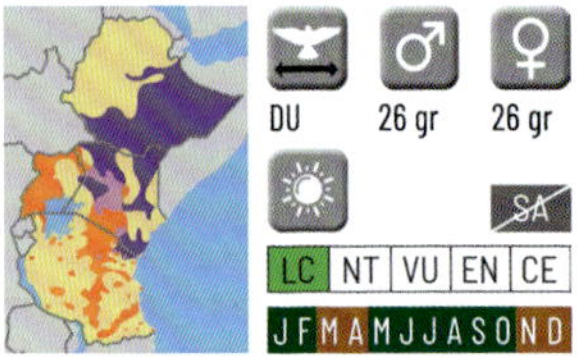

Orange = Gelbbauchammer
Violett = Somaliammer
Rosa = Überlappungsbereich

Gelbbauchammer

(Emberiza flaviventris)

Golden-breasted Bunting *(15 cm)*

Über den Kopf laufen fünf weiße Streifen, zwei laufen über die Wangen und einer über den Scheitel. Die Zwischenräume sind braun bis schwarz. Die Brust ist orangegelb, der Bauch und die Unterschwanzdecken sind weiß. Diese Ammer hat einen grauen, bis zu den Schulterfedern reichenden Kragen. Die Flügel haben weiße, schwarze und braune Akzente. Der Vorderrücken ist rostbraun. Die **Somaliammer** *(Emberiza oliopleura)* **Somali Bunting** *(15 cm)* dagegen hat einen grauen Bürzel. Der Vorderrücken hat weiße Streifen und die Streifen auf dem Kopf sind ein wenig breiter. Die Weibchen sind viel blasser gefärbt.

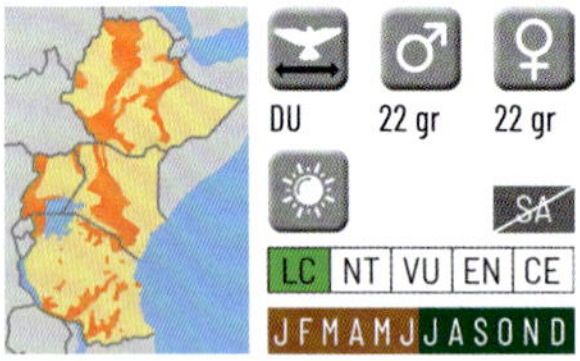

Bergammer

(Emberiza tahapisi) **Cinnamon-breasted Bunting** *(14 cm)*

Zunächst fallen die sieben weißen Streifen auf, die vom Schnabel weg über dem Kopf auffächern. Der Unterschnabel ist orange, der Oberschnabel grau. Unter dem schwarzen Hals ist das Männchen von der Brust über den Bauch bis zum Schwanz zimtfarben. Der Hals und der Vorderrücken des Weibchens sind eher grau als braun. Sie suchen in felsigem Gelände in halbtrockenen Gebieten nach Nahrung.

Finken *Zu dieser Familie (Fringillidae) gehören unter anderem Girlitzen. Es sind samenfressende Vögel mit kurzem, kräftigem Schnabel. Mit ihren starken Kiefermuskeln knacken sie auch härtere Samen. Finken sind territorial, einige brüten in Gemeinschaften. Wenn der Gesang nicht hilft, sind viele Girlitzen sehr schwer voneinander zu unterscheiden. Viele Unterarten können sich sogar innerhalb der Art unterscheiden. Die Männchen tragen in der Brutzeit ihren zur Revierabgrenzung dienenden Gesang vor.*

Mosambikgirlitz

Schwefelgirlitz

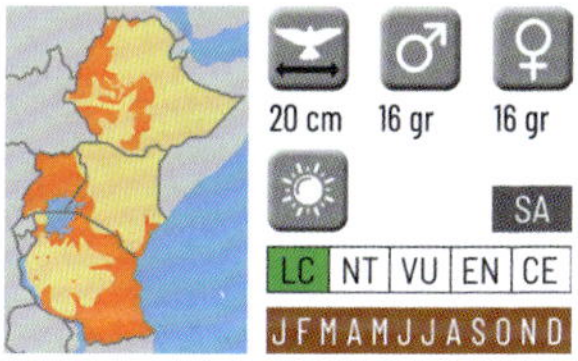

Mosambikgirlitz

(Crithagra mozambica) **Yellow-fronted Canary** *(12 cm)*
Mosambikgirlitze kommen in zehn Unterarten in Afrika vor. In diesem Teil Afrikas leben vier Unterarten, bei denen der Scheitel von grau bis olivgrün variiert. Die Brust, der Bauch und die Stirn sind gelb. Die Bartstreife sind schwarz. Das Weibchen hat zum Teil dezente Punkte unter der Kehle, ansonsten gleicht ihr Gefieder dem des Männchens. In Deutschland ist er beliebt als singender „Kanarienvogel" und auch im afrkanischen Busch ist er als lauter Sänger anzutreffen. Sie leben in bewaldeten, zum Teil auch spärlich bewachsenen Savannen, sofern es dort Samen, Blumen, Blätter und Insekten gibt. Eine weitere Art, die etwas größer ist und einen viel schwereren Schnabel hat, ist der **Schwefelgirlitz** *(Crithagra sulphurata)* **Brimstone Canary** *(15 cm)*. Dieser Girlitz ist zahlreich in Uganda und im Westen Kenias.

Weißbauchgirlitz *(Crithagra dorsostriata)* **White-bellied Canary** *(12 cm)*
Der weißen Unterkörper unterscheidet beide Geschlechter von anderen Arten, die ebenfalls eine gelbe Stirn haben. Beim Männchen ist ein größerer Teil der Stirn gelb. Die Körperfedern sind, wie bei fast allen Girlitzen, eine Mischung aus olivgrün, schwarz und gelb. Sie bevorzugen Tiefland und Vorgebirge mit lichtem Wald und Grünland.

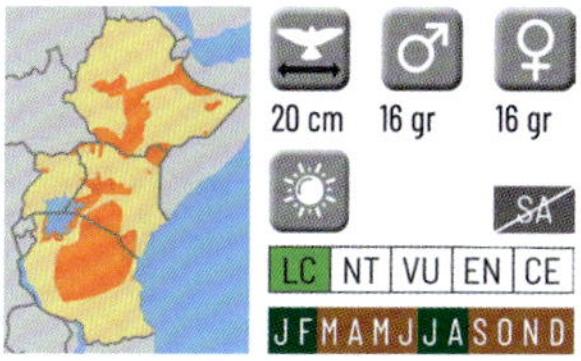

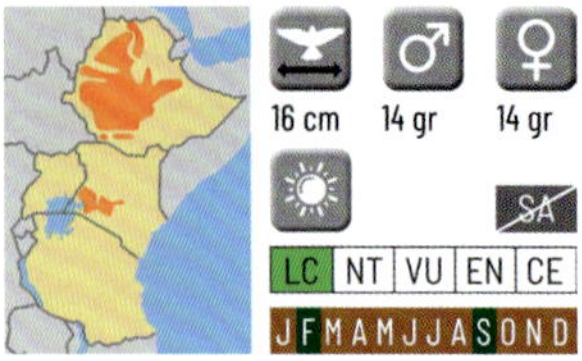

Dünnschnabelgirlitz *(Crithagra citrinelloides)* **African Citril** *(11 cm)*
Sein Schnabel ist etwas spitzer als der der anderen Girlitze. Das Gesicht des Männchens ist teilweise schwarz. Vom Hals bis zum Unterschwanz ist er weitgehend gelb, seine Brust ist manchmal gesprenkelt, beim Weibchen immer. Der Rücken und die Flügel sind schwach olivgrün mit gelben Streifen. Die Beine sind rosa bis hellgrau. Das Weibchen hat kein Schwarz im Gesicht. Der Schwanz ist gegabelt. Sie sind weit verbreitet. Der Lebensraum ist vielfältig, aber sie bevorzugen Grasebenen mit viel Regen.

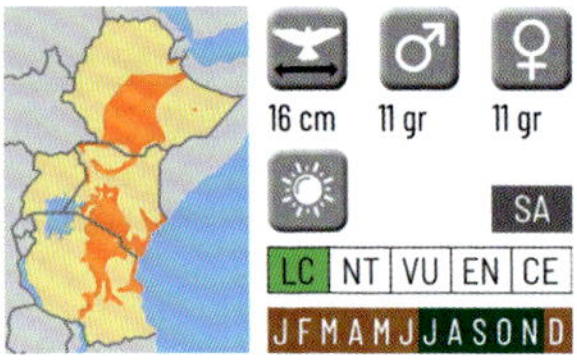

Reichenowgirlitz
(Crithagra reichenowi)
Reichenow's Seedeater *(11 cm)*
Ein bräunlich-grauer kleiner Girlitz, bei dem beide Geschlechter einen gelben Bürzel haben. Die weiße Augenbraue endet am blassrosa Schnabel. Der Unterkörper ist grauweiß mit braunen Flecken. Bevorzugt werden trockene und Strauchsavannen, Flusstäler und spärlich bewaldete Gebiete.

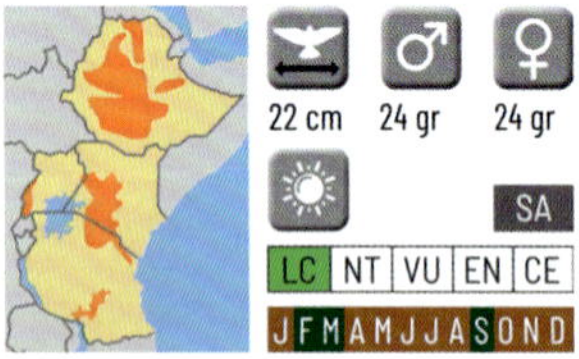

Strichelgirlitz
(Crithagra striolata)
Streaky Seedeater *(14 cm)*
Ein etwas größerer brauner Girlitz, der dem Reichenowgirlitz sehr ähnlichsieht, aber dem Strichelgirlitz fehlt der gelbe Bürzel. Bei ihm ist es beige. Auch die Kopfzeichnung ist in der Regel dunkler braun. Der Hals ist weiß mit braunen Bart- und weißen Wangenstreifen. Auf der Brust befinden sich kurze, schwarzbraune Längsstreifen. Sein Lebensraum hat ein feuchteres Klima in niedrigem und hohem Bergland.

18 cm | 18 gr | 18 gr

SA

LC | NT | VU | EN | CE

J F M A M J J A S O N D

Rüppellgirlitz

(Crithagra tristriata)

Brown-rumped Seedeater *(13 cm)*

Der Rüppellgirlitz hat meist ein graubraunes Rückengefieder und ein einheitlich hellgrauer oder hellbrauner Unterkörper. Auffallend sind die weißen Augenbrauen, manchmal gibt es auch weiße oder schwarze Bartstreife unter dem rosa Schnabel. Die Beine sind rosa, die Unterschwanzdecken sind weiß. Sein Lebensraum umfasst niedrige und hohe Berge, in denen er inmitten von Büschen am Boden nach Nahrung sucht. Das 2. Bild ist ein Jungvogel.

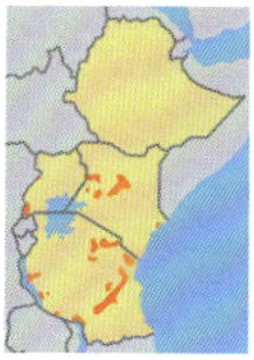

DU | 26 gr | 26 gr

SA

LC | NT | VU | EN | CE

J F M A M J J A S O N D

Pirolgimpel *(Linurgus olivaceus)* **Oriole Finch** *(12 cm)*

Ein hübscher Fink, der, abgesehen von seiner viel geringeren Größe, viele Ähnlichkeiten mit dem Maskenpirol aufweist. Kopf und Hals sind ebenfalls schwarz, sogar die Farbe des Schnabels stimmt überein. Die Arm- und Handschwingen des Pirolgimpels sind schwarz, der Vorderrücken olivgrün und der Rest des Gefieders ist leuchtend gelb. Das Weibchen hat kein Schwarz am Kopf. Dieser Samenfresser sucht seine Nahrung hauptsächlich auf Waldlichtungen, insbesondere im Unterholz auf Berghängen bis zu einer Höhe von 3000 m.

Index Deutsch - Latein

Index Deutsch - Latein

Index Deutsch - Latein

Index Deutsch - Latein

Index Englisch - Deutsch

Index Englisch - Deutsch

Index Englisch - Deutsch

Index Englisch - Deutsch

Danksagung

Ein herzliches Dankeschön an alle unten aufgeführten Fotografinnen und Fotografen, die unentgeltlich ihr wunderschönes Fotomaterial zur Verfügung gestellt haben. Ohne ihre Hilfe wäre dieses Buch niemals zustande gekommen.

Fotografie

Allan Hopkins: Weißschwanzmanguste, Savannen-Hase **Ana Silva:** Tahaweber, Büffelweber **Anthony Minvalla:** Steinrötel **Arnaud Delberghe:** Großfleck-Ginsterkatze, Klunkeribis, Tarantapapagei, Gmelindrossel **Barsik Kot:** Ichneumon **Bernard Dupont:** Gezackte Pelomeduse, Weißlippen-Schlange, Gemeine Krötenviper **Bob Bruxelles:** Rötelschwalbe **Bob Burgess:** Kappengeier, Wollkopfgeier, Sperbergeier, Lachseeschwalbe, Grünschenkel, Klaaskuckuck, Senegalracke, Schwalbenschwanzspint, Kastanienscheitelweber, Weißkopf-Bartvogel, Kastanienscheitelweber **Bruno Conjeaud:** Nonnenastrild **Charles Sharp:** Preussnektarvogel, Smaragdkuckuck, Senegalbrillenvogel, Spitzschwanzelster **Chris Barlow:** Rostkehlmeise **Clements Radenborg:** Keniasperling **Craig Chaddock:** Veilchenastrild **Dave Montreuil:** Kardinalspecht, Spornkuckuck, Graubülbül, Weissflankenschnäpper, Sudandrossling, Waldnektarvogel, Zistensänger, Zwergspint, Senegalschwalbe **David Bygott:** Moschusböckchen **Davide Comelli:** Lake Chamo, **Daniel Jauvin:** Kardinalweber **David Hallam:** Palmgeier **Derek Keats:** Fleckenhalsotter, Kronenadler, Goldkuckuck, Glockenreiher, Nasenstreif-Honiganzeiger, Orangebrustwürger, Buntastrild **Dirk van Mourik:** Blaubrustspint, Grünmantel-Bogenflügel, Senegalamarant **Fons Buts:** Lichtenstein-Antilope, Narinatrogon, **Francesco Veronesi:** Glanzelsterchen **Frank Canon:** Gregori Blaukehlagame **Gary Faulkner:** Senegalparadiesschnäpper **Greg Lavaty:** Tacazzenektarvogel **Ian White:** Schlankmanguste, Bergriedbock, Zwergtaucher, Rotaugenente, Palmgeier, Zwergsperber, Lannerfalke, Uferschwalbe, Purpurhuhn, Schwarzflügelkiebitz, Teichwasserläufer, Weißflügel-Seeschwalbe, Klaaskuckuck, Kardinalspecht, Haussegler, Sichelhopf, Senegalschwalbe, Langschwanzstelze, Gurneydrossel, Gelbbaucheremomela, Kaprohrsänger, Fahlschnäpper, Dunkelschnäpper, Weissbrauwen-Heckensänger, Schwarzkehlchen, Rotbrust-Glanzköpfchen, Schwarzmantel-Schneeballwürger, Bandamadine, Goldbrustastrild **Jacqui Herrington:** Weißkopf-Mausvogel, Strichelkopfschnäpper, Weissbrauwenrötel, Roodkoplawaaimaker **Ian Davies:** Rüppell-Steinschmätzer **Imran Shah:** Nonnensteinschmätzer **James Taylor:** Rotducker **Jan Willem Steffelaar:** Schikrasperber, Graufalke, Wanderfalke, Turmfalke, Isabellsteinschmätzer, Dünnschnabelgirlitz, Schildwida **Jacob C. Cooper:** Pirolgimpel **Jargal Lamjav:** Steppenadler, Isabellwürger **Ken Behrens:** Dschelada, Weißkehlwaran, Buschschliefer, Karakal, Hartlaubtrappe, Silberwangen-Hornvogel, Tränenbartvogel, Braunscheitellerche, Trauerwürger, Schweifglanzstar, Scharlachweber Lawrence Neo: Weißohrturako, Jacksonweber Linda de Volder: Östliche Zwergmanguste, Von-der-Decken-Toko Lip Kee Yap: Bergspint Marc Crowther: Afrikahabicht Margaret Westrop: Goldbürzel-Bartvogel Mark Piazza: Zorilla Martin Grimm: Kardinalweber, Blaukopfastrild **Michele D'Amico:** Streifenchamäleon **Nick Athanas:** Rüppell-Steinschmätzer **Nic Burrow:** Gregori Blaukehlagame **Nick Dean:** Mohrenweber **Nigel Voaden:** Kronenkranich, Sporngans, Bandschlangenadler, Mangroveweihe, Schwarzkehl-Honiganzeiger, Braunrückenpieper, Nubierspecht, Rossturako, Tropfenrötel, Mönchskuckuck, Ohrfleck-Bartvogel, Rahmbrustprinie, Gelbbrust-Feinsänger, Amethystglanzköpfchen, Porphyrnektarvogel, Geierrabe, Dunkelamarant, Afrikanische Speikobra, Schwarzweiße Hutschlange, Puffotter, Östliche Gabunviper **Odile van Asperen:** Trompeterhornvogel, Strichelracke, Grauwangen-Hornvogel, Nubierspecht, Dunkelamarant, Schwarzkehl-Honiganzeiger **Oleg Nabrovenkov:** Palmensegler, Weissrückenmeise, Maronensperling **Pascal Bernardin:** Somalibrillenvogel **Patrick Stough:** Elefantenohrchamäleon **Paul A. Thomas:** Orangedrossel **Peter Steward:** Kleiner Kudu, Däumlingsschnäpper, Schwalbennektarvogel **Roger Wasley:** Gefleckte Buschschlange, Buschschwein, Rieppeleon Stummelschwanzchamäleon, Schafstelze, Braunrückenpieper, Schwarzkehlchen, Schwarzmantel-Schneeballwürger, Boubouwürger **Scott Thomson:** Helmchamäleon **Steve Garvie:** Kleinohr-Riesengalago, Grevyzebra, Östlicher Gelbschnabeltoko, Bergdrongoschnäpper, Langschwanzwürger, Rosenwürger **Tris Enticknap:** Afrikanischer Scherenschnabel **Sheau Torng Lim:** Goldschnabelhopf, Leierschwanzweber **Tim Melling:** Somalia-Kuhantilope, **Tony Enticknap:** Serval, Riedbock, Turmfalke, Uferschnepfe, Bekassine, Elsterwürger **Vincent LiewMoiLoy:** Fischerglanzstar **Volker Sthamer:** Uganda-Mangabe, Östliche Vollbartmeerkatze, Husarenaffe, Südliche Grünmeerkatze, Guereza, Östliche Zwergmanguste, Afrikanischer Goldwolf, Äthiopischer Wolf, Rothschild-Giraffe, Lewel Kuhantilope, Sömmerringgazelle, Eritrea-Dikdik, Günther-Dikdik, Bergnyala, Buschbock, Braunnackenfrankolin, Clappertonfrankolin, Rotschenkel, Wellenflughuhn, Weissringtaube, Shoapapagei, Nordbüscheleule, Fleckenuhu, Marmornachtschwalbe, Schwarzschnabel-Baumhopf, Sudanhornrabe, Doppelzahn-Bartvogel, Purpurmasken-Bartvogel, Diadembartvogel, Schwarzkopf-Bartvogel, Erzschwalbe, Feuerstirn-Bartvogel, Gelbstirn-Bartvogel, Namaspecht, Rotschulter-Raupenfresser, Afrikadrossel, Senegaldrongoschnäpper, Blauhaubenschnäpper, Ziernektarvogel,

Grünkopf-Nektarvogel, Gambia-Schneeballwürger, Spitzschwanzelster, Erzrabe, Borstenrabe, Akazienhäher, Rosenwürger, Maronensperling, Mohrenweber, Goldweber, Gelbbauchastrild, Reichenowgirlitz, Strichelgirlitz, Rüppellgirlitz, Pirolgimpel, Somalimeise, Weißohrturako **Wildlife Fred:** Kurzschleppen-Nachtschwalbe **Yvonne de Jong:** Kolb's Meerkatze

Hinweis: *Trotz unserer Bemühungen ist es uns nicht gelungen, die Namen aller Fotografen in Erfahrung zu bringen. Ergänzungen können in einer nächsten Ausgabe bearbeitet werden.*

Ein besonderes Wort des Dankes geht an:

Geert Hermkens - Löss Ontwerp - Amsterdam
für seinen Entwurf, die kreativen Einfälle und die Unterstützung,

Volker Sthamer - - Führer und Reiseleiter für Vogelbeobachtungsexpeditionen - Birdingtours Deutschland
Afrikaexperte und exzellenter Fotograf, Publizist, außergewöhnlicher Vogelkenner für seine unablässige Unterstützung und Mitarbeit,

Dr. Philipp Wagner - Kurator für Forschung und Konservierung - Allwetterzoo - Münster
für seine Hilfe und seinen Beitrag zur Identifizierung der Agamen in Afrika,

Ruud Busink - Consultant Environmental Policy - Tata Steel - IJmuiden
für seine Hilfe und seine Erläuterungen zu den alkalischen Seen in Ostafrika und zum Vogelwanderungsverhalten,

Dr. Yvonne A. de Jong - Primatologe und Naturschutzberater
für ihre Ratschläge zu den Primaten in diesem Buch.

Quellen

Bücher:
Collins - **A field guide to the National Parks of East-Africa** - *John G. Williams*
Collins - **Common Birds of East Africa** - *Martin B. Withers & David Hosking*
Struik - **Field guide to the larger mammals of Africa** - *Chris & Tilde Stuart*
Helm - **Birds of East Africa** - *Terry Stevenson & John Fanshawe*
Princeton - **Birds of the Horn of Africa** - *Nigel Redman, Terry Stevenson & John Fanshawe*
Bloomsbury Publishing - **Field guide to the reptiles of East Africa** - *Steve Spawls & Kim Howell*
Afrika Safari Media - **Safari Reiseführer Afrika** - *Ruud Troost*

Websites:
Tanzania National Parks
africansnakebiteinstitute.com
www.visituganda.com
Kenya Wildlife Service
Ethiopian Tourism Organization (ETO)
www.africanbirdclub.org
The Cornell lab of Ornithology - birdsoftheworld.org
avibase.bsc-eoc.org
birdlist.org
biodiversitylibrary.org
researchgate.net
The IUCN list of threatened species
The African Mammals Databank

Impressum:

Zusammenstellung und Recherche: Ruud Troost
Übersetzung: Regina Moser
Entwurf, Layout und Druckvorstufe: Löss Ontwerp - Geert Hermkens - Amsterdam
Druck: Drukkerij Wilco B.V. Amersfoort
Redaktion: Ruud Troost

Checkliste Säugetiere

		Wo	Wann
Röhrenzähner	☐ Erdferkel		
Hörnträger	☐ Afrikanischer Büffel		
	☐ Beisa-Oryx		
	☐ Bergnyala		
	☐ Bergriedbock		
	☐ Blauducker		
	☐ Buschbock		
	☐ Büschelohr-Oryx		
	☐ Cokes Kuhantilope		
	☐ Defassa-Wasserbock		
	☐ Elenantilope		
	☐ Ellipsenwasserbock		
	☐ Eritrea-Dikdik		
	☐ Gerenuk		
	☐ Grant-Gazelle		
	☐ Günther Dikdik		
	☐ Impala		
	☐ Kirk Dikdik		
	☐ Kleiner Kudu		
	☐ Klippspringer		
	☐ Kob		
	☐ Kronenducker		
	☐ Leierantilope		
	☐ Lelwel-Kuhantilope		
	☐ Lichtenstein-Antilope		
	☐ Moschusböckchen		
	☐ Nördlicher Großkudu		
	☐ Oribi		
	☐ Östlicher Bongo		
	☐ Pferdeantilope		
	☐ Rappenantilope		
	☐ Riedbock		
	☐ Rotducker		
	☐ Sitatunga		
	☐ Somalia-Kuhantilope		
	☐ Sömmerringgazelle		
	☐ Steinböckchen		
	☐ Streifengnu		
	☐ Thomson-Gazelle		
	☐ Tora-Kuhantilope		
Hasenartige	☐ Kaphase		
	☐ Savannen-Hase		

		Wo	Wann
Nagetiere	☐ Afrikanische Quastenstachler		
	☐ Gambische Sonnenhörnchen		
	☐ Gestreiftes Borstenhörnchen		
	☐ Ostafrikanischer Springhase		
	☐ Rotbauchige Buschhörnchen		
	☐ Schlichtborstenhörnchen		
	☐ Stachelschwein		
aarhufer	☐ Buschschwein		
	☐ Flusspferd		
	☐ Massai-Giraffe		
	☐ Netzgiraffe		
	☐ Riesenwaldschwein		
	☐ Rothschild-Giraffe		
	☐ Warzenschwein		
rimaten	☐ Angola-Stummelaffe		
	☐ Anubispavian		
	☐ Äthiopische Grünmeerkatze		
	☐ Bale-Grünmeerkatze		
	☐ Diademmeerkatze		
	☐ Dschelada		
	☐ Goldmeerkatze		
	☐ Großohr-Riesengalago		
	☐ Guereza		
	☐ Husarenaffe		
	☐ Kleinohr-Riesengalago		
	☐ Mantelpavian		
	☐ Östliche Gorilla		
	☐ Östliche Vollbartmeerkatze		
	☐ Rotschwanzmeerkatze		
	☐ Schimpanse		
	☐ Senegal-Galago		
	☐ Silbermeerkatze		
	☐ Somali Lesser Galago		
	☐ Steppenpavian		
	☐ Südliche Grünmeerkatze		
	☐ Tantalus-Grünmeerkatze		
	☐ Uganda-Mangabe		
	☐ Uganda-Stummelaffe		
	☐ Weißkehlmeerkatze		
ubtiere	☐ Afrikanischer Goldwolf		
	☐ Afrikanische Wildhund		
	☐ Afrikanische Wildkatze		
	☐ Afrikanische Zibetkatze		

		Wo	Wann
Raubtiere	☐ Äthiopischer Wolf		
	☐ Erdwolf		
	☐ Fleckenhalsotter		
	☐ Gepard		
	☐ Großfleck-Ginsterkatze		
	☐ Honigdachs		
	☐ Ichneumon		
	☐ Kapotter		
	☐ Karakal		
	☐ Kleinfleck-Ginsterkatze		
	☐ Leopard		
	☐ Löffelhund		
	☐ Löwe		
	☐ Östlichen Zwergmanguste		
	☐ Pardelroller		
	☐ Schabrackenschakal		
	☐ Schlankmanguste		
	☐ Serval		
	☐ Streifenhyäne		
	☐ Streifenschakal		
	☐ Südliche Zwergmanguste		
	☐ Sumpfmanguste		
	☐ Tüpfelhyäne		
	☐ Weißschwanzmanguste		
	☐ Zebramanguste		
	☐ Zorilla		
Rüsseltiere	☐ Afrikanischer Elefant		
Schliefer	☐ Buschschliefer		
	☐ Klippschliefer		
	☐ Steppenwald-Baumschliefer		
Schuppentiere	☐ Riesenschuppentier		
	☐ Steppenschuppentier		
	☐ Weißbauchschuppentier		
Unpaarhufer	☐ Breitmaulnashorn		
	☐ Grévyzebra		
	☐ Spitzmaulnashorn		
	☐ Steppenzebra		

Checkliste Reptilien

		Wo	Wann
Agamen	☐ Gregori Blaukehlagame		
	☐ Kenia Felsenagame		
	☐ Stahlblaue Felsenagame		
Chamäleons	☐ Brevicaudatus Chamäleon		
	☐ Dreihornchamäleon		
	☐ Elefantenohrchamäleon		
	☐ Helmchamäleon		
	☐ Lappenchamäleon		
	☐ Rieppeleon Zwergchamäleon		
	☐ Streifenchamäleon		
Krokodile	☐ Nilkrokodil		
Schildkröten	☐ Gezackte Pelomeduse		
	☐ Glattrand -Gelenkschildkröte		
	☐ Pantherschildkröte		
	☐ Starrbrust-Pelomeduse		
Schlangen	☐ Afrikanische Speikobra		
	☐ Boomslang		
	☐ Braune Waldkobra		
	☐ Gefleckte Buschschlange		
	☐ Gemeine Krötenviper		
	☐ Getigerte Katzennatter		
	☐ Gewöhnliche Mamba		
	☐ Nördlicher Felsenpython		
	☐ Östliche Gabunviper		
	☐ Puffotter		
	☐ Schwarze Mamba		
	☐ Südlicher Felsenpython		
	☐ Uräusschlange		
	☐ Weißlippenschlange		
Warane	☐ Nilwaran		
	☐ Weißkehlwaran		

Checkliste Vögel

Checkliste Vögel		Wo	Wann
Eulen	☐ Afrikanischer Waldkauz		
	☐ Afrika-Zwergohreule		
	☐ Blaßuhu		
	☐ Fleckenuhu		
	☐ Grauuhu		
	☐ Nordbüscheleule		
	☐ Perlzwergkauz		
Falken	☐ Afrikanischer Baumfalke		
	☐ Graufalke		
	☐ Halsband-Zwergfalke		
	☐ Lannerfalke		
	☐ Turmfalke		
	☐ Wanderfalke		
Flamingo's	☐ Rosaflamingo		
	☐ Zwergflamingo		
Gänsevögel	☐ Afrikanische Rotaugenente		
	☐ Afrikazwergente		
	☐ Gelbbrust-Pfeifgans		
	☐ Gelbschnabelente		
	☐ Glanzente		
	☐ Hottentottenente		
	☐ Löffelente		
	☐ Nilgans		
	☐ Rotschnabelente		
	☐ Sporngans		
	☐ Witwenpfeifgans		
Greifvögel	☐ Afrikahabicht		
	☐ Afrikanischer Habichtsadler		
	☐ Augurbussard		
	☐ Bandschlangenadler		
	☐ Bartgeier		
	☐ Einfarb-Schlangenadler		
	☐ Falkenbussard		
	☐ Fischadler		
	☐ Froschweihe		
	☐ Gabarhabicht		
	☐ Gaukler		
	☐ Gleitaar		
	☐ Graubürzel-Singhabicht		
	☐ Heuschreckenteesa		
	☐ Höhlenweihe		

		Wo	Wann
Greifvögel	☐ Kampfadler		
	☐ Kappengeier		
	☐ Klippenadler		
	☐ Kronenadler		
	☐ Ohrengeier		
	☐ Palmgeier		
	☐ Raubadler		
	☐ Rohrweihe		
	☐ Schikrasperber		
	☐ Schmarotzermilan		
	☐ Schmutzgeier		
	☐ Schopfadler		
	☐ Schreiadler		
	☐ Schreiseeadler		
	☐ Schwarzbrust-Schlangenadler		
	☐ Schwarzmilan		
	☐ Sekretär		
	☐ Silberadler		
	☐ Sperberbussard		
	☐ Sperbergeier		
	☐ Steppenadler		
	☐ Steppenweihe		
	☐ Weißbürzel-Singhabicht		
	☐ Weißrückengeier		
	☐ Wiesenweihe		
	☐ Wollkopfgeier		
	☐ Zwergsperber		
ornvögel & pfe	☐ Afrikanischer Hopf		
	☐ Baumhopf		
	☐ Goldschnabelhopf		
	☐ Grautoko		
	☐ Grauwangen-Hornvogel		
	☐ Hemprichtoko		
	☐ Kronentoko		
	☐ Mohrensichelhopf		
	☐ Östlicher Gelbschnabeltoko		
	☐ Rotschnabeltoko		
	☐ Schwarzschnabel-Baumhopf		
	☐ Sichelhopf		
	☐ Silberwangenhornvogel		
	☐ Sudanhornrabe		
	☐ Südlicher Hornrabe		
	☐ Trompeterhornvogel		
	☐ Von-der-Decken-Toko		
	☐ Wiedehopf		

		Wo	Wann
Hühnervögel	☐ Braunnackenfrankolin		
	☐ Clappertonfrankolin		
	☐ Coquifrankolin		
	☐ Geierperlhuhn		
	☐ Gelbkehlfrankolin		
	☐ Helmperlhuhn		
	☐ Kenia-Haubenperlhuhn		
	☐ Rotkehlfrankolin		
	☐ Schopffrankolin		
Kranichvögel	☐ Grauhals Kronenkranich		
	☐ Kammbläßhuhn		
	☐ Schwarzhals-Kronenkranich		
	☐ Schwarzkielralle		
	☐ Smaragdhuhn		
	☐ Teichhuhn		
Kuckucksvögel	☐ Afrikakuckuck		
	☐ Einsiedlerkuckuck		
	☐ Goldkuckuck		
	☐ Häherkuckuck		
	☐ Kapkuckuck		
	☐ Klaaskuckuck		
	☐ Kuckuck		
	☐ Mönchskuckuck		
	☐ Smaragdkuckuck		
	☐ Spornkuckuck		
	☐ Weißbrauenkuckuck		
Mausvögel	☐ Blaunacken-Mausvogel		
	☐ Braunflügel-Mausvogel		
	☐ Weißkopf-Mausvogel		
Otidiformes	☐ Hartlaubtrappe		
	☐ Oustalettrappe		
	☐ Riesentrappe		
	☐ Schwarzbauchtrappe		
	☐ Senegaltrappe		
Papageien	☐ Goldbugpapagei		
	☐ Graupapagei		
	☐ Pfirsichköpfchen		
	☐ Rotbauch-Mohrenkopf		
	☐ Schoapapagei		
	☐ Schwarzköpfchen		
	☐ Tarantapapagei		

		Wo	Wann
elecaniformes	☐ Afrikanischer Löffler		
	☐ Braunsichler		
	☐ Glockenreiher		
	☐ Goliathreiher		
	☐ Graureiher		
	☐ Hagedasch		
	☐ Hammerkopf		
	☐ Heiliger Ibis		
	☐ Klunkeribis		
	☐ Kuhreiher		
	☐ Mangrovereiher		
	☐ Nachtreiher		
	☐ Purpurreiher		
	☐ Rallenreiher		
	☐ Rosapelikan		
	☐ Rötelpelikan		
	☐ Schuhschnabel		
	☐ Schwarzhalsreiher		
	☐ Seidenreiher		
	☐ Silberreiher		
odicipedi-rmes	☐ Zwergtaucher		
erocliformes	☐ Braunbauch-Flughuhn		
	☐ Gelbkehl-Flughuhn		
	☐ Schmuckflughuhn		
	☐ Wellenflughuhn		
ckenvögel	☐ Bergspint		
	☐ Bienenfresser		
	☐ Blaubrustspint		
	☐ Blauracke		
	☐ Blauwangenspint		
	☐ Braunkopfliest		
	☐ Gabelracke		
	☐ Graufischer		
	☐ Graukopfliest		
	☐ Haubenzwergfischer		
	☐ Natalzwergfischer		
	☐ Nordische Karminspint		
	☐ Riesenfischer		
	☐ Senegalliest		
	☐ Senegalracke		
	☐ Streifenliest		
	☐ Strichelracke		
	☐ Weißkehlspint		

		Wo	Wann
Rackenvögel	☐ Weißstirnspint		
	☐ Zimtracke		
	☐ Zwergspint		
Regenpfeiferartige	☐ Afrikabekassine		
	☐ Afrikanischer Scherenschnabel		
	☐ Bekassine		
	☐ Bindenrennvogel		
	☐ Blaustirn-Blatthühnchen		
	☐ Bruchwasserläufer		
	☐ Doppelband-Rennvogel		
	☐ Dreibandregenpfeifer		
	☐ Flußregenpfeifer		
	☐ Flußuferläufer		
	☐ Goldschnepfe		
	☐ Graukopfmöwe		
	☐ Grünschenkel		
	☐ Hirtenregenpfeifer		
	☐ Kampfläufer		
	☐ Kaptriel		
	☐ Kronenkiebitz		
	☐ Lachseeschwalbe		
	☐ Langzehenkiebitz		
	☐ Rotflügel-Brachschwalbe		
	☐ Rotschenkel		
	☐ Säbelschnäbler		
	☐ Sandregenpfeifer		
	☐ Schmiedekiebitz		
	☐ Schwarzflügelkiebitz		
	☐ Senegalkiebitz		
	☐ Senegaltriel		
	☐ Sichelstrandläufer		
	☐ Spornkiebitz		
	☐ Stelzenläufer		
	☐ Teichwasserläufer		
	☐ Temminckrennvogel		
	☐ Trauerkiebitz		
	☐ Uferschnepfe		
	☐ Wassertriel		
	☐ Weißflügel-Seeschwalbe		
	☐ Zwergstrandläufer		
Schwalmartige	☐ Kurzschleppen-Nachtschwalbe		
	☐ Marmornachtschwalbe		
Segler	☐ Haussegler		
	☐ Palmensegler		

		Wo	Wann
Spechtvögel	Braunkehl-Wendehals		
	Diadembartvogel		
	Doppelzahn-Bartvogel		
	Feuerstirn-Bartvogel		
	Flammenkopf-Bartvogel		
	Gelbstirn-Bartvogel		
	Goldbürzel-Bartvogel		
	Graubrustspecht		
	Kardinalspecht		
	Namaspecht		
	Nasenstreif-Honiganzeiger		
	Nubierspecht		
	Ohrfleck-Bartvogel		
	Purpurmasken-Bartvogel		
	Schwarzkehl-Honiganzeiger		
	Schwarzkopf-Bartvogel		
	Strichelstirn-Honiganzeiger		
	Tränenbartvogel		
	Usambirobartvogel		
	Weißkopf-Bartvogel		
perlingvögel	Afrikadrossel		
	Afrikanisches Schwarzkehlchen		
	Akazienhäher		
	Akaziensänger		
	Alektoweber		
	Amethystglanzköpfchen		
	Amethystglanzstar		
	Bachstelze		
	Baglafechtweber		
	Bandamadine		
	Bergammer		
	Bergdrongoschnäpper		
	Bindennektarvogel		
	Blauhaubenschnäpper		
	Blaukopfastrild		
	Blutschnabelweber		
	Borstenrabe		
	Boubouwürger		
	Braundrongoschnäpper		
	Braunkehlchen		
	Braunkehl-Uferschwalbe		
	Braunrückenelsterchen		
	Braunrückenpieper		
	Braunrückenrötel		
	Braunscheitellerche		
	Brillendrossel		

		Wo	Wann
Sperlingvögel	☐ Brillenweber		
	☐ Brillenwürger		
	☐ Bronzenektarvogel		
	☐ Brubruwürger		
	☐ Büffelweber		
	☐ Buntastrild		
	☐ Cabanis-Weber		
	☐ Däumlingsschnäpper		
	☐ Dominikanerwitwe		
	☐ Dorntschagra		
	☐ Dotterweber		
	☐ Dreifarben-Glanzstar		
	☐ Dunkelamarant		
	☐ Dunkelschnäpper		
	☐ Dünnschnabelgirlitz		
	☐ Elfennektarvogel		
	☐ Elsterwürger		
	☐ Erdsteinschmätzer		
	☐ Erzrabe		
	☐ Erz-Schwalbe		
	☐ Fahlschnäpper		
	☐ Feuerweber		
	☐ Fischerglanzstar		
	☐ Fiskalwürger		
	☐ Fitis		
	☐ Flammenweber		
	☐ Fuchslerche		
	☐ Füllebornnektarvogel		
	☐ Gambia-Schneeballwürger		
	☐ Geierrabe		
	☐ Gelbbauchammer		
	☐ Gelbbauchastrild		
	☐ Gelbbauch-Eremomela		
	☐ Gelbbrust-Feinsänger		
	☐ Gelbkehlpieper		
	☐ Gelbschnabel-Madenhacker		
	☐ Gelbschulterwida		
	☐ Geradschwanzdrongo		
	☐ Gmelindrossel		
	☐ Goldbrustastrild		
	☐ Goldhalspieper		
	☐ Goldweber		
	☐ Graubrust-Paradiesschnäpper		
	☐ Graubülbül		
	☐ Graukopfsperling		
	☐ Graukopfwürger		
	☐ Graumantelwürger		

		Wo	Wann
Sperlingvögel	☐ Grauschnäpper		
	☐ Grünkopf-Nektarvogel		
	☐ Grünmantel-Bogenflügel		
	☐ Grünschwanz-Glanzstar		
	☐ Guineameise		
	☐ Gurneydrossel		
	☐ Hadesschmätzer		
	☐ Hahnschweifwida		
	☐ Hartlaubheckensänger		
	☐ Haussperling		
	☐ Heuglindrossling		
	☐ Heuglinschnäpper		
	☐ Heuglinzistensänger		
	☐ Hildebrandt-Glanzstar		
	☐ Isabellsteinschmätzer		
	☐ Isabellwürger		
	☐ Jacksonweber		
	☐ Kapkrähe		
	☐ Kaprohrsänger		
	☐ Kaprötel		
	☐ Kardinalweber		
	☐ Kastanienscheitelweber		
	☐ Keniabrillenvogel		
	☐ Keniasperling		
	☐ Kleinelsterchen		
	☐ Königsglanzstar		
	☐ Langschnabelpieper		
	☐ Langschwanzstelze		
	☐ Langschwanzwürger		
	☐ Lappenschnäpper		
	☐ Lappenstar		
	☐ Leierschwanzwida		
	☐ Maidschwalbe		
	☐ Maronensperling		
	☐ Marmorweber		
	☐ Maronenweber		
	☐ Maskenpirol		
	☐ Mehlschwalbe		
	☐ Messingglanzstar		
	☐ Mohrenweber		
	☐ Mönchspirol		
	☐ Mönchsweber		
	☐ Mosambikgirlitz		
	☐ Natalrötel		
	☐ Neuntöter		
	☐ Nonnenastrild		
	☐ Nonnensteinschmätzer		

		Wo	Wann
Sperlingvögel	☐ Orangebrustwürger		
	☐ Orangedrossel		
	☐ Oryxweber		
	☐ Panganipieper		
	☐ Papageischnabelsperling		
	☐ Papyruswürger		
	☐ Pirol		
	☐ Pirolgimpel		
	☐ Porphyrnektarvogel		
	☐ Preussnektarvogel		
	☐ Rahmbrustprinie		
	☐ Rauchschwalbe		
	☐ Reichenowgirlitz		
	☐ Rosenwürger		
	☐ Rostkehlmeise		
	☐ Rotbauchschmätzer		
	☐ Rotbrust-Glanzköpfchen		
	☐ Rötelschwalbe		
	☐ Rotfußwitwe		
	☐ Rotkappenlerche		
	☐ Rotkappenschwalbe		
	☐ Rotnackenlerche		
	☐ Rotscheitel-Zistenänger		
	☐ Rotschnabel-Madenhacker		
	☐ Rotschulter-Raupenfänger		
	☐ Rotschwingenstar		
	☐ Rotstirnprinie		
	☐ Rubinkehlpieper		
	☐ Rüppellgirlitz		
	☐ Rüppellmeise		
	☐ Rüppel-Steinschmätzer		
	☐ Rüppellwürger		
	☐ Rußschmätzer		
	☐ Samtwida		
	☐ Schafstelze		
	☐ Scharlachweber		
	☐ Scharlachwürger		
	☐ Schildrabe		
	☐ Schildwida		
	☐ Schluchtenrötel		
	☐ Schmalschwanzwitwe		
	☐ Schmucknektarvogel		
	☐ Schmetterlingsastrild		
	☐ Schneeballwürger		
	☐ Schuppenkopfweber		
	☐ Schwalbennektarvogel		
	☐ Schwarzkappenweber		

		Wo	Wann
Sperlingvögel	☐ Schwarzkopfweber		
	☐ Schwarzohrpirol		
	☐ Schwarzstirnwürger		
	☐ Schwarz-Weiße Glanzelsterchen		
	☐ Schwefelgirlitz		
	☐ Schweifglanzstar		
	☐ Senegalamarant		
	☐ Senegalbrillenvogel		
	☐ Senegal-Drongoschnäpper		
	☐ Senegal-Paradiesschnäpper		
	☐ Senegalschwalbe		
	☐ Senegaltschagra		
	☐ Silberschnäpper		
	☐ Somaliammer		
	☐ Somalibrillenvogel		
	☐ Somalimeise		
	☐ Somalirabe		
	☐ Somaliwürger		
	☐ Spiegelschmätzer		
	☐ Spiegelwida		
	☐ Spitzschwanzelster		
	☐ Starweber		
	☐ Steinrötel		
	☐ Steinschmätzer		
	☐ Steinschwalbe		
	☐ Strichelkopfschnäpper		
	☐ Strichelgirlitz		
	☐ Strohwitwe		
	☐ Stummelwida		
	☐ Suahelisperling		
	☐ Sudandrossling		
	☐ Sumpfschnäpper		
	☐ Swainson's Sperling		
	☐ Tacazzenektarvogel		
	☐ Tahaweber		
	☐ Taitawürger		
	☐ Teichrohrsänger		
	☐ Textor		
	☐ Trauerdrongo		
	☐ Trauerwürger		
	☐ Tropfenrötel		
	☐ Uferschwalbe		
	☐ Veilchenastrild		
	☐ Waldnektarvogel		
	☐ Wallerstar		
	☐ Weißbauchgirlitz		
	☐ Weißbauchmeise		

		Wo	Wann
Sperlingvögel	☐ Weißbrauen-Heckensänger		
	☐ Weißbrauenrötel		
	☐ Weißbrauen-Uferschwalbe		
	☐ Weißbrauenweber		
	☐ Weißflankenbatis		
	☐ Weißrückenmeise		
	☐ Weißstirnweber		
	☐ Weißstrichel-Drosselhäherling		
	☐ Weißwangenlerche		
	☐ Wellenastrild		
	☐ Witwenstelze		
	☐ Ziernektarvogel		
	☐ Zimtflügelstar		
	☐ Zimtspornpieper		
	☐ Zistensänger		
	☐ Zügelastrild		
	☐ Zwergweber		
Störche	☐ Abdimstorch		
	☐ Afrika-Wollhalsstorch		
	☐ Marabu		
	☐ Klaffschnabel		
	☐ Nimmersatt		
	☐ Sattelstorch		
	☐ Weißstorch		
Struthioni-formes	☐ Somalistrauß		
	☐ Strauß		
Suliformes	☐ Afrika-Schlangenhalsvogel		
	☐ Riedscharbe		
	☐ Weissbrustkormoran		
Taubenvögel	☐ Brillentaube		
	☐ Bronzeflecktaube		
	☐ Guineataube		
	☐ Gurrtaube		
	☐ Halbmondtaube		
	☐ Kaptäubchen		
	☐ Palmtaube		
	☐ Rotnasen-Grüntaube		
	☐ Stahlflecktaube		
	☐ Tamburintaube		
	☐ Trauerturteltaube		
	☐ Waaliataube		
	☐ Weißringtaube		

		Wo	Wann
Trogone	☐ Narinatrogon		
Turakos	☐ Braungesicht-Lärmvogel		
	☐ Nacktgesicht-Lärmvogel		
	☐ Riesenturako		
	☐ Rossturako		
	☐ Seidenturako		
	☐ Weißbauch-Lärmvogel		
	☐ Weißohrturako		